金属带材中
残余应力分析与控制

陈银莉　苏　岚　韦　贺　著

北　京
冶　金　工　业　出　版　社
2022

内 容 提 要

本书介绍了金属带材生产制备过程中残余应力产生原因及控制。全书共 9 章。第 1 章和第 2 章介绍残余应力基本概念和检测方法，第 3~6 章介绍金属带材制备过程中残余应力产生原因、微区组织与残余应力的关系、板形控制技术，第 7~9 章介绍热轧带材冷却过程、连续退火和拉弯矫直过程中带材残余应力分布及变化。

本书可供金属带材生产领域科技人员、工程技术人员参考，力求为低残余应力金属带材的实际生产提供一定的理论指导。

图书在版编目 (CIP) 数据

金属带材中残余应力分析与控制/陈银莉，苏岚，韦贺著 . —北京：冶金工业出版社，2022. 3

ISBN 978-7-5024-9093-5

Ⅰ. ①金… Ⅱ. ①陈… ②苏… ③韦… Ⅲ. ①金属—带材—残余应力—研究 Ⅳ. ①TG335. 5

中国版本图书馆 CIP 数据核字 (2022) 第 049707 号

金属带材中残余应力分析与控制

出版发行	冶金工业出版社	电　话	(010)64027926
地　址	北京市东城区嵩祝院北巷 39 号	邮　编	100009
网　址	www. mip1953. com	电子信箱	service@ mip1953. com

责任编辑　李培禄　美术编辑　彭子赫　版式设计　郑小利
责任校对　郑　娟　责任印制　禹　蕊
三河市双峰印刷装订有限公司印刷
2022 年 3 月第 1 版，2022 年 3 月第 1 次印刷
787mm×1092mm　1/16；20. 25 印张；503 千字；314 页

定价 110.00 元

投稿电话　(010)64027932　投稿信箱　tougao@cnmip. com. cn
营销中心电话　(010)64044283
冶金工业出版社天猫旗舰店　yjgycbs. tmall. com
(本书如有印装质量问题，本社营销中心负责退换)

前　言

金属带材在塑性成型制备加工过程中，不均匀塑性变形、变形温度的升降、化学或物理化学变化等都会促使材料内残余应力的产生。残余应力的存在会降低带材性能，影响尺寸稳定性，降低形状精度，诱发应力腐蚀，严重制约高强金属带材的应用和发展。

热连轧带钢生产过程中，带钢全幅宽范围内存在温度、组织、性能的不均匀分布，另有相变潜热释放的热量、热膨胀和相变膨胀引起的不均匀内应力、横向温度和组织差异影响下的屈曲行为，这些因素均对带钢的平坦度产生影响。引线框架用铜合金采用冲制或蚀刻成型加工，对带材残余应力提出了更高的要求。而不均匀变形、非均匀加热或冷却导致铜带材产生沿横断面的残余应力，在冲制或蚀刻后应力释放，产品形状不均匀变化，发生翘曲、扭曲，影响引线形位公差。

高精度低残余应力金属带材的生产迫切需要相关基本理论支撑。本书对塑性变形过程金属带材中残余应力的形成原因进行分析，对带材的宏观残余应力、微区残余应力和织构的关系进行了探讨，为制定合理的低残余应力金属带材制备工艺和控制策略提供依据。

本书第 1 章和第 2 章介绍了残余应力的产生原理、残余应力的分类方法、残余应力对材料和工件性能的影响以及残余应力检测方法。第 3~6 章主要介绍金属带材制备过程中残余应力产生原因、微区组织与残余应力的关系、残余应力与板形控制技术。第 7~9 章主要介绍制备过程中温度、相变和织构等对带材残余应力分布的影响，以及连续退火和拉弯矫直过程中带材残余应力的变化。

本书主要由北京科技大学陈银莉、苏岚及昆明理工大学韦贺博士编写，余伟和刘超参加了部分章节的编写工作。本书汇集作者们近些年来的科研成果，并尽可能地收集相关理论、有关科研成就及资料，充实其内容，以供相关领域工程技术人员参考，力争为金属带材的实际生产提供一定的理论指导。

由于编者们的专业知识有限，书中不足和错误之处在所难免，殷切希望读者们予以批评指正。

作　者
2022 年 1 月

目　　录

1 残余应力概论 ……………………………………………………………… 1

　1.1　残余应力及其由来 …………………………………………………… 1

　　1.1.1　残余应力的定义 ………………………………………………… 1

　　1.1.2　残余应力产生的原理和原因 …………………………………… 2

　1.2　残余应力的分类 ……………………………………………………… 6

　　1.2.1　按应力范围分类 ………………………………………………… 6

　　1.2.2　按工艺过程分类 ………………………………………………… 8

　　1.2.3　按应力产生原因分类 …………………………………………… 12

　1.3　残余应力对材料和工件性能的影响 ………………………………… 13

　　1.3.1　残余应力对变形的影响 ………………………………………… 13

　　1.3.2　残余应力对硬度的影响 ………………………………………… 14

　　1.3.3　残余应力对脆性断裂的影响 …………………………………… 16

　　1.3.4　残余应力对应力腐蚀开裂的影响 ……………………………… 17

　　1.3.5　残余应力对疲劳性能的影响 …………………………………… 18

　1.4　残余应力的调整与消除 ……………………………………………… 19

　　1.4.1　热处理方法 ……………………………………………………… 19

　　1.4.2　机械作用 ………………………………………………………… 20

　参考文献 …………………………………………………………………… 22

2 残余应力无损检测方法 …………………………………………………… 23

　2.1　无损检测法 …………………………………………………………… 23

　　2.1.1　纳米压痕法 ……………………………………………………… 23

　　2.1.2　X射线衍射法 …………………………………………………… 26

　　2.1.3　中子衍射法 ……………………………………………………… 31

　　2.1.4　磁测法 …………………………………………………………… 32

　　2.1.5　曲率法 …………………………………………………………… 33

　　2.1.6　超声波法 ………………………………………………………… 33

　　2.1.7　扫描电子声显微镜 ……………………………………………… 34

　　2.1.8　拉曼光谱技术 …………………………………………………… 35

　2.2　有损检测法 …………………………………………………………… 35

　　2.2.1　盲孔法 …………………………………………………………… 35

　　2.2.2　环芯法 ··· 37

　　2.2.3　剥层法 ··· 39

　　2.2.4　剖分法 ··· 39

　　2.2.5　切槽法 ··· 40

　　2.2.6　切取法 ··· 41

　　2.2.7　云纹干涉法 ··· 42

　2.3　几种残余应力测试方法的比较 ································· 43

　参考文献 ·· 46

3　金属带材残余应力 ·· 48

　3.1　织构与残余应力的关系概述 ······································ 48

　3.2　相变引起的残余应力 ·· 48

　　3.2.1　相变应力 ··· 49

　　3.2.2　马氏体相变 ·· 49

　　3.2.3　体积和屈服强度的变化 ·· 50

　　3.2.4　相变塑性 ··· 51

　3.3　热轧带材中残余应力产生的原因 ······························· 51

　3.4　冷轧带材中残余应力产生的原因 ······························· 52

　3.5　热处理过程中残余应力产生的原因 ···························· 55

　3.6　残余应力与带材潜在板形的关系 ······························· 56

　　3.6.1　轧制过程浪形及残余应力分布特点 ······················ 57

　　3.6.2　冷却过程瓢曲及残余应力分布特点 ······················ 58

　　3.6.3　控制板形的方法 ··· 60

　3.7　带材中残余应力的消除和调整 ··································· 61

　　3.7.1　热处理法 ··· 61

　　3.7.2　机械法 ··· 61

　参考文献 ·· 64

4　带材宏观残余应力分析及表征 ·· 66

　4.1　带材常见的冷轧织构 ·· 66

　4.2　带材常见的时效织构 ·· 71

　4.3　含织构带材的宏观残余应力测定 ······························· 77

　　4.3.1　X 射线应力因子 ··· 77

　　4.3.2　最小二乘方法 ·· 78

　　4.3.3　微晶群方法 ·· 78

　　4.3.4　晶粒交互作用模型 ·· 79

　4.4　XRD 评估不同取向晶粒间交互作用的应力模型 ·········· 82

　　4.4.1　Voigt 和 Reuss 应力修正模型 ································· 82

　　4.4.2　冷轧板的宏观残余应力表征 ··································· 87

4.4.3　织构对点阵畸变及残余应力测定的影响 ················· 91

参考文献 ·· 96

5　微观组织与微区残余应力间的关系 ························· 97

5.1　带材中微观织构的分析 ·· 97

5.1.1　微观织构的 EBSD 表征 ····································· 97

5.1.2　冷轧带材中微观织构 ··· 98

5.1.3　时效带材中微观织构 ·· 102

5.2　带材中微区残余应力的分析 ···································· 114

5.2.1　微区残余应力的纳米压痕法表征 ····················· 114

5.2.2　微区残余应力的 FIB-DIC 法表征 ··················· 121

5.3　带材中晶体取向对微区残余应力的影响 ··················· 132

5.4　带材中宏观残余应力与微区残余应力间的关系 ········· 142

参考文献 ··· 144

6　带材轧制过程残余应力及板形控制 ······················ 146

6.1　轧制过程板形控制概述 ·· 146

6.2　带钢初始内应力对热轧断面轮廓的影响 ··················· 148

6.2.1　考虑初始内应力的辊系-轧件一体化耦合变形模型 ····· 148

6.2.2　初始内应力的数学描述 ···································· 149

6.2.3　对称初始内应力对带钢断面轮廓的影响 ············ 149

6.2.4　二次浪形内应力对带钢二次凸度的功效系数 ······ 150

6.2.5　带钢内应力对总轧制力的影响 ························· 152

6.3　辊形技术 ·· 152

6.3.1　VCR/VCR+技术 ··· 153

6.3.2　CVC 技术 ·· 156

6.3.3　PC 技术 ·· 160

6.3.4　HC 技术 ·· 162

6.3.5　HVC 技术 ·· 165

6.3.6　MVC 技术 ·· 168

6.3.7　ATR 技术 ·· 171

6.4　弯辊和窜辊技术 ·· 177

6.4.1　液压弯辊控制技术 ··· 177

6.4.2　液压窜辊技术 ··· 179

6.5　热轧带钢板形控制模型 ·· 181

6.5.1　热轧带钢板形设定模型 ···································· 182

6.5.2　热轧板形自学习模型 ······································ 191

6.5.3　热轧板形动态控制模型 ···································· 193

参考文献 ··· 195

7　热轧带材冷却过程残余应力分析与控制 ····················· 197

　7.1　热轧带材轧后的温度场和相变耦合解析 ················· 197

　　7.1.1　层流冷却过程的温度场和相变耦合解析 ··········· 197

　　7.1.2　钢卷冷却过程的温度场和相变耦合解析 ··········· 222

　7.2　热轧带材冷却过程中残余应力与温度、相变的关系 ······· 242

　　7.2.1　热应力和相变应力计算的基本理论 ··············· 242

　　7.2.2　层流冷却过程带钢的残余应力形成与演变 ········· 243

　　7.2.3　钢卷冷却过程的残余应力形成与演变 ············· 250

　7.3　层流冷却过程中热轧带钢横向翘曲分析 ················· 252

　　7.3.1　应力、应变场和横向翘曲模型的建立 ············· 252

　　7.3.2　应力、应变场和翘曲的计算结果分析 ············· 253

　　7.3.3　带钢冷却横向翘曲的改善 ······················· 255

　7.4　热轧过程中带材残余应力的控制措施 ··················· 258

　　7.4.1　厚度方向对称冷却控制 ························· 258

　　7.4.2　边部遮蔽与横向温度均匀性控制 ················· 260

　　7.4.3　相变与卷取温度控制 ··························· 264

　　7.4.4　初始横向温度差控制 ··························· 268

　　7.4.5　微中浪轧制控制 ······························· 269

　参考文献 ··· 270

8　连续退火过程中带材残余应力变化 ····················· 273

　8.1　连续退火炉中带材的残余应力概述 ····················· 273

　　8.1.1　连续退火机组概述 ····························· 273

　　8.1.2　连续退火技术要求 ····························· 274

　　8.1.3　带钢瓢曲变形概述 ····························· 275

　8.2　连退炉内带钢的屈曲变形及应力应变分布 ··············· 278

　　8.2.1　带钢屈曲变形的有限元理论 ····················· 278

　　8.2.2　有限元仿真模型的建立 ························· 280

　　8.2.3　带钢屈曲变形及应力应变分布的有限元研究 ······· 282

　8.3　连续退火炉中带温不均匀分布对带材热应力的影响 ······· 285

　　8.3.1　横向温差的影响 ······························· 285

　　8.3.2　纵向温差的影响 ······························· 287

　8.4　退火炉内炉辊辊形对带材残余应力的影响 ··············· 289

　　8.4.1　炉辊辊形对带材横向应力分布的影响 ············· 289

　　8.4.2　炉辊热变形及其对残余应力的影响 ··············· 290

　8.5　连续退火过程中带材残余应力的控制措施 ··············· 294

　　8.5.1　先进的加热装置和冷却技术 ····················· 294

　　8.5.2　炉辊辊形的合理配置 ··························· 294

　　8.5.3　炉辊的热凸度控制 ………………………………………………… 294

　　8.5.4　张力分布技术 …………………………………………………………… 294

　参考文献 ……………………………………………………………………………… 295

9　拉弯矫直过程中残余应力分析 ………………………………………………… 297

　9.1　矫直理论解析 …………………………………………………………………… 297

　　9.1.1　辊式矫直基础理论 …………………………………………………… 297

　　9.1.2　浪形带材矫直过程解析 ……………………………………………… 301

　9.2　拉弯矫直过程中有限元建模及应力演变分析 …………………………… 307

　　9.2.1　矫直模型建立 ………………………………………………………… 307

　　9.2.2　矫直过程分析 ………………………………………………………… 308

　　9.2.3　弯辊量对矫直过程的残余应力影响 ………………………………… 310

　参考文献 ……………………………………………………………………………… 314

1 残余应力概论

残余应力是指在没有对物体施加外力时，物体内部存在的保持自相平衡的应力系统。它是固有应力或内应力的一种。各种制造工艺（如铸造、拉拔、挤压、轧制、校正、切削、磨削、表面滚压、喷丸、焊接、切割、热处理等）生产的工件内部都会出现不同程度的残余应力。残余应力对材料的疲劳强度、应力腐蚀、形状精度和使用寿命等都会产生巨大的影响。

1.1 残余应力及其由来

"残余应力"有时也被称为残留应力、自有应力、内应力、宏观内应力等。这些名称来自对材料中存在内应力的不同分类方法和不同理解，也受到不同专业领域习惯用语的影响[1]。

1.1.1 残余应力的定义

残余应力是消除外力或不均匀的温度场等作用后仍留在物体内的自相平衡的内应力。机械加工和强化工艺都能引起残余应力，如冷拉、弯曲、切削加工、滚压、喷丸、铸造、锻压、焊接和金属热处理等。在这些加工工艺过程中，因不均匀塑性变形或相变都可能引起残余应力。残余应力一般是有害的，如零件在不适当的热处理、焊接或切削加工后，残余应力会引起零件发生翘曲或扭曲变形，甚至开裂。或经淬火、磨削后表面出现裂纹。残余应力的存在有时不会立即表现为缺陷，而当零件在工作中因工作应力与残余应力的叠加，使总应力超过强度极限时，便出现裂纹和断裂。零件的残余应力大部分都可通过适当的热处理消除。残余应力有时也有有益的方面，它可以被控制用来提高零件的疲劳强度和耐磨性能。

残余应力是在无外力作用时，以平衡状态存在于物体内部的应力。德国工程师Woehler 在 1860 年发表的关于火车轴断裂的论文中，第一次相当准确地描绘了轴内残余应力的分布曲线。1925 年，Massing 首次提出将内应力分为 3 类。20 世纪 50 年代末到 70 年代初，随着微电子技术的发展和计算机的普遍应用，残余应力的测试技术取得了突破性的进展。1973 年德国学者 Macherauch 对材料中的内应力重新分类。残余应力可以被定义为宏观残余应力或微观残余应力，并且两者可以一起存在于组件中。宏观残余应力（通常称为第 I 类残余应力）在工件内变化的范围大于晶粒尺寸，这也是通常意义上所描述的残余应力。由材料的微观结构差异引起的微观残余应力又可分为第 II 类残余应力、第 III 类残余应力[2]。第 II 类残余应力是在晶粒尺寸水平上起作用的微观残余应力，而第 III 类残余应力是存在于晶粒内部的微观残余应力，主要是由位错和其他晶体缺陷而导致的。

1.1.2 残余应力产生的原理和原因

1.1.2.1 残余应力产生的原理[3,4]

残余应力是在无外力作用时，以平衡状态存在于物体内部的应力。在外力的作用下，当没有通过物体表面向物体内部传递应力时，在物体内部保持平衡的应力称为固有应力或初始应力。热应力和残余应力是固有应力的一种。

物体内部残余应力的产生过程可用图 1-1 说明。从没有任何应力作用的物体内部 R 区域内，切取图中所示之正方形 A 部分（图 1-1（a））。接着将切下的 A 部分用任意的操作使之进行体积变化和形状变化而成为 B 的形状（图 1-1（b））。可以想象若将其再放入 R 区域内，使其成为图 1-1（c）所示的那样，则需由侧面施加作用力使之变形，再如图 1-1（d）所示将它放到原先的 R 内。若将施加的这个力释放时，结果则如图 1-1（e）所示，放入的部分和其周边部分要调整变形，并在该区域产生

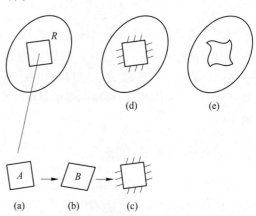

图 1-1 残余应力的产生过程[4]

应力场，这就是产生残余应力的状态。反之，如果测定出切取部分的变形量，即可推算出残余应力。实际上残余应力的测定，就是将物体进行切槽或切取，使残余应力部分释放或全部释放，用实验方法由释放时所产生的变形求出残余应力。

根据与上例相同的原理，也可应用弹性理论求出残余应力[5]。首先，将物体按假想状态分割成为若干分散的小部分来考虑。则这些部分将发生组织变化或塑性变形。这些部分的永久变形在空间坐标 x、y、z 上分解成正应变（垂直应变）和切应变，表示如下：

$$\varepsilon'_x、\varepsilon'_y、\varepsilon'_z、\gamma'_{xy}、\gamma'_{yz}、\gamma'_{zx} \tag{1-1}$$

式（1-1）的应变，如果满足应变的适合条件式，则将各部分合成一体时，因为各部分之间无不相适合的情况，所以不产生残余应力。但是，一般是不能满足适合条件式的，各部分合成一体时就显示出不相适合的情况。因此，为了满足适合条件式，在各小部分的表面就要施加作用力。若在发生式（1-1）永久变形后，材料仍是弹性的，则由于在此部分表面上加上了正应力 σ_x、σ_y、σ_z，剪切应力 τ_{xy}、τ_{yz}、τ_{zx} 就使永久应变式（1-1）被消除。应用应力和应变之间的关系，表面上的作用力（即小部分上的应力）和应变式（1-1）之间有如下关系：

$$\left.\begin{array}{l} \sigma'_x = -(\lambda\varepsilon' + 2G\varepsilon'_x) \\ \tau'_{xy} = -G\gamma'_{xy} \end{array}\right\} \tag{1-2}$$

式中，$\varepsilon' = \varepsilon'_x + \varepsilon'_y + \varepsilon'_z$；$\lambda = \upsilon E/(1+\upsilon)(1-2\upsilon)$；$E$ 为弹性模量；υ 为泊松比；G 为切变模量。

物体是由小部分所组成的。式（1-2）的这一表面力可由作用在物体表面的适宜的体积力和表面力求出。于是，式（1-2）的表面力就可用体积力 X 和表面力 $\overline{X}$ 来替换。这些

应力当然必须满足应力平衡方程式和边界条件。将式（1-2）代入后，所需的体积力和表面力见下式：

$$X = \frac{\partial}{\partial x}(\lambda \varepsilon' + 2G\varepsilon_x') + \frac{\partial}{\partial x}(G\gamma_{xy}') + \frac{\partial}{\partial z}(G\gamma_{xz}') \left.\right\} \qquad (1\text{-}3)$$

$$\overline{X} = -(\lambda\varepsilon' + 2G\varepsilon_x')l - G\gamma_{xy}'m - G\gamma_{xy}'n \left.\right\} \qquad (1\text{-}4)$$

式中，l、m、n 分别为垂直于表面力方向的方向余弦。

令物体受式（1-3）和式（1-4）所定的体积力和表面力的作用，由此中消去式（1-1）永久变形，各部分便合成为连续体。如果将式（1-3）和式（1-4）中的力除去时，则产生残余应力。此残余应力即式（1-2）所表示的应力 σ_x'、$\cdots$、τ_{xy}'、$\cdots$，可用式（1-5）所示的体积力及式（1-6）所示的表面力与式（1-3）和式（1-4）方向相反的力相加求出。

$$X = -\frac{\partial}{\partial x}(\lambda\varepsilon' + 2G\varepsilon_x') - \frac{\partial}{\partial y}(G\gamma_{xy}') \quad \frac{\partial}{\partial z}(G\gamma_{xz}') \left.\right\} \qquad (1\text{-}5)$$

$$\overline{X} = (\lambda\varepsilon' + 2G\varepsilon_x')l + G\gamma_{xy}'m + G\gamma_{xz}'n \left.\right\} \qquad (1\text{-}6)$$

假如给出永久变形，见式（1-1），则可以按通常的弹性理论处理来求出残余应力。若考虑由热应力造成固有应力时也与此相同，这时的永久变形为：

$$\left. \begin{array}{l} \varepsilon_x' = \varepsilon_y' = \varepsilon_z' = \alpha T \\ \gamma_{xy}' = \gamma_{yz}' = \gamma_{zx}' = 0 \end{array} \right\} \qquad (1\text{-}7)$$

式中，T 为温度；α 为线膨胀系数。

如上所述，将物体细小地分割后，用弹性理论来计算求出实际应力是非常麻烦的。自 Volterra[3] 研究此问题以来，作为固有应力的基础理论问题一直继续研究着。

1.1.2.2 残余应力产生的原因[1]

残余应力的产生原因，可分为因外部作用的外在原因和来源于物体内部组织结构不均匀的内在原因。本质上讲，残余应力是一种弹性应力，它与材料中局部区域存在的残余弹性应变相联系。所以，残余应力是材料中发生了不均匀的弹性变形或不均匀弹塑性变形的结果。广义地说，材料中第Ⅰ、第Ⅱ和第Ⅲ类内应力的产生是材料的弹性各向异性和塑性各向异性的反映。

一个单晶材料本身是一个各向异性体。一个单相多晶体材料在宏观力学性质上虽然呈现"伪各向同性"，但在局部区域由于晶体（即晶粒）间的结合情况不同和相对于外加应力状态的不同取向，仍表现出不同的塑性变形特性，例如各个晶体的屈服强度和形变强化特性的方向依赖性等。工程上常用的多相多晶体材料属于不均匀材料。不均匀材料受力时，由于各相弹性模量不同、屈服强度不同、形变强化特性不同和塑性变形量不同，弹性各向异性和塑性各向异性必然会引起内应力。一般屈服强度低，形变强化能力小和塑性变形量大的相，晶粒或材料区域在卸载后残留的是压应力，反之为张应力。不均匀材料中由于各向异性引起的内应力若是发生在长程范围，则产生宏观残余应力；若发生在晶粒之间（或晶粒区域之间），就形成了微观应力。当然，实际零件由于化学成分、处理过程、组织状态、几何形状和受力情况等方面的不同，引起的残余应力分布要复杂得多。

造成材料不均匀变形的原因可归纳为3个方面[6]：

（1）冷、热变形时沿截面塑性变形不均匀。由于不均一的作用应力、物体内组织的浓度差或晶粒的位相差等，材料各部分显示不同的屈服行为。

（2）零件加热、冷却时，材料内温度分布不均匀。加热、冷却过程中，由于物体的几何形状不对称、复杂等，以及各部分的导热系数、线膨胀系数等不同会导致不同的热传导状态，因而各部分之间存在温度差，形成热应力。由于高温下屈服强度不同，同时各部分的弹性模量不同，物体内产生不均匀塑性变形。

（3）加热、冷却时，零件截面内相变和沉淀析出过程不均匀。冷却时，各部分的冷却不均匀，冷却速度也不同。因而当出现相变终了的部分和相变尚未进行的部分时，两者便显现出体积变化的差异。在具有组织结构的浓度差时，则因相变和沉淀析出等，所引起的体积变化的程度也不同。由于在物体内部产生不均匀的体积变化，则产生应力。

上述3方面在加工和处理过程中都是难以避免的，因而存在残余应力也是必然的。

图1-2为冷却过程中圆柱形钢制试样无相变发生时所产生残余应力的示意图。图1-2（a）为试样心部和表层温度随时间变化的曲线，心表温差在A时刻达到极大值。图1-2（b）是冷却时对应的心部和表层的瞬时热应力的变化曲线。在冷却的初期，由于表层冷得快，其收缩较大且受心部区域的阻碍，故表层为拉应力，心部为压应力，并在A时刻达到极大值。假若心表均处于完全弹性状态，则表层的拉应力如图1-2（b）中的曲线R_{I}变化。但是实际上，材料的高温屈服强度低，心部和表层在热应力的作用下极易发生塑性变

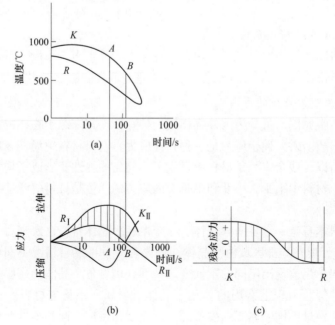

图1-2 无相变冷却时产生的残余应力示意图[4]

R—表层区域；K—心部区域；A—心表温差最大时刻；B—心表应力反向时刻

形，使应力松弛。曲线 R_{II} 和 K_{II} 分别是表层和心部实际的热应力变化曲线。继续冷却时，表层的冷却速度减小，心表温差也逐渐减小，心表的热应力同时下降。到冷却后期，心部区域开始比较强烈地收缩，受到已冷却的表层的阻碍，所以心表热应力在 B 时刻开始反向，即心部受拉、表层受压，直至心表均达到室温，冷却结束。图 1-2（c）为截面上最终的残余应力分布情况[4]。

相变时，特别是钢淬火时残余应力形成的根本原因是马氏体和奥氏体的比容差以及各个区域相变的不同时性与不均匀性。测定相变残余应力比较复杂，因为热影响残余应力几乎与它同时存在。将含镍17%的钢加热到900℃奥氏体化后，缓冷至360℃（相当于该钢的 M_s 点），由于缓慢冷却，所以热影响残余应力很小。然后将试样在冰水中淬火，从而获得接近"纯粹的"相变残余应力分布，如图 1-3 所示[4]。

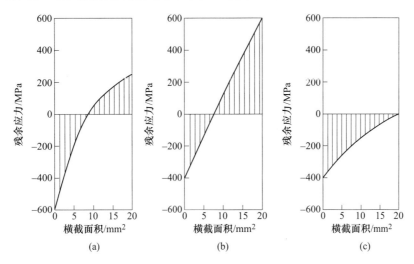

图 1-3　圆柱形试样中相变残余应力的分布[4]
（a）轴向应力；（b）周向应力；（c）径向应力

由于该试样是缓冷至 M_s 点后再急冷的，所以相变从表层开始逐渐向心部推进。马氏体相变会引起体积膨胀。但起初受到暂未相变的心部的阻碍，所以开始阶段心部受拉，表层受压。此时的相变应力的大小与心部是否屈服而发生塑性变形有关。当继续冷却时，随着表层相变结束，体积不再变化，心部逐步进行马氏体相变。由于此时表层已逐渐硬化，心部的体积膨胀受到约束，于是留下表层为残余拉应力，心部为残余压应力的相变应力型分布[4]。

钢的化学成分、奥氏体化温度的高低和冷却速度的大小是影响相变残余应力的决定因素[4]。

通常，钢淬火处理时形成的残余应力是冷却过程中的热应力和相变应力共同作用的结果，并且两者之间有一定的交互作用，例如应考虑相变的热效应而有温度变化等，所以情况更为复杂。图 1-4 是圆柱形试件冷却时可能出现残余应力分布的情况[1]。图 1-4（a）为单纯的热影响残余应力；图 1-4（d）为单纯的相变残余应力。大尺寸的钢件在水中淬火时可以预期类似于如图 1-4（b）所示的残余应力分布。而小尺寸的淬透钢件往往有类似于如图 1-4（c）所示的残余应力分布。图 1-4（e）是表面加热后单纯的热影响残余应力；图 1-4（f）是渗碳件中最可能的残余应力分布[4]。

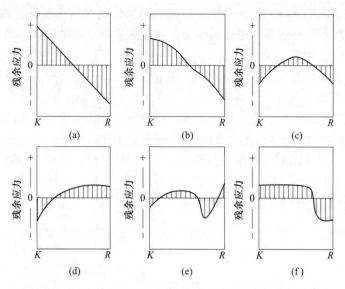

图 1-4　热处理后圆柱形试样轴向残余应力的典型分布[1]

K—心部；R—表层

　　各种工艺过程产生的残余应力往往是变形、热和相变引起的残余应力的综合结果，切削加工产生的残余应力是综合了这三方面因素的典型例子。再如像焊接残余应力中，焊缝及焊接热影响区中的过热区、正火区和部分相变区受热影响残余应力和相变残余应力的共同作用，焊接热影响区的其他区域主要是热影响残余应力。各种工艺参数和机件的几何形状和尺寸大小对工艺过程产生的残余应力有着错综复杂的影响[1]。

1.2　残余应力的分类

　　实际残余应力的产生，其原因及过程是多种多样的，且产生的残余应力也很复杂。目前最为常用的分类方法是按应力的作用范围进行分类，分为宏观残余应力和微观残余应力。按目前常见的工艺手段，可将残余应力分为焊接残余应力、铸造残余应力、切削残余应力、磨削残余应力、热处理残余应力、薄膜残余应力和涂层残余应力 7 类。如果单纯从产生的原因考虑，又可将残余应力分为热应力、相变应力以及收缩应力。残余应力的分类如图 1-5 所示。

1.2.1　按应力范围分类

　　残余应力根据相互影响的范围大小分为宏观残余应力和微观残余应力。微观残

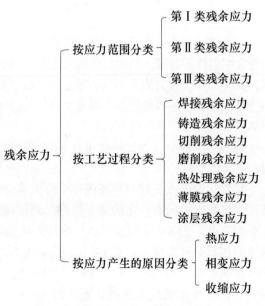

图 1-5　残余应力的分类[7,8]

余应力属于显微视野范围内的应力，根据其作用的范围，又可分为两类，即第Ⅱ类残余应力、第Ⅲ类残余应力。

1.2.1.1 第Ⅰ类内应力

材料中第Ⅰ类内应力又称宏观应力，它是在宏观区域分布，跨越多个晶粒的平均应力。按残余应力产生的原因宏观残余应力可以分为以下3种。

（1）不均匀塑性变形产生的残余应力。材料通常由于加工的原因而引起不均匀的塑性变形，即材料不同部分的塑性变形量不相同，这样必然会在不同部分之间出现相对的压缩或拉伸变形，从而产生残余应力。滚压、拉拔、挤压、切削、喷丸等加工工艺都会引起不均匀的塑性变形。

（2）热影响产生的残余应力。热影响产生的残余应力是复杂的。在加热或冷却的过程中，材料内部会存在温度梯度，由于这种不均匀加热或冷却造成不均匀的热胀冷缩，从而产生热应力。而当组织转变引起材料内部产生不均匀的体积变化时，则产生相变应力。由于热影响而产生塑性变形时，材料本身的屈服强度及弹性模量等力学特征值也要受到影响，从而也会影响应力变化。

（3）化学作用产生的残余应力。这种残余应力是由于表面向内部传递的化学变化或物理变化而产生的。比如瓷器，它是在表面涂上釉子原料，然后加热形成釉子，由于釉子有较大的线膨胀系数，冷却后在釉子上产生拉应力而发生龟裂。裂纹是有规律的，每条裂纹大都和另一裂纹互相连接起来，这种龟裂能使沿其垂直方向的拉应力消失。而泥土龟裂所形成的裂纹交角恰好为120°的星形裂纹。

钢材在进行渗氮时，表面会产生比体积较大的化合物层，表面便产生了很大的残余压应力。渗碳时也会发生类似情况。这主要是化学变化导致密度变化所造成的。

1.2.1.2 第Ⅱ类内应力

第Ⅱ类内应力，又称微观残余应力，它是由晶粒或亚晶粒之间的变形不均匀性产生的。其作用范围与晶粒尺寸相当，即在晶粒或亚晶粒之间保持平衡。这种内应力有时可达到很大的数值，甚至可能造成显微裂纹并导致工件破坏。要指出的是，多相材料中的相间应力，从其作用与平衡范围上讲，应属于第Ⅱ类内应力的范畴。

1.2.1.3 第Ⅲ类内应力

材料中第Ⅲ类内应力又称点阵畸变，也是一种微观应力，其作用与平衡范围为晶胞尺寸数量级，是原子之间的相互作用应力。它是由于工件在塑性变形中形成的大量点阵缺陷（如空位、间隙原子、位错等）引起的。变形金属中储存能的绝大部分（80%~90%）用于形成点阵畸变。这部分能量提高了变形晶体的能量，使之处于热力学不稳定状态，故它有一种使变形金属重新恢复到自由焓最低的稳定结构状态的自发趋势，并导致塑性变形金属在加热时的回复及再结晶过程。

三类应力对材料的点阵影响不同。三类应力可以单独存在于材料和部件中，但在许多情况下是混合存在的，特别是第Ⅰ类和第Ⅱ类内应力常同时存在于材料和部件中，如相间应力和晶粒间的应力，不仅使衍射线宽化，也会使衍射线条产生位移。

图1-6显示了按此种分类的残余应力在实际组织内的分布情况，这些应力各有特点。首先，第Ⅰ类残余应力处在宏观范围内是常数。第Ⅱ类残余应力处在微观领域内是常数，

但在宏观的范围内往往是周期性变化的。第Ⅲ类残余应力在微观领域内也往往是周期性变化的。表1-1表示出残余应力的分类标准与应力的作用范围。

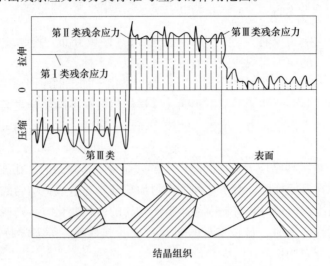

图1-6 第Ⅰ类、第Ⅱ类及第Ⅲ类残余应力示意图[4]

表1-1 残余应力的分类[9]

内应力	涉及的尺度/mm							
	10	1	10^{-1}	10^{-2}	10^{-3}	10^{-4}	10^{-5}	10^{-6}
第Ⅰ类	不均匀的外部载荷引起的应力							
第Ⅱ类			结构的内应力					
第Ⅲ类					晶体内的内应力			
						位错引起的内应力		

1.2.2 按工艺过程分类

在各种金属构件加工制造过程中，构件内部不可避免地会产生残余应力。生产过程中应力产生工艺主要分为以下7类[7]。

1.2.2.1 焊接残余应力

焊接构件因焊接而产生的应力称为焊接应力。焊接过程的不均匀温度场以及由它引起的局部塑性变形和比体积不同的组织是产生焊接应力和变形的根本原因。其残余应力产生的状况会因焊接件的形状、尺度、实施的办法和使用的焊接方法等的不同而不同。按照作用时间可分为焊接瞬时应力和焊接残余应力：焊接过程中，某一瞬时的焊接应力称为焊接瞬时应力，它会随时间的变化而变化；焊后残留在焊件内的焊接应力则称为焊接残余应力，它是由于焊接加热产生的不均匀温度场而引起的。焊接时的温度变化很大，在焊缝区最高温度可达材料的沸点，而离开热源温度急剧下降。

在焊接过程中，焊接区以远远高于周围区域的温度被急剧加热，并被局部熔化。加热过程中，焊接区受热膨胀，热膨胀受到周围较冷区域的约束，使焊接区处于压缩的状态；冷却过程中，焊接区的冷却收缩受到周围区域的约束，最终，焊接区呈现拉伸残余应力，相邻区域则呈现压缩残余应力。冷却过程中的显微组织转变会引起体积的增加，如果这种情况发生在较低的温度，而此时材料的屈服极限足够高，则会导致焊接区的残余拉应力降低，甚至产生压缩残余应力，而周围区域呈现拉伸残余应力。

均质材料构件在各部位同时升温或冷却的情况下，即假定构件上任何时刻各部位均无温差，则不会产生热应力和相变应力。在接近或超过再结晶温度保温时，由于屈服极限和弹性模量的下降及应力松弛和蠕变，原有的残余应力可大大减少。这就是热作用降低或消除焊接残余应力的机理。对非均质材料（例如焊接不同类型材料时），即使缓慢加热和冷却，也会产生焊接残余应力。

1.2.2.2 铸造残余应力

铸造过程中零件内各部分产生的应力，包括冷却后的残余应力，都会成为零件在铸造时和铸造后形成各种缺陷的原因。铸造时发生的过大应力是凝固和冷却时造成零件开裂的原因，也是铸造后加工或退火时产生开裂的原因。此外，应力还会造成尺寸不稳定，使铸造时或铸造后的加工过程中产生无法预料的变形和尺寸偏差。

从残余应力的产生根源来看，可分为两种：一是由于材料组织和成分不同，其残余应力的分布和大小的不同取决于材质的组织应力；二是受零件形状和铸造技术等影响的结构应力。受结构条件影响的应力，主要是凝固和冷却时由于零件各部分的冷却速度不一致而产生的，这与零件各部分的壁厚不均匀及形状不对称有关，而且也与浇铸和成形等铸造技术有关。此外，由于组织和成分的不均匀，都会在微观上和宏观上产生组织应力。从实际情况来看，残余应力的产生情况较为复杂，构件的形状、所用材质及铸造技术等都会对残余应力产生影响。

1.2.2.3 切削残余应力

在对零件进行切削时，已加工表面受到切削力和切削热的作用会发生严重的不均匀弹塑性变形，并且金相组织的变化将产生切削残余应力。产生切削残余应力的原因主要包括以下3种：

（1）机械应力塑性变形效应。在切削过程中，原本与切屑相连的表面层金属产生相当大的、与切削方向相同的弹塑性变形，切屑切离后，表面呈现残余拉应力而心部为残余压应力。同时，表层金属在背向力方向也发生塑性变形，刀具对加工表面的挤压使表层金属发生拉伸塑性变形，但由于受到基体金属的阻碍，从而在工件表层产生残余压应力。另外，表层金属的冷态塑性变形使晶格扭曲而疏松，密度减小，体积增大，也会使表层产生残余压应力而心部为残余拉应力。

（2）热应力塑性变形效应。切削时，强烈的塑性变形和摩擦使已加工表面层的温度升温很高，而心部温度较低。当热应力超过材料的屈服强度时，表层在高温下伸长，但由于受到基体材料的限制，本应该发生的伸长被压缩。在切削后的冷却过程中，金属弹性逐渐恢复。当冷却到室温时，表层金属要收缩，但由于受到基体金属的阻碍，工件表层产生残余拉应力。

（3）表层局部金相组织转变。切削时产生的高温会引起表层金相组织发生变化，由于不同的金相组织密度不同，表层体积也将发生变化。例如，马氏体密度为 $7.75g/cm^3$，奥氏体密度为 $7.968g/cm^3$，珠光体密度为 $7.78g/cm^3$，铁素体密度为 $7.88g/cm^3$。若表层体积膨胀，会产生残余压应力；反之，则产生残余拉应力。

1.2.2.4 磨削残余应力

磨削加工是指由嵌有许多小刀具的砂轮进行的切削加工。这种磨削所产生的试样加工变形层比一般切削更局限于表面，并且伴随着很大的发热现象。磨削残余应力的产生被认为与机械应力所造成的塑性变形有关，也与热应力所造成的塑性变形有关，还与不适当的切削和不良的工具有关。磨削残余应力主要是以下 3 种应力综合作用的结果。

（1）磨粒的机械作用引起塑性变形而形成的残余压应力。在磨削过程中，工件表面层的材料会产生很大的塑性变形，并在工件与磨粒刃尖接触点附近形成赫兹型应力场，导致工件表面层形成残余压应力。一般来讲，由于这种机械作用被局限于 $5 \sim 15\mu m$ 的深度范围。因此，仅在工件表面的极薄层分布着这种残余压应力。

（2）磨削热造成热塑性变形而形成的残余拉应力。磨削时会产生大量的磨削热，使工件磨削区的表面层金属承受瞬时高温而膨胀。由于受到下层金属的束缚，使其产生很大的压应力，此压应力很容易超过工件材料的屈服强度而产生塑性变形。在冷却过程中，表面部分将存在残余压应变，而产生残余拉应力。因此，所有能降低磨削温度的因素都可以减小残余拉应力。

（3）组织变化引起的残余应力。组织变化引起的残余应力即相变应力，也是由磨削热引起的。这是因为，只有在达到一定的温度时，工件材料才能发生组织转变。但由于组织变化不同于热塑性变形，因此它们对残余应力的影响也不相同。相变产生残余应力的性质取决于相变的类型。当由比体积小的相向比体积大的相转变时（如马氏体转变为奥氏体），会产生残余拉应力；反之，则产生残余压应力（如回火马氏体转变为非回火马氏体）。

因此，对于钢类工件，在磨削温度未达到二次淬火温度时，由于马氏体的回火效应使工件体积收缩，在表面层形成残余拉应力；而当磨削温度达到二次淬火温度时，二次淬火层内的回火马氏体转变为非回火马氏体会使体积膨胀，而在二次淬火层内形成残余压应力。但对于含碳量高的钢材，如果二次淬火层内产生大量的残留奥氏体，那么该层就会产生收缩，同样会形成残余拉应力。

1.2.2.5 热处理残余应力

在对材料进行淬火等热处理后，其内部将会产生残余应力。如果材料内各部分的形状和体积发生不均匀的变化，则残余应力的产生是无法避免的。热处理残余应力的大小和分布对材料的力学性能有很大的影响，热处理残余应力成为各种缺陷产生的原因。热处理残余应力对零件是否有害主要取决于应力的分布状态。例如，齿轮经渗碳、表面淬火和薄壳淬火后，都能够在表面形成残余压应力，而压应力有利于提高齿轮的疲劳寿命。

（1）由热应力产生的残余应力。当试样在急速冷却的过程中，由于表层和心部的冷却状态不同而产生温差，因而产生热应力。

（2）由相变应力产生的残余应力。相变应力是金属材料在热处理相变过程中产生的应力，包括不均匀相变引起的应力（组织应力）和不等时相变引起的应力（附加应力）。两种相变应力都是由不同组织结构的体积差异而引起的。例如，零件表面在进行淬火时，由于表层马氏体组织的比体积大于心部，从而在表层产生残余压应力，心部则呈现拉应力。这种残余应力分布是由不均匀相变引起的。碳钢零件在整体淬火时，先将零件加热到奥氏体转变温度以上，然后保温一段时间，再进行快速冷却，从而得到马氏体组织。在这样的热处理过程中，由于表层和心部冷却速度的不同而使相变出现时差，最终导致表层拉应力而心部压应力的分布状态。也就是说，这种残余应力分布是由不等时相变而引起的。

（3）最终残余应力。热处理应力除了热应力和相变应力之外，材料化学成分的变化也可以产生应力。例如，渗碳、渗氮等化学热处理方法都会使零件表面的化学成分发生变化，或者是增大了含碳量，或者是提高了含氮量。化学热处理后，零件表面将会产生很高的残余压应力。相反，如果零件在加热时发生了脱碳现象，表层碳含量会减少，则表层的残余压应力将会转变为拉应力。

图 1-7 所示为大截面钢件经淬火、水冷后所产生的各种应力分布情况。图 1-7（a）所示为热应力分布，表层呈压应力，而心部呈拉应力。图 1-7（b）所示为不等时相变引起的应力，表层为拉应力，而心部为压应力。由于钢件的截面大，无法淬透整个截面，从而产生相变引起的应力，如图 1-7（c）所示。用以上这些应力合成如图 1-7（d）所示。最终残余应力的简单叠加只能用来做定性的解释，实际情况要复杂很多，如相变产生的应力和不均匀相变导致的应力存在时间上的不一致，必然会对后来应力的形成造成影响，同样，后一步的应力也会使先前已形成的应力重新分布。总之，它们相互之间都有很大影响。

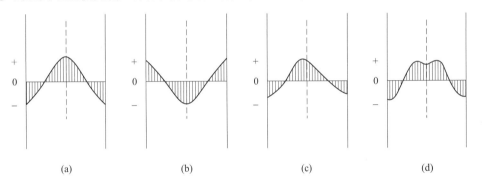

(a)　　　　　　　(b)　　　　　　　(c)　　　　　　　(d)

图 1-7　大截面钢件经淬火、水冷后所产生的各种应力分布情况[10]
(a) 热应力；(b) 不等时相变应力；(c) 不均匀相变应力；(d) 合成应力

1.2.2.6　薄膜残余应力

薄膜残余应力是薄膜生产、制备过程中普遍存在的现象。无论化学气相沉积法、物理气相沉积法还是磁控溅射法等镀膜技术，薄膜中的残余应力都是不可避免的。薄膜中残余应力的存在会影响其质量和性能。薄膜应力通常分为拉应力和压应力两类。例如，薄膜中的残余拉应力会加剧材料内部的应力集中，并促进裂纹的萌生或加剧微裂纹的扩展；而残余压应力会松弛材料内部的应力集中，可以提高材料的疲劳性能，但过大的压应力却会使薄膜起泡或分层。

无论使用哪种镀膜方式，当膜料在真空室中由蒸气沉积在基板上时，由于从气体变成固体，这种相的转变会使膜料的体积发生很大的变化，此变化加上沉积原子（或分子）和原子（或分子）间的挤压或拉伸，在成膜过程中会有微孔、缺陷等产生而造成内应力。当镀膜完成后，镀膜机内的温度从高温降至室温时，由于薄膜和基板之间的线膨胀系数不同，导致收缩或伸长量不匹配而产生热应力。

1.2.2.7　涂层残余应力

残余应力是热喷涂涂层本身固有的特性之一，是指产生应力的各种因素作用不复存在时，在物体内部依然存在并保持自身平衡的应力。它主要是涂层制造过程中加热和冲击能量作用的结果，以及基体与喷涂材料之间的热物理、力学性能的差异造成的，可将其分为热应力和淬火应力两种[11,12]。热应力是由于温度变化引起涂层和基体的线膨胀系数的失配，从而产生的残余应力。淬火应力是由于单个喷涂颗粒快速冷却到基体温度的收缩而产生的应力。热喷涂涂层中淬火应力始终是拉应力，材料性能、基体温度、涂层厚度都会影响其分布。由于固化过程会发生塑性屈服、蠕变、微开裂及界面滑移等现象，因而淬火应力会被部分释放，实际应力值会远低于理论值[13]。

1.2.3　按应力产生原因分类

以铸铁件的铸造过程为例，来说明不同应力的产生原因[8]。

1.2.3.1　热应力

铸件各部分的薄厚是不一样的，例如机床床身导轨部分很厚，侧壁筋板部分较薄。铸后，薄壁部分冷却速度快，收缩大，而厚壁部分，冷却速度慢，收缩得小。薄壁部分的收缩受到厚壁部分的阻碍，所以薄壁部分受拉力，厚壁部分受压力。因纵向收缩差大，因而产生的拉压也大。铸件的温度高时，薄厚壁都处于塑性状态，其压应力使厚壁部分变粗，拉应力使薄壁部分变薄，拉压应力，随塑性变形而消失。铸件逐渐冷却，当薄壁部分进入弹性状态而厚壁部分仍处于塑性状态时，压应力使厚壁部分产生塑性变形，继续变粗，而薄壁部分只是弹性拉长，这时拉压应力随厚壁部分变粗而消失。铸件仍继续冷却，当薄厚壁部分进入弹性区时，由于厚壁部分温度高，收缩量大。但薄壁部分阻止厚壁部分收缩，故薄壁受压应力，厚壁受拉应力。应力方向发生了变化。这种作用一直持续到室温，结果在常温下厚壁部分受拉应力，薄壁部分受压应力。这个应力是由于各部分薄厚不同，冷却速度不同，塑性变形不均匀而产生的，叫热应力。

1.2.3.2　相变应力

常用的铸铁含碳量在2.8%~3.5%，属于亚共晶铸铁，由结晶过程可知：厚壁部分在1153℃共晶结晶时，析出共晶石墨，产生体积膨胀，薄壁部分阻碍其膨胀，厚壁部分受压应力，薄壁部分受拉应力。厚壁部分因温度高，降温速度快，收缩快，所以厚壁逐渐变为受拉应力。而薄壁与其相反。在共析（738℃）前的收缩中，薄厚壁均处于塑性状态，应力虽然不断产生，但又不断被塑性变形所松弛，应力并不大。当降到738℃时，铸铁发生共析转变，由面心立方变为体心立方结构（即 γ-Fe 变为 α-Fe）。同时有共析石墨析出，使厚壁部分伸长，产生压应力。上述的两种应力，是在1153℃和738℃两次相变而产生的，叫相变应力。相变应力与冷却过程中产生的热应力方向相反，相变应力被热应力抵消。在共析转变以后，不再产生相变应力，因此铸件由薄厚冷却速度不同所形成的热应力起主要作用。

1.2.3.3　收缩应力（亦叫机械阻碍应力）

铸件在固态收缩时，因受到铸型、型芯、浇冒口等的阻碍作用而产生的应力叫收缩应力。由于各部分由塑性到弹性状态转变有先有后，型芯等对收缩的阻力将在铸件内造成不均匀的塑性变形，产生残余应力。收缩应力一般不大，多在打箱后消失。

1.3 残余应力对材料和工件性能的影响

经热处理和机械加工后零件尺寸的变形、磨削时的开裂、应力腐蚀，以及铸造、焊接时的尺寸变化、开裂等，都可能与加工过程造成工件上的残余应力过大有关。实际上，在机械使用过程中发生的意外破坏事故，除了材料本身的结构强度外，多数是由残余应力的影响造成的。

残余应力的影响如图 1-8 所示。

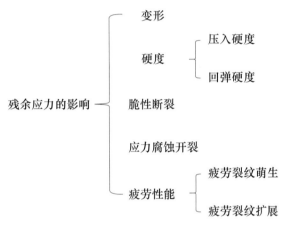

图 1-8　残余应力的影响[4]

1.3.1 残余应力对变形的影响

1.3.1.1 残余应力造成零件的不良变形[4]

如果对已存在残余应力的构件，再由外部施加应力时，则由于外加作用应力与残余应力的交互作用而使整个构件的变形受到影响，并且随着外加载荷的去除，残余应力也要发生变化。外加载荷所造成的残余应力的变化和变形如图 1-9 所示。在框架状构件的截面上存在着图 1-9（a）所示的残余应力，对构件施加拉力 F，截面 a 则呈现出残余拉应力。在铸造或焊接情况下，当工件之间有相互作用或者是具有约束力时，都将呈现出这种状态的应力。

当把材料看成是理想弹塑性体时，则会表现出如图 1-9（d）和（e）所示的应力-应变曲线。图 1-9（d）表示截面 a 处的变形，图 1-9（e）表示截面 b、c 的变形。图中的 0 点表示负载为零时各自的残余应力。图 1-9（f）为整体上外加载荷与伸长率的关系。当加载到 1 点时，截面 a 达到屈服强度；加载到 2 点时，截面 a 达到塑性状态，而截面 b 和 c 仍处于弹性状态；当加载到 3 点时，截面 b 和 c 也均达到塑性状态。因此，作为整体的变形就有图 1-9（e）所示的 1、2、3 的状态，形成曲线 Ⅱ 所示的变形过程。在此状态下卸载，残余应力就会减小乃至释放。图 1-9（c）是从 2 点的状态下卸载时的残余应力。

对于具有此例所示残余应力的塑性材料，当加载到 3 点以后的状态时，整个截面都达

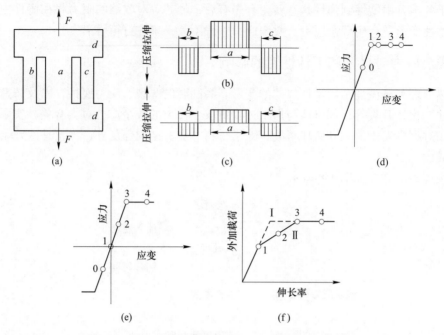

图 1-9 外加载荷所造成的残余应力的变化和变形[13]

(a) 框架状零件；(b) 加载前的残余应力；(c) 加载后的残余应力；(d) 中央部分的应力-应变曲线；

(e) 两侧部分的应力-应变曲线；(f) 整体部分的载荷-拉伸曲线

到塑性状态，由此直至材料破坏的行为与不具有残余应力的构件是一样的，可以认为，此时残余应力是没有影响的。也就是说，对于塑性材料，残余应力仅影响全截面达到塑性变形以前的变形。

1.3.1.2 残余应力引入的有利变形

通常情况下，残余应力造成的变形对零件会产生不利的影响，可也有情况与此相反，工艺流程中会特意引入残余应力，从而造成变形以达成目的。这里以喷丸成形技术为例加以说明。喷丸成形是一种借助高速弹丸流撞击金属构件表面，引入残余应力使构件产生变形的金属成形方法，它是一种无模成形工艺，是大中型飞机金属机翼整体壁板首选的成形方法，其原理如图 1-10 所示。

图 1-10 喷丸成形原理示意图[7]

1.3.2 残余应力对硬度的影响

由于原理不同，硬度可以分为压入硬度和回弹硬度。但当存在残余应力时，无论哪种硬度的测定值都会受到影响。在压入硬度情况下，残余应力会影响压入部分周围的塑性变形；对于回弹硬度，残余应力会影响回弹能量，从而使硬度的测定值有所变动。如果硬度的测定值变动很大，则可以反过来用硬度的测定来测量残余应力[4]。

1.3.2.1 对压入硬度的影响

为了探讨残余应力对压入硬度的影响，首先把压入方法简化，压头的压入情况如图1-11所示。压力 P_0 均匀地施加在接触部位。在接触部位下，P 点的 x 方向、y 方向的正应力为 σ_x、σ_y，剪切应力为 τ_{xy}。

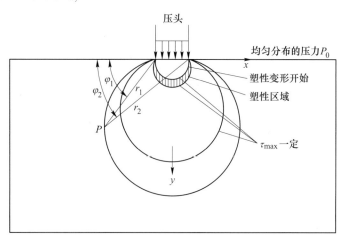

图 1-11 均匀分布接触压状态的最大剪切应力[13]

最大剪切应力 $\tau_{\max}$ 存在于通过接触部位端面的圆上。因此塑性变形便在 $\sin(\varphi_1 - \varphi_2)$ 时为最大，即在 $(\varphi_1 - \varphi_2) = \dfrac{\pi}{2}$ 的部位首先发生。

最大剪切应力 $\tau_{\max}$ 可表示为：

$$\tau_{\max} = \sqrt{\frac{P_0^2}{\pi} \sin^2(\varphi_1 - \varphi_2) - \frac{P_0}{\pi} \sin(\varphi_1 - \varphi_2)\cos(\varphi_1 + \varphi_2)\sigma_{xr} + \frac{\sigma_{xr}^2}{4}} \qquad (1-8)$$

在式（1-8）中，根号内的第一项相当于没有残余应力时的最大剪切应力的平方，第二项、第三项与残余应力 σ_{xr} 有关。因此根据第二项、第三项的值和符号便可确定出残余应力对塑性变形开始的影响。

现在假设塑性变形开始于 $\varphi_1 - \varphi_2 = \dfrac{\pi}{2}$，则 $\varphi_1 + \varphi_2 = \dfrac{\pi}{2} + 2\varphi_2$，则 $\cos(\varphi_1 + \varphi_2) = \cos\left(\dfrac{\pi}{2} + 2\varphi_2\right) < 0$。因此第二项的符号为正。如果残余应力 σ_{xr} 为拉应力，第二项和第三项为正，则最大剪切应力增大。但若是为压应力，由于两者相互抵消，对最大剪切应力的影响就减小。这种情况说明，当有拉伸残余应力存在时，塑性变形开始地较早，并使塑性变形区域变大，其结果是表现出硬度下降。

如果利用与压入硬度不同的赫芝硬度，则由于它在测定硬度时是把球压到表面，用处于载荷作用下的部分开始产生塑性变形的压力来表示硬度的，因此在所测得的硬度中，除了取决于组织状态的硬度外，还可求得残余应力的影响。如果用 F 表示载荷，用 σ 表示材料表面与球接触部分的最高压力，则根据赫芝接触理论可得[4]：

$$\sigma = \frac{1}{\pi}\sqrt[3]{\frac{3FE^2}{2\,(1-\nu^2)^2 d^2}} \tag{1-9}$$

式中，E 为弹性模量；ν 为泊松比；d 为球的直径。

图 1-12 所示为硬度（HRC）58（无应力作用时的硬度）的 Ni-Cr 钢圆板进行弯曲变形，求出的圆板表面应力与赫芝硬度之间的关系。无应力作用时，赫芝硬度为 340kg/mm²；当应力为 $-2.1×10^5$ psi 时，硬度则为 680kg/mm²。

1.3.2.2　对回弹硬度的影响

对于回弹硬度而言，材料的弹性模量和屈服强度等具有决定性的影响。残余应力对这种硬度也会造成一定的影响。因此，当残余应力存在时，即使是在低载荷作用下，材料内部也易于发生塑性变形。由于回弹硬度能使材料受到冲击力，因此只要在材料内造成微小的塑性变形功，就会减少回弹能，从而降低回弹硬度。当残余应力是拉应力时，这种效应会更加明显，如图 1-13 所示。

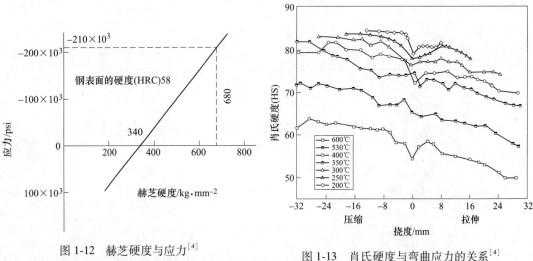

图 1-12　赫芝硬度与应力[4]
（材料：Ni-Cr 钢淬火回火应力；
硬度（HRC）：58；1psi=6.9kPa）

图 1-13　肖氏硬度与弯曲应力的关系[4]
（图中温度为退火温度）

1.3.3　残余应力对脆性断裂的影响

脆性断裂通常是在低温等特殊环境下发生的，但在普通的状态下也可能发生。由于温度的下降、变形速度的增加或者厚壁断面等，使构件的塑性变形处于抑制的状态，当因某种原因受到大的作用应力时，脆性断裂就会突然发生。残余应力作为初始应力附加到普通构件的断面时，就会对脆性断裂产生影响[4,13]。

图 1-14 所示为温度、缺口和残余应力对焊接碳钢试样断裂强度的影响。当采用没有缺口的光滑试样时，其断裂的载荷将对应于实验温度下的材料强度极限，如图 1-14 中曲线 PQR 所示。试件有缺口，但没有残余应力存在时，引起断裂的应力如图 1-14 中曲线 $PQSUT$ 所示。当温度高于断裂转变温度 T_f 时，在高应力作用下发生高能量断裂；当温度低于断裂转变温度 T_f 时，断裂应力降低到接近于屈服强度。如果在高残余拉应力区有一个

缺口，则可能发生以下各种形式的断裂：

（1）温度高于 T_f 时，断裂应力等于强度极限（曲线 PQR），残余应力对断裂应力没有影响。

（2）温度低于 T_f 时，但高于止裂温度 T_a 时，裂纹可能在低应力下始发，但被止住。

（3）温度低于 T_a 时，根据断裂始发时应力水平将发生下述两种情况之一：1）如果应力低于临界应力（如图 1-14 中曲线 WV 所示），裂纹将在扩展一段距离后被止住；2）如果应力高于临界应力，将发生完全断裂。

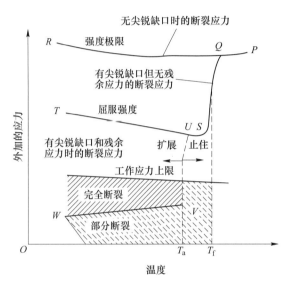

图 1-14　温度、缺口和残余应力对焊接碳钢试件断裂强度的影响[13]

T_a—止裂温度；T_f—断裂转变温度

1.3.4　残余应力对应力腐蚀开裂的影响

当材料处于静应力的作用下，同时又处于与腐蚀性介质相接触的状态时，往往经过一定时间后，材料就会有裂纹产生，并发展到整个断面而最终破坏材料。因为拉应力和腐蚀共存是应力腐蚀开裂的必要条件，所以在分析应力腐蚀开裂时应该把残余应力的影响考虑在内[4,14]。

图 1-15 所示为作用应力对应力腐蚀开裂的影响。将铝合金进行各种塑性拉伸，然后从外部施加拉应力或弯曲应力来研究其应力腐蚀开裂。对于承受弯曲应力状态的试样，裂纹在其内部扩展时，其裂纹尖端处的应力集中程度比均匀拉伸状态试样要小，则此时对应力腐蚀开裂是不敏感的。

实际情况几乎都是材料在有残余应力的状态下，再加上外应力的情况。由于残余应力的类型、大小和分布的不同，当其与外应力叠加时，有可能成为适宜于应力腐蚀开裂的状态，也可能是相反的状态。如果和腐蚀介质相接触的部位，存在残余压应力时，对防止应力腐蚀开裂是有效的。

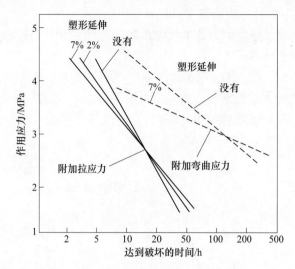

图 1-15 作用应力对应力腐蚀开裂的影响[13]

（材料为铝合金 [$w(Zn)$ 为 5.3%，$w(Mg)$ 为 0.30%，$w(Mn)$ 为 0.03%]；

腐蚀介质（质量分数）为 3%NaCl+0.1%H$_2$O$_2$；图中 7%、2%指塑性伸长率；3 条实线为从外部施加拉应力时，

塑性伸长率分别为 7%、2%和没有塑性延伸时的曲线；两条虚线为从外部施加弯曲应力，

塑性伸长率分别为 7%和没有塑性延伸时的曲线）

1.3.5 残余应力对疲劳性能的影响

作为材料承受动载性能而言，残余应力对材料疲劳强度的影响是重要的。一般而论，当受到交变应力的构件存在压缩残余应力时，该构件的疲劳强度就会提高，而存在拉伸残余应力时，其疲劳强度就会降低。

疲劳断裂分为裂纹萌生、裂纹扩展与快速断裂 3 个阶段，残余应力对疲劳性能的影响主要集中在疲劳裂纹的萌生与裂纹前期的扩展阶段[4]。

1.3.5.1 残余应力对疲劳裂纹萌生的影响

残余应力对疲劳性能的影响很大，如焊接残余拉应力使疲劳强度降低很多，寿命明显减小，而预先的表面形变强化通过在表面层引入残余压应力，可以大幅度提高疲劳强度和延长疲劳寿命。工程上早已采用喷丸强化、滚压强化、挤压强化等表面形变强化技术来延长疲劳寿命和提高疲劳强度。

表面形变强化所引入的残余压应力之所以可以明显改善疲劳性能，主要是它可以降低、抵消或减小外加载荷的不利影响，可使平均应力减小，使疲劳裂纹萌生抗力增加，甚至使疲劳裂纹仅在表面形变强化层下萌生。

1.3.5.2 残余应力对疲劳裂纹扩展的影响[13]

残余压应力阻碍疲劳裂纹的扩展，可以使其扩展速度大幅度下降，从而形成非扩展裂纹。当表面产生疲劳裂纹源时，只要裂纹的深度小于一定的强化层深度，裂纹尖端仍然存在一定的残余压应力区域。此时残余压应力不仅可以有效降低控制疲劳裂纹扩展的应力强度因子幅度，而且可以增强疲劳裂纹的闭合效果，使疲劳裂纹张开的临界应力增加，从而使得喷丸工件的疲劳强度得到提高。

1.4 残余应力的调整与消除

残余应力对零件的使用性能有着直接的影响。如零件在不适当的热处理、焊接或切削加工后，残余应力会引起零件发生翘曲或扭曲变形，甚至开裂，经淬火或磨削后表面会出现裂纹。有时残余应力引起的缺陷不会立即表现出来，当零件在工作时产生的工作应力与残余应力叠加后，总应力超过强度极限时，便出现裂纹和断裂。因此在零件的制造过程中需要采取一定的工艺手段，原则上是在加工中增加去应力工序，对已加工表面层残余应力的大小和性质加以控制，尽可能在精加工之前将零件中的残余应力消除[9]。

消除应力的方法很多，最常用的方法有热处理法、机械作用法、爆炸法、超声波冲击法和自然放置法等。自然时效是将工件长时间暴露于室外（一般长达几个月至几年），利用环境温度的变化和时间效应使残余应力释放，并使零件尺寸精度达到稳定的一种方法，由于周期太长和占地面积大，且效果不明显，现在较少使用[14]。下面将对常用的热处理和机械去除残余应力方法进行详细介绍。

1.4.1 热处理方法

热处理法就是通常说的退火法，或者是通常说的回火法。它是通过加热调整组织而使淬火残余应力得到松弛乃至去除的方法。加热去除应力可用各种各样的方法，一般的退火是在一定温度下做长时间保温，此法虽需要操作费用，但可把应力完全消除，不过也有不利的方面，这就是在600℃以上对钢进行退火时，有脱碳或表面氧化，并进而使构件软化等一些有害的弱点。

1.4.1.1 通过热处理消除残余应力的原理[4]

用热作用消除应力与蠕变和应力松弛现象有密切的关系。一般的退火是把构件在较高的适当温度下，数小时或数日地长时间保温，然后再进行缓冷的操作。残余应力的去除过程有下述的两种观点。

一种观点认为材料的屈服应力是随着加热温度的增加而下降的。而材料的纵弹性模量亦随之下降。因此加热时，该温度下的残余应力一旦超过此时的屈服应力，就会发生塑性变形，则认为残余应力将会因这种塑性变形而有所缓和，这时的应力去除是有限度的，被缓和的应力绝不可能下降到屈服应力以下。

第二种观点认为它是由一般的应力松弛所造成的。这在理论上，只要给予充分的时间，就能把应力完全去除，而且不受应力大小的限制。但在实施上，却必须在某一定温度以上，并保持适当的时间才行。采用这种办法虽可把应力完全去除，但却必须要同时考虑到材料亦会因之而软化。例如黄铜等在不软化的条件下，便可达到应力去除的目的，但在钢的情况下，其软化和应力的去除是重叠在一起的。因此从实际使用目的角度上看，要避免软化，又要去除应力就必然会受到一定的限制。

在零件的机械加工工艺规程中增加消除残余应力的热处理工序，如对铸、锻、焊接件进行退火或回火，零件淬火后进行回火；对精度较高的零件，如床身、丝杠、主轴箱、精密主轴等，在粗加工后进行时效处理；合理安排工艺过程，如粗、精加工不在同一工序中进行，使粗加工后有一定时间让残余应力重新分布，以减少对精加工的影响；提高零件的刚性，改善零件结构，使壁厚均匀等，均可减少残余应力的产生。

1.4.1.2 去应力退火[4]

去应力退火的主要目的是消除因冷加工或切削加工以及热加工（铸造、锻造、焊接）后快冷而引起的残余内应力，以避免可能导致的变形、开裂或随后处理的困难。

进行去应力退火时，金属在一定温度作用下通过内部局部塑性变形（当应力超过该温度下材料的屈服强度时）或局部的弛豫过程（当应力小于该温度下材料的屈服强度时）使残余应力松弛而达到消除的目的。在去应力退火时，工件一般缓慢加热至较低温度（灰口铸铁为 500~550℃，钢为 500~650℃，有色金属合金冲压件为再结晶开始温度以下），保持一段时间后，缓慢冷却，以防止产生新的残余应力。

去应力退火并不能完全消除工件内部的残余应力，而只是大部分消除。要使残余应力彻底消除，需将工件加热至更高温度。在这种条件下，可能会带来其他组织变化，危及材料的使用性能。

1.4.1.3 消除应力回火

去应力回火是为了使形状复杂，切削加工量大而尺寸精度要求严格的工件，如合金钢刀具、模具等，消除切削应力，减少淬火变形。所以在加工后（淬火前）常于 600~700℃进行 2~4h 的去应力回火。有时也可在粗加工与精加工之间进行。

对于热处理后性能（硬度）达不到要求的重要零件，在返修淬火前也需进行去应力回火，以减少淬火变形或淬裂。还可对加工过程或精加工后的工件进行低温回火，以消除或减少加工应力，提高工件的尺寸稳定性及耐用度。

1.4.2 机械作用

机械方法消除残余应力的原理是利用材料在机械力的作用下，局部产生的塑性变形来达到降低和调整残余应力的目的[15]。并且不会改变材料的力学性能，但其应力的消除程度是有限的。在某些场合，往往是把应力消除和重新分布作为主要目的，这种方法比较经济适用。机械方法消除残余应力的方法主要有振动时效法、锤击法、过载法和拉伸法。

1.4.2.1 振动时效

振动时效的实质是以机械振动的形式对工件施加应力，当附加应力与残余应力叠加的总应力达到或超过某一数值之后，在应力集中的地方就会因为应力超过金属材料的屈服强度而发生微观和宏观的塑性变形，从而释放应力。它的实施过程是通过振动时效装置使零件发生共振（谐振），使零件需要进行时效部位产生一定幅度、一定周期的交变运动，并吸收能量[16]，经过一定时间的振动引起零件微小塑性变形及晶粒内部位错逐渐滑移，并重新缠绕钉扎使得残余应力被消除和均化[17]。值得注意的是，振动时效对稳定尺寸精度非常有效，在某些情况下甚至比热处理的效果还要好。

振动时效和热处理后的尺寸稳定性如图 1-16 所示。经过振动时效后的工件的残余应力变得松弛并且变形刚度也得到提高。振动时效适用于碳素结构钢、低合金钢、不锈钢、铸铁、有色金属（铜、铝、锌及其合金）等铸件、锻件和焊接件及其机加工件。

1.4.2.2 锤击法

根据金属学理论，焊缝的一次结晶组织具有明显的方向性，形成的柱状晶呈束状排列，降低了焊缝的抗裂能力。焊后对焊缝进行锤击处理：一方面，锤击作用使处于高温结

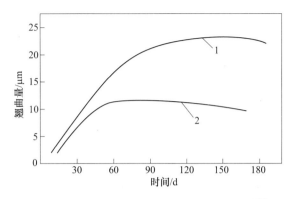

图 1-16　振动时效和热处理后的尺寸稳定性[18]

1—热处理；2—振动时效

晶的晶粒相互挤压，促使焊缝在凝固过程产生的缩松、微气孔被压实，增加了焊缝的致密性，从而降低了应力集中的程度；另一方面，锤击作用促使晶界的滑移，位错密度增大、拉长并发生缠结，增加位错运动的阻力。同时焊缝中的位错聚集，甚至形成亚晶界，增大了焊缝的变形能力。此外，在锤击力的作用下，焊缝晶粒的结晶方向被打乱，形成性能较好的等轴晶，增加了焊缝的变形能力，从而达到防止焊接裂纹产生的目的。

从力学角度分析，锤击作用使焊缝在体内的局部产生一定的塑性伸长，释放了焊接过程中产生的残余拉伸弹性应变，减小焊缝变形量，从而释放焊接残余应力。从理论上讲，当锤击力产生的塑性应变量等于焊接过程中金属内部产生的残余拉伸弹性应变时，残余应力则能够被完全消除。如果锤击作用产生的塑性应变量大于焊接过程中金属内部产生的残余拉伸弹性应变，不仅焊接残余应力被完全消除，而且在锤击区域还可以产生一定的压应力[19]。

1.4.2.3　过载处理

过载处理可以显著降低焊接残余应力，过载消除残余应力的效果取决于过载应力水平，当过载应力 σ_{ov} 达到材料的屈服强度 σ_s 时，残余应力将会被完全消除，过载后剩余的残余应力为：$\sigma_r = \sigma_s - \sigma_{ov}$。

1.4.2.4　拉伸法

这是在构件的断面上，仅仅施加均匀的拉应力使之产生塑性变形，并由之而使应力得到松弛的方法。这对有色金属合金等延展性大的材料应力去除非常有效。它能使残余应力的去除与平直校正同时进行。

要想通过拉伸把残余应力充分而有效地加以去除，就必须使整个断面都发生塑性变形。如果能获取塑性伸长率为 2.5% ~ 3.0% 程度的拉伸，便会得到最佳结果。对于形状稍复杂的工件，用拉伸消除应力的必要条件，首先是如何使整个断面都同时附加上均匀的载荷，这是更为重要的。

1.4.2.5　通过表面加工调整残余应力

对于进行了拉拔或轧制的棒或板，一般在其外表面都会呈现出显著的拉伸残余应力。这种表面残余拉应力的存在，会给疲劳和应力腐蚀开裂以及其他损伤带来不利的影响。为了消除这种应力，并赋予表面以残余压应力，可进行挤光加工、表面压延、喷丸处理、二次拉拔等表面加工，对残余应力进行调整。

参 考 文 献

［1］张定铨，何家文．材料中残余应力的 X 射线衍射分析与作用［M］．西安：西安交通大学出版社，1999．

［2］James M N. Residual stress influences on structural reliability［J］. Engineering Failure Analysis, 2011, 18（8）: 1909~1920.

［3］Volterra V. Sur léquilibre des corps élastiques multiplement connexes［J］. Annales Entifiques De L Cole Normale Supérieure, 1907, 24: 401~517.

［4］米谷茂．残余应力的产生和对策［M］．北京：机械工业出版社，1983．

［5］Timoshenko S P. Theory of elasticity［M］. New York: McGraw-Hill, 1951.

［6］束德林．金属机械性能［M］．北京：机械工业出版社，1982．

［7］高玉魁．残余应力基础理论及应用［M］．上海：上海科学技术出版社，2019．

［8］王国栋．均匀化冷却技术与板带材板形控制［J］．上海金属，2007，29（6）：1~5．

［9］李欣，刘际民．浅谈调整和消除零件中残余应力的措施［J］．世界制造技术与装备市场，2014，132（3）：101~102．

［10］马永杰．热处理工艺方法［M］．北京：化学工业出版社，2008．

［11］罗瑞强．热喷涂涂层中应力研究与分析［D］．武汉：武汉理工大学，2008．

［12］姜祎．军用装备再制造等离子喷涂层的残余应力实验研究［D］．北京：装甲兵工程学院，2007．

［13］王海斗，朱丽娜，邢志国．表面残余应力检测技术［M］．北京：机械工业出版社，2013．

［14］蒋克全，李智勇，赵兴德．零件加工应力及应力消除［J］．热处理技术与装备，2016，37（4）：11~14．

［15］高占盛．简述残余应力的产生、调整和消除［J］．中小企业管理与科技，2011，300（9）：323~323．

［16］柏玉华．振动时效工艺在矿机制造中的应用［J］．煤矿机械，2009，30（11）：102~104．

［17］韩冬，谭明华，王伟明．振动时效技术的研究及发展［J］．机床与液压，2007，35（7）：225~228．

［18］Zhang J X, Liu K S, Zhao K, et al. A study on the relief of residual stresses in weldments with explosive treatment［J］. International Journal of Solids and Struc-tures, 2005, 42（13）: 3794~3806.

［19］阮政卿，杨立志．振动时效消除卷材转辊残余应力的研究［J］．工艺与设备，2005，12（6）：28~31．

2 残余应力无损检测方法

物理式残余应力测试方法主要包括纳米压痕法、射线法、磁测法及超声法。此类方法属于无损式测量方法，其中射线法使用较多，而且比较成熟；磁测法设备较复杂，携带到现场并在实物上测量有一定的困难，操作技术也较复杂。残余应力有损检测技术主要指机械式残余应力测试方法。机械法测残余应力是指采用机械加工的手段，对被测构件进行部分加工或完全剥离，使被测构件上的残余应力部分释放或完全释放，利用电阻应变计测出残余应力的方法[1]。机械法测残余应力常用的方法主要有盲孔法、剥层法、环芯法、部分法、切槽法和切取法等。

2.1 无损检测法

2.1.1 纳米压痕法

通过压头对材料表面加载，然后测出压痕区域，以此来评价材料力学性能的技术，称为压痕技术。纳米压痕技术又被称为深度敏感压痕技术，是近年发展起来的一种新技术。基于纳米压痕法所提出的测量残余应力的模型如下。

2.1.1.1 Suresh 理论模型[2,3]

由于平均接触应力 σ_{ave}（等效于硬度 H）不受任何固有应力的影响，因而有：

$$\sigma_{\text{ave}} = \frac{F}{A} = \frac{F_0}{A_0} \tag{2-1}$$

式中，F、A 分别为存在残余应力时的载荷和压痕面积；F_0、A_0 分别为无残余应力时的载荷和压痕面积。

根据 Kick 定律，载荷-位移曲线可表示为：

$$\left.\begin{aligned} F_0 &= C_0 h_0^2 \\ F &= C h^2 \end{aligned}\right\} \tag{2-2}$$

式中，C_0、C 分别为无残余应力和有残余应力时载荷-位移曲线的加载曲率；h_0 和 h 分别为无残余应力和有残余应力时的压入深度。

压痕面积 A_0 和 A 可以表示为：

$$\left.\begin{aligned} A_0 &= D_0 h_0^2 \\ A &= D h^2 \end{aligned}\right\} \tag{2-3}$$

式中，D_0、D 分别为无残余应力和有残余应力时压痕面积的度量，这两个参数与压痕接触周边的堆积和凹陷效应有关。

由式（2-1）~式（2-3）可得：

$$\sigma_{ave} = \frac{C}{D} = \frac{C_0}{D_0} \tag{2-4}$$

同理：

$$\left.\begin{array}{l} \dfrac{D}{D_0} = \dfrac{C}{C_0} \\[3mm] \dfrac{D}{C} = \dfrac{D_0}{C_0} \end{array}\right\} \tag{2-5}$$

A 残余拉应力

上述模型针对的是等双轴残余应力，残余应力 σ^R 在 x 方向和 y 方向的分量相等，即 $\sigma_{x,0}^R = \sigma_{y,0}^R$，可以等效为静水应力 $\sigma_{x,0}^R = \sigma_{y,0}^R = \sigma_{z,0}^R = \sigma_h$，加上一个单轴压应力 $-\sigma_{z,0}^R = -\sigma_h$。

残余拉应力时，推导得到：

$$\frac{h_0^2}{h^2} = \frac{h_2^2}{h_1^2} = 1 - \frac{\sigma_h D}{C} = 1 - \frac{\sigma_h}{\sigma_{ave}} \tag{2-6}$$

即：

$$\frac{h^2}{h_0^2} = \left(1 - \frac{\sigma_h}{\sigma_{ave}}\right)^{-1} \tag{2-7}$$

$$\sigma_h = H\left(1 - \frac{h_0^2}{h^2}\right) \tag{2-8}$$

B 残余压应力

与拉应力的情况相似，同理可得固定压痕深度时残余应力的计算公式为：

$$\sigma_h = \frac{H}{\sin\alpha}\left(1 - \frac{A_0}{A}\right) \tag{2-9}$$

固定载荷时残余应力的计算公式为：

$$\sigma_h = \frac{H}{\sin\alpha}\left(\frac{h_0^2}{h^2} - 1\right) \tag{2-10}$$

式中，α 为压头边界与材料表面的夹角。在此情况下引入 $\sin\alpha$ 是因为：与拉应力不同，压应力的存在促使压头与样品接触，因而不能直接改变拉应力公式中残余应力的符号来得到压应力的公式。

2.1.1.2 Lee 理论模型 I[3,4]

该模型由 Yun-Hee Lee 等在 2002 年测量薄膜等双轴残余应力时提出。该方法假设硬度不变，但加载曲线斜率改变。当固定压痕深度时，为了满足硬度不变的前提，材料被压表面形貌必然会发生变化。当残余应力从拉应力释放到零再转换为压应力的过程中，压痕逐渐由凹陷转为堆积。

对于恒定压痕深度 h_1，拉应力状态的载荷和压痕面积分别为 F_T 和 A_T；无应力状态的载荷和压痕面积分别为 F_0 和 A_0；压应力状态的载荷和压痕面积分别为 F_C 和 A_C。压应力的加载曲线斜率大于无应力的，而拉应力的加载曲线斜率小于无应力的。

由于硬度不变，所以：

$$H = \frac{F_T}{A_T} = \frac{F_0}{A_0} = \frac{F_C}{A_C} \tag{2-11}$$

如果将由残余应力引起的载荷差定义为 F_r，则：

$$F_r = F_0 - F_T （拉应力状态） \tag{2-12}$$

$$F_r = F_C - F_0 （压应力状态） \tag{2-13}$$

材料内的残余应力为：

$$\sigma_r = \frac{F_r}{A} \tag{2-14}$$

2.1.1.3 Lee 理论模型Ⅱ[3,5]

2003 年，Yun-Hee Lee 等又提出了一种测量（100）钨单晶体残余应力的方法。钨单晶体中的弹性残余应力视为等双轴平面应力，即 $\sigma_{r,x} = \sigma_{r,y} = \sigma_{r,z} = 0$，将该应力分解为平均应力和偏应力，则有：

等双轴应力　　　　　平均应力部分　　　　　偏应力部分

$$\begin{bmatrix} \sigma_r & 0 & 0 \\ 0 & \sigma_r & 0 \\ 0 & 0 & 0 \end{bmatrix} = \begin{bmatrix} \frac{2}{3}\sigma_r & 0 & 0 \\ 0 & \frac{2}{3}\sigma_r & 0 \\ 0 & 0 & \frac{2}{3}\sigma_r \end{bmatrix} + \begin{bmatrix} \frac{1}{3}\sigma_r & 0 & 0 \\ 0 & \frac{1}{3}\sigma_r & 0 \\ 0 & 0 & -\frac{2}{3}\sigma_r \end{bmatrix} \tag{2-15}$$

偏应力部分沿压痕方向的应力元素 $\left(-\frac{2}{3}\sigma_r\right)$ 直接加在垂直方向的应力上，因此，无应力和有应力试样的载荷差可表示为：

$$F_r = -\frac{2}{3}\sigma_r A_C \tag{2-16}$$

由于压头回弹处样品材料的压痕深度和硬度不变，在残余拉应力的释放过程中，载荷由 F_T 增大到 F_0 时，接触面积由 A_T 增大到 A_C。连续的应力释放可以表示为：

$$F_0 = F_T + F_r = F_T - \frac{2}{3}\int_{F_T}^{F_0} d(\sigma A_C) \tag{2-17}$$

残余应力从 σ_r 到 0 的释放过程被认为是线性的，即：

$$\sigma = \frac{\sigma_r}{F_T - F_0}(F - F_0) \tag{2-18}$$

如果除去压痕尺寸效应，那么接触面积 A_C 可以由载荷 F 来表示，而接触面积的经验拟合公式为 F 的三次方程，拟合常数为 R_0、R_1、R_2、R_3，则有：

$$A_C = R_0 + R_1 F + R_2 F^2 + R_3 F^3 \tag{2-19}$$

将式（2-18）和式（2-19）代入式（2-17）可得：

$$\sigma_r = \frac{3}{2} \frac{L_r^2}{R_3 F_T^4 + (R_2 - R_3 F_0)F_T^3 + (R_1 - R_2 F_0)F_T^2 + (R_0 - R_1 F_0)F_T - R_0 F_0} \tag{2-20}$$

2.1.1.4 Lee 理论模型Ⅲ[6,7]

2004 年，Yun-Hee Lee 等建立了测量二维平面应力的方法，将应力状态划分为 4 类，即单轴应力（$\sigma_x^{\text{app}} \neq 0, \sigma_y^{\text{app}} = 0$）、等双轴应力（$\sigma_x^{\text{app}} = \sigma_y^{\text{app}} \neq 0$）、双轴应力（$\sigma_x^{\text{app}} \neq \sigma_y^{\text{app}} \neq 0$）和纯切应力（$\sigma_x^{\text{app}} = -\sigma_y^{\text{app}} \neq 0$）。等双轴应力用 σ_x^{app}、σ_y^{app} 表示。其中 σ_y^{app} 可以用 $k\sigma_x^{\text{app}}$ 来表示，$k = \dfrac{\sigma_y^{\text{app}}}{\sigma_x^{\text{app}}}$，$k$ 的范围为 -1.0（纯切应力）~0（单轴应力）~1.0（等双轴应力）。

当压痕深度相同时，双轴应力和无应力状态的载荷差与平均应力呈线性关系，与纯切应力无关。

因为平均应力 $\sigma_{\text{avg}}^{\text{app}} = \dfrac{\sigma_x^{\text{app}} + \sigma_y^{\text{app}}}{2} = \dfrac{(1+k)\sigma_x^{\text{app}}}{2}$，偏应力为 $-\dfrac{2\sigma_{\text{avg}}^{\text{app}}}{3}$，而 $\dfrac{2\sigma_{\text{avg}}^{\text{app}}}{3}A_{\text{T}} = F_0 - F_{\text{T}}$，

所以 $\sigma_{\text{avg}}^{\text{app}} = \dfrac{3(F_0 - F_{\text{T}})}{2A_{\text{T}}}$。

因此残余应力模型为：

$$\sigma_x^{\text{app}} = \frac{2\sigma_{\text{avg}}^{\text{app}}}{1+k} = \frac{2}{1+k}\frac{3(F_0 - F_{\text{T}})}{2A_{\text{T}}} = \frac{3}{(1+k)A_{\text{T}}}(F_0 - F_{\text{T}}) \tag{2-21}$$

2.1.1.5 Swadener 理论

Swadener 理论以使用球形压头为前提，因球形压头有确定的变形范围，用其计算残余应力比用尖锐的锥形压头精确得多。依据材料受应力影响刚开始屈服时，测量深度和接触半径可用 Hertzian 接触力学分析的理论，对于球形压头提出的残余应力计算公式为[8]：

$$\frac{\sigma_r}{\sigma_y} = 1 - \frac{3.72}{3\pi}\left(\frac{E_r a}{R\sigma_y}\right) \tag{2-22}$$

式中，R 为压头半径；a 为接触半径；σ_y 为屈服应力。

只要获得独立可估算的屈服强度，即可用式（2-22）计算残余应力。

而 Tabor 提出硬度和屈服强度之间的关系式为 $H = k\sigma_y$（k 为常数因子），对于存在残余应力的材料来说，该式应该修正为 $H + \sigma_r = k\sigma_y$。如果已知参考试样的应力状态，$k\sigma_y$ 的变化和 $E_r a/(\sigma_y R)$ 可由实验得到，式（2-22）即可用来计算残余应力。

球形压头测残余应力的理论中，第一种方法要求单独测量材料的屈服应力，而第二种方法要知道参考试样的应力状态，因此需要做额外的实验来对其进行测量，并且此项技术应用于薄膜材料残余应力的测量方面存在困难[9]。

2.1.2 X 射线衍射法

X 射线衍射法（XRD）是实验应力分析方法的一种。利用 X 射线穿透金属晶格时发生衍射的原理，测量金属材料或构件的表面层由于晶格间距变化所产生的应变，从而算出应力。其可以无损地直接测量试件表层的应力或残余应力[10,11]。

X 射线衍射技术检测残余应力为非破坏性试验方法，其理论成熟，测量精准度高，测量结果准确、可靠，且可以直接测量实际工件而无须制备样品。X 射线法检测的是纯弹性应变。线束的直径可以控制在 2mm 以内，可以测量一个很小范围内的应变。由于 X 射线法检测的是表面或近表面的二维应力，结合采用剥层的方法，可以测量应力沿层深的分布。X 射线法也可以检测材料中的第二类和第三类应力。但由于 X 射线对金属的穿透深度有限，只能无破坏地测量表面应力，若测深层应力及其分布，也须破坏构件，这不仅损害

了 X 射线法的无损性本质，还将导致部分应力松弛和产生附加应力场，严重影响测量精度。被测工件表面状态对测量结果影响较大。当被测工件不能给出明锐的衍射峰时，测量精度亦将受到影响。

2.1.2.1 二维残余应力的测定原理[12]

X 射线应力测定的基本思路是：一定应力状态引起的晶格应变和按弹性理论求出的宏观应变是一致的，而晶格应变可以通过布拉格方程由 X 射线衍射技术测出，这样就可以从测得的晶格应变来推知残余应力。对一般金属材料，X 射线的穿透深度很浅，仅 $10\mu m$ 左右，它所记录的仅仅是工件表面的应力。由于垂直于表面的应力分量为零，所以它所处理的总是二维平面应力。测定这类应力的典型方法即 $\sin^2\psi$ 法，1961 年由德国学者 E. Macherauch 提出，其逐渐成为 X 射线应力测定的标准方法。

在一个确定的坐标系中，如图 2-1 所示[12]，空间任意一个方向的正应力为：

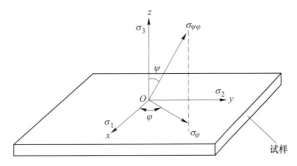

图 2-1　$\sigma_{\psi\varphi}$、σ_φ 与主应力 σ_1、σ_2、σ_3 的关系[12]

$$\sigma_{\psi\varphi} = \alpha_1^2 \sigma_1 + \alpha_2^2 \sigma_2 + \alpha_3^2 \sigma_3 \tag{2-23}$$

式中，α_1、α_2、α_3 为 $\sigma_{\psi\varphi}$ 对应的方向余弦，即：

$$\left.\begin{aligned} \alpha_1 &= \sin\psi\cos\varphi \\ \alpha_2 &= \sin\psi\sin\varphi \\ \alpha_3 &= \cos\psi = \sqrt{1 - \sin^2\psi} \end{aligned}\right\} \tag{2-24}$$

式中，σ_1、σ_2、σ_3 为主应力；φ 和 ψ 分别为衍射晶面法线对选定坐标的旋转角和倾斜角。

同理，空间任意一个方向的正应变为：

$$\varepsilon_{\psi\varphi} = \alpha_1^2 \varepsilon_1 + \alpha_2^2 \varepsilon_2 + \alpha_3^2 \varepsilon_3 \tag{2-25}$$

主应力与主应变两者关系的广义胡克定律为：

$$\left.\begin{aligned} \varepsilon_1 &= \frac{1}{E}[\sigma_1 - \nu(\sigma_2 + \sigma_3)] \\ \varepsilon_2 &= \frac{1}{E}[\sigma_2 - \nu(\sigma_1 + \sigma_3)] \\ \varepsilon_3 &= \frac{1}{E}[\sigma_3 - \nu(\sigma_1 + \sigma_2)] \end{aligned}\right\} \tag{2-26}$$

式中，E、ν 分别是材料的弹性模量和泊松比。

由于垂直于表面的应力分量 $\sigma_3 = 0$，因而实际测得的应力是图 2-1 中的 σ_φ，即试样（各向同性材料）的表面应力。

由布拉格方程 $2d\sin\theta = \lambda$ 可以得出应变与衍射角位移的关系:

$$\varepsilon_{\psi\varphi} = \frac{\Delta d}{d} = \frac{d_{\psi\varphi} - d_0}{d_0} = -\cot\theta_0(\theta_{\psi\varphi} - \theta_0) \qquad (2-27)$$

式中, d_0 、 θ_0 分别为无应力时的晶面（hkl）的面间距和掠射角; $d_{\psi\varphi}$ 、 $\theta_{\psi\varphi}$ 分别为有应力时法向位于（ψ 、 φ）方向时的（hkl）晶面的面间距和掠射角; $\varepsilon_{\psi\varphi}$ 是（ψ 、 φ）方向的应变。

由式（2-23）~式（2-27）可得:

$$\sigma_\varphi = -\frac{E}{2(1+\nu)}\cot\theta_0 \frac{\pi}{180°} \times \frac{\partial(2\theta)}{\partial(\sin^2\psi)} \qquad (2-28)$$

令 $K_1 = -\dfrac{E}{2(1+\nu)}\cot\theta_0 \dfrac{\pi}{180°}$, $M = \dfrac{\partial(2\theta)}{\partial(\sin^2\psi)}$, 则得到测定残余应力的基本公式:

$$\sigma_\varphi = K_1 M \qquad (2-29)$$

式中, K_1 为应力常数; M 为 2θ 对 $\sin^2\psi$ 的斜率。

2.1.2.2　三维残余应力的测定原理及方法

事实上,材料内部存在的残余应力在更多情况下是三维应力状态,且沿深度为连续分布。因此,如何测定残余应力及其沿深度分布一直是 X 射线残余应力测定的重点研究对象,越来越受到关注[13]。

A　X 射线积分法[10,12]

根据连续介质力学理论,在受力物内,一个体积元的应变可以用一个由二阶张量组成的应变矩阵来表示,即:

$$\boldsymbol{\varepsilon}_{ij} = \begin{bmatrix} \varepsilon_{11} & \varepsilon_{12} & \varepsilon_{13} \\ \varepsilon_{21} & \varepsilon_{22} & \varepsilon_{23} \\ \varepsilon_{31} & \varepsilon_{32} & \varepsilon_{33} \end{bmatrix} \qquad (2-30)$$

图 2-2 所示为该体积元的变形示意图及应变分量 ε_{ij}, i 代表产生应变的方向, j 代表产生应变的面的法向。例如, ε_{22} 表示 $x-z$ 平面沿 y 方向的正应变, ε_{13} 表示 $x-y$ 平面沿 x 方向的切应变等。

对于各向同性的材料,在平衡条件下, $\varepsilon_{12} = \varepsilon_{21}$, $\varepsilon_{13} = \varepsilon_{31}$, $\varepsilon_{23} = \varepsilon_{32}$, 因此,式(2-30)中实际上只有 6 个独立分量,且以应变矩阵对角线为对称,即:

$$\boldsymbol{\varepsilon}_{ij} = \begin{bmatrix} \varepsilon_{11} & \varepsilon_{12} & \varepsilon_{13} \\ \varepsilon_{12} & \varepsilon_{22} & \varepsilon_{23} \\ \varepsilon_{13} & \varepsilon_{23} & \varepsilon_{33} \end{bmatrix} \qquad (2-31)$$

同理,应力可表示为:

$$\boldsymbol{\sigma}_{ij} = \begin{bmatrix} \sigma_{11} & \sigma_{12} & \sigma_{13} \\ \sigma_{12} & \sigma_{22} & \sigma_{23} \\ \sigma_{13} & \sigma_{23} & \sigma_{33} \end{bmatrix} \qquad (2-32)$$

在图 2-2 确定的坐标系中,使正应变 ε_{11} 、 ε_{22} 、 ε_{33} 与坐标轴一致,则任一方向的应变可以表示如下:

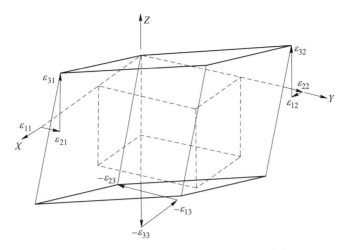

图 2-2　体积元的变形示意图及应变分量[12]

$$\varepsilon_{\psi\varphi} = \alpha_1^2\varepsilon_{11} + \alpha_2^2\varepsilon_{22} + \alpha_3^2\varepsilon_{33} + 2\alpha_1\alpha_2\varepsilon_{12} + 2\alpha_2\alpha_3\varepsilon_{23} + 2\alpha_1\alpha_3\varepsilon_{13} \tag{2-33}$$

将式（2-24）代入式（2-33），可得：

$$\varepsilon_{\psi\varphi} = \varepsilon_{11}\sin^2\varphi\cos^2\varphi + \varepsilon_{12}\sin^2\varphi\cos2\varphi + \varepsilon_{13}\sin2\varphi\cos\varphi +$$
$$\varepsilon_{22}\sin^2\psi\sin^2\varphi + \varepsilon_{23}\sin2\psi\sin\varphi + \varepsilon_{33}\cos^2\psi \tag{2-34}$$

式（2-34）即为测定三维残余应力的基本公式，只要求出 ε_{ij}，然后根据应力-应变关系即可求出 σ_{ij}。

常规 X 射线残余应力测定方法是基于 $2\theta - \sin^2\psi$ 之间的线性关系，因此测得的是工件表层的平均二维应力。在实际的工件中，常常存在如图 2-3 所示的不均匀应力和应变，在深度比较小的范围内，可以认为深度 z 处的应变为：

$$\varepsilon = \varepsilon_0 + \varepsilon_z z \tag{2-35}$$

式中，ε 为深度 z 处的应变；ε_0 为表面的应变；ε_z 为应变梯度。

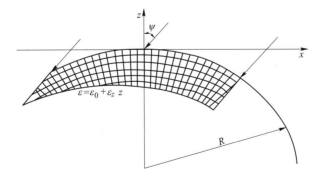

图 2-3　工件存在不均匀应变示意图[12]

用于测定应力的 X 射线束具有一定的宽度和穿透深度，探测器采集到的是工件被照体积范围内的信息，探测到的应变是被照体积应变的加权平均 $\langle\varepsilon\rangle$，其数字表达式为：

$$\langle \varepsilon \rangle = \frac{\iint e^{-\frac{z}{\tau}} \int \varepsilon(x,y,z)\,dxdydz}{\iint e^{-\frac{z}{\tau}} \int dxdydz} \tag{2-36}$$

式中，τ 为 X 射线在被测工件中的穿透深度；$\varepsilon(x, y, z)$ 是某一点 (x, y, z) 处的应变。

求出 $\varepsilon(x, y, z)$ 后，则即可求出该点 (x, y, z) 处的残余应变或残余应力及其在工件中的分布。

为求解 (x, y, z)，可将式（2-36）中的 $\varepsilon(x, y, z)$ 与式（2-31）的应变矩阵 ε_{ij} 联系起来。通过数学处理将 ε_{ij} 在工件深度 z 方向上按泰勒级数展开，当 X 射线有效穿透深度较小时，可以认为深度与应力变化呈线性关系。因此，泰勒级数展开式只保留到一次项，即：

$$\boldsymbol{\varepsilon} = \begin{bmatrix} \varepsilon_{011} & \varepsilon_{012} & \varepsilon_{013} \\ & \varepsilon_{022} & \varepsilon_{023} \\ & & \varepsilon_{033} \end{bmatrix} + \begin{bmatrix} \varepsilon_{z11} & \varepsilon_{z12} & \varepsilon_{z13} \\ & \varepsilon_{z22} & \varepsilon_{z23} \\ & & \varepsilon_{z33} \end{bmatrix} z \tag{2-37}$$

同理，应力可以表示为：

$$\boldsymbol{\sigma} = \begin{bmatrix} \sigma_{011} & \sigma_{012} & \sigma_{013} \\ & \sigma_{022} & \sigma_{023} \\ & & \sigma_{033} \end{bmatrix} + \begin{bmatrix} \sigma_{z11} & \sigma_{z12} & \sigma_{z13} \\ & \sigma_{z22} & \sigma_{z23} \\ & & \sigma_{z33} \end{bmatrix} z \tag{2-38}$$

式中，ε_{0ij} 和 σ_{0ij} 分别是被测工件表面的应变和应力；ε_{zij} 和 σ_{zij} 分别是距离被测工件表面深度 z 处的应变梯度和应力梯度。

将式（2-37）代入式（2-34）并与式（2-36）联立，求解应力的问题便转化为求解线性方程组的问题。从上述三式可以看出，该线性方程组共有 12 个未知量，因此，在无应力晶面间距 d_0 未知的情况下，至少要测出 13 组 ψ、φ 对应的 $d_{\psi\varphi}$，以求解线性方程组。计算出 ε 后，根据应力-应变关系即可求出 σ。

B　剥层法[10,12]

剥层法应用较早，它是测定材料及其工件内部残余应力沿层深分布的方法。该方法通过切削或腐蚀使材料内部逐层露出，以测量各层的残余应力。因为被剥除部分的残余应力的释放，将导致剩余部分的残余应力重新分布，导致测得的残余应力并不等于剥层以前该处的应力。对释放应力所造成的影响可以通过弹性理论的计算加以修正。

对圆筒试样用剥层法测定残余应力分布及其修正有如下的推导。首先，假定应力分布是轴对称的，沿轴向的分布也是均匀的，且在剥层的过程中，这种对称情况没有发生变化；其次，假设剥除掉截面上的总应力，是以一个大小相等、方向相反的应力均匀地附加到剩下的截面上。设圆筒的内半径为 a，外半径为 b，从表面往里进行测量。当剥除到外半径为 r 时，用 X 射线法测得该处的轴向和切向残余应力分别为 σ_{lx} 和 σ_{tx}，则该处原始的轴向、切向及径向残余应力 σ_1、σ_t 及 σ_r 可按式（2-39）~式（2-41）计算求得：

$$\sigma_1 = \sigma_{lx} - 2\int_r^b \frac{r}{r^2 - a^2}\sigma_{lx}\,dr \tag{2-39}$$

$$\sigma_t = \sigma_{tx} - \frac{r^2 + a^2}{r^2}\int_r^b \frac{r^2}{r^2 - a^2}\sigma_{tx}\,dr \tag{2-40}$$

$$\sigma_r = -\frac{r^2 - a^2}{r^2} \int_r^b \frac{r}{r^2 - a^2} \sigma_{tx} \mathrm{d}r \tag{2-41}$$

实际计算时，常采用图解法。以式（2-39）为例，在求出一系列与 r 对应的 σ_{tx} 后。分别以 r 和 σ_{tx}/r 为横坐标和纵坐标，由曲线下方对应的面积即可求出积分项数值，进而求出 σ_1。

C 多波长法[12]

多波长法是利用不同特征 X 射线在材料中穿透深度的差异而获得不同深度的衍射信息，从而测定出不同深度的加权平均应力，据此推算出真实应力及其随深度的分布。

用此法对喷丸件的三维残余应力及其沿深度分布进行半定量分析计算。将 X 射线积分法中体积元的应变与待定的 $\sigma_{ij}(z)$ 联系起来，将 σ_{ij} 按泰勒级数展开，并根据线弹性理论的边界条件、平衡条件和 X 射线衍射条件进行简化，进而用积分变换求解出应力状态标准方程，即：

$$\left.\begin{aligned}
\sigma_{11}(z) &= \sigma_{11,0} + a_{11}z + b_{11}z^2 + u_{11}z^3 \\
\sigma_{12}(z) &= \sigma_{12,0} + a_{12}z + b_{12}z^2 + u_{12}z^3 \\
\sigma_{22}(z) &= \sigma_{22,0} + a_{22}z + b_{22}z^2 + u_{22}z^3 \\
\sigma_{13}(z) &= a_{13}z + b_{13}z^2 + u_{13}z^3 \\
\sigma_{23}(z) &= a_{23}z + b_{23}z^2 + u_{23}z^3 \\
\sigma_{33}(z) &= b_{33}z^2 + u_{33}z^3
\end{aligned}\right\} \tag{2-42}$$

只要确定出式（2-42）中各项的系数，则问题即可得到解决。将式（2-36）改为用应力表示，并在 X 射线的有效穿透深度内积分，即：

$$\langle \sigma_{ij} \rangle = \frac{\int \sigma_{ij}(z) \mathrm{e}^{-\frac{z}{\tau}} \mathrm{d}z}{\int \mathrm{e}^{-\frac{z}{\tau}} \mathrm{d}z} \tag{2-43}$$

将式（2-42）代入式（2-43），经积分即可得：

$$\langle \sigma_{ij} \rangle = \sigma_{0ij} + a_{ij}\tau + 2b_{ij}\tau^2 + 6c_{ij}\tau^3 \tag{2-44}$$

用 3 种不同的特征 X 射线照射试样，测出 4 个不同深度 τ 对应的 $\langle \sigma_{ij} \rangle$，即可求出系数 a_{ij}、b_{ij}、c_{ij}，再代回到式（2-42）中，从而求出应力状态的标准方程。

2.1.3 中子衍射法

中子衍射方法是一种可测量材料内部三维残余应力分布的无损检测分析手段[3]。该方法适合测试大工程部件残余应力，其穿透能力可达表面以下厘米量级（一般可穿透钢板 25mm、铝板 100mm）[14]，是铜靶 X 射线的 1000 倍[15]。此外，该技术还有以下特点：可进行三维应力测量，具有近 90°的理想衍射几何布局（此时衍射体积为近立方形），适合完整测量部件内部三维应力分布，而同步辐射高能 X 射线衍射测量的衍射体积为狭窄菱方型，主要获取二维应力；空间分辨率可调，与有限元网格尺寸匹配，在检验有限元计算方面具有天生优势[16]；可同时解决材料中特定相的平均应力和晶间应力问题；便于原位可监视实际环境或加载条件下应力的发展变化状态。因此，该技术成为工程应用领域产品设计和开发、加工过程优化、失效评估的强有力手段[17]。

利用中子衍射技术检测残余应力的工作在 20 世纪 80 年代就已经开始了，但相对中子衍射技术在其他方面的应用，一直发展得较为缓慢[18]。近年来，随着工程和材料科学应用需求的增加和人们认识的深入，越来越多的中子衍射实验室开始建立专门的中子衍射残余应力分析装置，由此可见，目前中子衍射残余应力分析工作正在进入一个蓬勃发展的时期。

与常规 X 射线衍射相比较，中子衍射法的独特优势是中子具有很强的穿透能力，使其在测量较大体积固体材料的内部残余应力方面成为一种独特的技术。在复合材料研究中，为了得到基体的应变值，其他组分区域相对于穿透深度必须足够小。如果材料组分为纤维状或晶粒有几微米厚甚至更大，X 射线衍射结果将会强烈地受到表面效应的影响，而中子衍射不会存在这个问题。对于晶面间距 d 随 $\sin^2\psi$ 的分布关系，中子衍射可以允许测量至 $\sin^2\psi = 1$，虽然新近发展的 X 射线衍射装置也可以测量到 $\sin^2\psi = 0.9$，但当强烈的织构存在时，$0.9 < \sin^2\psi \leqslant 1$ 区域也是非常重要的。例如，在冷压钢中大部分晶粒在冷压方向的 [100] 轴与表面平行，因此，只有中子衍射可以测量这些晶粒在冷压方向的晶格应变。另外，中子衍射可以通过测量样品的整个截面区分宏观应力和微观应力，整个截面范围内的宏观应力值为零，由衍射峰的展宽则可直接获得微观应变值[19]。

中子衍射测量残余应力的缺点是中子源的流强较弱，需要的测量时间比较长，而且中子源建造和运行费用昂贵，在一定程度上也限制了中子衍射残余应力分析的商业应用。中子衍射测量需要样品的标准体积较大，空间分辨率较差，通常为 $10mm^3$，而 X 射线衍射则为 $10^{-1}mm^3$。因此，中子衍射对材料表层残余应力的测量无能为力，只有在距表面 $100\mu m$ 及以上区域测量时，中子衍射方法才会具有优势。中子衍射法还受到中子源的限制，不能像常规 X 射线衍射装置一样具有便携性，无法在工作现场进行实时测量[19]。

2.1.4 磁测法

磁测法的最大特点是测量速度快，非接触测量并适合现场测试。但测试结果受很多因素的影响，可靠性和精度差，量值标定困难，对材质较敏感且仅能用于铁磁材料。

金属磁记忆检测技术利用铁磁性材料在地磁场中的磁致伸缩效应和磁机械效应，既可以检测到材料中的缺陷部位，也可以探测出铁磁性材料内部以应力集中区为特征的危险区域。它是一种快速无损检测方法。

铁磁性材料在载荷的作用下会发生磁致伸缩效应从而发生形变，引起磁畴位移，改变磁畴的自发磁化方向，以此增加磁弹性能来抵消载荷应力的增加，导致金属磁特性的不连续分布。当这些载荷消失后，应力集中区的金属磁特性不连续分布仍然存在的特性被称为磁记忆效应。铁磁材料处于地磁场或外加磁场中时，磁场正常穿过金属，其磁感线为平行的直线束。如图 2-4 所示，当金属受载荷的作用时，其内部具有逆磁致伸缩效应的磁畴组织发生可逆或不可逆的重新取向。金属在应力集中区表面出现漏磁场 H_p，该漏磁场的法向分量 $H_p(x)$ 值为梯度状且过零点，切向分量 $H_p(y)$ 具有最大值。根据磁记忆效应，这种畸变在载荷消失后仍然存在。通过测量金属表面漏磁场 H_p，便可检测出应力集中部位[20~29]。

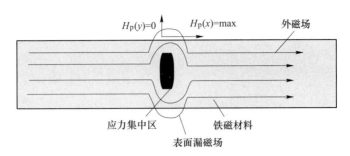

图 2-4 铁磁材料在应力集中区作用下的磁场分布图[22]

2.1.5 曲率法

薄膜残余应力是薄膜制备过程中的普遍现象，所有的薄膜几乎都处于某种应力状态，金属薄膜的残余应力大小一般为 $10^7 \sim 10^9 \mathrm{Pa}$ 数量级。过大的残余应力会使薄膜发生翘曲或断裂，严重影响器件的使用性能，甚至引起器件失效。曲率测量技术是较早出现并且获得广泛应用的一种微机电系统器件薄膜残余应力测试技术，其适用对象是薄膜/基底结构，残余应力主要是由于薄膜与基底之间不匹配的线膨胀系数引起的[30]。

其原理是通过测量基片镀膜前后的曲率变化来计算薄膜应力。该方法要求基片为圆片状或长方条形。当薄膜沉积到基片上时，薄膜与基片之间产生二维界面应力，使基片发生微小的弯曲。当薄膜样品为平面各向同性时，圆片和长方条分别近似弯曲成球面和圆柱面。利用几何学和力学原理能够简单地推导出基片曲率变化与薄膜应力的对应关系，可以用 Stoney 公式表示[31]：

$$\sigma_{\mathrm{f}} = \frac{M_{\mathrm{s}} t_{\mathrm{s}}^2}{6 t_{\mathrm{f}}} (k - k_0) \qquad (t_{\mathrm{s}} \geqslant t_{\mathrm{f}}) \tag{2-45}$$

式中，σ_{f} 为薄膜应力；t_{s}、t_{f} 分别为基片和薄膜的厚度；k_0、k 分别为基片镀膜前后的曲率半径；M_{s} 为基片的二维杨氏模量，$M_{\mathrm{s}} = E_{\mathrm{s}} / (1 - \nu_{\mathrm{s}})$，$E_{\mathrm{s}}$、$\nu_{\mathrm{s}}$ 分别为基片材料的弹性模量和泊松比。

基片曲率法大致分为轮廓法、干涉法和光杠杆法。

2.1.6 超声波法

声弹性法测定应力是无损测量方法中受人关注的一种方法。超声波可穿透物体，且其声弹效应主要取决于材料内部的应变大小。它是通过超声在材料内部的传播特性，利用应力引起的声双折射效应测量出超声传播路径的平均应力[32]。

对于大多数介质而言，超声波的穿透能力较强。在一些金属材料中，其穿透能力可达数米，故能无损测量实际构件表面和内部的应力分布。但超声波法测量结果受试件材料的组织结构、粗晶等的干扰较大，且因由应力引起的声速变化微小，给精确测量带来困难，因而测量的可靠性较差。

超声波法检测残余应力的基本原理如下[33,34]。设两个固态媒质的分界面为 $x - z$ 平面（即 $y = 0$）。一个在媒质 1 中的超声纵波以一定倾斜角度入射，通过两媒质的界面向媒质 2 内传递时，它将分解成为两个纵波和两个横波，如图 2-5（a）所示；但当入射波是沿垂直于各向同性介质表面传播时，它将形成两个与入射波同类型的波，如图 2-5（b）所示，这个规律为利用超声波检测残余应力提供了理论根据和实验基础，一个各向同性的固态介质（通常假定所测试样品为各向同性的），在应力的作用下，是具有声弹性的，即在有应力的情况下，由于应力的方向和大小的不同，会使在固态介质中的超声波的传播速度发生变化，也就是说由于应力的存在引起了各向异性。当应力为平面应力状态且超声波又以垂直于应力平面方向传播时，超声波仅只分解成两个方向的超声波（反射波和折射波），如图 2-5（b）所示。

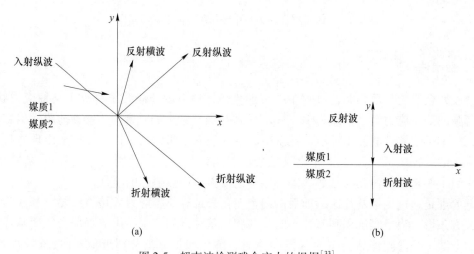

图 2-5　超声波检测残余应力的根据[33]

（a）入射波以一定倾斜角度入射；（b）入射波沿垂直于各向同性介质角度入射

2.1.7　扫描电子声显微镜

扫描电子声显微镜 SEAM 是将扫描电子显微镜和声学技术结合在一起，形成的一种非破坏性的表面和亚表面成像的工具。但它又与通常的扫描电子显微镜不同，通常的扫描电镜只能对试样的表面进行观察成像，而扫描电子声显微镜则能对试样的亚表面进行非破坏性的成像，这是普通扫描电镜和其他成像工具所无法比拟的[35]。

扫描电子声显微镜检测原理如下。当一束周期性强度调制的电子束经聚焦入射于试样时，试样表面受到局部的周期加热，激发出热波，热传导方程给出热波的热扩散长度 μ_t：

$$\mu_t = \sqrt{2K/(\omega\rho c)} \tag{2-46}$$

式中，K、ρ、c 分别为材料的热导率、密度和定容比热容；ω 为调制角频率。同时一部分热波能量转换为声波，这种声波包含了热波与物质相互作用的信息，可由压电换能器接收。由于热波的高衰减性，其通常只能传播一个热波波长 λ_t（$\lambda_t = 2\pi\mu_t$）的范围，因此可以认为声源分布在表面附近一个热波穿透范围内。

电子声信号的振幅主要反映了试样表面特征，其相位主要反映了亚表面特征。通过调节频率得到的电子声像可以反映不同热波穿透深度的表面和亚表面特征。

材料热学或热弹性质的微小变化是由于试样的局部晶格结构的改变而引起的，因此它能反映出光学和电子显微镜所不能反映的微观热性能或热弹性能的差异，可用于残余应力的表征。利用扫描电子声显微镜独特的分层成像能力，可揭示残余应力沿深度方向的分布情况，使测量三维残余应力分布成为可能，扫描电子声显微镜的穿透能力很强，适用于对不透明材料中的残余应力进行无损测量。

2.1.8 拉曼光谱技术

拉曼光谱是表征材料结构和性质的一种有效的实验手段。拉曼检测对样品无损伤，对样品制备无特殊要求，具有精确、简便等优点。

最简单的拉曼光谱如图 2-6 所示，在光谱图中有 3 种线，中央的是瑞利散射线，它的频率为 γ_0，强度最强。其次是斯托克斯线，位于瑞利线的低频一侧，与瑞利线的频差为 $\Delta\gamma$，斯托克斯线的强度比瑞利线弱得多，为后者的百分之一到上万分之一。反斯托克斯线在瑞利线的高频一侧出现，与瑞利线的频差也是 $\Delta\gamma$。和斯托克斯线对称地分布在瑞利线的两侧，反斯托克斯线的强度比斯托克斯线又要弱得多，因此不容易被观察到。

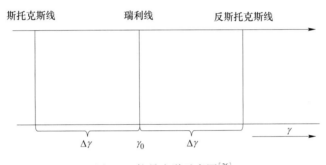

图 2-6 拉曼光谱示意图[36]

当单色光束照射固体时，光子与物质分子相互碰撞引起光的散射。其中发生非弹性散射的光束经分光后形成拉曼散射光谱。拉曼散射光谱与固体分子的振动有关，并且只有当分子的振动伴有极化率时才能与激发光发生相互作用，产生拉曼散射。

拉曼峰的频率等于物质原子的振动频率。如果物体中存在应力，某些对应力敏感的谱带就会产生移动和变形。其中拉曼峰频移的改变与所受应力成正比，即 $\Delta\gamma = K\sigma$ 或 $\sigma = \alpha\Delta\gamma$，式中 $\Delta\gamma$ 为频移（单位 cm^{-1}），K 和 α 为应力因子。

拉曼峰频移的改变可简单地说明如下：当固体受到压应力作用时，分子的键长通常要缩短。依据力常数和键长的关系，力常数就要增加，从而振动频率增加，谱带向高频方向移动；相反，当固体受拉应力作用时，谱带向低频方向移动[37,38]。

2.2 有损检测法

2.2.1 盲孔法

在工程上测量表面残余应力时常采用盲孔法。该方法的测量精度受操作工艺及设备、应变片粘贴质量及灵敏度等的影响较大[38,39]。

盲孔法的测量原理如图 2-7 所示[1]。假设一块各向同性的材料中存在有残余应力，若钻一小孔，孔边的径向应力下降为零，孔边附近的应力则会重新分布。阴影部分为钻孔后应力的变化，该应力变化称为释放应力。用应变计测出此释放应力，采用极坐标 r、θ，如图 2-8 所示，构件上 $P(r, \theta)$ 点的应力状态为：

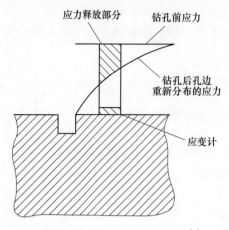

图 2-7　盲孔法应力释放原理图[1]

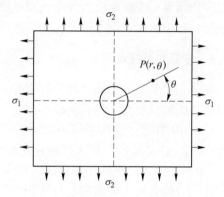

图 2-8　盲孔法应力释放原理图[1]

$$
\left.
\begin{aligned}
\sigma_{r_0} &= \frac{1}{2}(\sigma_1 + \sigma_2) + \frac{1}{2}(\sigma_1 - \sigma_2)\cos2\theta \\[2mm]
\sigma_{\theta_0} &= \frac{1}{2}(\sigma_1 + \sigma_2) - \frac{1}{2}(\sigma_1 - \sigma_2)\cos2\theta \\[2mm]
\tau_{r\theta_0} &= \frac{1}{2}(\sigma_1 - \sigma_2)\sin2\theta
\end{aligned}
\right\}
\tag{2-47}
$$

式中，σ_1、σ_2 为工件内的两个主应力；θ 为参考轴与主应力 σ_1 方向的夹角；σ_{r_0} 为径向应力；σ_{θ_0} 为切向应变；$\tau_{r\theta_0}$ 为切应力。

若钻一半径为 a 的小孔，则钻孔后 P 点的应力状态为：

$$
\left.
\begin{aligned}
\sigma_{r_1} &= \frac{(\sigma_1 + \sigma_2)}{2}\left(1 - \frac{a^2}{r^2}\right) + \frac{(\sigma_1 - \sigma_2)}{2}\left(1 + \frac{3a^4}{r^4} - \frac{4a^2}{r^2}\right)\cos2\theta \\[2mm]
\sigma_{\theta_1} &= \frac{(\sigma_1 + \sigma_2)}{2}\left(1 + \frac{a^2}{r^2}\right) - \frac{(\sigma_1 - \sigma_2)}{2}\left(1 + \frac{3a^4}{r^4}\right)\cos2\theta \\[2mm]
\tau_{r\theta_1} &= \frac{(\sigma_1 - \sigma_2)}{2}\left(1 - \frac{3a^4}{r^4} + \frac{2a^2}{r^2}\right)\sin2\theta
\end{aligned}
\right\}
\tag{2-48}
$$

钻孔前后应力发生变化，即释放应力为：

$$
\sigma_r =
\left\{
\begin{aligned}
\sigma_{r_1} - \sigma_{r_0} &= -\frac{(\sigma_1 + \sigma_2)}{2} \times \frac{a^2}{r^2} + \frac{(\sigma_1 - \sigma_2)}{2}\left(\frac{3a^4}{r^4} - \frac{4a^2}{r^2}\right)\cos2\theta \\[2mm]
\sigma_\theta = \sigma_{\theta_1} - \sigma_{\theta_0} &= \frac{(\sigma_1 + \sigma_2)}{2} \times \frac{a^2}{r^2} - \frac{(\sigma_1 - \sigma_2)}{2} \times \frac{3a^4}{r^4}\cos2\theta \\[2mm]
\tau_{r\theta} = \tau_{r\theta_1} - \tau_{r\theta_0} &= -\frac{(\sigma_1 - \sigma_2)}{2}\left(-\frac{3a^4}{r^4} + \frac{2a^2}{r^2}\right)\sin2\theta
\end{aligned}
\right.
\tag{2-49}
$$

根据胡克定律有：

$$
\varepsilon_r = \frac{1}{E}(\sigma_r - \nu\sigma_\theta)
\tag{2-50}
$$

则 P 点的径向释放应变为：

$$\varepsilon_r = \frac{1}{E}\left\{\frac{\sigma_1 + \sigma_2}{2}\left[-(1+\nu)\frac{a^2}{r^2}\right] + \frac{\sigma_1 - \sigma_2}{2}\left[3(1+\nu)\frac{a^4}{r^4} - \frac{4a^2}{r^2}\right]\cos2\theta\right\} \quad (2\text{-}51)$$

令：

$$\left.\begin{array}{l} A = -\dfrac{1+\nu}{2}\times\dfrac{a^2}{r^2} \\[4mm] B = \dfrac{1}{2}\left[3(1+\nu)\dfrac{a^4}{r^4} - \dfrac{4a^2}{r^2}\right] \end{array}\right\} \quad (2\text{-}52)$$

则径向应变为：

$$\varepsilon_r = \frac{A}{E}(\sigma_1 + \sigma_2) + \frac{B}{E}(\sigma_1 - \sigma_2)\cos2\theta$$
$$(2\text{-}53)$$

表面残余应力通常呈现为平面应力状态，2个主应力和主应力方向角共 3 个未知量，要用 3 个应变敏感栅组成的应变计进行测量。一般采用径向排列的三轴应变计，如图 2-9 所示。

由图 2-9 可知，$\theta_1 = \theta$，$\theta_2 = \theta + 225°$，$\theta_3 = \theta + 90°$，若敏感栅 R_1、R_2 和 R_3 测出的释放应变分别为 ε_1、ε_2 和 ε_3，代入式（2-53）得：

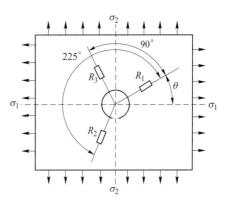

图 2-9 盲孔法应变计敏感栅布置图[1]

$$\left.\begin{array}{l} \varepsilon_1 = \dfrac{A}{E}(\sigma_1 + \sigma_2) + \dfrac{B}{E}(\sigma_1 - \sigma_2)\cos2\theta \\[4mm] \varepsilon_2 = \dfrac{A}{E}(\sigma_1 + \sigma_2) - \dfrac{B}{E}(\sigma_1 - \sigma_2)\sin2\theta \\[4mm] \varepsilon_3 = \dfrac{A}{E}(\sigma_1 + \sigma_2) - \dfrac{B}{E}(\sigma_1 - \sigma_2)\cos2\theta \end{array}\right\} \quad (2\text{-}54)$$

经数学推导，可得主应力的计算公式为：

$$\left.\begin{array}{l} \sigma_1 = \dfrac{E}{4A}(\varepsilon_1 + \varepsilon_3) - \dfrac{E}{4B}\sqrt{(\varepsilon_1 - \varepsilon_3)^2 + (2\varepsilon_2 - \varepsilon_1 - \varepsilon_3)^2} \\[4mm] \sigma_2 = \dfrac{E}{4A}(\varepsilon_1 + \varepsilon_3) + \dfrac{E}{4B}\sqrt{(\varepsilon_1 - \varepsilon_3)^2 + (2\varepsilon_2 - \varepsilon_1 - \varepsilon_3)^2} \\[4mm] \tan2\theta = \dfrac{2\varepsilon_2 - \varepsilon_1 - \varepsilon_3}{\varepsilon_3 - \varepsilon_1} \end{array}\right\} \quad (2\text{-}55)$$

式中，θ 为主应力 σ_1 与敏感栅 R_1 轴的夹角；A、B 为释放系数。

2.2.2 环芯法

环芯法是在工件上加上一个环形槽，将其中的环芯部分从工件本体分离开来，这个环形槽将工件对环芯周围的约束去掉，应力随之释放出来。在环芯槽中心部位贴上专用应变花，以测量释放出来的应变。

环芯法测残余应力原理如图 2-10 所示。假设各向同性材料的工件上某一区域内存在双向残余应力场。根据弹性理论，环芯边界残余应力释放时引起的释放应变形式为：

$$\varepsilon_\alpha = \frac{A}{E}(\sigma_1 + \sigma_2) + \frac{B}{E}(\sigma_1 - \sigma_2)\cos2\alpha \quad (2\text{-}56)$$

式中，σ_1、σ_2 为工件内的两个主应力；α 为应变计的参考轴与 σ_1 方向的夹角；E 为被测材料的弹性模量；A、B 为应力释放系数。

采用如图 2-10 所示的三轴应变计，有：

$$\left.\begin{aligned}
\varepsilon_1 &= \varepsilon_\alpha = \frac{A}{E}(\sigma_1 + \sigma_2) + \frac{B}{E}(\sigma_1 - \sigma_2)\cos2\alpha \\
\varepsilon_2 &= \varepsilon_{\alpha+225°} = \frac{A}{E}(\sigma_1 + \sigma_2) - \frac{B}{E}(\sigma_1 - \sigma_2)\sin2\alpha \\
\varepsilon_3 &= \varepsilon_{\alpha+90°} = \frac{A}{E}(\sigma_1 + \sigma_2) - \frac{B}{E}(\sigma_1 - \sigma_2)\cos2\alpha
\end{aligned}\right\}$$

$$(2\text{-}57)$$

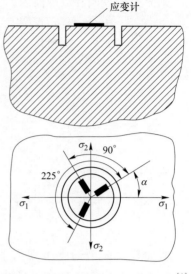

图 2-10　环芯法测残余应力原理图[1]

解此方程组，则得残余应力计算公式为：

$$\left.\begin{aligned}
\sigma_1 &= \frac{E}{4A}(\varepsilon_1 + \varepsilon_3) - \frac{E}{4B}\sqrt{(\varepsilon_1 - \varepsilon_3)^2 + (2\varepsilon_2 - \varepsilon_1 - \varepsilon_3)^2} \\
\sigma_2 &= \frac{E}{4A}(\varepsilon_1 + \varepsilon_3) + \frac{E}{4B}\sqrt{(\varepsilon_1 - \varepsilon_3)^2 + (2\varepsilon_2 - \varepsilon_1 - \varepsilon_3)^2} \\
\tan2\alpha &= \frac{2\varepsilon_2 - \varepsilon_1 - \varepsilon_3}{\varepsilon_3 - \varepsilon_1}
\end{aligned}\right\} \quad (2\text{-}58)$$

一般规定环芯法铣制环槽内径为 15mm，外径为 20mm。采用环芯法测量，可以测量表面以下 0~8mm 的残余应力沿层深的变化情况。

在实际测量时，通过逐层铣去有限深度增量 ΔZ 的方法，并且假定 ΔZ 段上的应力是恒定不变的。相应地，残余应力计算公式由式（2-58）变为：

$$\left.\begin{aligned}
\sigma_1 &= \frac{E}{4\Delta A}(\Delta\varepsilon_1 + \varepsilon_3) - \frac{E}{4\Delta B}\sqrt{(\Delta\varepsilon_1 - \Delta\varepsilon_3)^2 + (2\Delta\varepsilon_2 - \Delta\varepsilon_1 - \Delta\varepsilon_3)^2} \\
\sigma_2 &= \frac{E}{4\Delta A}(\Delta\varepsilon_1 + \Delta\varepsilon_3) + \frac{E}{4\Delta B}\sqrt{(\Delta\varepsilon_1 - \Delta\varepsilon_3)^2 + (2\Delta\varepsilon_2 - \Delta\varepsilon_1 - \Delta\varepsilon_3)^2} \\
\tan2\alpha &= \frac{2\Delta\varepsilon_2 - \Delta\varepsilon_1 - \Delta\varepsilon_3}{\Delta\varepsilon_3 - \Delta\varepsilon_1}
\end{aligned}\right\} \quad (2\text{-}59)$$

式中，ΔA、ΔB 为 ΔZ 段上的释放系数；$\Delta\varepsilon_1$、$\Delta\varepsilon_2$、$\Delta\varepsilon_3$ 分别为 ΔZ 段上应力释放引起的应变计 3 个敏感栅的应变变化。

释放系数 A 和 B 为无量纲值。它们仅与环芯直径、环槽深度和应变计尺寸有关。与盲孔法类似，环芯法释放系数可用试验法进行标定，在单向均匀拉伸应力场 $\sigma_1 = \sigma$、$\sigma_2 = 0$ 中测量求得释放系数为：

$$A = \frac{E(\varepsilon_1 + \varepsilon_3)}{2\sigma} \quad\Bigg\}$$

$$B = \frac{E(\varepsilon_1 - \varepsilon_3)}{2\sigma} \quad\Bigg\}$$

$$(2\text{-}60)$$

在弹性范围内，当环形槽的几何形状确定时，应变释放系数仅与材料的特性有关，与外加应力无关。

2.2.3 剥层法

剥层法的历史较为久远，是一种应用较早的材料残余应力测试方法，剥层法因能得到构件厚度方向的应力分布而得到广泛应用，目前常用于聚合物注塑件或陶瓷件的残余应力测量中。

剥层法测量原理是利用机械加工或化学腐蚀的手段，将被测构件一层层剥离，使剥离层的残余应力得以释放，在剩余厚度构件中产生一定的应变；根据所测的应变值及剩余构件厚度，即可计算出释放应力值，此即是剥离层中的残余应力。如此逐层剥去，残余应力在整个平板厚度方向的分布情况就清楚了[40]。

对于厚板内部的剥层残余应力，采用如下经典公式[41]：

$$\sigma(z) = \frac{E}{2}\left[(h-a)\frac{\mathrm{d}\varepsilon}{\mathrm{d}a} - 4\varepsilon + 6(h-a)\int_0^a \frac{\varepsilon}{(h-z)^2}\mathrm{d}z\right] \qquad (2\text{-}61)$$

式中，ε 为测量得到的应变，是剥层深度 a 的函数 $\varepsilon(a)$。

对于注塑件，剥后发生变形的试样利用二次元测量仪进行测量，得到挠度值。通过测量试样的曲率，计算剥层位置截面上的残余应力分布情况。各向同性材料残余应力计算公式如下：

$$\sigma_x(y_1) = \frac{-E}{6(1-\gamma^2)}\left\{(b+y_1)^2\left[\frac{\mathrm{d}\rho_x(y_1)}{\mathrm{d}y_1} + \frac{\gamma\mathrm{d}\rho_z(y_1)}{\mathrm{d}y_1}\right] + 4(b+y_1)[\rho_x(y_1) + \right.$$

$$\left. \gamma\mathrm{d}\rho_x(y_1)] - 2\int_{y_1}^b [\rho_x(y_1) + \gamma\mathrm{d}\rho_x(y_1)]\,\mathrm{d}y\right\} \qquad (2\text{-}62)$$

式中，σ_x 为 x 轴坐标方向的应力；$y = \pm b$ 分别表示试样没有剥层时的上、下表面位置；$y = y_1$ 为每次剥层后新表面的位置；ρ_x、ρ_z 分别为试样在不同坐标方向测量得到的曲率。

广义的剥除法可用于测量各向异性材料的残余应力，对于各向异性材料，残余应力引起的剥层在两个方向的曲率是不相等的，分别测得在两个方向的曲率，然后综合计算在各方向位置的应力值。

2.2.4 剖分法

测量时，将被测部分完全剥离下来，剥离部分上的残余应力被全部释放。用应变计测出释放应变，利用力学公式算出残余应力。该方法要求被测构件处于平面应力状态。

如果工件的残余应力为单轴应力状态，只要在测量处沿着残余应力方向粘贴一个单轴应变计，剖分工件，测出 ε，然后用胡克定律计算出残余应力：

$$\sigma = - E\varepsilon \qquad (2-63)$$

如果工件的残余应力为主应力方向已知的双轴应力状态，只要在测量处沿着两个主应力方向粘贴一个双轴应变计，剖分工件，测出释放应变 ε_1 和 ε_2，然后用下式计算残余应力：

$$\left.\begin{array}{l}\sigma_1 = - \dfrac{E}{1-\nu^2}(\varepsilon_1 + \nu\varepsilon_2) \\[3mm] \sigma_2 = - \dfrac{E}{1-\nu^2}(\varepsilon_2 + \nu\varepsilon_1)\end{array}\right\} \qquad (2-64)$$

如果工件中的残余应力主方向未知，那么粘贴 45° 应变计，如图 2-11 所示。剖分工件后，测出应变 ε_0、ε_{45} 和 ε_{90}，然后按下式计算残余应力主应力的大小和方向：

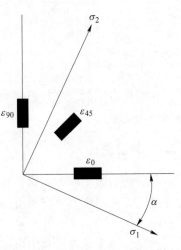

图 2-11　剖分法应变计布置图[1]

$$\left.\begin{array}{l}\sigma_1 = - \dfrac{E(\varepsilon_0 + \varepsilon_{90})}{2(1-\nu)} - \dfrac{E}{2(1+\nu)}\sqrt{(\varepsilon_0 - \varepsilon_{90})^2 + 2(\varepsilon_{45} - \varepsilon_0 - \varepsilon_{90})^2} \\[4mm] \sigma_2 = - \dfrac{E(\varepsilon_0 + \varepsilon_{90})}{2(1-\nu)} + \dfrac{E}{2(1+\nu)}\sqrt{(\varepsilon_0 - \varepsilon_{90})^2 + 2(\varepsilon_{45} - \varepsilon_0 - \varepsilon_{90})^2} \\[4mm] \tan 2\alpha = \dfrac{2\varepsilon_{45} - \varepsilon_0 - \varepsilon_{90}}{\varepsilon_{90} - \varepsilon_0}\end{array}\right\} \qquad (2-65)$$

2.2.5 切槽法

切槽法就是在构件上进行切槽，由于切槽而形成残余应力的释放区，测定出此部分的应变从而求出残余应力。假定由于切槽而形成的彼此孤立部分内的残余应力是均匀一致的，并且槽沟所包围部分内的残余应力完全被释放。对于残余应力释放的区域，无论由直线形沟槽所包围，还是由圆弧状沟槽所包围均可以。Gunnert 法就是制成圆弧状沟槽，是切槽法的典型代表。

切槽法测量残余应力步骤：

（1）根据构件的受力状况选定测点（区）。在沿着现存应力的方向粘贴应变片，如需测量构件的主应力，则需要贴应变片花。

（2）粘贴完成后，切割细槽至一定深度让测区应力完全被释放，记录此时的应变值。

（3）计算得出构件的残余应力值。

不同应力状态下时，切槽法测量残余应力原理如下[41]：

（1）单向受力状态下：在单向受力状态下，切槽法仅需在测点周围切割出两条直线形细槽就可以测出该点的应力，并且能减少在切割时扰动对应变测量的误差。由于构件仅受一个方向的力，因此可由单轴应力状态下的胡克定律计算得：

$$\sigma = E\varepsilon \qquad (2-66)$$

具体计算公式为：

$$\sigma = \frac{E}{K_z}\frac{\mathrm{d}\varepsilon_z}{\mathrm{d}z} \tag{2-67}$$

式中，$\dfrac{\mathrm{d}\varepsilon_z}{\mathrm{d}z}$ 可由测量的切槽深度及对应的应变值作曲线后求得。K_z 为常数，与开槽的深度、宽度、应力释放区域的宽度有关，但与材料无关；该值可由校正试验确定。

（2）双向受力状态下：在双向受力状态下此时和环芯法原理一样，测点处贴有应变花取代了单向应力状态下的应变片。

在该应力状态下，考虑在弹性范围内，设在直角坐标系中，构件测点处的主应力为 σ_1、σ_2，测点处由于开槽应力完全释放时测点应变片测点的应变值为 ε_1、ε_2、ε_3，开槽后应变 $\varepsilon(\varphi)$ 是与主应力 σ_1 方向夹角为 φ 处的应变值，则：

$$\varepsilon(\varphi) = k(\varphi)\sigma_1 + k(90° - \varphi)\sigma_2 \tag{2-68}$$

式中，$\varepsilon(\varphi)$、$k(90° - \varphi)$ 为与 φ 有关的周期性变化参数。

任意方向 $\varepsilon(\varphi)$ 与主应力 σ_1、σ_2 的关系式为：

$$\varepsilon(\varphi) = (A + B\cos2\varphi)\sigma_1 + (A + B\cos2\varphi)\sigma_2 \tag{2-69}$$

若采用 45° 应变花（即 φ 分别为 0°、45°、90°），则 3 个应变释放量为：

$$\left.\begin{array}{l} \varepsilon_1 = (A + B\cos2\varphi)\sigma_1 + (A + B\cos2\varphi)\sigma_2 \\ \varepsilon_2 = (A + B\cos2\varphi)\sigma_1 + (A + B\cos2\varphi)\sigma_2 \\ \varepsilon_3 = (A + B\cos2\varphi)\sigma_1 + (A + B\cos2\varphi)\sigma_2 \end{array}\right\} \tag{2-70}$$

求解得到：

$$\left.\begin{array}{l} \sigma_1 = -\dfrac{E}{2}\left[\dfrac{\varepsilon_1 + \varepsilon_2}{1 - \mu} - \dfrac{1}{1 + \mu}\sqrt{(\varepsilon_1 - \varepsilon_2)^2 + (2\varepsilon_2 - \varepsilon_1 - \varepsilon_3)^2}\right] \\[3mm] \sigma_2 = -\dfrac{E}{2}\left[\dfrac{\varepsilon_1 + \varepsilon_2}{1 - \mu} - \dfrac{1}{1 + \mu}\sqrt{(\varepsilon_1 - \varepsilon_3)^2 + (2\varepsilon_2 - \varepsilon_1 - \varepsilon_3)^2}\right] \\[3mm] \tan2\theta = \dfrac{2\varepsilon_1 - \varepsilon_2 - \varepsilon_3}{\varepsilon_2 + \varepsilon_1} \end{array}\right\} \tag{2-71}$$

当所开槽的深度达到一定量后，测点的应力将完全释放，此时系数 A、B 分别为：

$$\left.\begin{array}{l} A = -\dfrac{1}{2E}(1 - \mu) \\[3mm] B = -\dfrac{1}{2E}(1 - \mu) \end{array}\right\} \tag{2-72}$$

有限元软件也可以模拟得到在受均布力作用下的构件残余应力释放，采用方形环孔进行应力释放可以得到与圆形环孔同样的效果，采用只切割两条横槽的效果与切割四边形环孔的效果也相差不大。

2.2.6　切取法

切取法是从具有残余应力的零件上切取细长的矩形试样，使切下试样的残余应力释放，通过测量试样在应力释放前后的长度变化，计算出残余应力。

下面说明在板的表面和内部具有相同残余应力情况下的测定方法。最简单的方法有

Siebel 法、Pfender 法等[42]。如图 2-12 所示,板面上沿 x、y 方向的残余应力为 σ_x、σ_y,它们在断面的各个深度分布均相同,则切取后的试样长度会发生变化,设产生的应变为 ε_x、ε_y,则:

$$\left.\begin{array}{l} \varepsilon_x = -\dfrac{\sigma_x}{E} + \nu\dfrac{\sigma_y}{E} \\[3mm] \varepsilon_y = -\dfrac{\sigma_y}{E} + \nu\dfrac{\sigma_x}{E} \end{array}\right\} \tag{2-73}$$

式(2-73)右边第二项是与切取部分长轴方向垂直的作用应力被除去后所产生的附加应力,因此残余应力 σ_x、σ_y 为:

$$\left.\begin{array}{l} \sigma_x = -\dfrac{E}{1-\nu^2}(\varepsilon_x + \nu\varepsilon_y) \\[3mm] \sigma_y = -\dfrac{E}{1-\nu^2}(\varepsilon_y + \nu\varepsilon_x) \end{array}\right\} \tag{2-74}$$

2.2.7 云纹干涉法

云纹干涉法是 20 世纪 80 年代发展起来的一种相干光学测量方法[41],它具有灵敏度高、条纹质量好、量程大、可实时观测、全场分析等优点,适用于微小变形的检测,已经在应变分析、复合材料、断裂力学、残余应力测量等方面获得了成功的应用,是一种具有发展和应用前景的新的实验力学方法。

云纹干涉法在其发展历史上先后出现了两种解释,即空间虚栅理论与波前干涉理论。前者借助了几何云纹法的基本思想,给云纹干涉法以简单描述,后者则从光的波前干涉理论出发对云纹干涉法进行了严格的理论推导和解释。

如图 2-13 所示,当两束相干准直光 A、B 以入射角 $\alpha = \arcsin(\lambda f)$($\lambda$ 为光波波长,

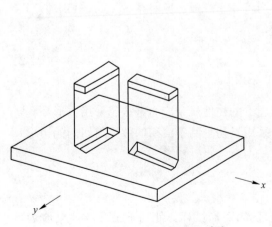

图 2-12 Siebel、Pfender 测量法[34]

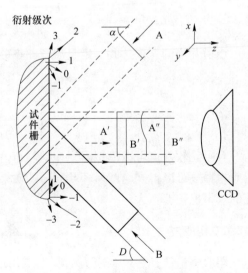

图 2-13 云纹干涉法的波前干涉原理图[10]

f 为试件栅频率)对称入射到试件栅上，在试件表面法线方向上得到一级衍射光波，而且当试件栅平整而且未发生变形时，衍射级次为正负一级的这两束衍射光波为平面波（A′和B′），如图 2-13 所示。当试件受力变形后，试件栅随试件变形，因此衍射光波从平面波（A′和B′）状态变成与试件表面位移有关的翘曲波前（A″和B″），其位相也发生相应变化。

依据云纹干涉法面内位移与条纹级数之间关系的表达式，并根据弹性力学的几何方程，可以计算出应变场（ε_x，ε_y，γ_{xy}）：

$$\left.\begin{array}{l} \varepsilon_x = \dfrac{\partial u}{\partial x} = \dfrac{1}{2f}\dfrac{\partial N_x}{\partial x} \\[3mm] \varepsilon_y = \dfrac{\partial v}{\partial y} = \dfrac{1}{2f}\dfrac{\partial N_y}{\partial y} \\[3mm] \gamma_{xy} = \dfrac{1}{2}\left(\dfrac{\partial v}{\partial x} + \dfrac{\partial u}{\partial y}\right) = \dfrac{1}{4f}\left(\dfrac{\partial N_y}{\partial x} + \dfrac{\partial N_x}{\partial y}\right) \end{array}\right\} \tag{2-75}$$

最后根据广义胡克定律可计算出残余应力。

2.3 几种残余应力测试方法的比较

随着残余应力测量技术的发展，目前已经有多种测量方法应用于残余应力测量中，下面对这些残余应力测量方法的优缺点进行了对比分析，并说明其适用场合（表 2-1）。

表 2-1 残余应力测定方法比较

项目		无损检测法							有损检测法					
		纳米压痕法	X射线衍射法	中子衍射法	磁测法	曲率法	超声波法	扫描电子声显微镜法	拉曼光谱法	盲孔法	环芯法	剥层法	剖分法	切槽法	切取法	云纹干涉法
测量特性	测应力分量	不可测	可测	可测	不可测	不可测	不可测	不可测	可测	可测	可测	可测	可测	可测	可测
	不均匀应力场测试	可用	可用	可用	可用	不可用	不可用	可用	可用	可用	可用	可用	不可用	可用
	测量层深度	表层	表层	心部	表层	表层	表层心部	表层	表层	表层心部	心部	表层心部	表层心部	表层心部	表层心部	表层
应用场合环境	现场（F）实验室（L）	L	L	L	F、L	L	F、L	L	L	F、L	F、L	F、L	F、L	F、L	F、L	L
	自动显示	能	能	能	能	能	能	能	能	能	能	能	能	能	能	能
	空气（A）水（W）	A	A	A	A	A	A、W	A	A	A、W	A、W	A、W	A、W	A、W	A、W	A

续表 2-1

项目		无损检测法								有损检测法						
		纳米压痕法	X射线衍射法	中子衍射法	磁测法	曲率法	超声波法	扫描电子声显微镜法	拉曼光谱法	盲孔法	环芯法	剥层法	剖分法	切槽法	切取法	云纹干涉法
耗费	仪器复杂性	复杂	复杂	复杂	一般	一般	一般	复杂	复杂	简单	一般	简单	简单	简单	简单	复杂
	操作水平要求	较高	较高	较高	较高	一般	较高	较高	较高	一般	一般	一般	一般	一般	一般	较高
试样破坏程度		无破坏								有不同程度的破坏						

切槽法：测量方法可靠，精度高，但由于对试样有较大的破坏性，不能直接用于产品，且测得的只是切除面内的平均应力，不能测局部应力集中处，且测量过程费时，价格昂贵。

盲孔法：盲孔法测量原理与切槽法基本相同，盲孔法适用于测定焊接件的残余应力，其对试样的破坏性要小于切槽法。但如果采用机械加工方法钻孔，则附加的应变将给测试结果带来误差。

剥层法：可用来测定表面经热处理或其他处理后的平面、柱面或棒形零件沿表面的单轴向残余应力。它可以测定表面较大范围内的平均应力，且测量结果可靠。其缺点是只能测单轴向应力，并且测量时试样被完全破坏。磨削或铣削剥层时还会产生附加的应力。

X射线衍射法：能够定量地测量金属表面的残余应力而没有破坏性。又由于X射线的穿透深度和照射面积都很小，所以能测定较小区域内的应力，从而得到应力在表层内的分布图像。X射线衍射法还具有以下优点：理论成熟，测量精准度高，测量结果准确、可靠。与其他方法相比，XRD在应力测量的定性定量方面有令人满意的可信度；可以直接测量实际工件而无需制备样品；X射线法检测表面残余应力为非破坏性试验方法；X射线法检测的是纯弹性应变；X射线束的直径可以控制在2mm以内，可以测量一个很小范围内的应变；X射线法检测的是表面或近表面的二维应力。应用这一特点，采用剥层的方法，可以测量应力沿层深的分布。但是其也存在着一些缺点：X射线设备昂贵；X射线对金属的穿透深度有限，只能无破坏地测量表面应力，若测深层应力及其分布，也须破坏构件，这不仅损害了X射线法的无损性本质，还将导致部分应力松弛和产生附加应力场，严重影响测量精度；当被测工件不能给出明锐的衍射峰时，测量精度亦将受到影响；被测工件表面状态对测量结果影响较大；采用$\sin^2\varphi$法进行扫描定峰计算时，有时会出现"突变"现象，同时这种衍射强度"突变"现象多发生在φ为35°、40°、45°处，且易在焊缝或离焊缝中心较近的近焊缝区产生。

中子衍射法：与常规X射线衍射相比较，中子衍射法的独特优势是中子具有很强的穿透能力，使其在测量较大体积固体材料的内部残余应力方面成为一种独特的技术。在复合材料研究中，为了得到基体的应变值，其他组分区域相对于穿透深度必须足够小。如果材料组分为纤维状或晶粒有几微米厚甚至更大，X 射线衍射结果将会强烈地受到表面效应的影响，而中子衍射不会存在这个问题。对于晶面间距 d 随 $\sin^2\psi$ 的分布关系，中子衍射可以允许测量至 $\sin^2\psi = 1$，虽然新近发展的 X 射线衍射装置也可以测量到 $\sin^2\psi = 0.9$，但当强烈的织构存在时，$0.9 < \sin^2\psi \leqslant 1$ 区域也是非常重要的。中子衍射测量残余应力的缺点是中子源的流强较弱，需要的测量时间比较长，而且中子源建造和运行费用昂贵，在一定程度上也限制了中子衍射残余应力分析的商业应用。中子衍射测量需要样品的标准体积较大，空间分辨率较差，通常为 $10mm^3$，而 X 射线衍射则为 $0.1mm^3$。因此，中子衍射对材料表层残余应力的测量无能为力，只有在距表面 $100\mu m$ 及以上区域测量时，中子衍射方法才会具有优势。中子衍射法还受到中子源的限制，不能像常规 X 射线衍射装置一样具有便携性，无法在工作现场进行实时测量。

磁测法：目前，磁性测定残余应力的方法已经有较多的实际应用。磁性法测定残余应力虽然只适用于铁磁性金属材料，但在机械工程中涉及的绝大多数零件、构件都是用的铁磁性材料，因此这个测定方法仍具有很大的普遍意义。

超声波技术：超声波法是利用材料的生弹效应（即施加在材料上的内应力变化引起超声波传播速度的变化，其大小取决于超声波的波形、传播方向材料组织和应力状况等），通过准确测量超声波在构件内传播速度的变化得出应力分布，与其他一些方法相比，具有下列优点：超声波的方向性较好，具有与光波一样良好的方向性，可以实行定向发射；对于大多数介质而言，超声波的穿透能力较强。在一些金属材料中，其穿透能力可达数米，故能无损测量实际构件表面和内部（包括载荷作用应力和残余应力）的应力分布；采用新型电磁换能器，可以不接触实际构件进行应力测量，不会损伤构件表面，使用安全、无公害；超声测量仪器方便携带到室外或现场使用，如果配上相应的换能器，还可用来探伤或测量弹性模量，可一机多用。但是其也具有一些缺点：测量结果受试件材料的组织结构、粗晶等的干扰较大；对于表层或内部应力急剧变化的实际构件，以及形状复杂和受三向应力的构件，用超声法测定的应力还有许多尚未解决的具体问题；由于声波波长太长，声速太低，由应力引起的声速变化微小，一般 9.8MPa 的应力只在钢材中引起 10^{-4} 的声速变化，给精确测量带来困难，因而测量的可靠性较差。

纳米压痕法：纳米压痕法是用计算机来控制载荷的连续变化，并在线监测压痕的深度，由于施加的是超低载荷，加上监测传感器具有优于 $1nm$ 的位移分辨率，因此可以获得小到纳米级 $0.01 \sim 100nm$ 的压痕深度，适用于薄膜材料力学性能的测试。

曲率法：此方法的主要特点是不破坏原有涂层，但只能测量涂层厚度方向上的平均残余应力。

拉曼光谱法：其具有以下优缺点，优点：拉曼散射光谱对于样品制备没有任何特殊要求，对形状大小的要求也较低，不必粉碎、研磨，不必透明，可以在固体、液体、气体等物理状态下进行测量；对于样品数量要求比较少，可以是 mg 甚至 μg 的数量级，适用于研究微量和痕量样品；拉曼散射采用光子探针，对于样品是无损伤探测，适合对那些稀有或珍贵的样品进行分析；因为水是很弱的拉曼散射物质，因此可以直接测量水溶液样品的拉曼光谱而无需考虑水分子振动的影响，比较适合于生物样品的测试，甚至可以用拉曼光谱检测活体中的生物物质。缺点：拉曼光谱的缺点之一是会产生荧光干扰，样品一旦产生荧光，拉曼光谱会被荧光所湮灭，从而检测不到样品的拉曼信号；缺点之二是检测灵敏度低。

　　云纹干涉法：它具有灵敏度高、条纹质量好、量程大、可实时观测、全场分析等优点，适用于微小变形的检测，已经在应变分析、复合材料、断裂力学、残余应力测量等方面获得了成功的应用，是一种具有发展和应用前景的新的实验力学方法。

参 考 文 献

[1] 印兵胜，赵怀普，王晓洪. 残余应力测定的基本知识——第七讲 机械法测残余应力 [J]. 理化检验：物理分册，2007，16（12）：642~645.

[2] Suresh S, Giannakopoulos A E. A new method for estimating residual stresses by instrumented sharp indentation [J]. Acta Materialia, 1998, 46 (16): 5755~5767.

[3] Prime M B, Baumann J A. Residual stress measurements in a thick, dissimilar aluminum alloy friction stir weld [J]. Acta Materialia, 2006, 54 (15): 4013~4021.

[4] Lee Y H, Kwon D. Residual stresses in DLC/Si and Au/Si systems: application of a stress-relaxation model to the nanoindentation technique [J]. Journal of Materials Research, 2002, 17 (4): 901~906.

[5] Lee Y H, Kwon D. Measurement of residual-stress effect by nanoindentation on elastically strained (100) W [J]. Scripta Materialia, 2003, 49 (5) 459~465.

[6] Lee Y H, Kwon D. Estimation of biaxial surface stress by instrumented indentation with sharp indenters [J]. Acta Materialia, 2004, 52 (6): 1555~1563.

[7] Jiang W, Chen H, Gong J M, et al. Numerical modelling and nanoindentation experiment to study the brazed residual stresses in an X-type lattice truss sandwich structure [J]. Materials Science and Engineering: A, 2011, 528 (13~14): 4715~4722.

[8] 郭永泽. 微纳米压痕有限元仿真及压痕硬度计算方法研究 [D]. 哈尔滨：哈尔滨工业大学，2011.

[9] Dean J, Aldrich-Smith G, Clyne T W. Use of nanoindentation to measure residual stresses in surface layers [J]. Acta Materialia, 2011, 59 (7): 2749~2761.

[10] 徐虹，滕宏春，崔波，等. 残余应力非破坏性测量技术的发展现状简介 [J]. 理化检验-物理分册，2003，39（11）：49~52.

[11] 张定铨. 残余应力测定的基本知识：第二讲　X 射线应力测定的基本原理 [J]. 理化检验-物理分册，2007，43（5）：263~265.

[12] 陈玉安. 铍材 X 射线残余应力无损测定原理和方法 [D]. 重庆：重庆大学，2002.

[13] 姜祎. 军用装备再制造等离子喷涂层的残余应力实验研究 [D]. 北京：装甲兵工程学院，2007.

[14] Woo W, An G B, Kingston E J, et al. Through-thickness distributions of residual stresses in two extreme heat-input thick welds: a neutron diffraction, contour method and deep hole drilling study [J]. Acta Materialia, 2013, 61 (10): 3564~3574.

[15] 姜晓明. 中子和同步辐射在工程材料科学中的应用 [M]. 北京：科学出版社，2014.

[16] Woo W, Em V, Mikula P, et al. Neutron diffraction measurements of residual stresses in a 50mm thick weld [J]. Materials Science & Engineering A, 2011, 528 (12): 4120~4124.

[17] 李峻宏，高建波，李际周，等. 中子衍射残余应力无损测量技术及应用 [J]. 中国材料进展，2009，28（12）：16~20，31.

[18] 孙光爱，陈波. 中子衍射残余应力分析技术及其应用 [J]. 核技术，2007，30（4）：286~289.

[19] 王海斗，朱丽娜，邢志国. 表面残余应力检测技术 [M]. 北京：机械工业出版社，2013.

[20] 王文江. 磁记忆检测技术与应用方法研究 [D]. 大庆：大庆石油学院，2003.

[21] 姜保军. 磁测应力技术的现状及发展 [J]. 无损检测，2006，28（7）：362~366.

［22］ 徐坤山，姜辉，仇性启，等．金属磁记忆检测中测量方向和提离值的选取［J］．磁性材料及器件，2016，47（4）：41~45．

［23］ 辛伟，丁克勤．基于材料磁特性的结构疲劳损伤磁测方法研究［J］．仪器仪表学报，2017，6（38）：172~179．

［24］ Sullivan D O, Cotterell M, Cassidy S, et al. Magneto-acoustic emission for the characterisation of ferritic stainless steel microstructural state［J］. Journal of Magnetism & Magnetic Materials, 2004, 271（2~3）：381~389.

［25］ Piotrowski L, Augustyniak B, Chmielewski M, et al. The influence of plastic deformation on the magnetoelastic properties of the CSN12021 grade steel［J］. Journal of Magnetism & Magnetic Materials, 2009, 321（15）：2331~2335.

［26］ Dubov A A. Problems in estimating the remaining life of aging equipment［J］. Thermal Engineering, 2003, 50（11）：935~938.

［27］ 钱正春，黄海鸿，姜石林，等．铁磁性材料拉/压疲劳磁记忆信号研究［J］．电子测量与仪器学报，2016，30（4）：506~517．

［28］ 金莉．磁记忆检测机理与信号的小波去噪技术的研究［D］．合肥：合肥工业大学，2008．

［29］ 贾延刚，袁崇福，范向红．新型金属无损检测技术及其应用［J］．通用机械，2004，2（1）：48~49．

［30］ 虞益挺，苑伟政，乔大勇．曲率测量技术在微机电系统薄膜残余应力测量中的应用［J］．机械工程学报，2007，43（3）：78~81．

［31］ 安兵，张同俊，袁超，等．用基片曲率法测量薄膜应力［J］．材料保护，2003，36（7）：13~15．

［32］ 西拉德．超声检测新技术［M］．北京：科学出版社，1991．

［33］ 朱伟，彭大暑，杨立斌，等．超声波法测定残余应力的原理及其应用［J］．计量与测试技术，2001，28（6）：25~26．

［34］ 华云松，孙大乐，范群，等．冷轧辊的超声应力检测［J］．无损检测，2008，30（12）：908~910．

［35］ 张冰阳，江福明．扫描电子声显微镜在半导体材料分析中的应用［J］．半导体学报，1996，4（9）：659~663．

［36］ 方景礼，武勇．表面增强激光拉曼光谱的原理及应用［J］．表面技术，1994，23（4）：167~173．

［37］ 田国辉，陈亚杰，冯清茂．拉曼光谱的发展及应用［J］．化学工程师，2008，22（1）：34~36．

［38］ 何林．BET铁电薄膜的MOD法制备及其残余应力的拉曼光谱表征［D］．湘潭：湘潭大学，2006．

［39］ 陶文哲．残余应力测量技术及在凸膜中的应用［J］．舰船科学技术，2002，13（4）：57~60．

［40］ 周勇，王洪铎，石凯，等．浅谈盲孔法测焊接残余应力电阻应变片粘贴技术［J］．高校实验室工作研究，2008（4）：53~54．

［41］ 米谷茂．残余应力的产生和对策［M］．北京：机械工业出版社，1983．

［42］ 刘伟香，邓朝晖．工程陶瓷磨削表面残余应力测试［J］．现代制造工程，2005（2）：99~102．

3 金属带材残余应力

3.1 织构与残余应力的关系概述

单晶体在不同的晶体学方向上，其力学、电磁学、光学、耐腐蚀性等方面的性能会表现出显著差异，即各向异性。多晶体是许多单晶体的集合，如果晶粒数目大且各晶粒的排列是完全无规则的统计均匀分布，即在不同方向上取向概率相同，则这种多晶集合体在不同方向上就会宏观地表现出各种性能相同的现象，即各向同性。

然而多晶体在形成过程中，由于受到外界的力、热、电、磁等各种不同条件的影响，或者经过冷加工、热处理过程后，多晶体的取向分布状态可以明显地偏离随机分布状态，即出现在某些方向上聚集排列，因而在这些方向上取向概率增大的现象，在空间取向上具有一定的规律性，这种择优取向，即织构。织构的存在对残余应力的产生和测试具有一定影响[1]。

织构造成了各向异性，它的存在对于材料的加工成形和使用性能都有很大的影响，在加工过程中，往往会产生各个方向变形的不均匀性，这种不均匀的塑性变形，极易形成残余应力。

如本书第2章所述，测量残余应力的方法有很多，如 X 射线衍射、中子衍射、同步辐射等，但这些方法的分析模型多数是建立在假设多晶体材料各向同性的基础上，如常用的 X 射线应力分析采用的 $\sin^2\psi$ 法即是如此。当采用该方法对单晶各向异性材料进行残余应力测量时，织构的存在引起材料宏观弹性各向异性，将出现晶格应变对 $\sin^2\psi$ 的震荡或分裂现象，从而会导致 ε_ψ-$\sin^2\psi$ 关系丧失线性，为了获取这类材料分析的应力-应变关系，必须定量考虑材料中晶粒择优取向对宏观弹性性质的影响，因此，采用常规的方法已无法准确测量各向异性材料的残余应力。近年来在织构 ODF 分析法的基础上，相继提出了适应织构材料的方法，说明织构对于材料残余应力的测试也有很大的影响。

3.2 相变引起的残余应力

在金属热处理过程中，由于材料几何形状不对称或较为复杂，或者各部位热传导状态不同，材料内部某些部位会存在温度梯度，造成不均匀的热膨胀从而产生热应力[1]。若材料由于组织转变而发生不均匀的体积变化，则相变应力产生。并且由于热影响，材料的屈服强度、弹性模量、导热系数、热膨胀系数等属性也会受到影响，导致材料发生塑性变形。由此可见，在热处理过程中温度、应力，应变与微观结构三者之间的交互作用非常复杂，影响相变后材料中的残余应力分布[2]。

材料在进行热处理后，内部就会产生残余应力，如果在材料内部各部分产生不均匀的形状和体积变化时，残余应力的产生就不可避免。在以后的使用状态时，其大小和分布对材料的力学性能产生很大的影响，并成为产生各种缺陷的原因。

残余应力的产生，是由于热处理时试样表层和芯部的温度差产生的热应力，和相变引起体积变化的叠加作用。应力的分布按照产生的类型可分为热应力型和相变应力。但是，实际上，残余应力因材料的成分、大小、热处理工艺等不同而复杂多样[3]。

3.2.1 相变应力

由显微组织转变引起的应力称为相变应力。材料在受热和冷却的过程中发生相变，并且相变引起不同相比体积发生变化，因此会造成材料体积的变化，即产生变形，这种相变所带来的体积变化如果受到制约，也会产生新的内应力，这种内应力即为相变应力。当温度恢复到初始的均匀状态后，如果相变产物仍然保留，则相变应力也会保留，并形成残余应力，即相变残余应力。固态相变的演化，就会有相变残余应力的产生，进而会影响残余应力的分布。

机械加工和强化工艺是引起残余应力最主要的原因，在一些加热（冷却）、加力等手段中，往往会发生组织的变化，如奥氏体转变成马氏体或者贝氏体体积膨胀，因温度分布不均零件各部分转变不能同步进行，转变量不同，膨胀量不同，亦会产生内应力，引起残余应力。

3.2.2 马氏体相变

钢从奥氏体状态快速地冷却，在冷却的过程中抑制了扩散性的分解，而在较低的温度下（低于 M_s）发生的无扩散性相变，称为马氏体转变。马氏体的生成是奥氏体在很大的过冷度下进行，铁原子和碳原子以及其他的合金元素活动能力很低，来不及扩散，所以马氏体转变为无扩散性相变，它的本质是碳在 α-Fe 中的过饱和固溶体。

在冷却过程中，马氏体的开始生成温度 M_s 对最后得到的残余应力具有重要的影响。奥氏体中的碳含量降低 M_s 点的温度，大部分融入奥氏体中的合金元素也会降低 M_s 点的温度。同时增大构件的冷却速度同样会降低 M_s 点的温度。发生马氏体相变时，此部分的体积便膨胀，这种体积膨胀即为发生相变应力的原因。冷却时外表达到马氏体开始转变温度（M_s 点）的部分，体积就开始膨胀。在相变继续向内部进行的同时，体积膨胀也推向内部。此时发生的应力与热应力的叠加也是逐渐变化的。所以在何种热应力状态下开始相变的问题是很重要的。

材料外表或心部的相变可能在热应力之前，也可能在之后进行。假设心部的相变是在热应力之后进行，则此时由于心部的体积膨胀使处于整体平衡的内应力减少。而当外表有相变时，则将显示出相反的效应。当在应力反向期之前发生相变时，若这时是心部发生相变则将使处于平衡状态的内应力增加。若为外表发生相变时，则与此相反。这个问题对冷却到最终状态的残余应力分布有很大的影响。

试样的一部分开始马氏体相变，从而造成体积膨胀，就会使其他未相变部分和已相变部分产生应力，这种应力也影响到相变本身。马氏体相变本身是从各个奥氏体晶格的微观切变所形成的，当有外部应力作用时，相变后会使整个体积产生很大的变形[4]。已经证实，正在相变的部分具有良好的可塑性，即所谓相变塑性[5,6]，这一点对相变应力型分布的发生有着很大影响，而当相变后发生此类残余应力时，各部分的比容是不同的。

3.2.3 体积和屈服强度的变化

当金属发生相变时，其比体积将发生突变，这是由于不同的相具有不同的密度和晶格类型，因而具有不同的比体积。例如对于碳钢来讲，当奥氏体转变为铁素体或马氏体时，其比体积将由 0.123~0.125 增加到 0.127~0.131，发生反方向相变时比体积将减少相应的数值。如果相变温度高于金属的塑性温度（材料屈服强度为零时的温度），则由于材料处于完全塑性状态，比体积的变化完全转化为材料的塑性变形，因此不会影响残余应力分布，但对于一些碳含量或合金元素含量较高的钢，冷却时奥氏体转变温度较低，马氏体的转变温度远远低于塑性温度，在这种情况下，由于奥氏体向马氏体转变使得比体积增大，不但可以抵消部分压缩塑性变形，减小拉应力，而且还有可能出现较大的残余压应力。

马氏体不锈钢材料，奥氏体转变为马氏体的温度较低，只有 275℃，这种在较低温度发生相变时，对于残余应力有着非常重要的影响。文献 [7] 在相变时，采用有限元分析的方法，分析了由于发生奥氏体到马氏体相变时体积膨胀和屈服强度的变化对残余应力的影响。焊接过程中由于相变导致在加热过程中和冷却过程中的体积缩小和膨胀的示意图如图 3-1 所示。由图 3-1 可以明显地看出，在加热的过程中，随着温度的升高，体积不断地发生膨胀，当加热温度达到 A_1 时，由于发生了初始相到奥氏体的相变，所以出现了体积的收缩，到 A_3 温度，相变发生完成以后，随着温度的升高，体积继续膨胀。在冷却的过程中，随着温度的下降，体积不断地收缩，当温度下降到 M_s 点时，由于发生奥氏体到马氏体的转变，所以体积发生膨胀，当温度下降到 M_f 点以后，相变完成，随着温度的下降，体积继续收缩。

而从图 3-2 可以看出，在加热的过程中，材料屈服强度是沿含黑色圆圈曲线变化，即随着温度的升高，屈服强度逐渐下降，而在冷却的过程中，材料屈服强度在相变发生以前都是比较低的值，当发生奥氏体到马氏体的转变时，由于有马氏体的生成，所以屈服强度发生了明显的升高，高于初始相的屈服强度。这种屈服强度的变化必然会对残余应力产生影响。

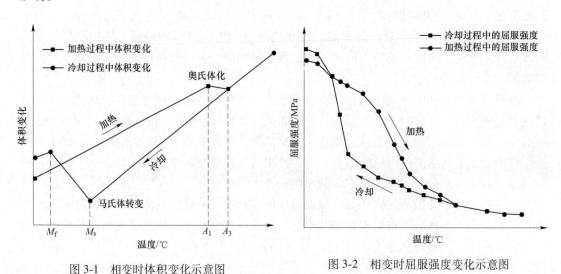

图 3-1 相变时体积变化示意图   图 3-2 相变时屈服强度变化示意图

3.2.4 相变塑性

材料在发生相变的过程中，会出现软化，即施加小于屈服强度较低相（如奥氏体相）的载荷时，材料就会发生不可逆的塑性变形现象，把这种现象称为相变诱发塑性，又简称为相变塑性（TRIP）。Lozinsky[8]认为这是由于在发生马氏体相变时，奥氏体与马氏体之间存在有较大的比体积，比体积的差别产生了较大的内应力，这种内应力导致塑性的增大。

冷却的过程中，奥氏体要转变为马氏体，而奥氏体屈服强度比较低，马氏体的强度很高，二者共同存在时，同时受到冷却时收缩的拉应力，就会对最后的残余应力有一定的影响。

3.3 热轧带材中残余应力产生的原因

带钢平坦度是指带钢中部长度与边部长度的相对延伸差。在带材热轧过程中，变形过程要求沿板带宽度各部分有均一的纵向延伸，而出于各种因素的影响，带材在辊缝中的这种变形常常是不均匀的。导致这种差异产生的根本原因，是由于轧制过程中带钢通过轧机辊缝时，各种因素导致的沿宽度方向各点的压下率不均所致。

如图 3-3 所示，设想将带钢分割成若干纵条，如果任何一条上压下量发生变化，都会引起该窄条的纵向延伸发生变化，同时又会影响到相邻窄条的变形。由于带钢是一个整体，各窄条之间必定互相牵制，互相影响。因此，当沿横向的压下量分布不均时，各窄条之间就会相应地发生延伸不均，延伸较大的部分被迫受压，而延伸较小的部分被迫受拉，于是在带材内部就产生沿横向分布不均匀的纵向残余应力。

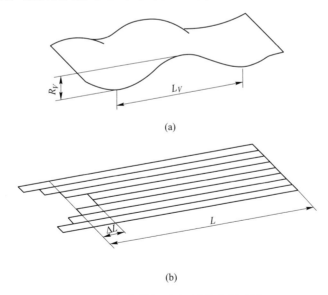

图 3-3 翘曲带钢（a）及其分割（b）

当带钢宽度方向各部分的不均匀延伸积累到一定程度，超过了某一阈值，就会产生表观可见的浪形。连轧过程中，带钢一般会被施以一定的张力，使得这种由于延伸差而产生的带钢表面翘曲程度会被削弱甚至完全消除，但这并不意味着带钢不存在板形缺陷。它会随着带钢张力在后部工序的卸载而显现出来，形成各种各样的板形缺陷。

所谓板形直观地说是指板材的翘曲程度；其实质是指带钢内部残余应力的分布。带钢中存在残余内应力称为板形不良。带钢中存在残余内应力，但不足以引起带钢翘曲，称为潜在板形不良。带钢中存在残余内应力足够大，以致引起带钢翘曲，则称为表观的板形不良。欲获得良好板形，必须保证带钢沿横向有均一的延伸。

带钢在热轧后冷却过程中，随着温度的变化不仅会发生组织的转变，而且会出现复杂的应力变化情况。带钢内部的应力包括热应力和组织应力。当带钢的温度发生改变时，带钢的各部分就会膨胀或收缩，这种变形由于受到带钢内部的变形协调要求而不能自由发生时，带钢内部就会产生附加应力，这种应力称为热应力，当带钢温度降低到一定程度时，带钢内部发生相变。由于带钢内部各部分相变时间和相变组织不一致，各部分的相变膨胀也不相同，因而相变时的自由膨胀受到约束，产生了组织应力。

3.4 冷轧带材中残余应力产生的原因

板料冷轧时影响轧制后残余应力的因素有轧辊、工件的厚度和厚度方向的压缩量以及材质的差异等。

在轧制板带时，由于带钢弯辊因素会使带钢在轧制过程中受力不均，发生的塑性变形也不一样，带钢的内部相互挤压拉伸就会产生复杂的残余应力。下面以轧辊倾斜和轧辊正弯时产生残余应力情况为例，如图3-4和图3-5所示。

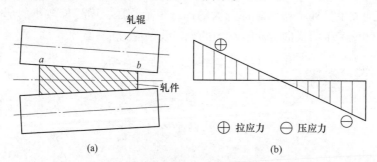

图 3-4 倾斜轧辊对带钢应力影响

(a) 发生倾斜的轧辊；(b) 应力在带钢横向的分布

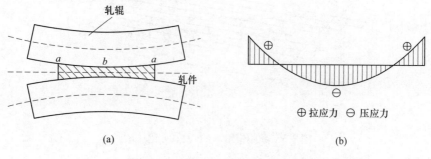

图 3-5 正弯轧辊对带钢应力影响

(a) 产生正弯的轧辊；(b) 应力在带钢横向的分布

　　从图3-4可以了解到，轧辊倾斜导致辊缝一头宽一头窄，轧件通过这样的辊缝时在 a 处受的轧制力小，产生的塑性变形小，在 b 处受的压力大，产生的塑性变形大，由于轧辊有一定的转速，把轧件产生的塑性变形往前推动，再加上塑性变形相互挤压，带钢内部就会出现一种自相平衡的应力，在轧制力小的一侧受拉力，轧制力大的一侧受压力，这样板带内部就有了残余内应力[9]。

　　图3-5是为了控制板形轧辊正弯作出调整，上下两个轧辊都有一定的弧度，这导致 b 处的辊缝小，轧制力大，产生的塑性变形大，在 a 处辊缝相对较大而轧制力小，产生的塑性变形小，这导致在 a 处受拉，在 b 处受压，就产生了自相平衡的应力。当轧制后的带钢里的残余应力比材料的临界应力大时，带钢就会失稳，进而发生翘曲板型缺陷。对于图3-4情况，一边受拉一边受压会出现边浪，图3-5中两边受拉中间受压会出现中浪或复合浪等板形缺陷。已经发生板形缺陷的情况，此时残余应力已经释放；在含有残余应力外观没有发生翘曲的冷轧带钢，此时的残余应力小于临界应力，这时残余应力一直潜伏在带钢中，当裁剪带钢时其自相平衡被打破，板带就可能出现失稳发生翘曲。

　　板料或带料冷轧时形成的残余应力分布，也与轧制过程最后一次的压缩量有关。如果最后一次的压缩量较小，则仅是靠近表面的金属材料产生塑性延伸，而内层材料没有延伸，或者延伸量很小。但是，轧制后的板料表层和内层仍为一整体，因而轧制时塑性延伸不等的表层和内层之间必存在应变调节，即内层材料阻止表层伸长，而表层材料同时拉伸内层，从而使内层呈残余拉应力而表层呈残余压应力，如图3-6（a）所示。

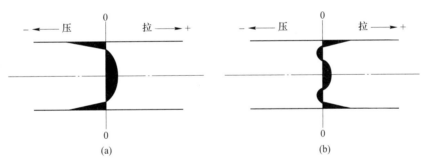

图 3-6　冷轧钢板的残余应力分布

（a）压缩量较小；（b）压缩量较大

　　当板料冷轧过程中最后一次压缩量很大时，则塑性变形区将直接穿透板料内层。这时表层和内层材料都有塑性延伸，而表层却由于它与轧辊之间的接触阻力而延伸量较小。相反，内层材料则塑性延伸量较大。这样在表层和内层的应变调节中，将是表层材料阻止内层材料塑性延伸而呈残余拉应力，内层则呈残余压应力，如图3-6（b）所示。

　　根据以上分析可见，由不均匀塑性变形引起的残余应力与应变的正、负号恰恰相反，即相对伸长的部位将呈现压应力，未伸长或相对收缩的部位则呈现拉应力。例如冷轧钢板最后一次压缩量较小时，由于较薄的表层塑性延伸受内层阻止，结果出现表层为压应力而内层为拉应力的残余应力分布；而当最后一次压缩量很大时，则出现相反的残余应力分布，即表层为拉应力而内层为压应力。显然，由于钢板冷轧时的一次压缩量过大而出现的后一种残余应力分布，不利于板材的抗疲劳能力。

如图 3-7 所示冷轧过程中，轧辊与板材接触面为一圆弧柱面，其截线形状为一圆弧线，且弧段显然随压缩量和半径的增大而变长，并可简单地根据压缩量（h_0-h_f）和轧辊半径 R 加以计算。

板料冷轧时如果压缩量较小，则仅靠近表面的金属有塑性变形（塑性延伸），压缩量越小，塑性变形层越趋向表面。塑性变形区的这种趋向又与轧辊大小有关，因为压缩量和轧辊半径都较小时，轧辊与板料的接触弧就较短，从而轧辊挤压力的影响范围小，塑性变形层变薄。此外，板件的厚度越大时，塑性变形区也趋向表面。因此当板件厚度与轧辊接触弧长度的比值增大时，冷轧板料的塑性变形层趋向表层，使表面一薄层内分布的残余应力为压应力，而内层为拉应力。一般情况下冷轧板料或带料经轧制后的表层都能出现残余压应力，因

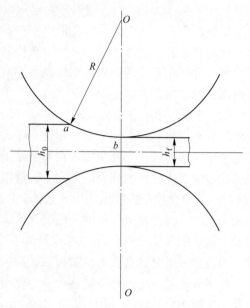

图 3-7 板料冷轧时轧辊和工件的接触面
R—轧辊半径；h_0—轧前工件厚度；h_f—轧后工件厚度

为冷轧件的残余应力取决于最后一次的压缩量，也就是取决于控制冷轧件最终尺寸的一道工序，它的压缩量通常都比较小。

另一方面，当板件厚度与轧辊接触弧长度之比较大时，分布在近表面一薄层内的残余压应力值也较大，使金属表层内的压力与内层的拉力相平衡。总之，随着压缩量、轧辊半径的减少和板件厚度的增加，表面压应力层将变薄，而压应力值则增大。

板材冷轧的情况与拉拔、挤压相比，其作业的环境是动态的。残余应力除了受压下率等操作条件影响之外，材质的差别也表现出很显著的影响。

截面内最大拉伸应力与压下率之间的关系如图 3-8 所示，它与拉拔时的倾向一样。

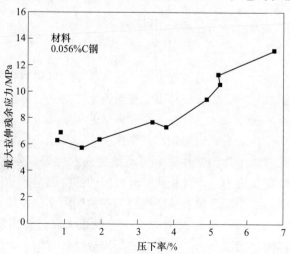

图 3-8 压下率对软钢板最大拉伸残余应力的影响

3.5 热处理过程中残余应力产生的原因

在热处理时，金属带材将经过不同温度的加热和不同速度的冷却过程。在这期间，材料内部组织结构也会发生变化。因此，热处理过程必伴随着产生热应力和相变应力。这些应力除了可能使带材变形，甚至开裂之外，又能使带材形成残余应力。

热处理引发的残余应力分为两类：一是材料在加热或冷却过程中内外温差导致的不均匀塑性变形而诱发的残余应力，其本质原因依然是不均匀变形引起的残余应力，只是由于热作用，材料各部分之间塑性变形的启动时间及变形程度不同，从而使得弹性形变在材料内部得以存在，残余应力进而产生，弹性应变能也在材料内部得以储存。另一类是温度变化引起相变或沉淀析出使材料内部产生不均匀的体积变化，从而诱发残余应力。由于材料内外部温差的存在，材料各部分之间的相变启动时间以及相变程度会有所不同，进而引起变形量的不同诱发残余应力。相变除了引发体积变化外，相变部分以及未相变部分弹性模量、导热系数以及线膨胀系数不同也会诱发或影响此类残余应力[10]。

在连退过程中，炉内不均匀因素都可能会使带钢内部张应力沿着横向重新分布。在这一过程中，倘若重新分布后的横向张应力分布没有使得相应部位发生局部的塑性变形，随着退火的进行，板形将迅速恢复到原始来料状态，在此过程中不会产生残余应力；反过来说，如果张应力沿着横向重新分布后带钢局部出现了塑性变形，进而产生残余应力，板形也会随之发生改变。

为了建立连退过程中带钢内部张应力的横向分布模型，可将整个连退炉按照炉辊对数分成研究单元进行分析，并认为单元内张应力沿着纵向是不变的。如果以炉辊中心作为原点建立坐标系，以工作侧为正、传动侧为负，就可以将连退过程中带钢内部张应力横向分布模型用高次曲线来表示：

$$\sigma_i(x) = \sum_{k=0}^{m} a_{ik} \left(\frac{2x}{B}\right)^k \tag{3-1}$$

式中，$\sigma_i(x)$ 为第 i 个单元内带钢张应力横向分布值，MPa；x 为横向坐标值；m 为张应力分布高次项的最高次数，一般 $m=4$ 或者 $m=6$；a_{ik} 为第 i 个单元内带钢张应力横向分布特征参数；k 为过程参数；B 为带材宽度，mm。

又可以将残余应力 $\Delta\sigma_i(x)$ 表示为[11]：

$$\Delta\sigma_i(x) = \sum_{k=0}^{m} a_{ik} \left(\frac{2x}{B}\right)^k - \sum_{k=0,2}^{m} \frac{a_{ik}}{k+1} \tag{3-2}$$

连退过程中带钢内部出现残余应力，其主要根源在于来料板形、带钢横向温差、炉辊辊型以及炉辊安装误差等 4 个方面[12]。

（1）来料板形引起的残余应力 $\Delta\sigma_{ib}(x)$。所谓的来料板形（即上一单元的单元外板形）引起的残余应力，可以用式（3-3）表示为：

$$\Delta\sigma_{ib}(x) = \begin{cases} \dfrac{E_i}{1-\nu^2}\beta'_{i-1}(x) & i > 1 \\ \beta_0(x) & i = 1 \end{cases} \tag{3-3}$$

式中，$\beta'_{i-1}(x)$ 为带材进入第 i 个退火单元前的实际板形，即所谓的单元外板形；E_i 为带材在第 i 个单元内的弹性模量，N/mm^2，对于钢带而言，根据相关文献［13］可知 $E_i =$

$208570 - 0.20986T_i^2$（T_i 为第 i 个单元退火温度设定值）；ν 为泊松比；$\beta_0(x)$ 为酸轧来料的板形，其中 $\beta_0(x) = \sum\limits_{k=0}^{m} b_{0k} \left(\dfrac{2x}{B}\right)^k$，$b_{0k}$ 为酸轧来料板形系数。

（2）温度差引起的残余应力 $\Delta\sigma_{it}(x)$。由横向温差而引起的残余应力 $\Delta\sigma_{it}(x)$ 可以用式（3-4）表示为：

$$\Delta\sigma_{it}(x) = \frac{E_i}{1-\nu^2}\beta\left(\sum_{k=0}^{m} a_{ikt}\left(\frac{2x}{B}\right)^k - \sum_{k=0,2}^{m} \frac{a_{ikt}}{k+1}\right) \tag{3-4}$$

式中，β 为带钢线膨胀系数，℃$^{-1}$；a_{ikt} 为温度特性系数。

（3）炉辊辊型引起的残余应力 $\Delta\sigma_{iD}(x)$。炉辊辊型引起的残余应力则可以简单地用式（3-5）表示为：

$$\Delta\sigma_{iD}(x) = \frac{(1+\pi)E_i}{2}\frac{[\Delta D_{ssi}(x) + \Delta D_{sxi}(x)]}{H_i + \pi R_i} \tag{3-5}$$

式中，$\Delta\sigma_{iD}(x)$ 为炉辊辊型引起的残余应力，MPa；H_i 为第 i 个单元内上、下炉辊中心线之间的距离，mm；R_i 为第 i 个单元内炉辊半径，mm；$\Delta D_{ssi}(x)$、$\Delta D_{sxi}(x)$ 为上、下炉辊在母带材接触部位因辊型曲线而引起的辊径差，mm。

（4）炉辊安装误差引起的残余应力 $\Delta\sigma_{iw}(x)$。因炉辊加工及安装误差引起的残余应力 $\Delta\sigma_{iw}(x)$ 可以用式（3-6）表示为：

$$\Delta\sigma_{iw}(x) = \frac{E_i}{1-\nu^2}\frac{\Delta_{ci}(x) + \Delta_{si}(x)}{H_i + \pi R_i} = \frac{E_i}{1-\nu^2}\frac{\dfrac{\Delta_{ci}}{L_i}x + \sqrt{\left(\dfrac{\Delta_{si}(x)}{L_i}\right)^2 + H_i^2} - H_i}{H_i + \pi R_i} \tag{3-6}$$

式中，Δ_{ci}、Δ_{si} 为上、下辊在垂直度方向、水平度方向总的误差；L_i 为第 i 单元炉辊的辊身长度，mm。

这样，综合上述（1）、（2）、（3）、（4）可以从几何方面求出相应的连退过程中带材内部残余应力横向分布值 $\Delta\sigma_{gi}(x)$，用式（3-7）表示为：

$$\Delta\sigma_{gi}(x) = \Delta\sigma_{ib}(x) + \Delta\sigma_{it}(x) + \Delta\sigma_{iD}(x) + \Delta\sigma_{iw}(x) \tag{3-7}$$

式（3-7）成立的条件是连退过程中带材所有单元都没有发生塑性变形时的情况。如果带材在横向某些部位发生了塑性变形，那么式（3-7）就必须进行修正。

3.6　残余应力与带材潜在板形的关系

若轧件中存在残余应力，会使轧件的力学性能降低，此外还会使轧件形状弯曲或起皱纹，严重时将产生裂纹或破断而造成废品。在实际生产中，力求变形和应力均匀分布，以减少残余应力。

在现代化的板带材生产中，对几何尺寸的精度要求越来越严格。金属带材的厚度精度和板形是衡量带材几何精度的两项重要指标。随着液压、机械、自动检测及过程控制技术的不断发展，厚度自动控制系统的应用日益普及，轧后带材的纵向厚度精度越来越高，相比之下，带材的板形问题变得日益突出。所谓板形，直观地说，就是金属带材轧后所产生的波浪和瓢曲，即指带材的翘曲程度；就其实质而言，是指带材内部残余应力的分布[14]。

3.6.1 轧制过程浪形及残余应力分布特点

目前有学者[15]认为,在轧机出口,由于轧件和轧辊之间的摩擦力导致金属带材厚度方向表层金属和心部金属流动存在速度差。即使平直的金属板材,在厚度中心位置存在轧制方向的压应力,同时,在厚度表层的位置也存在轧制方向的拉应力。由于厚度中心线两侧的残余应力产生的弯矩大小相等,方向相反,因此能保证金属板材整体平直,而不发生翘曲。在不考虑轧件和轧辊摩擦带来的厚度方向的速度差的情况下,理想板形板材在厚度方向和宽度方向的残余应力均非常小,不足以导致明显的浪形和翘曲。

在多道次轧制过程中,理想状态下所有道次的轧制都遵循等比例凸度轧制,若原始板坯截面呈矩形形状,最终成品板材也是矩形形状,这种情况下轧制出口的板材在宽度方向上变形均匀,不会出现浪形或镰刀弯。然而,在实际轧制过程中,由于辊系变形、轧辊磨损及弯辊的使用等因素,轧辊之间的辊缝形状不会是理想的矩形。因此,实际出口的轧件断面形状带有一定的凸度,即宽度中心的厚度和两侧的厚度有明显的厚度差。在轧制前几个道次,由于板材厚度较厚,金属横向流动较为容易,因而凸度改变时,宽度方向金属的不均匀变形可以向宽向流动,不会引起浪形或者镰刀弯等板形缺陷。在轧制后阶段的几个道次,由于横向金属流动困难,改变凸度则容易造成浪形或镰刀弯等板形缺陷。这种情况下,不同的浪形或者镰刀弯对应的残余应力特点如图3-9所示。

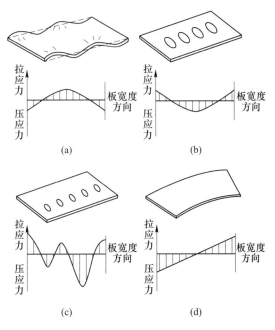

图3-9 典型的板形及对应的残余应力分布
(a) 边浪;(b) 中间浪;(c) 1/4浪;(d) 镰刀弯

(1)边浪,即板材中部减薄量比边部减薄量小,从而出现板材边部延伸量大于中部的现象。总轧制力过大、正弯辊力小、负弯辊力大、原始凸度和热凸度小等都是边浪产生的主要原因。

(2)中浪与边浪相反,板材边部的厚度减薄量比中部的小,从而引起中部的延伸量大于边部的现象。总轧制力过小、正弯辊力大、负弯辊力小、原始凸度和热凸度大是中浪产生的主要原因。

（3）1/4浪又称二肋浪或复合波，是在板材中部和边部之间的板宽1/4处出现波浪的现象。1/4浪形成的主要原因可归结为：当轧机进行长时间连续轧制后，轧辊与轧件摩擦产生的热量使轧辊中部与边部间产生了较大的温差，同时在大水量下轧辊中部得到了冷却，但在板宽1/4处的轧辊辊温还是偏高，使轧辊发生局部热膨胀，因此轧出的板形会出现1/4浪。

（4）镰刀弯则是在一侧减薄量较多，另一侧减薄量小，从而使一侧延伸量大于另一侧。变形多的一侧表现为残余压应力，另一侧为残余拉应力。这种应力状态在板材较薄时，会表现为边浪。

此外，在轧制过程中，由于板坯上下表面加热温度、上下工作辊直径或者上下转速的差异，或者轧制高度线不合理，板材上下表面变形不一致，常常导致板材在轧机出口呈现出上翘或者下扣的特征，通常被称为"翘头"或者"扣头"。这类板形缺陷，由于变形温度较高，高温变形抗力较低，金属板材发生塑性变形之后残余应力较小。

3.6.2 冷却过程瓢曲及残余应力分布特点

热轧带钢在精轧之后，为了控制带钢的组织成分和性能，要经过轧后的快速冷却阶段。控制轧制之后的控制冷却，可以对冷却过程的相变进行控制，实现相变强化、细晶强化以及沉淀强化等多种强化方式的有效结合，可以在降低合金元素含量或碳含量的条件下，进一步提高钢材的强度而不牺牲韧性。同时控制轧制和控制冷却的情况较多，这种二者组合应用的轧制方法被称为TMCP，该方法已成为生产高性能钢不可缺少的技术。

热轧带钢在轧后冷却过程的残余应力十分复杂，图3-10所示即为温度、相变与应力应变之间密不可分的耦合关系。由于应力应变对相变和温度场的影响效果较小，在通常的情况下，图3-10中的5和6是可以忽略不计的。

热轧带钢的层流冷却，通过控制冷却速度、终冷温度以及冷却路径，可以控制带钢的组织和力学性能。热轧带钢层流冷却的目的是通过适度调整和控制温度以调整和控制带钢的温度场、显微组织场和应力（应变）场，使得带钢获得所需要的组织、性能和较小的残余应力及残余形变。层流冷却过程中存在温度-相变-内应力三者耦合的关系。由于冷却水不断地在带钢表面由中部向边部流动，使带钢沿宽度方向上的冷却不均，造成边部温度低。宽度方向上的温差会使带钢产生热应力，同时也将影响带钢的相变过程，又产生了相变应力。

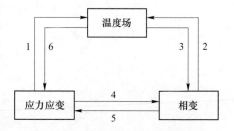

图3-10 温度、相变和应力应变的耦合关系
1—应力和应变对温度场的影响；
2—相变对温度场的影响；
3—温度场对相变的影响；
4—应力和应变对相变的影响；
5—相变对应力和应变的影响；
6—温度场对应力和应变的影响

无论是表观浪形还是潜在的板形不良，都是由于在冷却过程中的温度和组织成分的不均匀造成的。较大的塑性应变会使带钢发生塑性变形，进而产生板形问题。带钢在后续的使用过程中，由于残余应力的内平衡被打破，即便在切条之前没有浪形，在切条之后也会

产生严重的变形[16]。

带钢在经过冷却后常常出现图 3-11 所示的各种板形缺陷[17]。图 3-11（b）为边部浪形，这类缺陷往往由钢板宽向不均匀冷却导致，最终也会在宽向呈现出不同的残余应力，其边部往往呈现残余压应力，而没有浪形的中部则呈现残余拉应力。图 3-11（c）和图 3-11（d）则表现为钢板宽向翘曲，有图 3-11（c）所示向上拱起的，也有图 3-11（d）所示向下凹的，这类板形常常被称为 C 翘。图 3-11（e）和图 3-11（f）则表现为钢板长度方向翘曲，这类缺陷被称为 L 翘。图 3-11（c）到图 3-11（f）所示板形缺陷均为冷却过程中上下表面冷却不均匀所致，图 3-11（c）和图 3-11（e）的上表面最终表现为残余压应力，而下表则表现为残余拉应力。图 3-11（d）和图 3-11（f）则恰恰相反。当上下表的不均匀冷却进一步加剧时，则表现为图 3-11（g）和图 3-11（h）所示的锅形缺陷。图 3-12 和图 3-13 为典型的 C 翘、L 翘及其对应的残余应力分布示意图[18]。

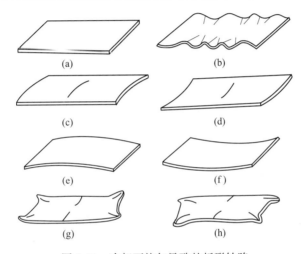

图 3-11　冷却不均匀导致的板形缺陷

（a）正常板形；（b）边部浪形；（c）中间拱形；（d）中间凹形；（e）两头下扣；
（f）两头上翘；（g）正锅形；（h）倒锅形

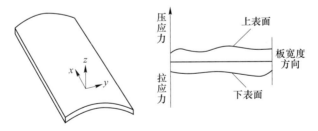

图 3-12　C 翘及对应的残余应力

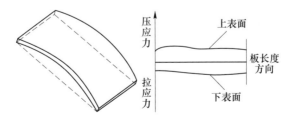

图 3-13　L 翘及对应的残余应力

3.6.3 控制板形的方法

在实际的带钢热轧生产中，板形控制是较为复杂的，因为控制过程是在高温下的轧制过程，而控制目标则是带钢在常温下的板形，这就使得控制过程检测与最终结果之间不可避免地存在偏差。

3.6.3.1 轧制过程板形控制

根据板形的形成原因及残余应力分布特点，不同的板形缺陷需要采用不同的应对措施。针对轧制浪形，需要按照等比例凸度轧制目标，尽量减小比例凸度变化，避免边浪、中浪等板形缺陷的产生。对板材生产而言，当比例凸度的变化满足式（3-8）所示的条件，则能保证该轧制道次出口的平直度。

$$k_1 \left(\frac{h_i}{w} \right)^a < \Delta C_i = \frac{C_h}{h_i} - \frac{C_H}{H_i} < k_2 \left(\frac{h_i}{w} \right)^b \tag{3-8}$$

式中，k_1、k_2、a、b 为模型参数；h_i、H_i 和 w 分别为该道次轧件出口厚度、入口厚度和轧件宽度；ΔC_i 为该道次比例凸度的变化值；C_h 和 C_H 分别为轧件出口和入口的凸度。

因此，在轧制过程的前几个道次，尽量优先控制厚度及凸度，而轧制最后的几个道次，则转为平直度控制为主。目前，轧机阶段控制平直度的手段较为丰富，包括 PC（pair crossed rolling mill）、CVC（continuously variable crown）轧机、弯辊等控制手段，部分产线还具有轧辊分段冷却等手段可供调节[19,20]。此外，通过轧辊的原始辊形设计、轧制规程优化等方法，也可以有效调整宽度方向轧辊之间的辊缝形状，从而改进钢板的凸度及平直度。

3.6.3.2 控制冷却过程板形控制

按照图 3-11 所示，冷却过程产生的板形缺陷主要由于钢板宽度方向或者厚度方向的不均匀冷却导致。因此，提高宽度方向和厚度方向的冷却均匀性是改善冷却板形的努力方向。针对宽度方向的冷却效果调整，边部遮蔽常常被用来调整钢板最边部的冷却效果，以减小宽度方向的温差。同时，集水管增加阻尼装置、喷嘴喷射角度及压力调整等手段也常常被用来改进宽度方向冷却均匀性。

提高钢板厚度方向冷却均匀性也是改善板形的重要方向。钢板表层和中心位置的温差难以避免，同时，材料的组织及性能也不允许对冷却速度进行很大空间的调整。因此，提高厚度方向的冷却均匀性主要为提高上下表面冷却的对称性。调整上下喷嘴的喷射角度及上下水流量比是目前采用较多的控制手段。

3.6.3.3 精整工序的板形控制

通过轧制及冷却过程的板形控制，可以很大程度上减小板形缺陷的发生率。对于已发生的板形缺陷，则需要根据板形缺陷的特点，尤其是内在残余应力特征分类处理，通过平整、压平或者矫直等工序来进行弥补改善。对于各种翘曲，甚至扭曲板形，可以通过压平或者矫直来进行"过正矫枉"[21]，对翘曲的钢板进行反向的变形，使其在变形之后趋于平直，并且钢板内部的残余应力及应变值尽量趋于零。这类变形过程中，反向塑性变形是改善板形、减小残余应力的根本，因此，使钢板发生反向合适的塑性变形是必要条件。实际变形过程中，满足工艺需求的变形量和设备能力所能提供的变形量相互矛盾。从工艺角度来说，更小的辊径可以提供更大的反向变形，更有利于板形的调整；而从设备安全角度来讲，更大的辊径则可以提供更大的矫直力或者矫直弯矩。因此，对固定辊径和辊距的矫直机来讲，可矫直的强度和厚度会有所限制。

由于矫直过程是在矫直方向使钢板发生变形，因此，改进矫直方向的翘曲或者扭曲是矫直机最擅长的功能。矫直工艺对于宽度方向翘曲改进能力有限，这一类板形缺陷可以通过压平工艺调整宽向的变形。对于浪形等缺陷，主要由于沿着宽度方向的轧向延伸不均匀，调整此类钢板轧向延伸是改进浪形的有效手段。因此，根据实际情况，通过平整来改变断面形状是改善此类板形缺陷的有效手段。然而，平整工艺也仅对一定厚度范围内的钢板效果明显。

3.7 带材中残余应力的消除和调整

在带材轧制过程中，残余应力是不可避免要在带材中产生的。残余应力通常会对材料的尺寸精度、力学性能等造成不良影响，因此针对带材中的残余应力消除和调整的研究是工程应用中十分重要的问题。

对于带材残余应力的去除或调整，有热处理法和机械法。热处理法就是通常的退火法，通过加热调整组织而使残余应力得到松弛乃至去除的方法；机械法就是在冷变形之后再次使它出现塑性变形，以此抵消冷变形时由不均匀塑性变形引起的残余应力。

3.7.1 热处理法

用热处理法来消除带材的残余应力即去应力退火。它的原理是利用升高温度后材料强度暂时下降，而当原有的残余应力达到退火加热温度下的屈服应力时即发生塑性变形而缓解残余应力。由于退火后留存的残余应力最高值只能与退火温度下的屈服应力相等，所以退火温度越高，退火后的残余应力越低。但如果退火温度过高，则材料除应力后将丧失冷变形所得到的强化效果，使强度下降。

如图 3-14 所示为一种冷轧不锈钢带连续去应力退火工艺，包括退火炉加温；放料：将不锈钢带，放在退火炉卷取机上并将不锈钢带带头以及带尾进行焊接；清洗：利用喷淋装置对不锈钢带进行喷淋清洗；去应力退火：将清洗后的不锈钢带通过连续退火炉；冷却卷取。通过温度检测装置精准控制退火炉的加热温度、对不锈钢带的清洗、冷却以及最后的卷材成型的一套完整处理工艺，使得工序操作简便、效率高、去应力退火后产品表面良好，并且能够很好地消除残余应力，提高冷轧不锈钢带材后期的加工性能，解决了冷轧后不锈钢带材残余应力大的问题。

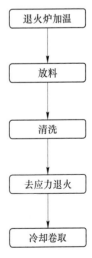

图 3-14 冷轧不锈钢带连续去应力退火工艺

3.7.2 机械法

用机械法来消除带材中的残余应力即轧辊矫直。轧辊矫直主要被用于板带材上，板材通过其中便会承受反复弯曲。残余应力由于矫正而被均匀化的状态示于图 3-15。图中给出了把预先弯曲后的理想弹-塑性板，用一次弯曲使之展平之后，进行校正时的分析结果。应力分布被均匀化后，外层的应力也大为减少，但心部却没有多大的差别。

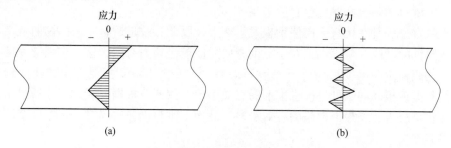

图 3-15 用轧辊矫直的理想塑性板的残余应力的变化[22]

(a) 轧辊矫直前；(b) 轧辊矫直后

图 3-16 所示为 0.24mm 的镀锡原材料板（镀覆前）矫正后的残余应力。这是在矫正度固定的条件下，使其矫正前的调整加工度分别为 0.5%、1.2%、2.4%时，矫正后的残余应力。一般压延后的外表是拉伸残余应力，但矫正后的外表却只残存很少的拉伸残余应力。并且其分布也显示出折曲匀细化倾向。

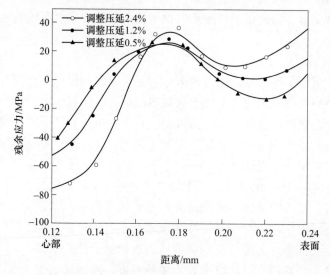

图 3-16 调正压延后的镀锡原材料板（厚度 0.24mm）矫直后的残余应力[22]

一般板带材可通过辊式矫直机来消除残余应力，如图 3-17（a）所示。传统的辊式矫平法是使带材通过驱动的多辊矫直机，在无张力条件下使材料承受交变并递减的拉、压弯曲应力，从而产生塑性延伸，达到矫平的目的。它的工作辊可由 5~29 个不等，支承辊排列有四重、六重，以通过调节横向不同位置的盘式支撑辊组来弯曲工作辊，使材料短纤维区产生较大的压下和延伸，从而达到矫平目的。辊式矫直机由于其结构和矫直工艺的局限性，对于薄带的矫直十分困难。

图 3-17（b）是矫直单张板材的钳式拉伸矫直机，利用楔形夹钳咬住金属条材的两端并施以足够的拉力，使其产生塑性拉伸变形而达到矫直目的。这种设备的缺点是只适于单

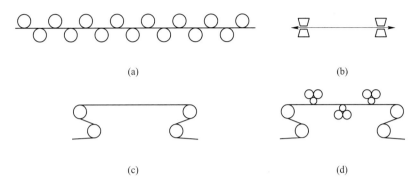

(a)　　　　　　　　　　　　(b)

(c)　　　　　　　　　　　　(d)

图 3-17　板带材的各种矫直方法[23]

支工件的矫直，间歇工作，效率较低。连续拉伸矫直机的出现，克服了上述缺点。图 3-17（c）是矫直连续带材的拉伸矫直机，也称张力矫直机。它是由两个张力辊组成，拉伸所需要的张力来自辊面与带材的摩擦力，可连续对带材进行矫直。

　　为了提高板带材矫直质量，克服辊式矫直机和连续拉伸矫直机的缺点，出现了连续拉伸弯曲矫直机，如图 3-17（d）所示。这种矫直设备把拉伸矫直法和辊式矫直法结合起来，其主要由 3 部分组成：拉伸弯曲机座、张力辊组、传动部分。拉伸弯曲矫直机组有很多布置形式，但最基本的形式是在两组张力辊间装有分开布置的、数量较少的弯曲辊和矫直辊。弯曲辊的作用是使带材在张力作用下，经过剧烈的反复弯曲变形，达到工艺要求的伸长率。矫直辊的作用是将剧烈弯曲后的带材矫直，消除多次弯曲以后形成的纵向卷弯和横向辊弯。张力辊组由入口张力辊组和出口张力辊组组成，负责提供矫直所需的张力[23]。

　　随着现代工业的发展，有关行业对高质量板带材的要求越来越高，最迫切的希望是提高带材的平直度。平直度是衡量板形质量好坏的一个很直观、很重要的指标，与存在于带材内部的残余应力与板形有着密切的关系。同时，拉伸弯曲矫直是改善板材残余应力分布，使冷轧带材生产合乎平直度要求的一道必不可少的重要工序。

　　图 3-18 所示为拉伸弯曲矫直机，该技术的控制原理是带材受拉伸矫直和弯曲矫直的综合作用。带材在外加拉伸应力与交变弯曲应力联合作用下产生塑性延伸（使短纤维伸长），以达到连续矫平的目的。外加拉伸力由入、出口张力辊组产生，交弯曲应力由多辊矫直机产生。在拉弯矫过程中带材受到张力作用而与矫直辊更紧密地接触，有效弯曲半径接近矫直辊半径，能有效地增加弯曲应力的作用。使中性线交替地在带材截面几何中心上下向弯曲内侧偏移，如图 3-19 所示。其两侧的带材均受到大于材料屈服极限的拉应力作

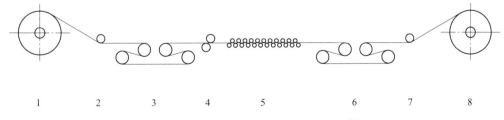

图 3-18　拉伸弯曲矫直机列组成示意图[24]

1—开卷机；2—导向辊；3—前张力辊组；4—张力测试辊；5—多辊矫直机；6—后张力机；7—导向辊；8—卷取机

用，从而带材在整个截面上均产生塑性变形，但因各点产生不同程度的塑性变形而使延伸趋于一致，其板形缺陷得矫正。它与张力矫相比最大的区别是：短纤维拉长，总体长度不变，可使材料的屈服极限因残余应力的消除而稍有下降，伸长率稍有提高或保持不变。能大大消除残余应力，矫平效果好。

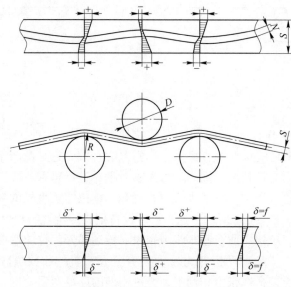

图 3-19 带材在通过矫直辊时横断面的塑性变形[24]

参 考 文 献

[1] 郭延伟. 热应力 [M]. 北京：科学出版社，1977.

[2] 庞博文. 温度应力作用下 700L 的相变塑性行为及其对残余应力的影响 [D]. 武汉：武汉科技大学，2020.

[3] 米谷茂. 残余应力的产生和对策 [M]. 北京：机械工业出版社，1983.

[4] Scheil E. Ber die umwandlung des austenits in martensit in eisen-nickellegierungen unter belastung [J]. Zeitschrift Für Anorganische Und Allgemeine Chemie, 1932, 207 (1)：21~40.

[5] 许学军，刘庄，吴肇基，等. 应力与相变相互作用对马氏体淬火残余应力的影响 [J]. 塑性工程学报，1996, 9 (2)：59~65.

[6] Erich S. Anlaufzeit der austenitumwandlung [J]. Archiv Für Dassenhüttenwesen, 1935, 8 (12)：565~567.

[7] 杨小坡. 固态相变对马氏体不锈钢焊接残余应力影响的有限元分析 [D]. 重庆：重庆大学，2012.

[8] Lozinsky M G. Grain boundary adsorption and "superhigh plasticity" [J]. Acta Metallurgica, 1961, 9 (7)：689~694.

[9] 秦虎，刘志红，黄宋魏. 碎矿磨矿及浮选自动化发展趋势 [J]. 云南冶金，2010, 39 (3)：13~16.

[10] 孙铁山. Al-Zn-Mg-Cu 合金厚板淬火残余应力消除方法的研究 [D]. 长沙：湖南大学，2016.

[11] 王晓雷，何召龙，许鹏，等. 连续退火过程带钢板形演变模型及其应用研究 [J]. 燕山大学学报，2020, 44 (2)：108~115

[12] 王云祥. 连退过程中板形演变与综合控制技术的研究 [D]. 秦皇岛：燕山大学，2018.

[13] 李会兔，刘建雄，李俊洪. 连续退火炉内带钢横向张力分布研究 [J]. 材料热处理技术，2010, 39 (4)：148~151.

［14］Bryant G F. Automation of tandem mills ［M］. Iron and Steel Institute，1973.

［15］张杰. 轧制带材内部残余应力对板形的影响 ［J］. 有色设备，2005，7（1）：21~22.

［16］董峰. 热轧带钢层流冷却过程板形研究 ［D］. 秦皇岛：燕山大学，2014.

［17］李国彬，皮昕宇. 中厚板控制冷却的板形控制与实践 ［J］. 武钢技术，2006（5）：1~4.

［18］李红伟，张所全. 钢板板形控制技术应用发展综述 ［J］. 科学咨询（科技·管理），2019，14（7）：17~19.

［19］王文明，钟掘，谭建平. 板形控制理论与技术进展 ［J］. 矿冶工程，2001，21（4）：70~72.

［20］马正贵. 中厚板轧机的板形控制 ［J］. 安徽工业大学学报，2008，25（3）：259~262.

［21］崔甫. 矫直原理及矫直机械 ［M］. 北京：冶金工业出版社，2007.

［22］米谷茂. 残余应力的产生和对策 ［M］. 北京：机械工业出版社，1983.

［23］刘妍. 基于改善板形的带材拉伸弯曲矫直理论研究及其仿真 ［D］. 秦皇岛：燕山大学，2007.

［24］兰利亚. 铜及铜合金薄板、带材轧制中的板形控制及消除残余应力的方法 ［C］∥全国铜铝加工高新技术发布与研讨会铜加工高新技术文集，2001：53~63.

4 带材宏观残余应力分析及表征

传统的利用 X 射线衍射法测定材料中宏观残余应力的基础为 $\varepsilon_{\varphi\psi}$-$\sin^2\psi$（或 2θ-$\sin^2\psi$）呈线性关系。但当材料中含有强织构时，X 射线应力分析中 $\varepsilon_{\varphi\psi}$-$\sin^2\psi$ 间将失去线性关系，给宏观残余应力的测量带来非常大的困难。这也说明织构与残余应力的分布密切相关。以强织构合金为研究对象，探讨织构与残余应力的内在关联机制，建立一种强织构材料的应力表征方法具有重要意义。图 4-1 为轧制织构材料应力模型的提出及应力的分布情况简图。

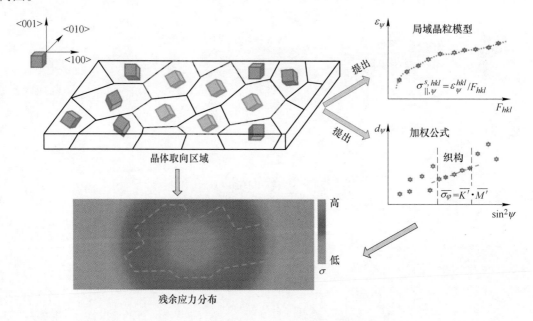

图 4-1　织构材料中残余应力的测定和分布

4.1　带材常见的冷轧织构

当多晶体各晶粒的取向聚集到一起时，多晶体内就会呈现织构现象。一般认为，许多晶粒取向集中分布在某一或某些取向位置附近时称为择优取向。择优取向的多晶体取向结构称为织构。Cu-Ni-Si-Co 合金在生产加工过程中，内部晶粒会形成大量的择优取向。例如，一般冷轧过程会形成大量的铜型 {112}<111>织构、S 型 {123}<634>织构、黄铜型 {011}<211>织构、高斯 {011}<211>织构等变形织构。

冷轧变形量对金属材料的织构演变具有重要的影响，冷轧变形量（ε）从 0% 增大至 90% 过程中，Cu-Ni-Si-Co 合金的 ODF 截面变化如图 4-2 所示。Cu-Ni-Si-Co 固溶板（ε =

0%）基体中几乎没有明显的择优取向。随着冷轧变形量的增加，合金中逐渐形成了黄铜型织构、铜型织构和 R 型织构，且织构强度也在逐步增大。如图 4-2（f）所示，当变形量 $\varepsilon=90\%$ 时，样品中主要含有铜型织构 {211}<111>、黄铜型织构 {011}<211>、R 型织构 {124}<211>和高斯织构 {011}<100>，其取向密度分别为 2.8、3.3、3.4 和 1.8。

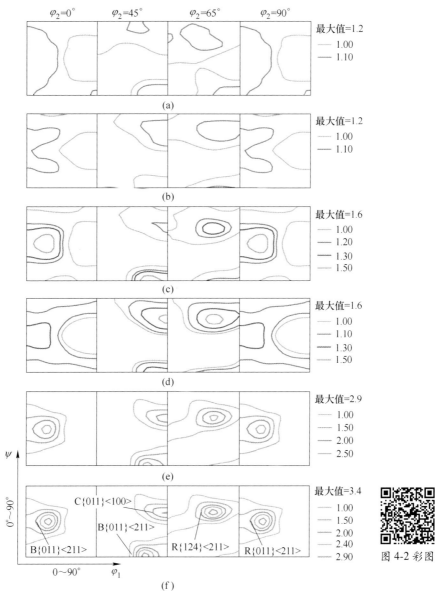

图 4-2 不同冷轧变形量（ε）下 Cu-Ni-Si-Co 合金的 ODF 截面图
（a）0%；（b）20%；（c）40%；（d）60%；（e）80%；（f）90%

图 4-3（a）为 Cu-Ni-Si-Co 冷轧板在 $\psi=0$ 时，XRD 的 θ-2θ 扫描衍射图谱，其中（111）、（200）和（220）衍射峰用于测量和计算冷轧板的织构类型和体积含量。从图 4-3（b）的 ND 方向反极图可以看出，Cu-Ni-Si-Co 合金轧制表面法线方向的晶粒取向，主要集中在倾向于平行<110>方向的位置，与［110］面的取向偏差较小，取向晶粒主要为黄

铜晶粒和高斯晶粒。从图 4-3（c）的 RD 方向反极图可以看出，Cu-Ni-Si-Co 合金轧制方向的晶粒取向，主要集中在［111］和［211］晶面之间，其中，更倾向平行于<211>方向，即取向晶粒主要为铜型晶粒。样品的 {111} 极图（图 4-3（d））显示，合金中含有黄铜 Brass（B）{011}<211>和铜型 Copper（C）{211}<111>织构，其取向密度分别为 1.9 和 2.2。而样品的 {100} 极图（图 4-3（e））显示，合金中仅含有黄铜 {011}<211>织构，其取向密度为 1.6。样品的 {110} 极图（图 4-3（f））显示，合金中同时含有黄铜 {011}<211>和铜型 {211}<111>织构，其取向密度分别为 2.1 和 1.5。可以发现，不同极图中织构的类型和取向密度是不同的，即只采用极图的方法判断合金中的织构是不全面的。

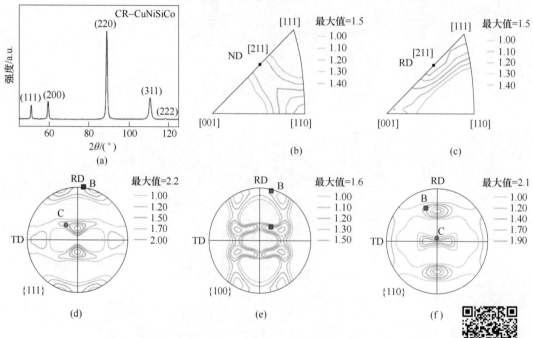

图 4-3　冷轧变形量 ε = 90% 时 Cu-Ni-Si-Co 合金的反极图和极图
（a）XRD 衍射图谱；（b），（c）ND 和 RD 方向反极图；
（d）~（f）（111）、（100）和（100）晶面极图

图 4-3 彩图

由图 4-4 可以发现，随着冷轧变形量的增加，在 α、τ 和 β 取向线上逐渐产生晶粒的择优取向，且越来越明显。当冷轧变形量达到 80% 时，合金内部形成了明显的晶粒择优取向，此时主要织构类型为黄铜型 {011}<211>、铜型 {112}<111>、R{124}<211>和高斯 {011}<100>等常见的形变织构。Cu-Ni-Si-Co 合金在深冷轧制过程中，当变形量增加至 90% 时，晶粒取向主要集中到 {124}<211>和 {011}<211>取向附近。另外，由图 4-4（a）的 α 取向线可以发现，α 取向线上的高斯 {011}<100>织构为一个中间稳定取向。在轧制变形过程中，合金中许多晶粒首先转动到高斯取向，然后再沿着 α 取向线转动到黄铜取向，最终形成大量的黄铜型 {011}<211>织构。图 4-4（b）中，τ 取向线的取向密度随着冷轧变形量的增加而增大，随着形变量的增大，大部分晶粒的取向不断转向铜型取向，部分晶粒转向高斯取向。图 4-4（c）中，β 取向线的取向密度随着变形量的增加而增大，各晶粒的取向不断转向 R 取向和黄铜取向上，其中，R 织构的取向密度最高，达到 3.5，样

品内部形成了大量的 R{124}<211>织构。另外，随着形变量的增加，图 4-4（d）中 β 取向线的空间位置变化不大，晶粒在各轧制织构取向上不断集中。

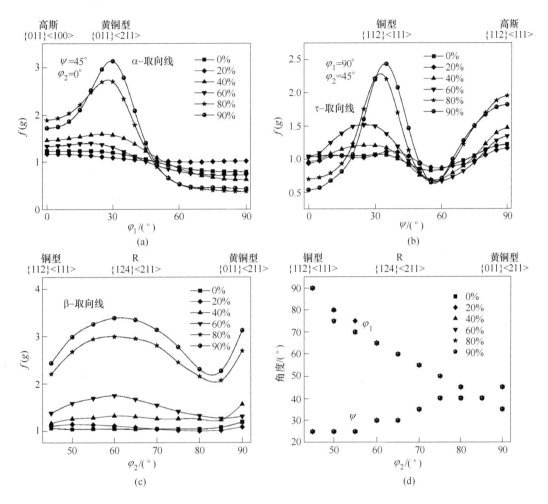

图 4-4　不同冷轧变形量（ε）下 Cu-Ni-Si-Co 合金的织构取向线

（a）α 线取向密度；（b）τ 线取向密度；（c）β 线取向密度；（d）β 线取向线上 φ_1 和 ψ 的位置

　　冷轧带材中织构的定量计算对于织构的研究和材料性能及残余应力的预测具有重要的意义。图 4-5（a）显示，Cu-Ni-Si-Co 合金的取向分布函数 $f(g)$ 符合正态分布，其中 g_1 和 g_2 分别代表 R{124}<211>和铜型 {211}<111>织构。可以发现，晶粒取向朝 g_1 和 g_2 的聚集程度，除了与取向密度 $f(g)$（正态分布函数的最高点）有关，还与晶体取向分布的锋锐情况（ψ，即正态分布函数的半高宽）有关。对于符合正态分布的取向分布函数，材料的各织构组分含量可采用式（4-1）进行计算[1]。

$$V_j = Z_j S_0^j \int_0^\infty \exp\left(-\frac{\psi^2}{\psi_j^2}\right)(1-\cos\psi)\,\mathrm{d}\psi = \frac{1}{2\sqrt{\pi}} Z_j S_0^j \psi_j \left[1-\exp\left(-\frac{\psi_j^2}{4}\right)\right] \qquad (4\text{-}1)$$

式中，V_j 为第 j 种织构的体积含量；j 为第 j 种织构的类型；Z 为织构类型的重复次数；S_0^j 为第 j 种织构的正态分布函数中心处的取向密度值；ψ 为取向分布函数由中心处的 S_0 至边

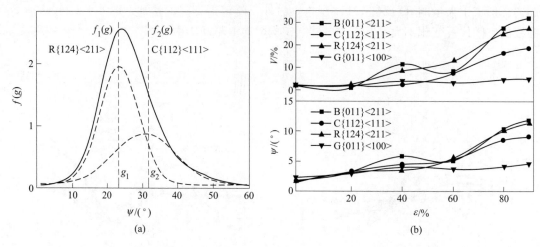

图 4-5 不同冷轧变形量（ε）下 Cu-Ni-Si-Co 合金的织构组分含量

（a）取向分布函数及正态分布函数；（b）各织构组分的体积量 V 和散布宽度 ψ

部 $S_0 e^{-1}$ 的横坐标的宽度，（°）。最后，对各织构组分的体积含量作归一化处理，如式（4-2）所示：

$$V_r + \sum_{j=1}^{n} V_j = 1 \qquad (4-2)$$

式中，V_r 为取向随机分布组分的体积分数；n 为样品中织构类型的个数，取 $n = 2$。利用式（4-1）和式（4-2）计算冷轧样品中织构组分的散布宽度 ψ 和体积量 V，结果如图 4-5（b）和表 4-1 所示。结合图 4-2（e）和图 4-2（f）可知，当变形量 $\varepsilon = 80\%$ 时，样品中出现了明显的黄铜织构 $\{011\}<211>$、R 型织构 $\{124\}<211>$ 和铜型织构 $\{112\}<111>$，其织构体积含量分别为 27.6%、25.1% 和 10.4%。随着形变量的增加，织构的散布宽度（ψ）逐渐增大，即样品中转向某一织构取向的晶粒数目越来越多，包括已经平行于该织构的晶粒及正在向该织构转动的晶粒。当 $\varepsilon = 90\%$，样品中的黄铜织构 B$\{011\}<211>$、R 型织构 R$\{124\}<211>$、铜型织构 C$\{112\}<111>$ 和高斯织构 G$\{011\}<100>$ 的体积含量（V）和散布宽度（ψ）分别为 31.8%、27.3%、18.5%、4.8% 和 11.8°、9.1°、11.3°、4.5°。

表 4-1 不同冷轧变形工艺下 Cu-Ni-Si-Co 合金主要择优取向的体积分数

取向名称	$\{hkl\}<uvw>$	取向参数	冷轧变形量 $\varepsilon/\%$					
			0	20	40	60	80	90
黄铜型	$\{011\}<211>$	散布宽度 $\psi/(°)$	1.9	3.2	5.8	5.1	10.4	11.8
		体积量 $V/\%$	1.8	1.1	11.3	8.1	27.6	31.8
立方	$\{001\}<100>$	散布宽度 $\psi/(°)$	1.7	3.3	4.5	5.3	8.6	9.1
		体积量 $V/\%$	1.7	1.9	2.2	7.6	16.3	18.5
R	$\{124\}<211>$	散布宽度 $\psi/(°)$	1.6	3.2	3.5	5.5	10.1	11.3
		体积量 $V/\%$	1.9	2.4	8.3	12.7	25.1	27.3
高斯	$\{011\}<100>$	散布宽度 $\psi/(°)$	2.3	2.9	4	3.7	4.1	4.5
		体积量 $V/\%$	2.1	1.8	3.9	3.2	4.5	4.8

4.2 带材常见的时效织构

时效工艺一般使金属材料产生再结晶织构，且时效织构的类型和含量与保温温度和保温时间密切相关。Cu-Ni-Si-Co 合金采用 400～600℃ +2h 的时效工艺热处理后，其 ODF 截面图如图 4-6 (a)～(e) 所示。保温 2h 条件下，随时效温度的增大，织构强度的变化并不明显，说明针对合金中织构组分，400℃ +2h 的时效条件已经达到了峰时效状态。如图 4-6 (a)所示，400℃ +2h 时效样品中主要含有 R 型织构 {124}<211>、铜型织构 {211}<111>、高斯织构 {011}<100>和立方织构 {001}<100>，其取向密度分别为 3.7、2.3、1.3 和 1.1。

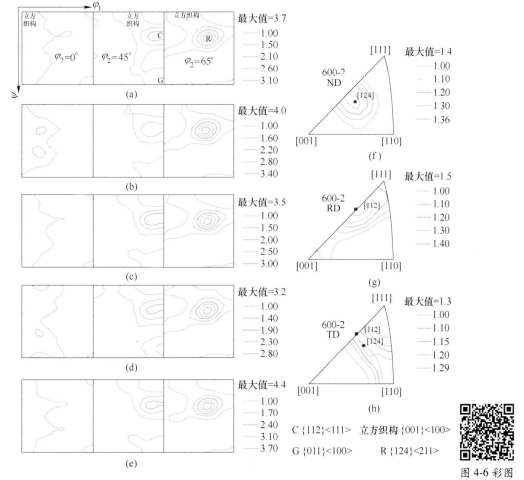

图 4-6　不同时效工艺下 Cu-Ni-Si-Co 合金的 ODF((a)～(e)) 和反极图((f)～(h))
　　(a) 时效 400℃+2h; (b) 时效 450℃+2h; (c) 时效 500℃+2h; (d) 时效 550℃+2h;
　　(e) 时效 600℃+2h; (f) 600℃+2h, ND; (g) 600℃+2h, RD; (h) 600℃+2h, TD

图 4-6 (f)～(h) 为 Cu-Ni-Si-Co 合金的反极图。ND-反极图表明在轧制表面法线方向上主要为 R 型晶粒。RD-反极图表明在轧制方向上主要为铜型晶粒。TD-反极图表明在横向方向上主要为 R 型晶粒、高斯晶粒和铜型晶粒。

Cu-Ni-Si-Co 合金时效工艺为 400~600℃+4h 的 ODF 截面图如图 4-7（a）~（e）所示。由 ODF 截面图结果可知，与图 4-6 的结论相似，时效处理未改变织构的类型，只增大了织构的强度。保温 4h 条件下，随时效温度的提高，织构强度的变化并不明显。如图 4-7（c）所示，500℃+4h 时效样品中主要含有 R 型织构 {124}<211>、铜型织构 {211}<111>、高斯织构 {011}<100>和立方织构 {001}<100>，其取向密度分别为 3.0、2.0、1.4 和 1.2。

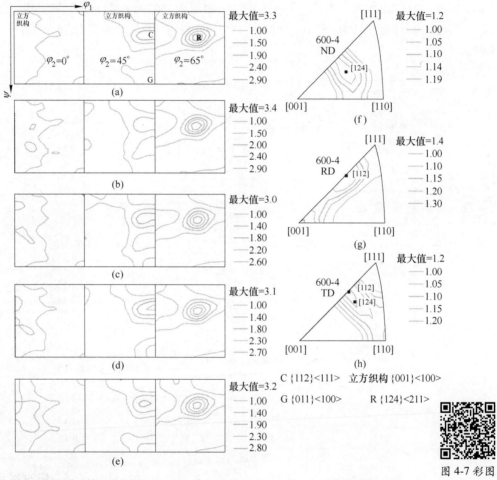

图 4-7 不同时效工艺下 Cu-Ni-Si-Co 合金的 ODF（（a）~（e））和反极图（（f）~（h））

（a）时效 400℃+4h；（b）时效 450℃+4h；（c）时效 500℃+4h；（d）时效 550℃+4h；
（e）时效 600℃+4h；（f）600℃+ND；（g）600℃+RD；（h）600℃+TD；

6h 时效工艺的 Cu-Ni-Si-Co 合金 ODF 截面图如图 4-8（a）~（e）所示。时效处理可增大织构的取向密度，但时效温度继续提高，对织构强度的改变并不明显。如图 4-8（c）所示，500℃+6h 时效样品中主要含有 R 型织构 {124}<211>、铜型织构 {211}<111>、高斯织构 {011}<100>和立方织构 {001}<100>，其取向密度分别为 3.3、2.2、1.2 和 1.6。Cu-Ni-Si-Co 合金的轧面法线方向上主要为 R 型晶粒和铜型晶粒；轧制方向上主要为铜型晶粒；横向方向上主要为 R 型晶粒、高斯晶粒和铜型晶粒。

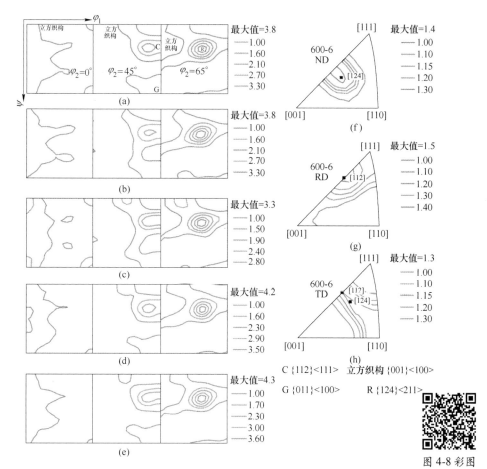

图 4-8　不同时效工艺下 Cu-Ni-Si-Co 合金的 ODF（（a）～（e））和反极图（（f）～（h））

（a）时效 400℃+6h；（b）时效 450℃+6h；（c）时效 500℃+6h；（d）时效 550℃+6h；

（e）时效 600℃+6h；（f）600℃+ND；（g）600℃+RD；（h）600℃+TD；

由图 4-9（a）～（c）中 α 取向线可以看出，固溶处理使黄铜型织构择优取向消失，高斯织构取向强度降低。固溶处理时，发生了再结晶过程，晶粒的择优生长方向发生改变，从而使高斯取向与黄铜取向晶粒减少。而时效处理对 α 取向线的择优取向影响不明显。时效处理对固溶织构类型没有影响，这是因为 Cu-Ni-Si-Co 合金的时效温度相对较低，尚不足以使合金织构发生太大的转变，只能对合金织构的力学性能和导电率有一定的影响。

由图 4-9（d）～（f）中 τ 取向线可以看出，固溶处理使铜型织构取向强度降低，后续时效处理使铜型织构取向强度增强，其中时效温度和时间变量对铜型取向密度增强的影响均较为明显。在 τ 取向线上，固溶和时效处理前后，都只是改变了铜型和高斯织构的强度，并未改变织构的类型。说明固溶和时效工艺对 Cu-Ni-Si-Co 合金 τ 取向线的影响较小。

由图 4-10（a）～（c）中 β 取向线可知，未经固溶前的冷轧样品中，存在较强的 R 型织构和黄铜织构，固溶处理使 R 型织构取向强度降低，使黄铜取向晶粒完全消失。说明样品中黄铜织构对固溶处理工艺更为敏感。另外，时效处理使合金中 R 型织构取向强度增强，R 型织构对时效温度和时效时间参数变化均表现较为敏感。且经时效处理后，样品中 R 型织构强度远高于冷轧中的原 R 型织构强度。上述结果说明固溶和时效工艺对 Cu-Ni-Si-Co

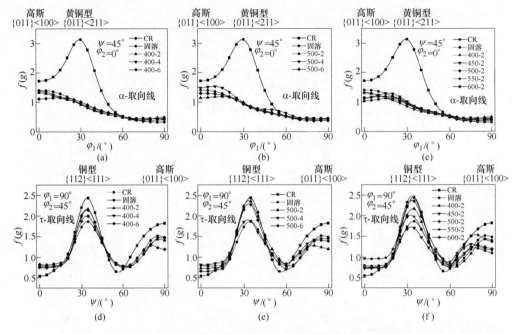

图 4-9　不同时效工艺下 Cu-Ni-Si-Co 合金的织构取向线

（a）400℃+2~6h 的 α 线取向密度；（b）500℃+2~6h 的 α 线取向密度；（c）400~600℃+2h 的 α 线取向密度；
（d）400℃+2~6h 的 τ 线取向密度；（e）500℃+2~6h 的 τ 线取向密度；（f）400~600℃+2h 的 τ 线取向密度

合金 β 取向线的影响较大。另外，由图 4-10（d）~（f）可以发现，β 取向线的空间位置分布涣散，说明相比冷轧织构，晶粒取向分布在各时效织构的弥散程度较大。

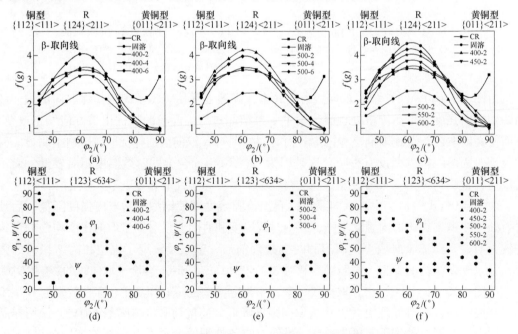

图 4-10　不同时效工艺下 Cu-Ni-Si-Co 合金的织构取向线

（a）400℃+2~6h 的 β 线取向密度；（b）500℃+2~6h 的 β 线取向密度；
（c）400~600℃+2h 的 β 线取向密度；（d~f）β 取向线上 φ_1 和 ψ 的位置

　　利用式（4-1）和式（4-2）分别计算不同时效参数（400~600℃和2~6h）条件下，样品中织构组分的散布宽度 ψ 和体积量 V，结果如图4-11~图4-13和表4-2~表4-4所示。由2h时效工艺结果可知，样品主要织构类型为R{124}<211>织构，体积量高达40.8%以上，且散布宽度高于9.9°，即R织构分布较涣散。随着时效温度的升高，R织构的体积含量（V）和散布宽度（ψ）随之缓慢增大，即样品中转向R织构取向的晶粒数目越来越多，其中，包括已经平行于R织构的晶粒及向R织构转动的晶粒。当时效工艺参数为500℃+2h时，样品中的织构类型为R{124}<211>、铜型 {112}<111>、高斯 {011}<100>和立方 {001}<100>，其体积含量（V）和散布宽度（ψ）分别为45.2%、12.2%、4.3%、3.9%和10.8°、7.5°、4.4°、3.5°。

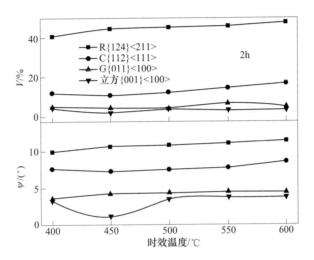

图4-11　2h时效工艺下Cu-Ni-Si-Co合金的各织构组分的体积量 V 和散布宽度 ψ

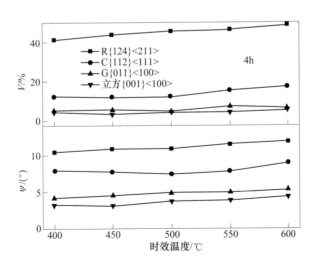

图4-12　4h时效工艺下Cu-Ni-Si-Co合金的各织构组分的体积量 V 和散布宽度 ψ

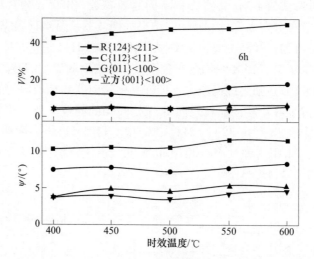

图 4-13 6h 时效工艺下 Cu-Ni-Si-Co 合金的各织构组分的体积量 V 和散布宽度 ψ

表 4-2 2h 时效工艺下 Cu-Ni-Si-Co 合金主要择优取向的体积分数

取向名称	$\{hkl\}<uvw>$	取向参数	时效温度/℃				
			400	450	500	550	600
R	$\{124\}<211>$	散布宽度 $\psi/(°)$	9.9	10.7	10.8	11.1	11.4
		体积量 $V/\%$	40.8	44.5	45.2	45.8	47.6
铜型	$\{112\}<111>$	散布宽度 $\psi/(°)$	7.7	7.3	7.5	7.8	8.6
		体积量 $V/\%$	11.7	10.9	12.2	14.6	16.8
高斯	$\{011\}<100>$	散布宽度 $\psi/(°)$	3.6	4.2	4.4	4.5	4.4
		体积量 $V/\%$	4.9	4.4	4.3	6.7	5.1
立方	$\{001\}<100>$	散布宽度 $\psi/(°)$	3.3	1.1	3.5	3.8	3.9
		体积量 $V/\%$	4.1	1.8	3.9	3.2	3.5

表 4-3 4h 时效工艺下 Cu-Ni-Si-Co 合金主要择优取向的体积分数

取向名称	$\{hkl\}<uvw>$	取向参数	时效温度/℃				
			400	450	500	550	600
R	$\{124\}<211>$	散布宽度 $\psi/(°)$	10.4	10.8	10.8	11.4	11.8
		体积量 $V/\%$	41.3	43.8	45.6	46.3	48.8
铜型	$\{112\}<111>$	散布宽度 $\psi/(°)$	7.9	7.7	7.4	7.8	8.9
		体积量 $V/\%$	12.3	11.9	12.3	15.7	17.3
高斯	$\{011\}<100>$	散布宽度 $\psi/(°)$	4.2	4.5	4.8	4.9	5.3
		体积量 $V/\%$	4.9	5.5	4.9	6.9	6.0
立方	$\{001\}<100>$	散布宽度 $\psi/(°)$	3.2	3.1	3.7	3.8	4.3
		体积量 $V/\%$	4.3	3.8	4.2	4.4	5.0

表 4-4　6h 时效工艺下 Cu-Ni-Si-Co 合金主要择优取向的体积分数

取向名称	{hkl}<uvw>	取向参数	时效温度/℃				
			400	450	500	550	600
R	{124}<211>	散布宽度 ψ/(°)	10.2	10.5	10.4	11.5	11.5
		体积量 V/%	42.3	44.6	46.8	47.4	49.7
铜型	{112}<111>	散布宽度 ψ/(°)	7.5	7.8	7.2	7.7	8.3
		体积量 V/%	12.5	12.1	11.8	16.1	17.7
高斯	{011}<100>	散布宽度 ψ/(°)	3.8	4.8	4.5	5.3	5.1
		体积量 V/%	4.6	5.1	4.7	6.2	6.3
立方	{001}<100>	散布宽度 ψ/(°)	3.7	3.9	3.4	4.1	4.6
		体积量 V/%	4.2	4.4	4.5	4.1	5.6

由图 4-12 和表 4-3 中 4h 时效工艺结果可知，样品主要织构类型同样为 R{124}<211>，体积量高达 41.3% 以上，且散布宽度高于 10.4°，即 R 织构分布更为涣散。与 2h 的时效工艺相似，4h 样品中织构的体积含量（V）和散布宽度（ψ）随时效温度的升高而增大。当时效工艺参数为 500℃+4h 时，时效样品中的主要织构类型为 R{124}<211>、铜型 {112}<111>、高斯 {011}<100> 和立方 {001}<100>，其体积含量（V）和散布宽度（ψ）分别为 45.6%、12.3%、4.9%、4.2% 和 10.8°、7.4°、4.8°、3.7°。此外，图 4-13 和表 4-4 中 6h 时效工艺样品中织构组分随温度的变化规律，与 2h 和 4h 的工艺结果相似。当时效工艺参数为 500℃+6h 时，时效样品中的主要织构类型为 R{124}<211>、铜型 {112}<111>、高斯 {011}<100> 和立方 {001}<100>，其体积含量（V）和散布宽度（ψ）分别为 46.8%、11.8%、4.7%、4.5% 和 10.4°、7.2°、4.5°、3.4°。

4.3　含织构带材的宏观残余应力测定

4.3.1　X 射线应力因子

对于宏观弹性各向异性的材料（即存在与方向有关的晶粒相互作用或晶体学织构）中残余应力测量，Dölle 和 Hauk[2] 首先引入了 X 射线应力因子用于分析衍射应变-应力。对于宏观弹性各向异性试样，衍射（X 射线）应力因子用于衍射应力分析：

$$(\varepsilon_{ij}^{L})_{\varphi\psi}^{hkl} = F_{ij}(hkl, \varphi, \psi)\langle \boldsymbol{\sigma}_{ij}^{S} \rangle \tag{4-3}$$

式中，$(\varepsilon_{ij}^{L})_{\varphi\psi}^{hkl}$ 为实验坐标系下衍射应变；$F_{ij}(hkl, \varphi, \psi)$ 为 X 射线应力因子；$\boldsymbol{\sigma}_{ij}^{S}$ 为试样坐标系下的衍射应力；$\langle\ \rangle$ 为张量元对样品中所有晶粒进行平均。对于平面应力状态来说，应力是旋转对称的，式（4-3）可简化为：

$$\varepsilon_{\varphi\psi}^{hkl} = \left[F_{11}(hkl, \varphi, \psi) + F_{22}(hkl, \varphi, \psi) \right] \boldsymbol{\sigma}_{\parallel}^{S} \tag{4-4}$$

值得注意的是，根据定义可知，$F_{ij}(hkl, \varphi, \psi)$ 不是张量的分量。其中，$\boldsymbol{\sigma}_{\parallel}^{S}$ 是力学应力张量。

对于各向同性（无织构）的材料，X 射线应力因子与材料的弹性常数可以相互转换。对于存在强织构的材料，X 射线测残余应力的方法一般有最小二乘方法、微晶群方法和晶粒交互作用法。

4.3.2　最小二乘方法

对宏观弹性各向异性试样应变测量结果，常用类似于各向同性情况表示为点阵应变对 $\sin^2\psi$ 的作图。一般来说，对于宏观弹性各向异性试样，由于结晶学织构的存在或方向相关晶粒交互作用的存在，可获得非线性的 $\sin^2\psi$ 作图。

在结晶学织构的存在而方向相关晶粒交互作用不存在的情况下，关于 $\sin^2\psi$ 作图中曲线的外貌，仅立方材料，测量 hhh 和 $h00$ 反射时，才出现线性 $\sin^2\psi$ 作图。然而，对于这些例外，形式上能定义 ψ、φ 非相关衍射弹性常数 S_1^{hkl} 和 S_2^{hkl}，它们的值与织构有关，因此必须考虑织构。

在方向相关晶粒交互作用的情况下，总是获得非线性 $\sin^2\psi$ 作图。与此相反，大多数各向同性试样应力分析方法都依赖于一给定的 hkl 反射，每个 ψ 角测量几个点阵应变（对几个 ψ 角，典型的是对固定 φ 角和特殊的 hkl 反射，测量 5~10 个应变），对于宏观弹性各向异性试样，为了可靠地解决 $\sin^2\psi$ 行为中的非线性，作为 ψ（或 $\sin^2\psi$）函数的取样数据应该密得多。

当 X 射线应力因子已知时，或用试样测量，或用由晶粒交互作用模型单晶同性柔度计算，未知的应力张量分量能用最小二乘方最小化的拟合常数来决定，使用式（4-3）计算的应变 $\varepsilon_i^{\text{计算}}(hkl,\varphi,\psi)$ 和测量的应变 $\varepsilon_i^{\text{测量}}(hkl,\varphi,\psi)$ 的差值最小。

事实上，这是最一般的解决方法，同样可用于宏观弹性各向同性试样。对于宏观弹性各向同性试样，X 射线应力因子与 X 射线弹性常数之间的关系为：

$$F_{ij}(hkl,\varphi,\psi) = \frac{1}{2}S_1^{hkl}\,m_i^S\,m_j^S + S_1^{hkl}\,\delta_{ij} \tag{4-5}$$

式中，S_1^{hkl} 为衍射弹性常数。m^S 的定义如下：

$$\boldsymbol{m}^S = \begin{pmatrix} \sin\psi \cdot \cos\varphi \\ \sin\varphi \cdot \cos\psi \\ \cos\psi \end{pmatrix} \tag{4-6}$$

4.3.3　微晶群方法

在许多实际情况下，如冷轧和时效处理材料，试样的织构可借助一种或几种所谓理想取向（微晶群）来描述，每一种由所有具有相同晶体学取向（一种理想取向可用晶体学空间中一组 Euler 角表示）微晶组成。一般而言，对于板织构，平行于样品表面的结晶学平面取向的密勒指数为 $\{mnr\}$，试样坐标的 S_1 轴的指数 $<uvw>$ 被用来定义特殊微晶群的取向。

在试样坐标系中的一种微晶群的应变张量 $\boldsymbol{\varepsilon}^S$，由胡克定律与应力张量 $\boldsymbol{\delta}^S$ 联系起来，胡克定律可将单晶应变的柔度转换到试样参考坐标系中 S_{ijkl}^S，即：

$$\varepsilon_{ij}^S = S_{ijkl}^S\,\sigma_{kl}^S \tag{4-7}$$

式中，ε_{ij}^S 和 σ_{kl}^S 为所考虑遍及全部（空间分布）微晶的平均。式（4-7）也适合用衍射的点阵应变测量，这规定了应变测量仅为所考虑对衍射线有贡献的那些微晶群中的微晶。

所测量的点阵应变 $\varepsilon_{\varphi\psi}$ 能从考虑的试样坐标中的应变张量 $\boldsymbol{\varepsilon}^S$ 和衍射矢量方向中单位矢量 $\boldsymbol{m}^S$ 来计算，即：

$$\varepsilon_{\varphi\psi} = m_i^S \, m_j^S \, \varepsilon_{ij}^S = m_i^S \, m_j^S \, S_{ijkl}^S \, \sigma_{kl}^S \tag{4-8}$$

由于衍射应变无差别，力学应变必须对微晶群定义，在下面将使用符号 $\varepsilon_{\varphi\psi}$，即试样参考坐标系衍射矢量方向的应变。

定义变换（旋转）矩阵 $\boldsymbol{\Omega}$，从（正交）晶体参考坐标 C 转换到试样参考坐标 S，柔度张量 S_{ijkl}^S 能借助（正交）晶体参考坐标中柔度张量 S_{ijkl}^C 来表示，S_{ijkl}^C 的各分量在各种教科书中列有表格和数据库，则：

$$S_{ijkl}^S = \boldsymbol{\Omega}_{im} \, \boldsymbol{\Omega}_{jn} \, \boldsymbol{\Omega}_{ko} \, \boldsymbol{\Omega}_{lp} \, C_{mnop}^C \tag{4-9}$$

将式（4-9）代入式（4-8）中，应变可表示为：

$$\varepsilon_{\varphi\psi} = m_i^S \, m_j^S \boldsymbol{\Omega}_{im} \, \boldsymbol{\Omega}_{jn} \, \boldsymbol{\Omega}_{ko} \, \boldsymbol{\Omega}_{lp} \, C_{mnop}^C \, \sigma_{kl}^S \tag{4-10}$$

这是用微晶群方法作衍射应力分析的基本关系式。

用特殊的 hkl 反射，对 φ 和 ψ 的所有结合测量微晶群的点阵应变是不可能的。因为衍射矢量必须垂直于获得衍射强度的（hkl）晶面，一个 hkl 反射仅对确定的 φ 和 ψ 结合，它由材料的晶体结构和微晶群的取向决定。同时，这也显示了该方法的局限性，因为，特殊的 hkl 反射和取向限制了点阵应变测量的数目。另外，这样分开测量试样中的不同微晶群是可能的，提供足够的 hkl 反射以及 φ 和 ψ 的结合，这对于指明仅有一种微晶群试样是极好的。

4.3.4　晶粒交互作用模型

针对存在织构的材料，要想利用 X 衍射测量残余应力，需要知道样品的 X 射线应力因子，其等价于宏观弹性各向同性样品中的 X 射线弹性常数。针对织构材料中的残余应力，通常利用晶粒相互作用模型借助 X 射线应力因子进行评估。目前，经典的晶粒相互作用模型有 Voigt 模型[3]、Reuss 模型[4]、Eshelby-Kröner 模型[5,6] 和 Vook-Witt 模型[7] 等。

通过 X 射线应力因子建立的衍射应变与衍射应力的关系为：

$$\varepsilon_{\varphi\psi} = F_{ij}(\varphi, \psi) \, \sigma_{\varphi\psi} \tag{4-11}$$

式中，$F_{ij}(\varphi, \psi)$ 为所谓的（各向异性）样品的 X 射线衍射应力因子，可结合相关晶粒间相互作用模型求解。下面将介绍几种常用的晶粒间相互作用模型，并给出相应的 X 射线应力因子的基本表达式。

4.3.4.1　Voigt 模型

该模型对于晶粒间相互作用的假设为[2]：在 S（试样）坐标系，所有样品的宏观应变是均一的，即所有晶粒的应变张量 ε^S 在 S 坐标系下都是相同的。这一假设暗示样品中所有晶粒的形变是严格一致的，即应变在晶界处是连续的。从而进一步可知，样品中不同取向晶粒中的应力是不同的，即应力在晶界处是不连续的。而应力在晶界处不连续的结论有违机械平衡条件，因此说明这一晶粒间相互作用模型通常与多晶样品的真实力学行为是有偏差的。根据 Voigt 模型的假设，可以直接写出 S 坐标系下样品的宏观应变、应力张量分量：

$$\varepsilon_{ij}^S = \langle \varepsilon_{ij}^S \rangle \quad (i, j = 1, 2, 3) \tag{4-12}$$

式中，尖括号 $\langle\ \rangle$ 为张量元对样品中所有晶粒进行平均。

与该模型相对应的 X 射线应力因子为[8]：

$$F_{V,ij}(hkl,\varphi,\psi) = m_k^S \frac{\int_0^{2\pi} \langle C^S(hkl,\lambda,\varphi,\psi)_{hkl}\rangle^{-1} g(hkl,\lambda,\varphi,\psi)\,\mathrm{d}\lambda}{\int_0^{2\pi} g(hkl,\lambda,\varphi,\psi)\,\mathrm{d}\lambda} m_l^S \qquad (4\text{-}13)$$

式中，$g(hkl,\lambda,\varphi,\psi)$ 为利用（hkl）晶面的测量参数所表示的取向分布函数；m 为衍射矢量方向中单位矢量，其中：

$$\langle C^S(hkl,\lambda,\varphi,\psi)_{hkl}\rangle = \frac{\int_{\varphi=0}^{2\pi} \int_{\psi=0}^{2\pi} \int_{\lambda=0}^{2\pi} \alpha_{im}^{SA} \alpha_{jn}^{SA} \alpha_{ko}^{SA} \alpha_{lp}^{SA} c_{mnop}^{SA} g(hkl,\lambda,\varphi,\psi)\,\mathrm{d}\lambda\,\mathrm{d}\psi\,\mathrm{d}\varphi}{\int_{\varphi=0}^{2\pi} \int_{\psi=0}^{2\pi} \int_{\lambda=0}^{2\pi} g(hkl,\lambda,\varphi,\psi)\,\mathrm{d}\lambda\,\mathrm{d}\psi\,\mathrm{d}\varphi}$$

$$(4\text{-}14)$$

式中，$\langle C^S(hkl,\lambda,\varphi,\psi)_{hkl}\rangle^{-1}$ 为对刚度矩阵各张量元在 S 坐标系下对整个样品进行统计平均，而后对平均后得到的等效刚度矩阵再求逆；a^{SA} 为从 S 坐标系向 L 坐标系转换的转换矩阵；c_{mnop}^{SA} 为等效刚度系数常数。

4.3.4.2　Reuss 模型

该模型对于晶粒间相互作用的假设为[3]：在 S 坐标系下，所有样品的宏观应力是均一的，即所有晶粒的应力张量 σ^S 在 S 坐标系下都是相同的。这一假设暗示样品中不同取向晶粒中的应变是不同的，即应变在晶界处是不连续的。显然，这样的假设是非常极端的，因此说明这一晶粒间相互作用模型通常与多晶样品的真实力学行为也是有偏差的。根据 Reuss 模型的假设，可以直接写出 S 坐标系下样品的宏观应力张量分量：

$$\sigma_{ij}^S = \langle \sigma_{ij}^S \rangle \quad (i,j=1,2,3) \qquad (4\text{-}15)$$

式中，尖括号 $\langle\ \rangle$ 为张量元对样品中所有晶粒进行平均。

与该模型相对应的 X 射线应力因子为[7]：

$$F_{R,ij}(hkl,\varphi,\psi) = m_k^S \frac{\int_0^{2\pi} S^S(hkl,\lambda,\varphi,\psi)_{ijkl} g(hkl,\lambda,\varphi,\psi)\,\mathrm{d}\lambda}{\int_0^{2\pi} g(hkl,\lambda,\varphi,\psi)\,\mathrm{d}\lambda} m_l^S \qquad (4\text{-}16)$$

其中：

$$S^S(hkl,\lambda,\varphi,\psi)_{ijkl} = \alpha_{im}^{SA} \alpha_{jn}^{SA} \alpha_{ko}^{SA} \alpha_{lp}^{SA} S_{mnop}^A \qquad (4\text{-}17)$$

式中，S_{mnop}^A 为单晶体的柔度弹性常数。

4.3.4.3　Eshelby-Kröner 模型

该模型最初仅假设弹性各向异性的球形晶体镶嵌在伪各向同性的基体之中，且该球形晶体属于立方晶系[4,5]。基于这种假设，可得到 X 射线应力因子的严格解析式[9]：

$$F_{EK}(\psi,hkl) = 2\,(S_1^{hkl})_{EK} + \frac{1}{2}\,(S_2^{hkl})_{EK} \sin^2\psi \qquad (4\text{-}18)$$

其中：

$$\left.\begin{aligned}
(S_1^{hkl})_{EK} &= S_{12} + T_{12} + T_0 \Gamma(hkl) \\
\frac{1}{2}\,(S_2^{hkl})_{EK} &= S_{11} - S_{12} + T_{11} - 3T_0 \Gamma(hkl) \\
T_0 &= T_{11} - T_{12} - 2T_{44} \\
\Gamma(hkl) &= (h^2 k^2 + h^2 l^2 + l^2 k^2)/(h^2 + k^2 + l^2)^2
\end{aligned}\right\} \qquad (4\text{-}19)$$

式中，S_{ij} 为单晶体的柔度弹性常数；T_{11}、T_{12} 和 T_{44} 为包含材料的宏观弹性常数和那些球形单晶的弹性常数的复杂函数。

后来，Kneer[10] 又将该模型扩展应用于样品具有织构的情形。此时的模型假设是将弹性各向异性的球形晶体镶嵌在各向异性的基体之中，如此一来，则无法得到 X 射线应力因子的解析解，取而代之的计算方案是迭代法。最终得到由该模型导出的 X 射线应力因子为[8]：

$$F_{R,ij}(hkl,\varphi,\psi)$$
$$= m_k^S \frac{\int_0^{2\pi} \left[S^S(hkl,\lambda,\varphi,\psi)_{hkl} + t^S(hkl,\lambda,\varphi,\psi)_{hkl} \right] f^*(hkl,\lambda,\varphi,\psi)\mathrm{d}\lambda}{\int_0^{2\pi} f^*(hkl,\lambda,\varphi,\psi)\mathrm{d}\lambda} m_l^S \quad (4\text{-}20)$$

式中，张量 t 代表的是单个晶粒的弹性性能（这里指柔度系数）偏离于整个多晶体基体弹性性能的量。对于立方晶系且无织构的情况，则有 $f^*(hkl,\lambda,\varphi,\psi) \equiv 1$。

4.3.4.4　Vook-Witt 模型和反 Vook-Witt 模型

在大块试样中，每一个微晶被在三维中的其他微晶包围。在薄膜中，其经常具有圆筒形晶粒结构，临近表面的每一个微晶仅被在二维中的其他微晶围绕。由于它们的微结构和维度降低，一般不能把薄膜考虑为宏观弹性各向同性，而是考虑它们展现为宏观横向各向同性（即使不存在晶体学织构）。晶粒交互作用的传统模型即 Reuss 模型、Voigt 模型和 Eshelby-Kroner 模型（包括球形夹杂物）仅与宏观各向同性弹性性能相容，对于薄膜中的应力分析是不适合的。

在大块多晶体中，关于晶粒交互作用，一般在所有（主要）方向是等效的。根据这样的理由，基于这样假设的最终类型的晶粒交互作用模型，对大块材料有两个（Reuss 和 Voigt 提出，在体内各方向的晶粒交互作用是等效的）。圆筒形薄膜拥有可能展现晶粒交互作用不同类型的两个主要方向为：平面内的方向（所有平面内的方向是等效的）和垂直于膜表面的方向。根据同样的理由，最终晶粒交互作用模型的 4 种类型能对圆筒形薄膜进行阐述（公式化），因为两个主要方向上都可能发生两种晶粒交互作用。Reuss 模型和 Voigt 模型上面已经讨论过，两个附加的晶粒交互作用模型是 Vook-Witt 模型和倒置 Vook-Witt 模型。这两个模型沿试样的不同（主要）方向用不同的晶粒交互作用假设，故称为方向相关晶粒交互作用模型。

A　Vook-Witt 模型

Vook 和 Witt 于 1965 年就提出了一组晶粒交互作用假设，其反映出横向各向同性，可用于薄膜。Vook 和 Witt 晶粒交互作用的假设是，所有微晶的应力张量和应变张量的 6 个分量可用式（4-21）和式（4-22）表示，即：

$$\boldsymbol{\varepsilon}^S = \begin{pmatrix} \varepsilon_\parallel^S & 0 & o \\ 0 & \varepsilon_\parallel^S & o \\ o & o & o \end{pmatrix} \quad (4\text{-}21)$$

$$\boldsymbol{\sigma}^S = \begin{pmatrix} o & o & 0 \\ o & o & 0 \\ 0 & 0 & 0 \end{pmatrix} \quad (4\text{-}22)$$

式中，用 o 表示的张量的分量对每个微晶不是严格确定的，但是，对每个微晶的这些分量能从胡克定律按式（4-7）计算获得。因此，对于平行于衬底的应变的实际值 $\varepsilon_{\parallel}^{s}$，全部非零应变张量分量和应力张量分量能通过解方程组（4-7）计算。

薄膜中宏观应力分析 Vook-Witt 晶粒交互作用模型可能比传统的晶粒交互作用模型（如 Reuss 或 Voigt）更合适。这种晶粒交互作用模型的明显特征是 $\sin^{2}\psi$ 作图是非线性的，即使不存在晶体学织构也是如此。

B　反 Vook-Witt 模型

反 Vook-Witt 模型完成了对（圆筒）薄膜的 4 个最后晶粒交互作用模型，因为该 Vook-Witt 模型考虑横向各向同性试样属于平面旋转对称应力状态。晶粒交互作用的假设如下：

（1）平面内应力是旋转对称的；

（2）对所有微晶都相等（Reuss 模型晶粒交互作用）；

（3）垂直于薄膜表面的应变对于所有微晶是相等的（Voigt 模型晶粒交互作用）。

如 Vook-Witt 模型一样，对所有微晶的应变张量和应力张量分量，可用式（4-23）和式（4-24）表示：

$$\boldsymbol{\varepsilon}^{s} = \begin{pmatrix} o & o & 0 \\ o & o & 0 \\ 0 & 0 & \varepsilon_{\perp}^{s} \end{pmatrix} \tag{4-23}$$

$$\boldsymbol{\sigma}^{s} = \begin{pmatrix} \sigma_{\parallel}^{s} & 0 & o \\ 0 & \sigma_{\parallel}^{s} & o \\ o & o & o \end{pmatrix} \tag{4-24}$$

式中，用 o 表明的每个微晶遗漏的应变张量和遗漏张量分量能通过解方程组（4-7）来计算。

反 Vook-Witt 晶粒交互作用模型必须对于薄膜建立有效晶粒交互作用模型。该模型的明显特征是 $\sin^{2}\psi$ 作图是非线性的，即使不存在晶体学织构也是如此。

综上所述可知，Voigt、Reuss、Eshelby-Kröner、Vook-Witt 和反 Vook-Witt 5 种晶粒间相互作用模型，都属于极端晶粒间相互作用模型，即一旦某一模型被采用，则样品中每个晶粒的应力状态便完全由该模型假设所确定，即晶粒间的力学相互作用关系也完全由该模型确定下来了。显然，任何样品中晶粒之间的力学相互作用关系是非常复杂的，仅凭某一模型有限的力学状态假设是难以完整描述样品中的晶粒间相互作用关系的，故而，由单一模型估算的残余应力结果与真实值，必然有所偏差。

4.4　XRD 评估不同取向晶粒间交互作用的应力模型

4.4.1　Voigt 和 Reuss 应力修正模型

织构材料表面宏观残余应力的表征，是通过测量不同取向方向上的晶格应变进行计算。由于应力（σ_{ij}）和应变（ε_{ij}）都是张量，因此计算涉及了一些张量演算，这就需要建立坐标系辅助计算。残余应力测试时 3 个笛卡尔坐标系如图 4-14 所示。其中，S 坐标系：试样坐标系中，S_3 轴垂直于工件表面，而 S_1 和 S_2 轴在工件表面平面中相互垂直。L 坐标系：实验坐标系中，沿 L_3 轴（标记为 (hkl)）测量应变，即为衍射矢量方向。A 坐标系：晶体坐标系。对于铜合金立方晶体坐标系，轴沿晶格常数 a、b 和 c 定为一个相互垂直的三维坐标系。欧拉角 φ 和 ψ 定义了衍射测量方向 L_3 相对于 S 系统的方向，如图 4-14（a）所示。为了获得衍射方向（L_3 轴）和晶体物理坐标系（A 坐标系）之间的关系，引入了一个中间坐标系 L'，该坐标系完全固定在 A 坐标系之中。以立方晶体系统为例，L_3' 与 A 坐标系中的 (h, k, l) 向量平行，并且 L_1' 和 L_2' 轴与 A 坐标系中的 $(l^2+k^2, -kh,$ $-lh)$ 和 $(0, l, -k)$ 向量分别平行。显然，L_1'、L_2' 和 L_3' 轴彼此相互垂直。另外，可以通过旋转角 λ 来确定 L 坐标系和 L' 坐标系之间的关系，并且可以认为通过绕着 L_3' 轴旋转 λ 角来获得 L 坐标系，如图 4-14（b）所示。

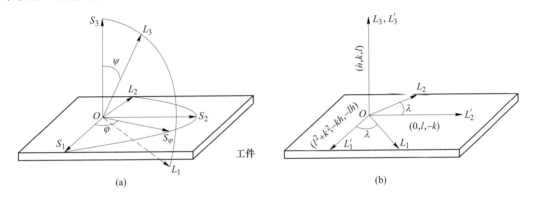

图 4-14 应力测试的坐标系示意图

（a）样品坐标系 S 与实验坐标系 L 之间的关系；（b）L 坐标系与中介 L' 坐标系之间的关系

在以下各章节中，张量或张量元中的上标 S、L 或 A 分别指其张量或张量元所在的相应试样、实验或晶体坐标系。例如：S_{ijkl}^L 表示在实验坐标系 L 下的弹性柔度张量。每个坐标系之间的对应坐标矩阵可以通过参考文献［11，12］获得。

从 S 坐标系到 L 坐标系的转换矩阵为：

$$a^{LS} = \begin{bmatrix} \cos\varphi \cdot \cos\psi & \sin\varphi \cdot \cos\psi & -\sin\psi \\ -\sin\varphi & \cos\varphi & 0 \\ \cos\varphi \cdot \sin\psi & \sin\varphi \cdot \sin\psi & \cos\psi \end{bmatrix} \tag{4-25}$$

从 A 坐标系到 L 坐标系的转换矩阵为：

$$a^{LA} = \begin{bmatrix} \dfrac{\sqrt{k^2+l^2}}{\sqrt{h^2+k^2+l^2}}\cos\lambda & \dfrac{l\sqrt{h^2+k^2+l^2}\sin\lambda - hk\cos\lambda}{\sqrt{(h^2+k^2+l^2)(k^2+l^2)}} & -\dfrac{k\sqrt{h^2+k^2+l^2}\sin\lambda + hl\cos\lambda}{\sqrt{(h^2+k^2+l^2)(k^2+l^2)}} \\ \dfrac{-\sqrt{k^2+l^2}}{\sqrt{h^2+k^2+l^2}}\sin\lambda & \dfrac{l\sqrt{h^2+k^2+l^2}\cos\lambda + hk\sin\lambda}{\sqrt{(h^2+k^2+l^2)(k^2+l^2)}} & \dfrac{hl\sin\lambda - k\sqrt{h^2+k^2+l^2}\cos\lambda}{\sqrt{(h^2+k^2+l^2)(k^2+l^2)}} \\ \dfrac{h}{\sqrt{h^2+k^2+l^2}} & \dfrac{k}{\sqrt{h^2+k^2+l^2}} & \dfrac{l}{\sqrt{h^2+k^2+l^2}} \end{bmatrix}$$

$$\tag{4-26}$$

从 A 坐标系到 S 坐标系的转换矩阵为：

$$a^{SA} = (a^{LS})^{-1} \cdot a^{LA} \tag{4-27}$$

对于样品中的每个晶粒，根据胡克定律，可以将试样坐标系（标记为 S）下的应力与应变之间的关系写为：

$$\varepsilon_{ij}^S = S_{ijkl}^S \sigma_{kl}^S \tag{4-28}$$

式中，S_{ijkl}^S 为材料在 S 坐标系中的弹性柔度。

由 L 坐标系中的方位角（φ，ψ）确定的晶体应变 ε_{33}^L 为：

$$\varepsilon_{33}^L = m_i^S \varepsilon_{ij}^S m_j^S \tag{4-29}$$

其中：

$$m^S = \begin{pmatrix} \sin\psi \cdot \cos\varphi \\ \sin\varphi \cdot \cos\psi \\ \cos\psi \end{pmatrix} \tag{4-30}$$

衍射应变 $\varepsilon_{\varphi\psi}^{hkl}$（即在方位角（$\varphi$，$\psi$）下对（$hkl$）晶面衍射而获得的正应变）与 ε_{33}^L 之间的关系为：

$$\varepsilon_{\varphi\psi}^{hkl} = \{\varepsilon_{33}^L\}_{\varphi\psi}^{hkl} = \frac{\int_0^{2\pi} \varepsilon_{33}^L(hkl,\lambda,\varphi,\psi) g(hkl,\lambda,\varphi,\psi)\mathrm{d}\lambda}{\int_0^{2\pi} g(hkl,\lambda,\varphi,\psi)\mathrm{d}\lambda} \tag{4-31}$$

式中，大括号 $\{\}$ 为应变张量元仅对参与衍射的晶粒进行求平均值；$g(hkl,\lambda,\varphi,\psi)$ 为利用（hkl）晶面的测量参数所表示的取向分布函数。

对于宏观弹性各向异性的材料（即存在与方向有关的晶粒相互作用或晶体学织构）中残余应力测量，Dölle 和 Hauk[2] 首先引入了 X 射线应力因子用于分析衍射应变-应力。由式（4-28）~式（4-31）可得到衍射应变 $\varepsilon_{\varphi\psi}^{hkl}$ 和应力 σ_{ij}^S 之间的关系：

$$\varepsilon_{\varphi\psi}^{hkl} = \{\varepsilon_{33}^L\}_{\varphi\psi}^{hkl} = F_{ij}(hkl,\varphi,\psi)\langle\sigma_{ij}^S\rangle_{\varphi\psi}^{hkl} \tag{4-32}$$

式中，尖括号 $\langle\rangle$ 为应变张量元对样品中的所有晶粒进行求平均值；$F_{ij}(hkl,\varphi,\psi)$ 为各向异性样品中所谓的 X 射线应力因子。当样品为各向同性材料时，$F_{ij}(hkl,\varphi,\psi)$ 也称为 X 射线弹性常数。

本书研究的对象是面心立方 Cu-Ni-Si-Co 合金冷轧薄板表面的二维残余应力，即垂直于冷轧薄板表面的应力（σ_z）为 0。冷轧薄板的残余应力与织构之间呈现一一对应的关系。假设 φ 为常数，$\varphi \in [0, 2\pi]$，则对于任何常数 φ，材料的宏观残余应力和应变张量（分别由 σ_{ij} 和 ε_{ij} 表示）都满足各向同性特性（即单个常数 φ 下的织构可以简化为丝织构进行处理）[11~13]。因此，在任何常数 φ 下，材料的宏观残余应力和应变张量可以分别写为：

$$\left.\begin{aligned}\langle\sigma_{11}^S\rangle = \langle\sigma_{22}^S\rangle = \sigma_\parallel^S \\ \langle\sigma_{12}^S\rangle = \langle\sigma_{21}^S\rangle = 0 \\ \langle\sigma_{i3}^S\rangle = \langle\sigma_{3i}^S\rangle = 0\end{aligned}\right\} \tag{4-33}$$

$$\left.\begin{aligned}\langle\varepsilon_{11}^S\rangle = \langle\varepsilon_{22}^S\rangle = \varepsilon_\parallel^S \\ \langle\varepsilon_{33}^S\rangle = \varepsilon_\perp^S \\ \langle\varepsilon_{ij}^S\rangle = 0(i=j)\end{aligned}\right\} \tag{4-34}$$

式中，$\varphi = 0°$ 为板材轧制方向（RD）残余应力；$\varphi = 90°$ 为板材横向方向（TD）残余应力。

基于上述假设条件，本章节对传统的 Voigt 和 Reuss 模型进行修正，以期新的模型能够满足强织构板材的应力测试要求[14]。具体理论公式推导如下。

4.4.1.1 Voigt 应力修正模型

关于 Voigt 应力修正模型的假设如下：

（1）在侧倾角 ψ 下，样品中参与衍射的晶粒应满足以下应力状态：$\{\sigma_{11,\psi}^{S,hkl}\} = \{\sigma_{22,\psi}^{S,hkl}\} = \sigma_{\parallel,\psi}^{S,hkl}$，$\{\sigma_{33,\psi}^{S}\} = 0$，$\{\sigma_{ij,\psi}^{S,hkl}\} = \{\sigma_{ji,\psi}^{S,hkl}\} = 0$，其中，$i=j$，大括号 $\{\}$ 为应力仅针对参与衍射的晶粒进行求平均值。

（2）在侧倾角 ψ 下，参与衍射的晶粒中的应变分布在 S 坐标系中是均匀的，即在侧倾角 ψ 处所有参与衍射的晶粒的应变张量 $\varepsilon_\psi^{S,hkl}$ 相同。

（3）φ 角为常数，且 $\varphi \in [0, 2\pi]$。

根据上述 Voigt 应力修正模型的假设，可以得出参与衍射晶粒中的应变张量的表达式为：

$$\varepsilon_{ii,\psi}^{S,hkl} = \{\varepsilon_{ii,\psi}^{S,hkl}\} = \varepsilon_{\parallel,\psi}^{S,hkl}(i=1,2) \tag{4-35}$$

$$\varepsilon_{33,\psi}^{S,hkl} = \{\varepsilon_{33,\psi}^{S,hkl}\} = \varepsilon_{\perp,\psi}^{S,hkl} \tag{4-36}$$

$$\varepsilon_{ij,\psi}^{S,hkl} = \{\varepsilon_{ij,\psi}^{S,hkl}\} = 0(i \neq j) \tag{4-37}$$

根据式（4-28）~式（4-31），针对 Voigt 应力修正模型可知，在侧倾角 ψ 和 φ（常数）下，样品晶粒衍射应变 $\varepsilon_{\varphi\psi}^{hkl}$ 与平均衍射应力 $\sigma_{ij,\psi}^{S,hkl}$ 的关系为：

$$\varepsilon_{\varphi\psi}^{hkl} = \{\varepsilon_{33,\psi}^{L,hkl}\} = \varepsilon_{33,\psi}^{L,hkl} = \sum_{ij} F_{V,ij}(hkl,\varphi,\psi)\{\sigma_{ij,\psi}^{S,hkl}\} \tag{4-38}$$

其中：

$$F_{V,ij}(hkl,\varphi,\psi) = m_k^S\{C^S(hkl,\lambda,\varphi,\psi)_{ijkl}\}^{-1}m_l^S \tag{4-39}$$

式中，$\{C^S(hkl,\lambda,\varphi,\psi)_{hkl}\}$ 为在侧倾角 ψ 和 φ（常数）下，对参与衍射晶粒的刚度矩阵张量元在 S 坐标系中进行统计求平均值，而后对刚度矩阵做逆矩阵处理；$F_{V,ij}(hkl,\varphi,\psi)$ 为 Voigt 应力修正模型中的 X 射线应力因子，与传统的 Voigt 模型中 X 射线应力因子不同。传统的 Voigt 模型中 X 射线应力因子是针对整个样品中的所有晶粒进行刚度矩阵求解；而 Voigt 应力修正模型中的 X 射线应力因子仅对在侧倾角 ψ 和 φ（常数）下，参与衍射的晶粒进行刚度矩阵求解。不难发现，相对传统的 Voigt 模型，Voigt 应力修正模型对晶粒力学状态的束缚条件更小，即其计算结果更接近于实际情况。

另外，做逆矩阵处理后的 $\{C^S(hkl,\lambda,\varphi,\psi)_{hkl}\}$ 公式为：

$$\{C^S(hkl,\lambda,\varphi,\psi)_{ijkl}\} = \frac{\int_{\varphi=0}^{2\pi}\int_{\lambda=0}^{2\pi} a_{im}^{SA} a_{jn}^{SA} a_{ko}^{SA} a_{lp}^{SA} C_{mnop}^A g(hkl,\lambda,\varphi,\psi)\mathrm{d}\lambda\,\mathrm{d}\varphi}{\int_{\varphi=0}^{2\pi}\int_{\lambda=0}^{2\pi} g(hkl,\lambda,\varphi,\psi)\mathrm{d}\lambda\,\mathrm{d}\varphi} \tag{4-40}$$

式中，$g(hkl,\lambda,\varphi,\psi)$ 为相对于 (hkl) 晶面所测得参数表示的取向分布函数（ODF）。根据本工作中固定角度 φ 的方法，结合织构的取向概率分布函数研究结果，可以用 (hkl) 晶面的取向概率分布函数 $F^{hkl}(\psi)$ 代替取向分布函数 $g(hkl,\lambda,\varphi,\psi)$。因此，式(4-40)可简化为：

$$\{C^S(hkl,\lambda,\varphi,\psi)_{ijkl}\} = \frac{\int_{\varphi=0}^{2\pi}\int_{\lambda=0}^{2\pi} a_{im}^{SA} a_{jn}^{SA} a_{ko}^{SA} a_{lp}^{SA} C_{mnop}^A F^{hkl}(\psi)\mathrm{d}\lambda\,\mathrm{d}\varphi}{\int_{\varphi=0}^{2\pi}\int_{\psi=0}^{2\pi}\int_{\lambda=0}^{2\pi} F^{hkl}(\psi)\mathrm{d}\lambda\,\mathrm{d}\varphi}$$

$$= \int_{\varphi=0}^{2\pi} \int_{\lambda=0}^{2\pi} a_{im}^{SA} a_{jn}^{SA} a_{ko}^{SA} a_{lp}^{SA} C_{mnop}^{A} \mathrm{d}\lambda \, \mathrm{d}\varphi \tag{4-41}$$

根据本文固定角度 φ（常数）的方法，Voigt 应力修正模型中的 X 射线应力因子 $F_{V,ij}(hkl, \varphi, \psi)$ 仅是关于 ψ 的函数。因此，X 射线应力因子 $F_{V,ij}(hkl, \varphi, \psi)$ 和衍射应变 $\varepsilon_{\varphi\psi}^{hkl}$ 可以分别简化写为 $F_{V,ij}(hkl, \psi)$ 和 ε_{ψ}^{hkl}。

根据式（4-35）~式（4-39），可以得出晶体衍射应力 $\sigma_{\parallel,\psi}^{S,hkl}$ 与衍射应变 ε_{ψ}^{hkl} 之间的关系式：

$$\sigma_{\parallel,\psi}^{S,hkl} = \varepsilon_{\psi}^{hkl} / F_{V,hkl} \tag{4-42}$$

其中：

$$F_{V,hkl} = F_{V,11}(hkl,\psi) + F_{V,22}(hkl,\psi) \tag{4-43}$$

通过以上讨论发现，可以通过测量衍射应变 ε_{ψ}^{hkl} 的方法，获得任意角度 ψ 的衍射应力 $\sigma_{\parallel,\psi}^{S,hkl}$。假设衍射应变 ε_{ψ}^{hkl} 的测量数据点足够密集，则可以将衍射应力 $\sigma_{\parallel,\psi}^{S,hkl}$ 视为连续 ψ 角的函数。然后，工件表面的宏观平均残余应力（记为 $\sigma_{\parallel}^{S}$）计算公式为：

$$\sigma_{\parallel}^{S} = \langle \sigma_{\parallel,\psi}^{S,hkl} \rangle = \frac{\int_{\psi=0}^{\pi/2} \sigma_{\parallel,\psi}^{S,hkl} F^{hkl}(\psi) \mathrm{d}\psi}{\int_{\psi=0}^{\pi/2} F^{hkl}(\psi) \mathrm{d}\psi} = \frac{\int_{\psi=0}^{\pi/2} (\varepsilon_{\psi}^{hkl} / F_{V,hkl}) F^{hkl}(\psi) \mathrm{d}\psi}{\int_{\psi=0}^{\pi/2} F^{hkl}(\psi) \mathrm{d}\psi} \tag{4-44}$$

4.4.1.2　Reuss 应力修正模型

关于 Reuss 应力修正模型的假设如下：

（1）在试样 S 坐标系中，垂直于板材表面的各晶粒的衍射应力 $\sigma_{33,\psi}^{S,hkl}$ 为 0，也就是说，参与衍射的晶粒可以不受限制地在 S_3 方向上自由变形；

（2）在侧倾角 ψ 下，参与衍射的晶粒中的应力分布在 S 坐标系中是均匀的，即在侧倾角 ψ 处所有参与衍射的晶粒中的应力张量 $\sigma_{\psi}^{S,hkl}$ 相同。

（3）φ 角为常数，且 $\varphi \in [0, 2\pi]$。

根据上述 Reuss 应力修正模型的假设，可以得出参与衍射的晶粒中的应力张量的表达式为：

$$\sigma_{ii,\psi}^{S,hkl} = \{\sigma_{ii,\psi}^{S,hkl}\} = \sigma_{\parallel,\psi}^{S,hkl}(i=1,2) \tag{4-45}$$

$$\sigma_{33,\psi}^{S,hkl} = \{\sigma_{33,\psi}^{S,hkl}\} = 0 \tag{4-46}$$

$$\sigma_{ij,\psi}^{S,hkl} = \{\sigma_{ij,\psi}^{S,hkl}\} = 0 (i \neq j) \tag{4-47}$$

根据式（4-28）~式（4-31），针对 Reuss 应力修正模型可知，在侧倾角 ψ 和 φ（常数）下，样品晶粒衍射应变 $\varepsilon_{\varphi\psi}^{hkl}$ 与平均衍射应力 $\sigma_{ij,\psi}^{S,hkl}$ 的关系为：

$$\varepsilon_{\varphi\psi}^{hkl} = \{\varepsilon_{33,\psi}^{L,hkl}\} = \sum_{ij} F_{R,ij}(hkl,\varphi,\psi) \{\sigma_{ij,\psi}^{S,hkl}\} \tag{4-48}$$

其中：

$$F_{R,ij}(hkl,\varphi,\psi) = m_{k}^{S} \frac{\int_{0}^{2\pi} S^{S}(hkl,\lambda,\varphi,\psi)_{ijkl} g(hkl,\lambda,\varphi,\psi) \mathrm{d}\lambda}{\int_{0}^{2\pi} g(hkl,\lambda,\varphi,\psi) \mathrm{d}\lambda} m_{l}^{S} \tag{4-49}$$

式中，$S^{S}(hkl, \lambda, \varphi, \psi)_{ijkl}$ 为在侧倾角 ψ 和 φ（常数）下，对参与衍射晶粒的刚度矩阵张量元在 S 坐标系中进行统计求平均值，而后对刚度矩阵作逆矩阵处理；$F_{R,ij}(hkl, \varphi,$

ψ）为 Reuss 应力修正模型中的 X 射线应力因子，与传统的 Reuss 模型中 X 射线应力因子具有区别。传统的 Reuss 模型中 X 射线应力因子是针对整个样品中的所有晶粒进行刚度矩阵求解；而 Reuss 应力修正模型中的 X 射线应力因子仅对在侧倾角 ψ 和 φ（常数）下，参与衍射的晶粒进行刚度矩阵求解。$g(hkl, \lambda, \varphi, \psi)$ 是相对于（hkl）晶面所测得参数表示的取向分布函数（ODF）。根据本工作中固定角度 φ 的方法，结合织构的取向概率分布函数研究结果，可以用（hkl）晶面的取向概率分布函数 $F^{hkl}(\psi)$ 代替取向分布函数 $g(hkl, \lambda, \varphi, \psi)$。同样，不难发现，相对传统的 Reuss 模型，Reuss 应力修正模型对晶粒力学状态的束缚条件更小，即其计算结果更接近于实际情况。

另外，做逆矩阵处理后的 $S^S(hkl, \lambda, \varphi, \psi)_{ijkl}$ 公式为：

$$S^S(hkl, \lambda, \varphi, \psi)_{ijkl} = a^{SA}_{im} a^{SA}_{jn} a^{SA}_{ko} a^{A}_{lp} S^{A}_{mnop} \tag{4-50}$$

根据本章节固定角度 φ（常数）的方法，Reuss 应力修正模型中的 X 射线应力因子 $F_{R, ij}(hkl, \varphi, \psi)$ 仅是关于 ψ 的函数。因此，X 射线应力因子 $F_{R, ij}(hkl, \varphi, \psi)$ 和衍射应变 $\varepsilon^{hkl}_{\varphi\psi}$ 可以分别简化写为 $F_{R, ij}(hkl, \psi)$ 和 ε^{hkl}_{ψ}。

根据式（4-45）~式（4-49），可以得出晶体衍射应力 $\sigma^{S, hkl}_{\parallel, \psi}$ 与衍射应变 ε^{hkl}_{ψ} 之间的关系式：

$$\sigma^{S, hkl}_{\parallel, \psi} = \varepsilon^{hkl}_{\psi} / F_{R, hkl} \tag{4-51}$$

其中：

$$F_{R, hkl} = F_{R, 11}(hkl, \psi) + F_{R, 22}(hkl, \psi) \tag{4-52}$$

同样通过以上讨论发现，可以通过测量衍射应变 ε^{hkl}_{ψ} 的方法，获得任意角度 ψ 的衍射应力 $\sigma^{S, hkl}_{\parallel, \psi}$。假设衍射应变 ε^{hkl}_{ψ} 的测量数据点足够密集，则可以将衍射应力 $\sigma^{S, hkl}_{\parallel, \psi}$ 视为连续 ψ 角的函数。然后，工件表面的宏观平均残余应力（记为 $\sigma^{S}_{\parallel}$）计算公式为：

$$\sigma^{S}_{\parallel} = \langle \sigma^{S, hkl}_{\parallel, \psi} \rangle = \frac{\int_{\psi=0}^{\pi/2} \sigma^{S, hkl}_{\parallel, \psi} F^{hkl}(\psi) \, \mathrm{d}\psi}{\int_{\psi=0}^{\pi/2} F^{hkl}(\psi) \, \mathrm{d}\psi} = \frac{\int_{\psi=0}^{\pi/2} (\varepsilon^{hkl}_{\psi} / F_{R, hkl}) F^{hkl}(\psi) \, \mathrm{d}\psi}{\int_{\psi=0}^{\pi/2} F^{hkl}(\psi) \, \mathrm{d}\psi} \tag{4-53}$$

4.4.2　冷轧板的宏观残余应力表征

对于利用 X 射线衍射方法测量强织构材料的残余应力过程，样品的 X 射线应力因子的确定对应力的计算具有重要意义。由式（4-39）和式（4-49）不难发现，应力修正模型中的 X 射线应力因子（$F_{V, ij}(hkl, \varphi, \psi)$ 或 $F_{R, ij}(hkl, \varphi, \psi)$）在某一 ψ 角处可能为零，这就造成式（4-42）和式（4-51）中会出现奇点情况（分母为零），从而使残余应力测定结果严重偏离于实际情况。针对这一实验数据数学公式处理问题所造成的误差，解决思路为把分母为零的相消掉，具体方法如下：首先，令织构材料中的 X 射线应力因子（$F_{V, ij}(hkl, \varphi, \psi)$ 或 $F_{R, ij}(hkl, \varphi, \psi)$）与衍射应变 ε^{hkl}_{ψ} 在同一 ψ 角处为零。然后，构建衍射应变 ε^{hkl}_{ψ} 关于 $F_{V, ij}(hkl, \varphi, \psi)$ 或 $F_{R, ij}(hkl, \varphi, \psi)$ 的函数曲线，且采用不含常数项的多项式进行曲线拟合，如图 4-15~图 4-17 所示。最后，分母为零的（$F_{V, ij}(hkl, \varphi, \psi)$

或 $F_{R, ij}(hkl, \varphi, \psi)$）可以从式（4-42）和式（4-51）的分母中消去，从而避免了奇点的出现，也就解决了由于实验数据的数学方法的处理所造成的误差。

其中，拟合" $\varepsilon_{\psi}^{hkl} - F_{V, ij}(hkl, \varphi, \psi)$ 或 $F_{R, ij}(hkl, \varphi, \psi)$"不含常数项多项式的函数形式如下：

$$y = \sum_{i=1}^{n} m_i x^i \tag{4-54}$$

式中，y 为平均衍射应变 ε_{ψ}^{hkl}；x 为 X 射线应力因子（$F_{V, hkl}$ 或 $F_{R, hkl}$）；m_i 为拟合系数，本工作的 $n = 6$。根据式（4-54）对各"衍射应变-X 射线应力因子"曲线拟合结果如图 4-15~图 4-17 中虚线所示。

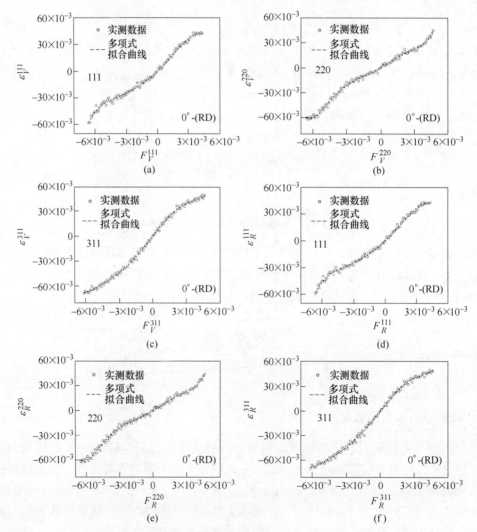

图 4-15 轧向（RD）方向上（111）、（220）和（311）衍射晶面上
衍射应变关于 X 射线应力因子的曲线

（a）~（c）Voigt 应力修正模型；（d）~（f）Reuss 应力修正模型

根据式（4-44）和式（4-53）计算的强织构 Cu-Ni-Si-Co 冷轧板的表面宏观残余应

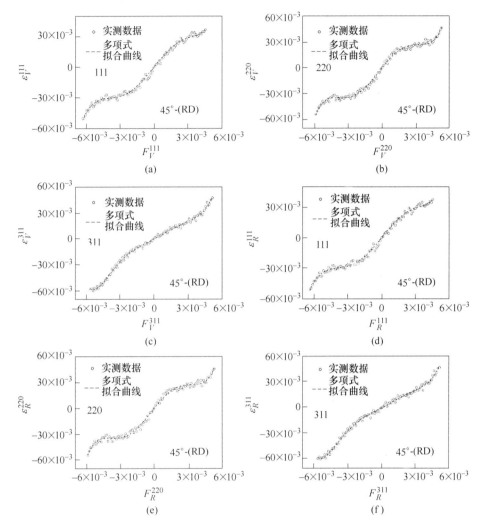

图 4-16 与轧向（RD）呈 45°方向上（111）、（220）和（311）衍射晶面上
衍射应变关于 X 射线应力因子的曲线
（a）~（c）Voigt 应力修正模型；（d）~（f）Reuss 应力修正模型

力（$\sigma_{\parallel}^{s}$），计算结果如表 4-5 所示。可以发现，在板材轧制方向（RD）上，Voigt 和 Reuss 应力修正模型所算的残余应力分别为（-113.7±2.9）MPa 和（-109.4±2.8）MPa；传统的 Voigt 和 Reuss 应力模型所算的残余应力分别为（-105.2±8.9）MPa 和（-96.5±7.4）MPa；显然修正模型所算的残余应力高于传统模型，且修正模型的误差波动更小。其原因可以解释如下：对于传统模型，假设条件较为极端，Vogit 模型设定样品中所有晶粒的应变状态是均一的，Reuss 模型设定样品中所有晶粒的应力状态是均一的，两个模型对晶体间力学状态束缚太强。而修正的 Vogit 模型[13]仅设定样品中在 ψ 角处，参与衍射晶粒的应变状态是均一的；同样，修正的 Reuss 模型仅设定样品中在 ψ 角处，参与衍射晶粒的应力状态是均一的，其对样品中晶粒的束缚条件远小于传统模型。

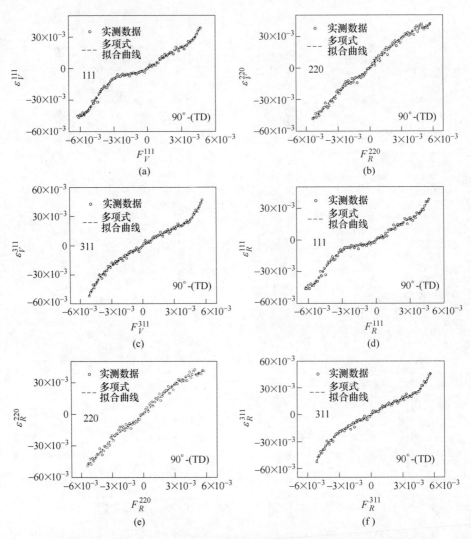

图4-17 横向（TD）方向上（111）、（220）和（311）衍射晶面上
衍射应变关于 X 射线应力因子的曲线

（a）~（c）Voigt 应力修正模型；（d）~（f）Reuss 应力修正模型

表4-5 根据传统 Voigt 模型、传统 Reuss 模型、Voigt 应力修正模型和 Reuss 应力修正模型
在（111）、（220）和（311）衍射晶面上计算冷轧板表面宏观残余应力（$\sigma_{\parallel}^{S}$）

模型	角度/(°)	残余应力/MPa				SD/MPa
		111	220	311	平均值	
传统 Voigt 模型	0	−112.2±10.8	−106.8±8.6	−96.7±7.4	−105.2±8.9	7.9
传统 Reuss 模型	0	−102.3±8.4	−99.7±7.1	−87.5±6.8	−96.5±7.4	7.9
Voigt 应力修正模型	0	−128.1±2.8	−115.1±3.1	−97.8±2.7	−113.7±2.9	15.2
	45	−93.4±2.1	−98.3±3.4	−111.6±2.4	−101.1±2.6	9.4
	90	−77.7±2.3	−101.3±2.7	−85.6±1.9	−88.2±2.3	12.0

模型	角度/(°)	残余应力/MPa				SD/MPa
		111	220	311	平均值	
Reuss 应力修正模型	0	−125.8±3.3	−109.5±2.6	−92.9±2.4	−109.4±2.8	16.5
	45	−90.2±2.3	−92.9±2.5	−105.2±2.8	−96.1±2.5	8.0
	90	−71.2±1.8	−100.1±2.4	−79.3±2.0	−83.5±2.1	14.9

注：1. 0°表示轧制方向（RD），45°表示与 RD 方向的夹角，90°表示横向方向（TD）。

　　2. 铜合金的弹性常数[15]为：$c11=169.9GPa$，$c12=122.6GPa$ 和 $c44=76.2GPa$。

另外，由表 4-5 还可以发现，传统模型和修正模型所计算的残余应力较为接近，属于同一数量级，这说明通过拟合"衍射应变-X 射线应力因子"曲线法计算残余应力是合理的。另外，修正应力模型的方差高于传统模型，说明利用修正模型可以更精确地分析织构对残余应力的影响。因为各衍射（hkl）晶面所测得残余应力的不同，正是材料中织构对其影响所致。表 4-5 中（111）衍射晶面所测的残余应力明显高于（220）和（311），这说明面心立方金属（111）晶面织构使样品中所测的残余应力增大，即（111）晶面织构具有使残余压应力集中的效果。（111）晶面为面心立方金属的密排面。

综上所述，对于存在织构的材料，两种晶粒交互作用修正模型对于分析宏观残余应力是可行的。其中，Cu-Ni-Si-Co 冷轧板的轧向压应力为 111.6MPa，45°方向压应力为98.6MPa，横向压应力为 85.9MPa。

4.4.3　织构对点阵畸变及残余应力测定的影响

晶粒间相互作用模型虽然可准确、无损地评估织构材料中残余应力测定问题，但其具有要求测量数据点密集、实验量大和计算量大等缺点，限制了该方法在实际工程上的应用。因此，基于简便的 $\sigma=KM$ 公式方法，详细探测织构对样品晶面间距和点阵畸变的影响规律和机理，以提出一种简便的测定织构材料中残余应力的方法，具有重要的工程应用意义。

Cu-Ni-Si-Co 冷轧板样品在织构和残余应力的测试过程中，涉及了样品的旋转和倾斜。其中，样品在 TD-RD（x-y）面沿 ND（z）轴的旋转角度用 φ 表示，样品在 RD-ND（x-z）面沿 TD（y）轴的倾斜角度用 ψ 表示，如图 4-18（a）所示，按国际标准逆时针旋转角为正，顺时针旋转角为负。图 4-18（b）为样品的（220）晶面极图，根据图 4-18（a）中关于 φ 和 ψ 的定义，将图 4-18（b）转化为图 4-18（c）的表达形式，其中图 4-18（d）为对应的

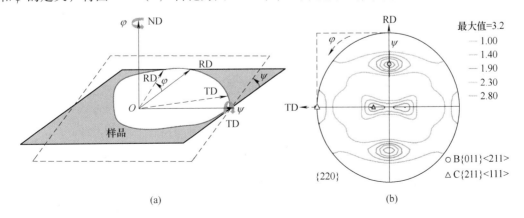

(a)　　　　　　　　　　　　　　　(b)

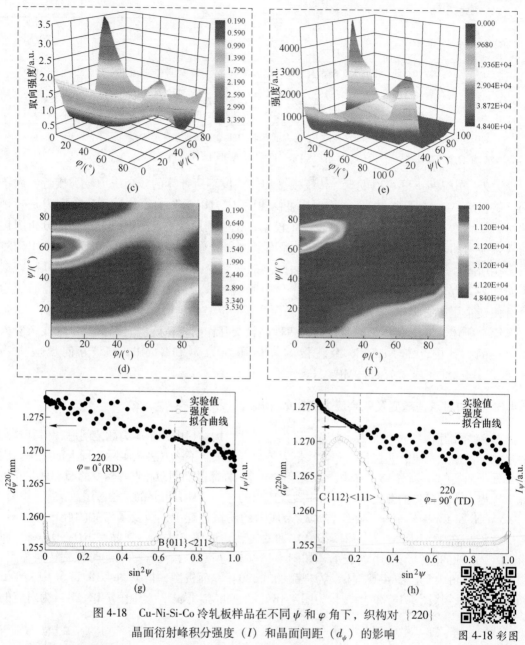

图 4-18　Cu-Ni-Si-Co 冷轧板样品在不同 ψ 和 φ 角下，织构对 {220}
晶面衍射峰积分强度（I）和晶面间距（d_ψ）的影响

图 4-18 彩图

（a）ψ 和 φ 角在样品中的定义；（b）样品的 {220} 极图与 {220} 面；（c）～（f）相关的样品织构和衍射峰积分强度（I）随 ψ 和 φ 变化的分布图（（c）和（e）为三维分布图，（d）和（f）为二维等值线分布图）；

（g）样品轧向方向（RD）上 {220} 晶面衍射峰积分强度（I）和晶面间距（d_ψ）与 $\sin^2\psi$ 的关系曲线；

（h）样品横向方向（TD）上 {220} 晶面衍射峰积分强度（I）和晶面间距（d_ψ）与 $\sin^2\psi$ 的关系曲线

二维等值线分布。图 4-18（e）为样品（220）晶面衍射峰积分强度（I）随 ψ 和 φ 变化的分布图，其中图 4-18（f）为对应的二维等值线分布图。对比极图（图 4-18（b））和二维等值线分布图（图 4-18（d）和（f））可知，样品在不同 φ 和 ψ 下织构强度与（220）衍射峰的积分强度呈现一一对应关系。这是因为 X 射线关于样品的衍射强度（扣除衍射背底）与样品中参与衍射的晶粒的数量成正比，这也与织构的定义相一致。根据图 4-18（b）和（c）可知，在 $\varphi = 0°$（RD）与 $\psi = 60°$ 时为黄铜织构 {011}<211>；在 $\varphi = 90°$（TD）与 $\psi = 22°$ 时为铜型织构 {211}<111>。由于织构的存在，从图 4-18（g）和（f）可清楚发现，d_ψ-$\sin^2\psi$ 曲线在 $\psi \in [0, \pi/2]$ 整个区间呈现非线性，但在衍射峰积分强度（I）（或织构强度）较高处，却呈现线性变化。

图 4-19 为 Cu-Ni-Si-Co 冷轧板样品在（311）晶面的 d_ψ-$\sin^2\psi$ 曲线示意图。d_ψ-$\sin^2\psi$ 曲线在 C{211}<111>和 R{124}<211>织构所对应的侧倾角 ψ 处，呈线性变化。综合图 4-18 和图 4-19 的结果可知，d_ψ-$\sin^2\psi$ 在样品某一晶面的强织构的 ψ 角附近呈线性变化；在弱织构（或无织构）的 ψ 角附近呈非线性变化。造成这一现象的原因为：织构的存在，意味着某一强织构所对应的 ψ 角附近参与 Bragg 衍射的有效晶粒大大增加，从统计意义上保证了足够的衍射强度，使 d_ψ-$\sin^2\psi$ 测量更加精确。相反，弱织构（或无织构）所对应的 ψ 角附近，参与 Bragg 衍射的有效晶粒数量就会大大减小，这就造成统计的无规统计波动，使 d_ψ-$\sin^2\psi$ 测量失去了意义。此发现使利用 $\sin^2\psi$ 法求织构样品的宏观残余应力成为可能。

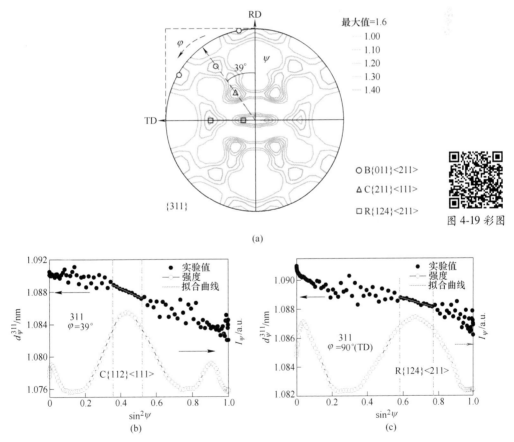

图 4-19 Cu-Ni-Si-Co 冷轧板样品与 {311} 晶面衍射峰积分强度（I）和晶面间距（d_ψ）与 $\sin^2\psi$ 关系曲线

（a）样品的 {311} 极图；（b）样品测定方向在与轧向方向（RD）呈 39°夹角上 {220} 晶面衍射峰积分强度（I）和晶面间距（d_ψ）与 $\sin^2\psi$ 的关系曲线；（c）样品横向方向（TD）上 {220} 晶面衍射峰积分强度（I）和晶面间距（d_ψ）与 $\sin^2\psi$ 的关系曲线

目前，使用 $\sin^2\psi$ 法计算样品表面残余应力的方法，已经发展得十分成熟，其应力公式为[16~18]：

$$\sigma_\varphi = \left(\frac{E}{1+\nu}\right)\left(\frac{\partial\varepsilon_{\varphi\psi}}{\partial\sin^2\psi}\right) = KM \qquad (4-55)$$

另外：

$$\varepsilon_{\varphi\psi} = \frac{d_{\varphi\psi} - d_0}{d_0} \qquad (4-56)$$

联合式（4-55）和式（4-56）可得：

$$\sigma_\varphi = \left(\frac{E}{1+\nu}\cdot\frac{1}{d_0}\right)\left(\frac{\partial d_{\varphi\psi}}{\partial\sin^2\psi}\right) = K'M' \qquad (4-57)$$

式中，E 为杨氏模量；ν 为泊松比；d_0 为无织构标准样品的晶面间距；$d_{\varphi\psi}$ 为样品在 ψ 和 φ 角下的晶面间距；$K' = \dfrac{\partial d_{\varphi\psi}}{\partial\sin^2\psi}$ 和 $M' = \dfrac{E}{1+\nu}\cdot\dfrac{1}{d_0}$。

借助 Dölle 关于具有加权平均意义的弹性柔度 R_{ij} 的意义[19]，本工作定义了一种具有加权意义的杨氏模量 $\overline{E}$ 和点阵畸变 $\overline{\varepsilon}$，公式如式（4-58）和式（4-59）所示：

$$\overline{E} = \frac{\lambda^0 E_0 + \sum\lambda^i E_i}{\lambda^0 + \sum\lambda^i} \qquad (4-58)$$

$$\overline{\varepsilon} = \frac{\lambda^0 \varepsilon_0 + \sum\lambda^i \varepsilon_i}{\lambda^0 + \sum\lambda^i} \qquad (4-59)$$

式中，λ^0 为样品中无明显取向部分的体积分数；λ^i 为样品中对应某一特定 i 织构的体积分数；E_0 和 ε_0 为样品中无明显取向部分的杨氏模量和点阵畸变；E_i 和 ε_i 为样品中对应某一特定 i 织构的杨氏模量和点阵畸变。则根据胡克定律，具有加权意义的斜率 $\overline{K'} = \dfrac{\partial d_{\varphi\psi}}{\partial\sin^2\psi}$ 可定义为：

$$\overline{K'} = K'_{uvw}\frac{\overline{\varepsilon}}{\varepsilon_{uvw}} \qquad (4-60)$$

式中，K'_{uvw} 和 ε_{uvw} 分别为样品在<uvw>晶向上的斜率 $\dfrac{\partial d_{\varphi\psi}}{\partial\sin^2\psi}$ 和点阵畸变。

根据式（4-57）~式（4-60），可以进一步定义出一种具有加权平均意义的残余应力 $\overline{\sigma_\varphi}$ 计算公式：

$$\overline{\sigma_\varphi} = \overline{K'}\cdot\overline{M'} = \left(\frac{\overline{E}}{1+\nu}\cdot\frac{1}{d_0}\right)\left(\frac{\overline{\partial d_{\varphi\psi}}}{\partial\sin^2\psi}\right) \qquad (4-61)$$

根据式（4-58）~式（4-61），并结合图 4-20（b）和（c）中 Cu-Ni-Si-Co 试验样品在<111>和<211>晶向上的弹性模量和点阵畸变数值，利用 $\sin^2\psi$ 方法计算了样品表面残余应力，结果如图 4-21 所示。与传统 Voigt 模型（TV）、传统 Reuss 模型（TR）、Voigt 修正模型（LV）和 Reuss 修正模型（LR）相对比，可以清楚发现，本工作所提出的加权残余应力计算式（4-58）~式（4-61）是可信的，且此方法在测量织构材料的残余应力时，更加简单便捷，容易推广。由图 4-21 可知，相比传统的 $\sin^2\psi$ 法，利用式（4-61）加权法测量的残余应力更接近实际情况。

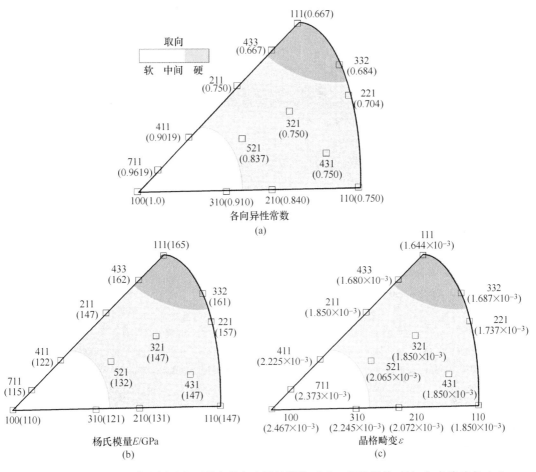

图 4-20　Cu-Ni-Si-Co 合金样品主要晶向的各向异性常数（a）、弹性模量（b）和点阵畸变（c）

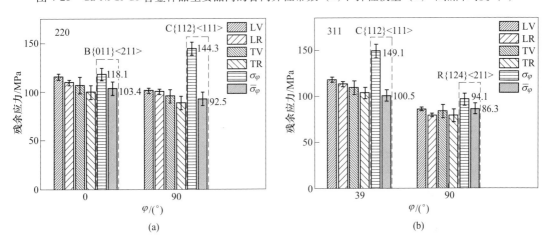

图 4-21　Cu-Ni-Si-Co 合金样品在（220）（a）和（311）（b）晶面上的残余应力柱状图

参 考 文 献

[1] 毛卫民，杨平，陈冷. 材料织构分析原理与检测技术 [M]. 北京：冶金工业出版社，2008.

[2] Dölle H, Hauk V. Der theoretische einf luß mehrachsiger tiefenabhängiger eigenspannungszustände auf die röntgenographische spannungsermittlung [J]. Materialwissenschaft Und Werkstofftechnik, 1979, 53 (20)：235~248.

[3] Voigt W. Lehrbuch der kristallphysik (Mit Ausschluß Kristalloptik) [M]. Vorhehalten：Springer Fachmedien Wiesbaden GmbH, 1999.

[4] Reuss A. Berechung der fliessgrenze von mischkristallen [J]. Journal of Applied Mathematics and Mechanics, 1929, 9 (1)：721~729.

[5] Kröner E. Berechnung der elastischen konstanten des vielkristalls aus den konstanten des einkristalls [J]. Zeitschrift Für Physik, 1958, 151 (4)：504~518.

[6] Eshelby J D. The determination of the elastic field of an ellipsoidal inclusion and related problems [J]. Proceedings of The Royal Society A-Mathematical Physical and Engineering Sciences, 1957, 241 (12)：1261~1269.

[7] Vook R W, Witt F. Thermally induced strains in evaporated films [J]. Journal of Applied Physics, 1965, 36 (7)：2169~2171.

[8] Hauk V. Determination of the lattice distance of the strain-stress-free state d0 and the relation with the stress component in the thickness direction [C] // Structural and Residual Stress Analysis by Nondestructive Methods, 1997, 7 (2)：230~254.

[9] Peresada G I. On the calculation of elastic moduli of polycrystalline systems from single crystal data [J]. Physica Status Solidi Applications and Material Science, 2010, 4 (1)：23~27.

[10] Kneer G. Über die berechnung der elastizitätsmoduln vielkristalliner aggregate mit textur [J]. Physica Status Solidi Applications and Material Science, 2010, 9 (3)：825~838.

[11] Van Leeuwen M, Kamminga J D. Diffraction stress analysis of thin films：modeling and experimental evaluation of elastic [J]. Journal of Applied Physics, 1999, 86 (4)：1904~1914.

[12] Liu C Q, Li W L, Fei W D. Determination of the macroscopic residual stress in thin film with fiber texture on the basis of local grain-interaction models [J]. Acta Materialia, 2014, 58 (16)：5393~5401.

[13] Welzel U, Leoni M, Mittemeijer E J. The determination of stresses in thin films：modelling elastic grain interaction [J]. Philosophical Magazine, 2013, 83 (5)：603~630.

[14] 刘超前. 薄膜织构和残余应力表征及取向铁电薄膜的性能 [D]. 哈尔滨：哈尔滨工业大学，2009.

[15] Mishin Y, Mehl M J, Papaconstantopoulos D, et al. Structural stability and lattice defects in copper：ab initio, tight-binding, and embedded-atom calculations [J]. Physical Review B：Condensed Matter, 2001, 63 (22)：237~246.

[16] 李家宝. X 射线应力测定中模拟拉削表面的异常 2θ-sin2ψ 关系 [J]. 无损检测，1981，12 (2)：73~79.

[17] 李晓伟，常明. 基于 X 射线 sin2φ 法的择优取向金刚石膜残余应力分析 [J]. 人工晶体学报，2010，23 (6)：43~47.

[18] 万鑫. X 射线衍射方法分析多晶铝合金和粗晶铁硅合金的残余应力 [D]. 上海：上海交通大学，2015.

[19] Dölle H. Influence of multiaxial stress states, stress gradients and elastic anisotropy on the evaluation of residual stresses by X-rays [J]. Journal of Applied Crystallography, 1979, 12 (6)：489~501.

5 微观组织与微区残余应力间的关系

由于工程结构材料中的残余应力对工程构件的完整性和耐久性具有重大影响，因此数十年来一直是广泛研究的热点问题。目前，对宏观残余应力的研究仍是最深入的，这不仅是因为它们对工程结构材料上具有重要意义，而且还因为测量方式较为成熟和常见，例如：X 射线、中子衍射及钻孔法等。而对微观残余应力的定量测量手段报道较少，这对于样品中不同取向晶体的微观残余应力状态的了解有限。

5.1 带材中微观织构的分析

5.1.1 微观织构的 EBSD 表征

微观织构狭义地指微区内晶粒取向分布或择优的规律，广义来讲还包括各类晶界的取向分布以及晶粒间的取向差分布，后两种信息是 X 射线法测出的宏观织构信息中所没有的，而这两种信息也影响材料的各种性能。

目前，虽然有多种测定微观织构的技术，但只有电子背散射衍射（electron backscatter diffraction，EBSD）技术最有生命力且越来越得到普及。电子背散射衍射技术是基于扫描电镜中电子束在倾斜样品表面激发出并形成的衍射菊池带的分析从而确定晶体结构、取向及相关信息的方法。入射电子束进入样品由于非弹性散射在入射点附近发散在表层几十纳米范围内成为一个点源。由于其能量损失很少，电子的波长可认为基本不变。这些电子在反向出射时与晶体产生布拉格衍射称之为电子背散射衍射。基于 EBSD 技术的取向成像分析可获得更加丰富的材料内部信息。

EBSD 技术的特色有以下几点：

（1）同时展现晶体材料微观形貌、结构与取向分布。

（2）高的分辨率（纳米级），特别是与场发射枪扫描电子显微镜(FEG-SEM)配合使用时。

（3）与透射电子显微镜（TEM）相比，样品制备简单，可直接分析大块样品。

（4）统计性差的缺点可由计算机运算速度的不断加快来弥补，现在可达每秒 300 个取向的测定速度。

（5）组织形貌、结构与取向微区成分是材料 3 个最基本的信息，EBSD 技术可同时获取前两个信息，并且目前 EBSD 与 EDS 已集成在一起可同时获取 3 种基本信息。

EBSD 表征样品的微观取向，其成像结果可得到如下信息：（1）不同织构组分的空间分布；（2）取向差及界面分布；（3）晶粒内取向的起伏变化；（4）晶粒尺寸及晶粒形状分布；（5）形变程度图（以花样质量值或应变轮廓图表示）。

与 XRD 测宏观织构相比较，EBSD 测的区域较小，且微观测试区域的选择具有随机性，因此很难反映整个样品的织构特征。EBSD 的优点为空间分辨率较高（小于 0.1μm），可以分析亚晶及相邻晶粒间的特征区别。

5.1.2 冷轧带材中微观织构

图 5-1 为冷轧变形量 $\varepsilon = 80\%$ 时，Cu-Ni-Si-Co 合金的 EBSD 微观晶粒取向分布图。由 IPF 图和 ND-反极图可知，样品主要晶粒取向为 ［110］ 晶面方向，部分晶粒取向靠近 ［100］ 晶面方向。由图 5-1 (b) 进一步可知，样品中还存在靠近 ［112］ 和 ［123］ 晶面方向的晶粒取向。由图 5-1 (c) 的晶粒取向分布可知，微观区域中主要含有 S｛123｝<634>、黄铜 ｛110｝<112>、铜型 ｛112｝<111>、高斯 ｛110｝<001> 和 R｛124｝<211>织构，其对应的体积含量分别为 33.2%、23.0%、11.7%、9.1%和 6.9%[1]。

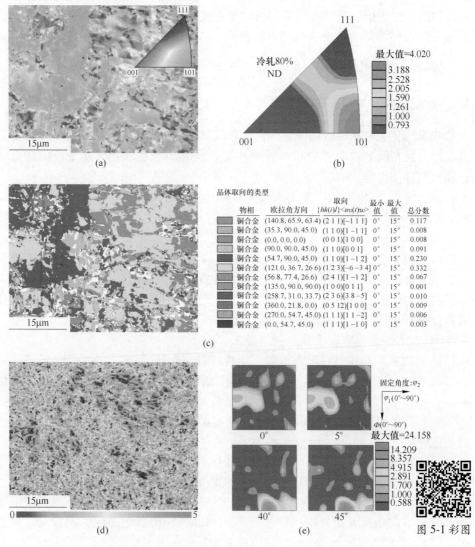

图 5-1 冷轧变形量 $\varepsilon = 80\%$ 时 Cu-Ni-Si-Co 合金的 EBSD 微观晶粒取向
(a) IPF 图；(b) ND-反极图；(c) 晶粒取向分布图；(d) *KAM* 图；(e) ODF 截面图

由图 5-1（d）的晶粒平均取向差（KAM）可知，冷轧样中亚晶粒处的 KAM 值较高，即此处的应变较大，缺陷密度较高，时效处理时亚晶粒处优先开始形核。由图 5-1（e）中 80%形变量微观区域的 ODF 截面图可知，$\varphi_2 = 0°$图中主要含有高斯 ｛110｝<001>织构和微弱的立方 ｛110｝<001>织构，其取向密度分别为 7.914 和 1.237；$\varphi_2 = 45°$图中主要含有黄铜 ｛110｝<112>、铜型 ｛112｝<111>和高斯 ｛110｝<001>织构，其取向密度分别达到了 24.158、13.247 和 7.125。

经冷轧变形量 $\varepsilon = 80\%$ 处理后 Cu-Ni-Si-Co 合金的 EBSD 微观晶粒特征如图 5-2 所示。由晶粒分布图可知，冷轧样品内部晶粒大小分布不均匀，既有 $20\mu m$ 的大晶粒，又有 $2\mu m$ 的细小亚晶粒，其平均晶粒大小为 $9.56\mu m$。由图 5-2（b）可知，晶粒尺寸分布发生了断层现象，且小尺寸晶粒含量较多。

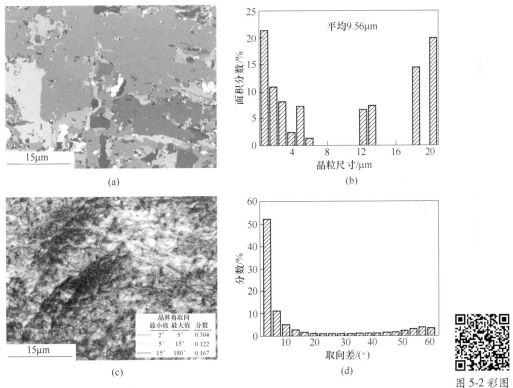

图 5-2 冷轧变形量 $\varepsilon = 80\%$ 时 Cu-Ni-Si-Co 合金的 EBSD 微观晶粒特征
（a）晶粒分布；（b）晶粒尺寸柱状图；（c）晶粒取向角+IQ 图；（d）晶粒取向角柱状图

图 5-2（c）为冷轧样品微观区域的晶粒取向角和衍射花样质量复合图，其中红色实线代表晶界角在 $2°\sim5°$ 之间的小角度晶界，所占的比例为 30.4%；绿色实线代表晶界角在 $5°\sim15°$ 之间，所占的比例为 12.2%；蓝色实线代表晶界角在 15°以上的大角度晶界，所占的比例为 16.7%。样品的衍射花样质量可以定性表征应变、缺陷密度及储存能在微区中分布情况，深色区域表示衍射花样质量较低，应变较高。图 5-2（c）说明形变细小的亚晶界处应变储存能较高。由图 5-2（d）柱状图可知，冷轧样品微观区域中小角度晶界达到 52.04%。

图 5-3 为冷轧变形量 $\varepsilon=90\%$ 时 Cu-Ni-Si-Co 合金的 EBSD 微观晶粒取向图。由 IPF 图和 ND-反极图可知，样品主要晶粒取向为［110］方向，部分晶粒取向靠近［112］和［123］方向。相比 80% 形变量工艺，90% 形变量的微观区域中取向晶粒分布更为杂乱。由图 5-3（c）的晶粒取向分布可知，微观区域中主要含有 S｛123｝<634>、高斯 ｛110｝<001>、黄铜 ｛110｝<112>，铜型 ｛112｝<111>和 R ｛124｝<211>织构，其对应的体积含量分别为 26.6%、17.9%、13.6%、11.5% 和 5.0%。相比 80% 的形变量，90% 形变样品中不同织构的组分占比更为均匀。

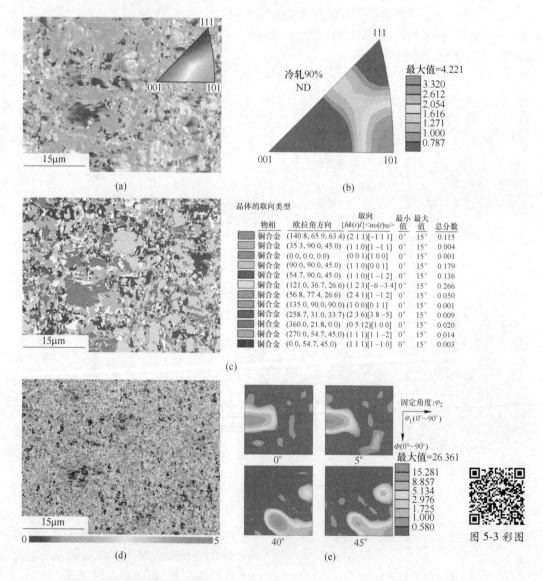

图 5-3 冷轧变形量 $\varepsilon=90\%$ 时 Cu-Ni-Si-Co 合金的 EBSD 微观晶粒取向

（a）IPF 图；（b）ND-反极图；（c）晶粒取向分布图；（d）KAM 图；（e）ODF 截面图

由图 5-3（d）的晶粒平均取向差（KAM）可知，冷轧样品中细小亚晶界处的 KAM 值较高，应变较大，缺陷密度和储存能较高。当相变发生时，优先在 KAM 值较高处优先形核。相比图 5-1（d），大变形样品中亚晶界更多，*KAM* 值更高。由图 5-3（e）中 90%形变量微观区域 EBSD 的 ODF 截面图可知，$\varphi_2 = 0°$图中主要含有高斯 ⎰110⎱<001>织构，其取向密度达到 12.364；$\varphi_2 = 45°$图中主要含有铜型 ⎰112⎱<111>、高斯 ⎰110⎱<001> 和黄铜 ⎰110⎱<112>织构，其取向密度分别达到了 3.674、26.361、7.354；相比图 5-1（e），高斯织构的取向密度增大，铜型和黄铜织构的取向密度减小。大变形使样品中亚晶界含量增多，*KAM* 值升高，晶体的择优取向更为明显。

经冷轧变形量 $\varepsilon = 90\%$ 处理后 Cu-Ni-Si-Co 合金的 EBSD 微观晶粒特征如图 5-4 所示。由晶粒分布图可知，冷轧样品内部晶粒大小分布不均匀，同时存在微米级和纳米级晶粒，整体晶粒尺寸偏小，其平均晶粒尺寸为 2.63μm；较 80%形变量，晶粒更为细小。与图 5-2（a）的 80%变形样品相比较，90%的大变形使样品内部晶粒发生更严重的扭曲变形，晶粒细小现象更明显，形成了更多的亚晶粒。由图 5-4（b）可知，晶粒尺寸分布相对更为均匀，同样小尺寸晶粒含量较多。

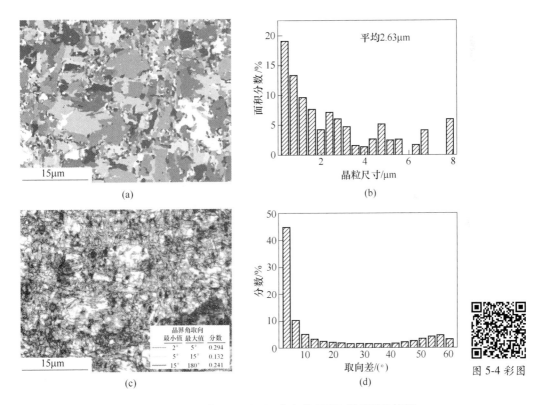

图 5-4　冷轧变形量 $\varepsilon = 90\%$ 时 Cu-Ni-Si-Co 合金的 EBSD 微观晶粒特征
（a）晶粒分布；（b）晶粒尺寸柱状图；（c）晶粒取向角+IQ 图；（d）晶粒取向角柱状图

图 5-4（c）为冷轧样品微观区域的晶粒取向角和衍射花样质量复合图，可以发现样品中 2°~5°之间的小角度晶界，所占的比例为 29.4%；5°~15°之间的角度晶界，所占的比例为 13.2%；15°以上的大角度晶界，所占的比例为 24.1%。样品的衍射花样质量图说明形变细小的亚晶界处，衍射花样质量较低，颜色较暗，应变储存能较高。由图 5-4（d）柱状图可知，样品微观区域中小角度晶界达到 44.90%。冷轧变形量越大，晶粒尺寸越细小，亚晶粒的数目越高，应变也越大。

5.1.3 时效带材中微观织构

图 5-5 所示为 Cu-Ni-Si-Co 合金 2h 时效样品的 EBSD 晶粒特征图，包括晶粒取向分布、

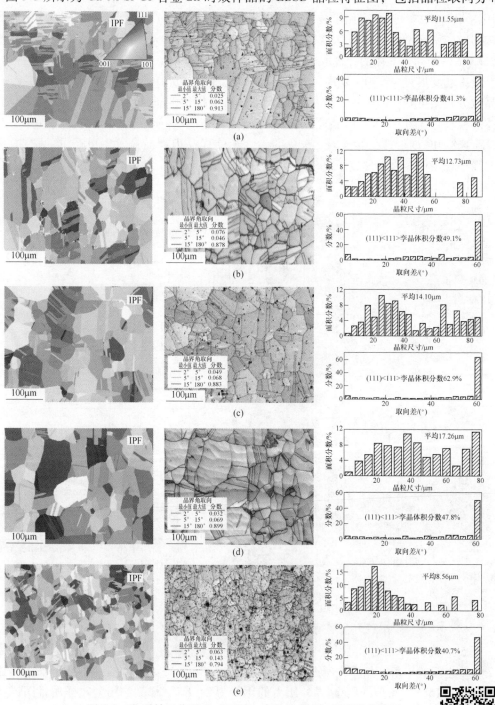

图 5-5 2h 时效工艺下 Cu-Ni-Si-Co 合金的 EBSD 微观晶粒特征

(a) 400℃；(b) 450℃；(c) 500℃；(d) 550℃；(e) 600℃

图 5-5 彩图

晶粒 ND-反极图（IPF）、边界角分布水平、晶粒尺寸、晶界取向角和衍射花样质量等分析。经过时效处理后的样品中，晶界以高于 15°的大角度为主，其中晶界取向差角分布以 60°为主。结合晶粒取向分布，可判断出样品中存在大量的孪晶界。随着时效温度的增加，样品的平均晶粒尺寸逐渐增大，而 600℃时晶粒尺寸出现异常减小的现象（图 5-5（e））。时效保温时间为 2h，在整个时效过程中，样品显微组织发生了回复和再结晶长大的过程，随着温度的升高，晶粒长大明显。当温度过高时，可能由于第二相析出的原因，样品内部发生了二次再结晶现象，得到的再结晶晶粒尺寸反而较小。500℃时效时，样品的晶粒平均尺寸为 14.10μm（图 5-5（c）），晶粒大小分布较为均匀。当时效温度到 600℃时，样品的晶粒平均尺寸为 8.56μm（图 5-5（e））。

时效样品中孪晶的体积分数均超过 40%，其中 500℃时效样品中的孪晶数量最大，达到 62.9%（图 5-5（c））。Cu-Ni-Si-Co 合金中的孪晶组织可以同时增强材料的抗拉强度和导电性，对 Cu-Ni-Si-Co 合金可以成为高强高导材料具有重要贡献。

图 5-6 为 2h 时效工艺下 Cu-Ni-Si-Co 合金的 EBSD 微观晶粒取向和 $\varphi_2 = 45°$ 的 ODF 截面图。当时效工艺为 400℃+2h 时，样品微观区域中主要含有 {111}<110>、{236}<385>、铜型 {112}<111>、R {124}<211> 和 S {123}<634>织构，其对应的体积含量分别为 14.6%、12.1%、10.8%、10.2% 和 5.6%。当时效工艺为 500℃+2h 时，样品微观区域中主要含有 R {124}<211>、S {123}<634>、铜型 {112}<111> 和 {236}<385>织构，其对应的体积含量分别为 29.0%、15.5%、10.4% 和 6.1%。可以发现，由于 EBSD 微观区域的选择具有随机性，不同时效温度下样品的主要织构类型相似，但组分含量却差别很大。

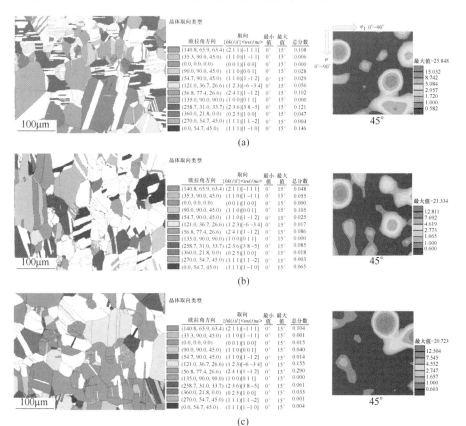

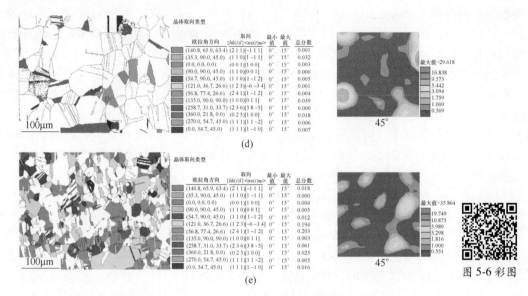

图 5-6   2h 时效工艺下 Cu-Ni-Si-Co 合金的 EBSD 微观晶粒取向
(a) 400℃；(b) 450℃；(c) 500℃；(d) 550℃；(e) 600℃

图 5-7 所示为 Cu-Ni-Si-Co 合金 4h 时效样品的 EBSD 晶粒特征图，包括晶粒 ND-反极图（IPF）、晶粒尺寸、晶界取向角和衍射花样质量等分析。经过 4h 时效处理后样品，晶界以高于 15°的大角度为主，占比 86%以上。其中大晶界取向差角分布以 60°为主，同样的，4h 时效样品中存在大量的孪晶界。随时效温度的增加，样品的平均晶粒尺寸逐渐增大，550℃时晶粒出现异常长大的现象（图 5-7（d））。在整个时效过程中，样品显微组织发生了回复、再结晶和二次再结晶的过程。当时效温度过高时，样品内部发生了二次再结晶现象，可能导致某些晶粒吞并附近小晶粒，出现异常长大现象（图 5-7（d））。500℃时效时，样品的晶粒平均尺寸为 16.67μm（图 5-7（c））。550℃时效时，样品的晶粒平均尺寸为 138.44μm，部分大晶粒尺寸为 400μm 以上（图 5-7（e））。4h 时效样品中孪晶的体积分数均超过 45%，其中 500℃时效样品中的孪晶含量最大，达到 59.4%（图 5-7（c））。

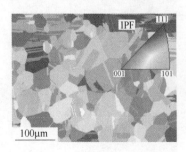

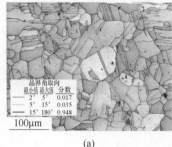

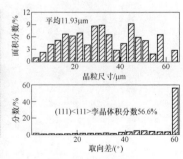

(a)

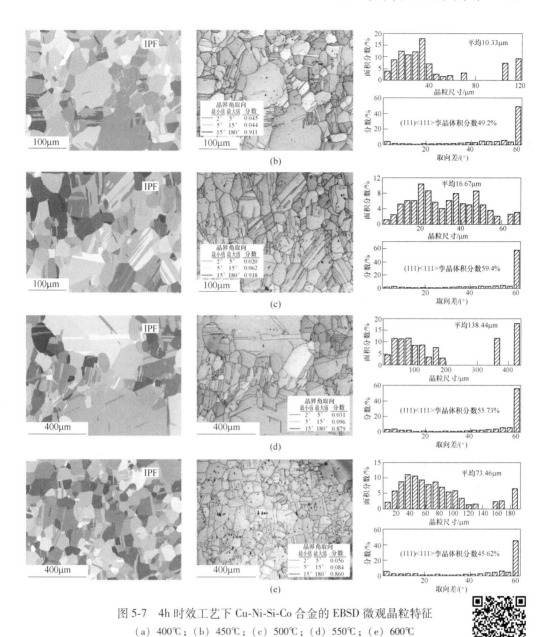

图 5-7 4h 时效工艺下 Cu-Ni-Si-Co 合金的 EBSD 微观晶粒特征

（a）400℃；（b）450℃；（c）500℃；（d）550℃；（e）600℃

图 5-7 彩图

图 5-8 为 4h 时效工艺下 Cu-Ni-Si-Co 合金的 EBSD 微观晶粒织构取向和 $\varphi_2 = 45°$ 的 ODF 截面图。当时效工艺为 400℃ +4h 时，样品微观区域中主要含有 S｛123｝<634>、黄铜 R ｛111｝<110>、｛236｝<385>、R｛124｝<211>和铜型 ｛112｝<111>织构，其对应的体积含量分别为 17.4%、11.5%、10.2%、9.9%和 8.5%。当时效工艺为 500℃ +4h 时，样品微观区域中主要含有 ｛236｝<385>、铜型 ｛112｝<111>、R｛124｝<211>和 S｛123｝<634>织构，其对应的体积含量分别为 11.3%、10.2%、8.3%和 7.5%。同样可以发现，4h 不同时效温度下样品的主要织构类型相似，但组分含量却差别很大。

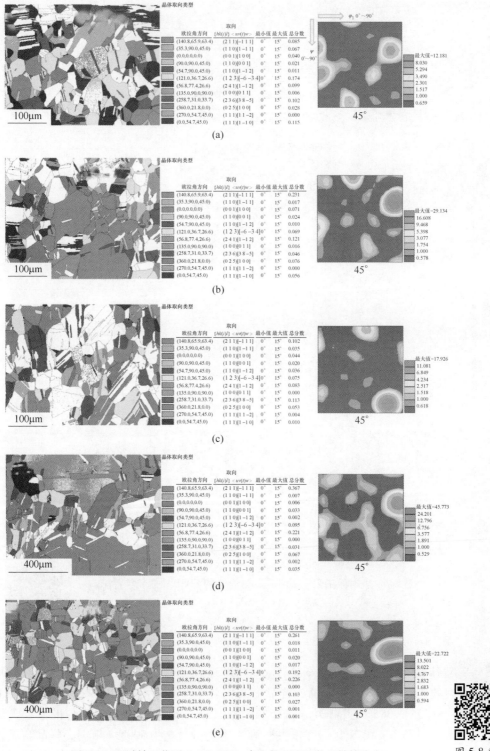

图 5-8　4h 时效工艺下 Cu-Ni-Si-Co 合金的 EBSD 微观晶粒取向

（a）400℃；（b）450℃；（c）500℃；（d）550℃；（e）600℃

图 5-8 彩图

图 5-9 所示为 Cu-Ni-Si-Co 合金 6h 时效样品的 EBSD 晶粒特征图，包括反极图（IPF）、晶粒尺寸特征和晶界取向角等分析。同样，经过 6h 时效处理后样品，晶界以高于 15°的大角度为主，占比 84%以上。其中大晶界取向差角分布以 60°为主，同样的，6h 时效样品中存在大量的孪晶界。随时效温度的增加，样品的平均晶粒尺寸逐渐增大。相比 2h 和 4h 的

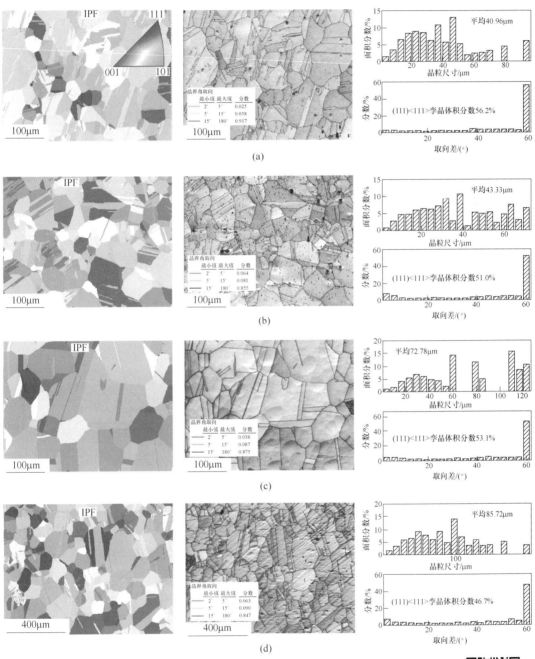

图 5-9　6h 时效工艺下 Cu-Ni-Si-Co 合金的 EBSD 微观晶粒特征
（a）400℃；（b）450℃；（c）500℃；（d）550℃

图 5-9 彩图

时效工艺，相同保温温度条件下，6h 晶粒尺寸长大现象明显。相同温度下，时效时间越长，样品内部晶粒再结晶时间越充足，晶粒尺寸越大。400℃时效时，样品的晶粒平均尺寸为 40.96μm（图 5-9（a））。500℃时效时，样品的晶粒平均尺寸为 72.78μm（图 5-9（c））。相比 2h 和 4h 的时效工艺，相同保温温度条件下，低温 6h 时效样品中孪晶的体积分数更高，其中 500℃时效样品中的孪晶数量达到 53.1%（图 5-9（c））。

图 5-10 为 6h 时效工艺下 Cu-Ni-Si-Co 合金的 EBSD 微观晶粒织构取向和 $\varphi_2 = 45°$的 ODF 截面图。当时效工艺为 400℃ +6h 时，样品微观区域中主要含有 {025}<100>、S{123}<634>、铜型 {112}<111>、高斯 {110}<001>和 R{124}<211>织构，其对应的体

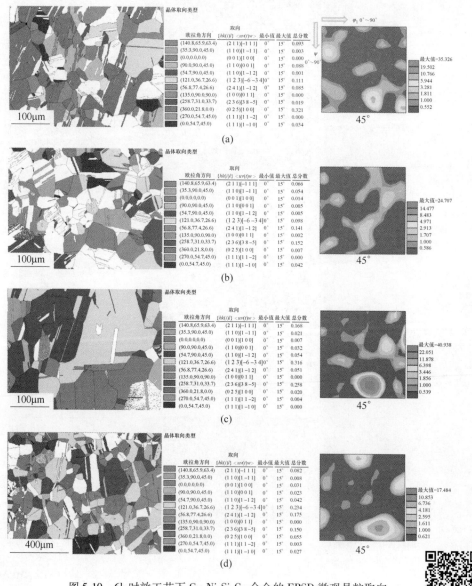

图 5-10　6h 时效工艺下 Cu-Ni-Si-Co 合金的 EBSD 微观晶粒取向
（a）400℃；（b）450℃；（c）500℃；（d）550℃

图 5-10 彩图

积含量分别为 32.1%、11.1%、9.3%、8.8% 和 8.5%。当时效工艺为 500℃+6h 时，样品微观区域中主要含有 S{123}<634>、{236}<385>、铜型 {112}<111> 和 R{124}<211>织构，其对应的体积含量分别为 31.6%、25.8%、16.8% 和 5.1%。6h 不同时效温度下样品微观区域的主要织构类型相似。

进一步探究时效工艺参数（温度和时间）对 Cu-Ni-Si-Co 合金 EBSD 微观织构的影响。采用常温冷轧（90%形变量）合金样品，进行不同时效处理。保温温度为 450℃、480℃ 和510℃，保温时间为 3h、4h 和 5h。

图 5-11 所示为 450℃ 时效工艺下 Cu-Ni-Si-Co 合金的 EBSD 微观晶粒特征，包括晶粒取向分布、反极图（IPF）、边界角分布水平、晶粒尺寸、晶界取向角和衍射花样质量等分析。经过 450℃+3h、450℃+4h、450℃+5h 时效处理后样品，晶界角以高于 15°（蓝色实线）

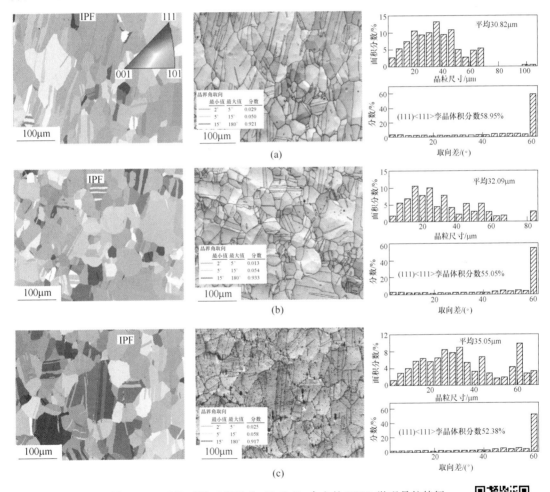

图 5-11 450℃时效工艺下 Cu-Ni-Si-Co 合金的 EBSD 微观晶粒特征
(a) 3h；(b) 4h；(c) 5h

图 5-11 彩图

的大角度为主，占比全都高于 90% 以上。其中晶界取向差角分布以 60° 为主，结合晶粒取向分布，可判断出样品中存在大量的孪晶界。相比深冷冷轧样品，常温冷轧样品经过同样时效工艺处理后，晶粒的尺寸更粗大；其平均晶粒尺寸约为深冷冷轧时效样品的 3 倍，即深冷处理具有细化晶粒的效果。同样，随时效时间的增加，样品的平均晶粒尺寸逐渐增大，但增加幅度并不明显，如图 5-11（a）~（c）所示。这是因为时效保温温度为 450℃，样品显微组织发生了回复和再结晶长大的过程。当时效时间为 3h 时，样品内部基本已完成再结晶过程，因此，随时效时间的增加，晶粒的长大并不明显。其中，3h、4h 和 5h 时效样品的晶粒平均尺寸分别为 30.82μm、32.09μm 和 35.05μm。此外，时效样品中孪晶的含量较高，3h、4h 和 5h 时效样品的孪晶含量分别为 58.95%、55.05%和 52.38%。

图 5-12 所示为 450℃时效工艺条件下 Cu-Ni-Si-Co 合金的 ND-反极图和 ODF 截面图。由反极图可知，时效样品中主要含有靠近 [110] 方向的取向晶粒，即含有高斯取向晶粒。随着时效时间的增大，晶粒取向转向 [112] 方向，样品中出现大量的铜型取向晶粒。由 φ_2 = 45°的 ODF 截面图可知，时效样品中主要含有铜型 {112} <111>织构和高斯 {011} <100>织构；随着时效时间的增大，铜型织构和高斯织构的取向密度都呈现先减小，后增大的趋势。当时效时间为 3h 时，样品微区 EBSD 的铜型 {112} <111>和高斯 {011} <100>织构的取向密度分别为 21.324 和 42.244。

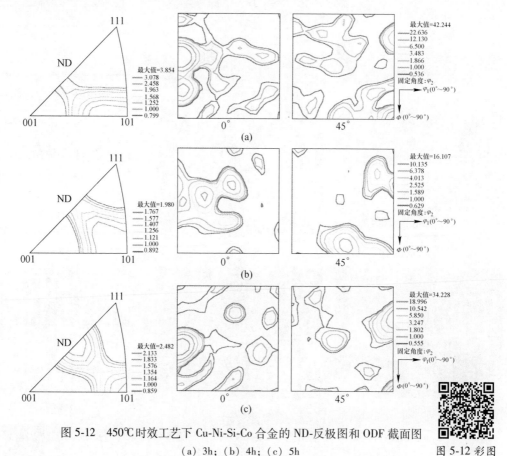

图 5-12 450℃时效工艺下 Cu-Ni-Si-Co 合金的 ND-反极图和 ODF 截面图
(a) 3h；(b) 4h；(c) 5h

图 5-12 彩图

图 5-13 所示为 480℃时效工艺条件下 Cu-Ni-Si-Co 合金的 EBSD 晶粒取向分布、反极图（IPF）、边界角分布水平、晶粒尺寸和晶界取向角等分析结果。经过 480℃+3h、480℃+4h、480℃+5h 时效处理后，晶界角同样以高于 15°（蓝色实线）的大角度为主，占比全都高于 80%以上。其中，大晶界取向差角分布以 60°为主，即样品中同样存在大量的孪晶界。

时效 3h 样品晶粒平均尺寸为 54.53μm（图 5-13（a）），晶粒尺寸分布不均匀，既含有 3μm 的小晶粒，又含有 130μm 的大晶粒；样品中出现了部分异常长大的二次再结晶晶粒。当时效时间增大至 4h，样品中异常晶粒进一步长大，同时样品中出现了大量的细小晶粒，晶粒尺寸分布的不均匀性进一步扩大，晶粒平均尺寸为 37.38μm（图 5-13（b））。当时效时间增大至 5h，样品中细小晶粒的数目进一步增多，晶粒平均尺寸为 30.67μm（图 5-13（c））。480℃时效样品具有大量的孪晶界，3h、4h 和 5h 时效样品的孪晶含量分别为 48.61%、53.57% 和 52.38%。

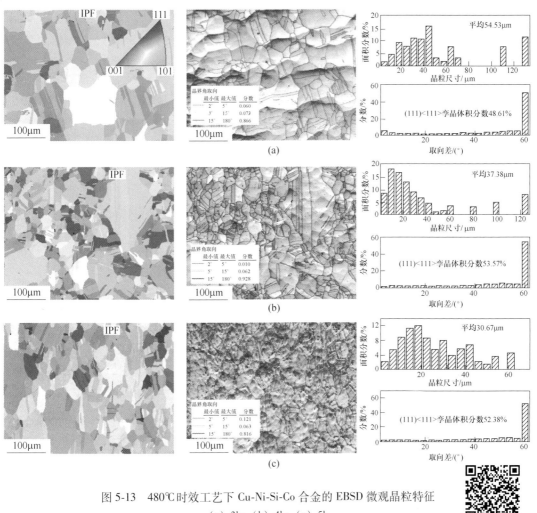

图 5-13　480℃时效工艺下 Cu-Ni-Si-Co 合金的 EBSD 微观晶粒特征
（a）3h；（b）4h；（c）5h

图 5-13 彩图

图 5-14 所示为 480℃时效工艺下 Cu-Ni-Si-Co 合金的 ND-反极图和 ODF 截面图。由反极图可知，3h 时效样品中晶粒取向靠近 [123] 和 [124] 方向，即主要含有 R 型晶粒和 S 型晶粒。4h 时效样品中晶粒取向靠近 [123] 方向，即主要含有 S 型晶粒。而时效时间延长至 5h 时，晶粒取向转向 [012] 和 [011] 方向，此时样品中主要含有黄铜型晶粒。由 $\varphi_2 = 45°$ 的 ODF 截面图可知，3h 时效样品的铜型 {112}<111>织构的取向密度为

3.861；5h 时效样品的铜型 {112}<111>和黄铜 {011}<211>织构的取向密度分别为 2.437
和 8.631。

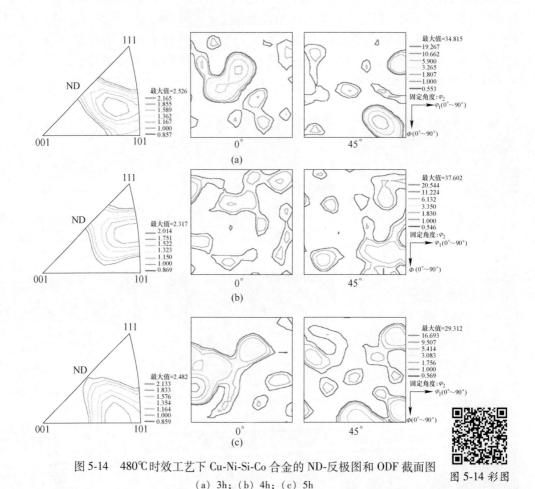

图 5-14　480℃时效工艺下 Cu-Ni-Si-Co 合金的 ND-反极图和 ODF 截面图

(a) 3h；(b) 4h；(c) 5h

图 5-14 彩图

图 5-15 和图 5-16 分别为 510℃时效工艺条件下 Cu-Ni-Si-Co 合金的 EBSD 晶粒取向分
布、反极图 (IPF)、晶粒尺寸、晶界取向角和 ODF 截面图等。经过 510℃+3h、510℃+4h
和 510℃+5h 时效处理后，样品的晶粒尺寸随时效时间的延长而增大。3h、4h 和 5h 时效
样品的晶粒平均尺寸分别为 32.14μm、34.82μm 和 49.81μm；其中，3h 样品晶粒尺寸分
布较为均匀；4h 和 5h 样品晶粒尺寸分布差别较大，既含有小于 3μm 的小晶粒，又含有超
过 120μm 的大晶粒。3h、4h 和 5h 时效样品的孪晶含量分别为 55.02%、53.57% 和
52.38%。由图 5-16 反极图可知，3h 时效样品中晶粒取向靠近 [112]、[110] 和 [100]
方向，即主要含有铜型晶粒、高斯晶粒和立方晶粒；由其对应的 ODF 截面图可知，铜型
{112}<111>、高斯 {011}<211>和立方 {001}<100>织构的取向密度分别为 16.410、
5.876 和 14.637。5h 时效样品中晶粒取向靠近 [112]、[124] 和 [100] 方向，结合其对
应的 ODF 结果可知，样品中主要含有铜型晶粒和 R 型晶粒。

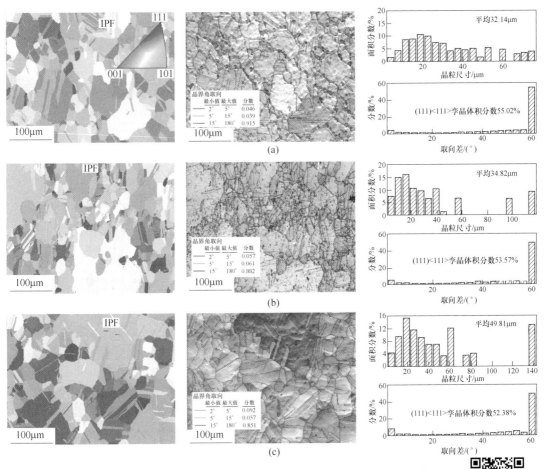

图 5-15　510℃时效工艺下 Cu-Ni-Si-Co 合金的 EBSD 微观晶粒特征
（a）3h；（b）4h；（c）5h

图 5-15 彩图

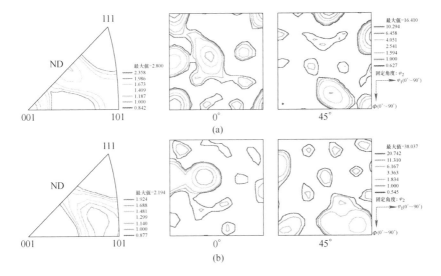

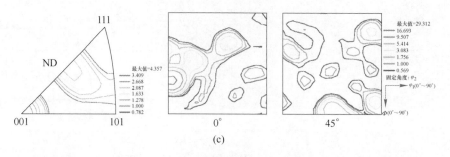

图 5-16 510℃时效工艺下 Cu-Ni-Si-Co 合金的 ND-反极图和 ODF 截面图

(a) 3h；(b) 4h；(c) 5h

5.2 带材中微区残余应力的分析

5.2.1 微区残余应力的纳米压痕法表征

采用纳米压痕法测试的织构试样，其表面的宏观残余应力为：轧向方向 $\sigma_x =$ $-134MPa$，横向方向 $\sigma_y = -88MPa$，$K = \sigma_y/\sigma_x = 0.66$，属于双轴应力。

5.2.1.1 样品微区织构分析

Cu-Ni-Si-Co 合金样品的 EBSD 微观织构主要含有旋转立方织构 {001}<110>、立方织构 {001}<100>和 R 型织构 {124}<211>，其取向密度分别为 9.68、10.32 和 13.87，结果如图 5-17 (a) 所示。样品的 EBSD{001} 和 {111} 晶面极图结果显示，样品中主要含有旋转立方织构、立方织构和 R 型织构，其中 R 型织构的强度为 8.97，与 ODF 分析结果一致，如图 5-17 (b) 所示。图 5-17 (c) 的 EBSD 微观织构 ND-反极图显示，取向晶粒主要趋于平行于 [001] 和 [124] 方向，与 ODF 分析结果一致，且晶粒在 [001] 取向分布较为集中，在 [124] 取向分布较为混散，即样品中主要含有旋转立方取向晶粒、立方取向晶粒和 R 型取向晶粒。

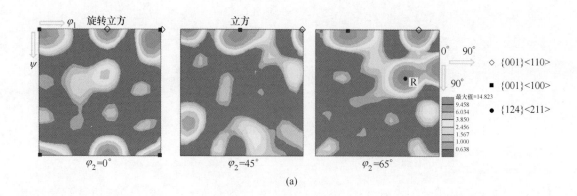

(a)

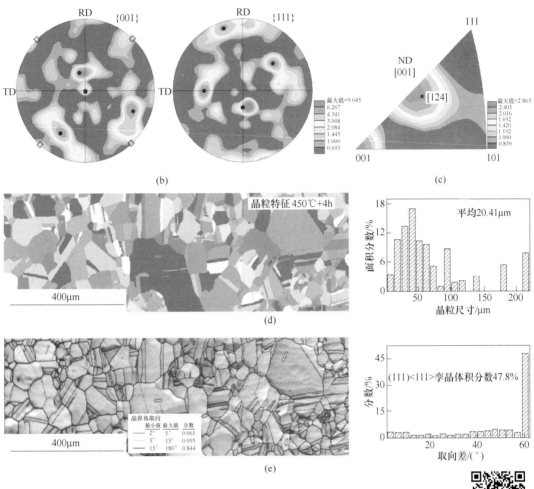

图 5-17　Cu-Ni-Si-Co 合金时效试样在 450℃+4h 时的 EBSD 微观织构和显微组织

（a）通过 $\varphi_2=0°$、$\varphi_2=45°$ 和 $\varphi_2=65°$ 时算出的 ODF 截面图（◇表示旋转立方 {001}<110>织构，
■表示立方 {001}<100>织构，●表示 R 型 {124}<211>织构）；
（b）{001} 和 {111} 晶面极图；（c）ND-反极图；（d）晶粒分布图和尺寸柱状图；
（e）晶界角度水平和 IQ 复合图及相应的取向差柱状图

图 5-17 彩图

　　由图 5-17（d）可以发现，样品的晶粒尺寸分布不均匀，既有 230μm 的晶粒，又有 5~10μm 的孪晶，其平均晶粒尺寸为 20.40μm。图 5-17（e）为晶界角度水平和衍射花样质量复合图，红色实线代表晶界角在 2°~5°之间的小角度晶界，所占的比例为 5.1%，绿色实线代表晶界角在 5°~15°之间，所占的比例为 9.5%，蓝色实线代表晶界角在 15°以上的大角度晶界，所占的比例为 84.4%。其中，样品的大角度晶界主要分布在孪晶界处。图 5-17（e）的取向差分布柱状图显示，取向差主要集中至 60°，说明样品中含有大量的孪晶，孪晶的体积分数达到 47.8%。铜合金中的孪晶，具有提高强度和导电性的作用。

5.2.1.2　样品的微区晶体取向特征与残余应力分布分析

　　图 5-18 所示为 Cu-Ni-Si-Co 合金 450℃+4h 时效样品的 EBSD 晶粒特征图，包括晶粒取向分布（IPF）、晶体织构分布、衍射花样质量、施密特因子和泰勒因子等分析图。由图 5-

18（a）~（c）可以发现，样品所选微观测试区域内主要含有 R｛124｝<211>织构。此外，微观测试区域中还含有靠近<111>晶体方向上黄铜 R｛111｝<112>织构，靠近<101>晶体方向上高斯 ｛110｝<001>和黄铜型 ｛110｝<112>织构，靠近<100>晶体方向上立方 ｛001｝<100>和旋转立方 ｛100｝<011>织构。其中，微观区域中靠近<111>、<101>、<100>和<124>方向上晶体体积分数分别占 9.1%、9.5%、24.1% 和 44.3%，如图 5-18（b）所示。由图 5-18（c）可以发现，样品微观区域中的 R｛124｝<211>、S｛123｝<634>、立方 ｛001｝<100>、旋转立方 ｛001｝<110>和铜型 ｛112｝<111>织构，其对应的体积含量分别为 36.6%、10.0%、11.5%、8.4% 和 5.6%。图 5-18 中代表纳米压痕点的具体位置，对照图 5-18（a）~（c），进行纳米压痕准原位实验，可以清楚测量出样品微观区域中不同取向晶粒的残余应力和力学性能。

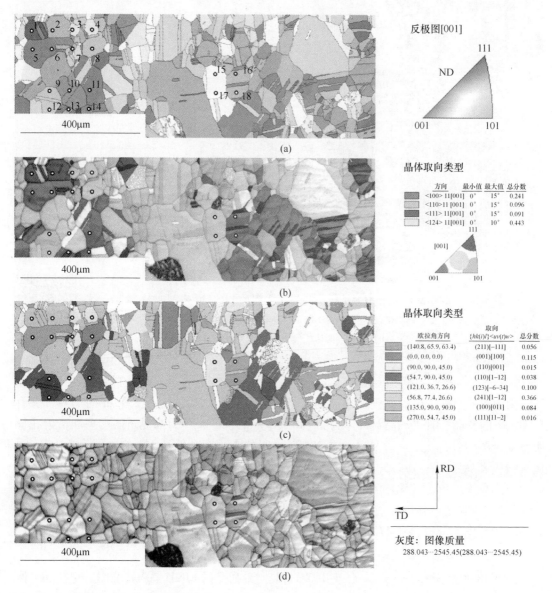

反极图[001]

晶体取向类型

方向	最小值	最大值	总分数
<100> 11[001]	0°	15°	0.241
<110> 11[001]	0°	15°	0.096
<111> 11[001]	0°	15°	0.091
<124> 11[001]	0°	10°	0.443

晶体取向类型

欧拉角方向	取向 ｛hk(i)｝<uv(t)w>	总分数
(140.8, 65.9, 63.4)	(211)[–111]	0.056
(0.0, 0.0, 0.0)	(001)[100]	0.115
(90.0, 90.0, 45.0)	(110)[001]	0.015
(54.7, 90.0, 45.0)	(110)[1–12]	0.038
(121.0, 36.7, 26.6)	(123)[–6–34]	0.100
(56.8, 77.4, 26.6)	(241)[–1–12]	0.366
(135.0, 90.0, 90.0)	(100)[011]	0.084
(270.0, 54.7, 45.0)	(111)[11–2]	0.016

灰度：图像质量
288.043…2545.45(288.043…2545.45)

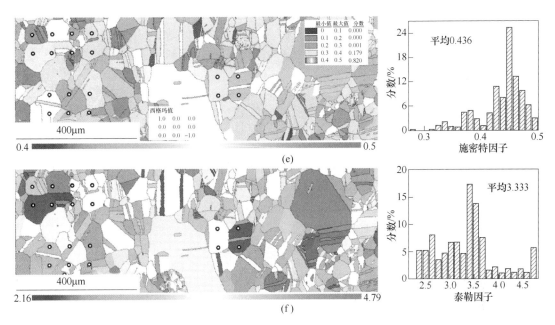

图 5-18 Cu-Ni-Si-Co 样品纳米压痕实验的压痕点在 EBSD 微观组织中的分布位置

（a）晶粒取向反极图；（b）不同的晶体取向图（包括<111>、<110>、<100>和<124>晶体取向）；

（c）不同的晶体织构分布图；（d）衍射花样质量图（IQ）；（e）施密特因子晶粒分布和数值柱状图；

（f）泰勒因子晶粒分布和数值柱状图

（◦ 代表压痕点的具体位置）

图 5-18 彩图

衍射花样质量图（IQ）是指菊池衍射花样的质量参数，一般用于定性地描述样品微区中应力/应变的分布情况。IQ 图中明亮区域对应高质量菊池衍射花样，暗区域对应低质量衍射花样。其中，低衍射花样质量区域意味着材料中晶格不完整，暗示样品内部存在大量的位错、层错、孪晶等高储存能组织。图 5-18（d）的衍射花样质量图显示，样品的孪晶区域相比基体区域，菊池衍射花样更低，说明 Cu-Ni-Si-Co 合金中的孪晶具有较高的应变储存能。

材料的施密特因子表示在某种变形条件下，样品中某个晶粒先滑移还是后滑移，滑移时所需的应力是大还是小。而泰勒因子表示在某种变形条件下，样品中某个晶粒要经过大的塑性变形，还是小的塑性变形。可以发现合金的施密特因子和泰勒因子存在明显的区别，施密特因子用于判断样品变形难易程度，而泰勒因子用于判断样品塑性变形大小。样品在变形过程中，施密特因子和泰勒因子又存在紧密联系，一般，晶粒的施密特因子越小，则该取向越硬，难滑移，同时表现为泰勒因子越大。通常，泰勒因子与材料的屈服强度呈正相关。图 5-18（e）~（f）为样品在轧制变形条件下，晶粒的施密特因子和泰勒因子的分布图，可以发现时效样品的平均施密特因子值为 0.436，属于易滑移范畴，其中铜型 {211}<111>织构和 S{123}<634>织构晶粒的施密特因子 SF 值较低（小于 0.4），表现为难滑移。样品中不同泰勒因子值的晶粒呈随机分布，泰勒因子平均值为 3.333，倒数（1/泰勒因子）为 0.3，低于施密特因子平均值（0.436）。另外，可以发现样品中容易发生大塑性变形的织构为旋转立方 {100}<011>织构，其泰勒因子值为 2.359。

目前，纳米压痕法测量残余应力的方法和原理已日渐成熟。基于材料硬度不随残余应力变化的假设，Suresh 等[2]提出了测量等双轴（即 $\sigma_x = \sigma_y$）残余应力的模型。Lee[3]改进了 Suresh 等双轴应力模型，后来 Lee 等[4]又提出了双轴应力模型（即须知 $K = \sigma_y/\sigma_x$），扩大了纳米压痕法测残余应力的应用范围。

采用 Lee 等提出的纳米压痕法测残余应力模型，评估 Cu-Ni-Si-Co 合金微区残余应力的具体理论、方法和结果如下文所述。Lee 等[3,4]利用纳米压痕建立了测量二维平面应力的方法，提出了 Lee 模型。其原理为假设材料在压痕过程硬度不变，通过将压痕接触面积拟合为载荷的三次方程，得出了残余应力仅与载荷大小相关的理论模型。在固定相同深度时，相比无应力状态的加载曲线，压应力使加载曲线上移，拉应力使加载曲线下移。而纯剪切应力不改变加载曲线位置，即不会产生载荷差。则平面双轴应力状态可以分解为等双轴应力状态和纯剪切应力状态之和，即：

$$
\begin{pmatrix} \sigma_x & 0 & 0 \\ 0 & \sigma_y & 0 \\ 0 & 0 & 0 \end{pmatrix} = \begin{pmatrix} \sigma_x & 0 & 0 \\ 0 & k\sigma_x & 0 \\ 0 & 0 & 0 \end{pmatrix} = \begin{pmatrix} (1+k)\sigma_x/2 & 0 & 0 \\ 0 & (1+k)\sigma_x/2 & 0 \\ 0 & 0 & 0 \end{pmatrix} +
$$
$$
\begin{pmatrix} (1-k)\sigma_x/2 & 0 & 0 \\ 0 & (k-1)\sigma_x/2 & 0 \\ 0 & 0 & 0 \end{pmatrix} \tag{5-1}
$$

Lee 等基于上述规律，开发了一种改进的纳米压痕法测应力的松弛模型，从压痕深度数据中推导出了双轴残余应力。其样品残余压应力的计算公式如下：

$$
P_1 - P_0 = \frac{(1+k)\sigma_x}{3} A_c \tag{5-2}
$$

即：

$$
\sigma_x = \frac{3(P_1 - P_0)}{(1+k)A_c} \tag{5-3}
$$

$$
\sigma_y = k\sigma_x \tag{5-4}
$$

式中，σ_x 为轧向方向（RD）的残余应力；σ_y 为横向方向（TD）的残余应力；$K = \sigma_y/\sigma_x = 0.66$；$P_0$ 和 P_1 分别为样品在无应力和压应力状态下压入载荷量；A_c 为压应力状态的压痕接触总面积。

对于 Cu-Ni-Si-Co 合金，压痕加载过程中样品表面会形成明显的凸起，如图 5-19 （b）所示，致使压痕接触面积（A_c）计算时，误差较大。对于凸起变形压痕面积的计算，采用朱丽娜修改正的 O&P 法面积计算公式[5]：

$$
x^{avg} = R - R\cos\frac{\theta}{2} = \frac{\frac{L}{2}}{\sin\frac{\theta}{2}}\left(1 - \cos\frac{\theta}{2}\right) = 3.765 \frac{1 - \cos\frac{\theta}{2}}{\sin\frac{\theta}{2}}(h_{max} - h_p^{avg}) \tag{5-5}
$$

$$A_c = 14.175\left(\frac{\theta\pi}{120\sin^2(\theta/2)} - 3\cot\frac{\theta}{2}\right)(h_{max} + h_p^{avg})^2 + A_{O-P} \tag{5-6}$$

$$A_{O-P} = 24.56h_c^2 + \sum_{i=0}^{7} c_i h_c^{1/2i} \tag{5-7}$$

式中，x^{avg} 为凸起变形平均宽度；h_{max} 为压痕的最大深度；h_p^{avg} 为凸起变形的平均高度；A_{O-P} 为压痕的投影面积，如图 5-19（d）所示。

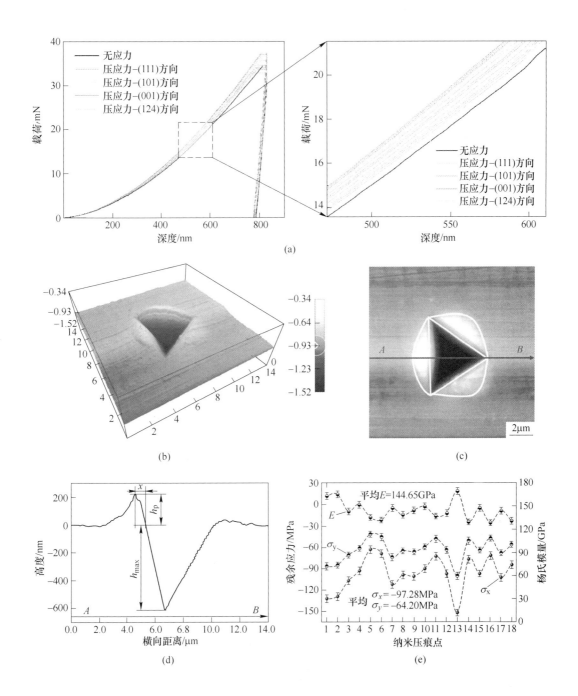

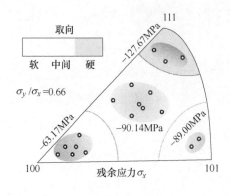
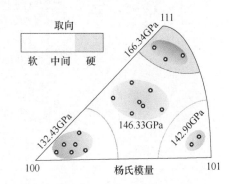

(f)

图 5-19 纳米压痕法测定 Cu-Ni-Si-Co 合金样品残余应力的方法、原理和结果示意图
（a）最大深度为 800nm 的纳米压痕载荷-位移曲线；（b）纳米压痕的典型 AFM 三维形态；
（c）纳米压痕的典型 AFM 二维形态，接触面积（白线）和二维轮廓的测量位置（蓝线）；
（d）压痕的二维轮廓曲线；（e）不同压痕迹点处的残余压应力（σ_x 和 σ_y）
和杨氏模量（E）的大小；（f）残余应力和杨氏模量在不同的晶体取向下的反极图

图 5-19 彩图

图 5-19 为利用纳米压痕法测定 Cu-Ni-Si-Co 合金样品残余应力的方法、原理和结果示意图。其中图 5-19（a）为样品不同取向晶粒（图 5-18）的纳米压痕加载和卸载曲线，其中固定压痕深度为 800nm。相比无应力情况，存在应力的纳米压痕加载或卸载曲线的偏移量，与残余应力的大小密切相关。与无应力状态相比，压应力的载荷使加载曲线向上移动。由图 5-19（a）的放大曲线并结合图 5-19（b）可以发现，样品微观区域中（111）晶体取向（硬取向晶粒）的加载曲线最靠上，其次为（124）和（110）晶体取向（中等取向晶粒）的加载曲线，最后为（100）晶体取向（软取向晶粒）的加载曲线。同样，从卸载曲线中可以发现，压应力使卸载曲线向左移动。其中样品微观区域中晶粒取向与卸载曲线向左移动的大小与加载曲线规律一致；（111）晶体取向（硬取向晶粒）的卸载曲线最靠左；（100）晶体取向（硬取向晶粒）的卸载曲线向左偏移量最小。

图 5-19（b）为通过 AFM 观察得到的压痕三维轮廓形貌，清晰发现压痕处基体凸起明显。计算压痕接触面积时，除了需要考虑深度方向接触面积，还要考虑凸起处基体的接触面积。图 5-19（c）为其对应的压痕二维平面轮廓图，白线为压痕接触面积，蓝线为二维轮廓的测量位置；其中，每一个压痕取 3 个凸起基体中心取一条蓝线，进行二维轮廓曲线测试。图 5-19（d）为样品中压痕二维纵剖面曲线图，取 3 个凸起方向的平均值 h_p^{avg} 和 x^{avg} 作为压痕凸起高度和凸起变形宽度，然后将参数代入式（5-5）~式（5-7）中，算出压痕接触总面积（A_c）。根据图 5-19（a）可以读出 P_0 和 P_1，都代入式（5-3）和式（5-4）中，即可算出样品在不同取向晶粒上的残余应力。

样品微观区域中不同压痕点（1~18）处的残余压应力（σ_x）和杨氏模量（E）的大小如图 5-19（e）所示，轧向平均应力 σ_x 为 -97.28MPa，横向平均应力 σ_y 为 -64.20MPa，平均杨氏模量 E 为 144.65GPa。结合图 5-19 可清楚发现残余压应力在不同晶粒取向上大小分布不同，硬取向 [111] 方向上平均残余应力 σ_x 为 -127.67MPa，是软取向 [100] 晶粒方向上平均残余应力 σ_y（-63.17MPa）的 2 倍。[110] 和 [124] 晶粒方向上平均残余应

力 σ_x 分别为 -89.00MPa 和 -90.14MPa，其同属于中取向晶粒。同样可以发现，[111] 硬取向晶粒的平均杨氏模量最大，为 166.34GPa；[100] 软取向晶粒的平均杨氏模量最小，为 132.43GPa。

图 5-20 为利用纳米压痕法测定 Cu-Ni-Si-Co 合金样品在不同方向和不同晶粒取向上的残余应力，可以清楚发现纳米压痕法测定的应力结果与实际加载的残余应力相差不大，在同一个数量级范围之内，且测定的残余应力小于加载的应力。这主要是因为纳米压痕应力法测试前，工件的取样和存放过程都导致了加载残余应力的释放。另外，可以发现样品中残余压应力在 (111) 晶向上的分布最大；在 (100) 晶向上的分布最小。

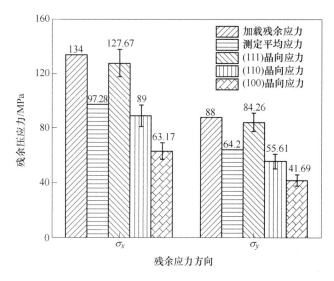

图 5-20 纳米压痕法测定 Cu-Ni-Si-Co 合金样品不同方向上的残余应力大小

综上所述可知，面心立方金属 Cu-Ni-Si-Co 合金的密排面 [111] 晶面（硬取向晶粒）上的杨氏模量和残余应力最大，即密排面 (111) 晶面具有使应力集中的效果。这是因为合金密排面上的晶面间距 d 最小，致使 (111) 晶面的杨氏模量最大；而杨氏模量和残余应力呈正相关，致使 (111) 晶面方向上的残余应力最大。软取向 [100] 晶粒方向上的杨氏模量和残余应力最小。

另外，纳米压痕法只能局限于计算等双轴残余应力或提前已知 $K=\sigma_y/\sigma_x$ 的双轴残余应力。这就很大程度上限制了样品中微区残余应力的测定表征，而且纳米压痕法测残余应力，测定的为样品表面二维应力。

5.2.2 微区残余应力的 FIB-DIC 法表征

FIB-SEM 是一种利用聚焦离子束和电子束的双光束系统技术，并与光学技术相结合使用，可以在微尺度上测量工件的变形，进而计算样品的微区残余应力。环芯法表征微观残余应力是基于宏观盲孔法原理开发出来的，且与盲孔法相比，环芯法可以提供更高的测量灵敏度，因为释放应变的大小比钻孔方法大一个数量级。

图 5-21 所示为 Cu-Ni-Si-Co 合金冷轧样品的 EBSD 晶粒特征图，包括晶粒取向分布（IPF）、边界角分布、衍射花样质量、施密特因子和泰勒因子等分析图。由图 5-21 (a)

可以发现，样品所选微观测试区域的主要晶粒取向为［110］方向。其中，微观区域中靠近<111>、<110>和<100>方向上晶体体积分数分别占 1.3%、39.3% 和 4.1%，如图 5-21（b）所示。由图 5-21（c）和（d）可以发现，冷轧样中细小亚晶粒处的 *KAM* 值较高，即表示此处的残余应变较大，缺陷密度较高；且细小的亚晶粒沿轧制方向进行排列。晶粒取向角红色实线代表晶界角在 2°~5° 之间的小角度晶界，所占的比例为 28.1%，绿色实线代表晶界角在 5°~15° 之间，所占的比例为 10.3%，蓝色实线代表晶界角在 15° 以上的大角度晶界，所占的比例为 11.2%。其中，样品的大角度晶界主要分布在亚晶粒处。衍射花样质量复合图（IQ）中明亮区域对应高质量菊池衍射花样，表示应变/应力较小；暗区域对应低质量衍射花样，表示应变/应力较大。可以发现细小亚晶粒处的衍射花样较低，表示亚晶粒处的残余应变/应力较大。

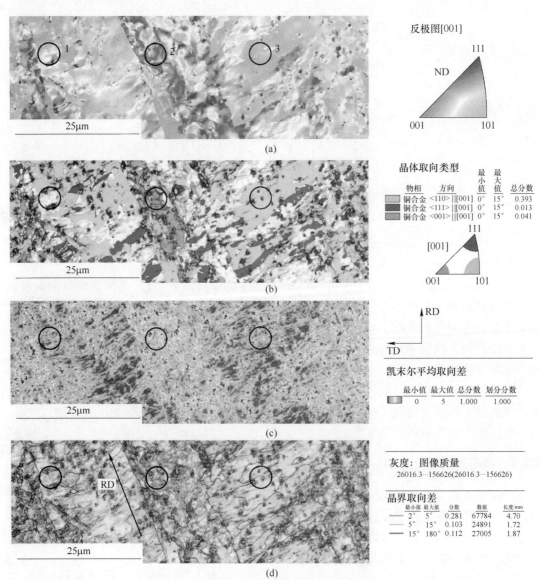

(a)

(b)

(c)

(d)

反极图[001]

ND

111

001   101

晶体取向类型

物相	方向	最小值	最大值	总分数
铜合金	<110>‖[001]	0°	15°	0.393
铜合金	<111>‖[001]	0°	15°	0.013
铜合金	<001>‖[001]	0°	15°	0.041

[001]

111

001   101

RD

TD

凯末尔平均取向差

最小值	最大值	总分数	划分分数
0	5	1.000	1.000

灰度：图像质量
26016.3···156626(26016.3···156626)

晶界取向差

	最小值	最大值	分数	数值	长度 mm
	2°	5°	0.281	67784	4.70
	5°	15°	0.103	24891	1.72
	15°	180°	0.112	27005	1.87

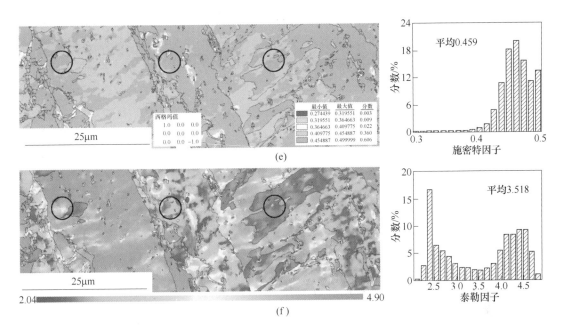

图 5-21 Cu-Ni-Si-Co 冷轧样品 FIB-DIC 环芯法的铣削点在 EBSD 微观组织中的分布位置

(a) 晶粒取向反极图；(b) 不同的晶体取向图 (包括<111>、<110>和<100>晶体取向)；(c) KAM 图；

(d) 晶粒取向角+衍射花样质量图 (IQ)；(e) 施密特因子晶粒分布和数值柱状图；

(f) 泰勒因子晶粒分布和数值柱状图

(○代表铣削点的具体分布位置)

图 5-21 彩图

图 5-21 (e) 和 (f) 为样品在轧制变形条件下，晶粒的施密特因子和泰勒因子的分布图，可以发现冷轧样品微观区域的平均施密特因子值为 0.459，属于易滑移范畴。其中，细小亚晶粒的颜色更红，表示亚晶粒的施密特因子值更高 (大于 0.455)，表现为轧制过程中易滑移。对比图 5-21 (b) 可知，细小亚晶粒取向主要集中在 [100] 方向，而对于 FCC 的 Cu-Ni-Si-Co 合金，[100] 方向的晶粒属于"软"取向晶体，软晶粒易发生变形，与图 5-21 (e) 结果相一致。而样品泰勒因子图中细小亚晶粒的颜色偏蓝绿色，表示细小亚晶粒的泰勒因子值较低 (小于 3.0)。样品中微观区域晶粒的平均泰勒因子值为 3.518，倒数 (1/泰勒因子) 为 0.284，低于施密特因子平均值 (0.459)，这说明合金的泰勒因子倒数和施密特因子并不能等同处理。此外，样品中容易发生大塑性变形的细小亚晶粒，其泰勒因子值为 2.233。另外，图 5-21 中○代表环芯法铣削点的具体位置，对照图 5-21 (a)~(f)，进行 FIB-SEM 环芯法准原位铣削加工，可以准确测量出样品微观区域中不同取向晶粒的残余应变/应力。

目前，FIB-DIC 环芯法测量残余应力的方法和原理已日渐成熟[6]。图 5-22 为 FIB-DIC 环芯法铣削的原理示意图。与盲孔法测残余应力的原理相似，环形铣削样品 $R \sim R_{out}$ 区域一定深度，则样品中央测量区域 ($O \sim R$ 的圆形区域) 残余应变将会得到释放，对释放的残余应变进行测量，即可得到测量区域的残余应力。对于极坐标中的某个点 (r, θ) (图 5-22 (a))，则该点的平面残余应变 ε_r、ε_θ 和 $\gamma_{r\theta}$ 可推导为[7,8]：

$$
\begin{bmatrix} \varepsilon_r \\ \varepsilon_\theta \\ \gamma_{r\theta} \end{bmatrix} = \frac{1}{E} \begin{bmatrix} 1-\nu & (1+\nu)\cos2\theta & -(1+\nu)\sin2\theta \\ 1-\nu & -(1+\nu)\cos2\theta & (1+\nu)\sin2\theta \\ 0 & -2(1+\nu)\sin2\theta & -2(1+\nu)\cos2\theta \end{bmatrix} \times \begin{bmatrix} -(\sigma_1+\sigma_2)/2 \\ -\cos\varphi(\sigma_1-\sigma_2)/2 \\ \sin2\varphi(\sigma_1-\sigma_2)/2 \end{bmatrix}
$$

$$(5\text{-}8)$$

式中，E 为杨氏模量；ν 为泊松比；σ_1 和 σ_2 分别为最大和最小主应力。θ 和 φ 为在逆时针方向为正，如图 5-22（a）所示。

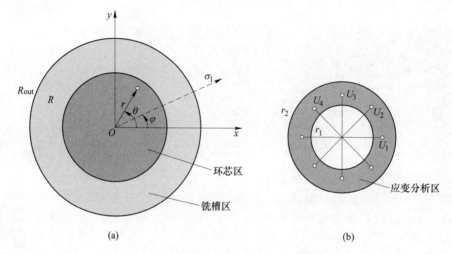

图 5-22　FIB-SEM 环芯法铣削的原理示意图

（a）环芯法笛卡尔坐标图，σ_1 是最大主应力，θ 和 φ 都定义为在逆时针方向为正，

R 和 R_{out} 分别是圆环的内半径和外半径；（b）环芯法测量区域，被分析的区域由内半径和外半径 r_1 和 r_2

（$r_1 < r_2 < R$）划定；。代表铣削点的位置

可以通过在径向应变积分来获得径向位移，涉及的公式如下：

$$u(r,\theta) = \int \varepsilon_r \mathrm{d}r = A(r)\xi + B(r)\zeta\cos[2(\varphi-\theta)] \tag{5-9}$$

$$A(r) = \frac{(1-v)r}{E} \tag{5-10}$$

$$\xi = -\frac{\sigma_1+\sigma_2}{2} \tag{5-11}$$

$$B(r) = \frac{(1+v)r}{E} \tag{5-12}$$

$$\zeta = -\frac{\sigma_1-\sigma_2}{2} \tag{5-13}$$

式中，$u(r,\theta)$ 为离中心点处的位移；r 为测量区域离中心点处的长度（半径），如图 5-22 所示。由式（5-9）可知，利用三元一次方程，可以使用 3 个测得的位移 $u(r,\theta)$ 来确定 3 个未知数（σ_1、σ_2 和 φ）。为了充分利用测试数据，使用了 4 个释放位移值（U_1、U_2、U_3 和 U_4），每个值在两点之间测量，且这两个点是在半径为 r 的圆与同时穿过圆心和铣空心直线的交点所确定，如图 5-22（b）所示。因此，测试区释放的位移值采用以下矩阵形式表示：

$$\begin{bmatrix} U_1(r) \\ U_2(r) \\ U_3(r) \\ U_4(r) \end{bmatrix} = \begin{bmatrix} A(r) & B(r) & 0 \\ A(r) & 0 & B(r) \\ A(r) & -B(r) & 0 \\ A(r) & 0 & -B(r) \end{bmatrix} \times \begin{bmatrix} L \\ M \\ N \end{bmatrix} \tag{5-14}$$

$$\begin{cases} L = -(\sigma_1 + \sigma_2) \\ M = -(\sigma_1 - \sigma_2)\cos2\varphi \\ N = -(\sigma_1 - \sigma_2)\sin2\varphi \end{cases} \tag{5-15}$$

式中，$U_1(r) = 2u(r, \theta = 0°)$，$U_2(r) = 2u(r, \theta = 45°)$，$U_3(r) = 2u(r, \theta = 90°)$，$U_4(r) = 2u(r, \theta = 135°)$，$u$ 同式（5-9）所示；$A(r)$ 和 $B(r)$ 为关于半径 r 的函数式。尽管对于一个三元一次方程，只需要 3 个独立等式即可求得解。而实验中使用了 4 个点的位移，即提供了 4 个独立等式，这样可以使用最小二乘法确定 3 个未知数，从而减小了实验测试误差。

环芯法测 Cu-Ni-Si-Co 微区残余应力的整个实验过程在 FIB-SEM 双光束中进行。图 5-24 为通过 FIB-SEM 铣削测量微区残余应力的实验流程图，应注意的是在实验中聚焦离子束（FIB）和电子束（SEM）配合使用。具体的刻蚀和铣削过程如下：

（1）对照 Cu-Ni-Si-Co 合金 EBSD 照片，在其测试区域（不同取向晶粒）上，镀一厚度约为 50nm 的圆形铂层，以保证刻蚀小点矩阵时，成像清晰，如图 5-23（a）所示。

（2）在铂层上沉积一薄的圆形铂环（半径为 2μm），以保证在 FIB 铣削外层圆弧期间，能够保持边缘的完整形状和防止中心的小点矩阵被破坏，如图 5-23（b）所示。

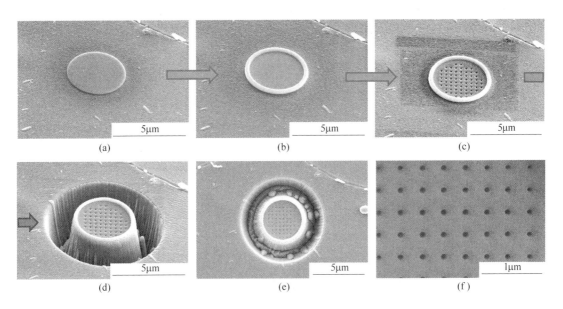

图 5-23 Cu-Ni-Si-Co 合金通过 FIB-SEM 铣削测量残余应力的实验流程图
（a）镀铂层；（b）沉积薄的圆形铂环；（c）刻蚀小点矩阵；（d）铣削沟槽；（e）刻蚀完成的图案；
（f）中心测试区域小点矩阵的放大 SEM 图片

（3）在铂圆环内刻蚀小点矩阵（间隔约 350nm），其中每个小点的直径为 100nm，深度约 150nm。这些小点矩阵将用作样品表面的变形载体，以测试残余应变的释放，如图 5-23（c）所示。

（4）在铂圆环外侧进行环芯 FIB 铣削，其深度设定为高于 2.5μm，沟槽的内半径和外半径分别设定为 2μm 和 4μm，以保证测试区域的表层残余应变得到充分释放，如图 5-23（d）所示。

（5）通过 SEM 显微照片上的图像精确测量刻蚀小点的实际大小和间距，及外层沟槽的内半径 R、外半径 R_{out} 和深度 h。

图 5-24 为 Cu-Ni-Si-Co 合金通过 FIB-SEM 铣削环芯过程的典型示例，可以发现沉积的铂环、有效保留柱子边缘的形状和中心表面的图案。

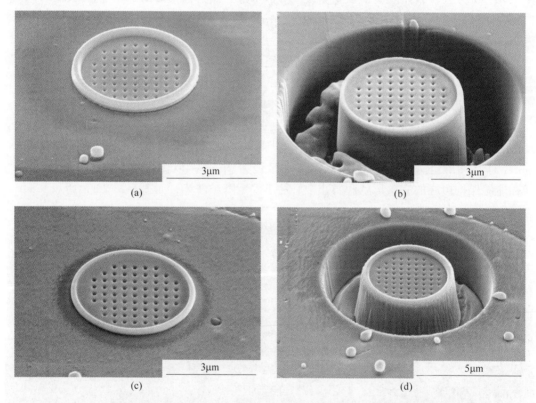

图 5-24　Cu-Ni-Si-Co 合金通过 FIB-SEM 铣削环芯过程的典型示例
（a），（c）铣削之前的样品表面图案的 SEM 照片；（b），（d）铣削之后的表面图案的 SEM 照片

近年来，Lord 等[9]将数字图像相关法（DIC）与钻孔法一起使用，以确定样品表面位移（或残余应变）。双光束系统的扫描电子显微镜为 DIC 分析提供了出色的成像分辨率。这将环芯法测残余应力测量的范围扩展到微米和纳米级。2D-DIC 是一种平面内位移测量技术，该技术将在两个不同加载条件下获得一对数字散斑图案进行相关联，并搜索其最大相关系数 C[10]。

$$C = \sum_{i=1}^{m} \sum_{j=1}^{n} \left[\frac{f(x_i, y_j) - f_m}{\sqrt{\sum_{i=1}^{m} \sum_{j=1}^{n} [f(x_i, y_j) - f_m]^2}} - \frac{g(x_i', y_j') - g_m}{\sqrt{\sum_{i=1}^{m} \sum_{j=1}^{n} [g(x_i', y_j') - g_m]^2}} \right]^2 \quad (5\text{-}16)$$

式中，$f(x_i, y_j)$ 和 $g(x_i', y_j')$ 分别为加载前后图像上 (x_i, y_j) 和 (x_i', y_j') 点的灰度；f_m 和 g_m 分别为参考子集和目标子集的平均强度值。并且可以使用迭代牛顿-拉普森（NR）方法优化相关函数来解析变形参数。为了达到亚像素精度，相关算法使用灰度值插值。通常，使用高阶插值方法可以获得更准确的位移信息。

为了更精确地确定微观残余应力，结合式（5-14）中的环形切削方法，通过 2D-DIC 技术辅助测量被分析区域所释放的位移值（U_1、U_2、U_3 和 U_4）。

表 5-1 为利用环芯法测定 Cu-Ni-Si-Co 合金图 5-25 的 FIB-DIC 铣削的参数和残余应力计算结果。可以发现 1 号~3 号测试区的主应力 σ_1 值虽然高于 σ_2，但二者仍然属于同一数量级，这表明冷轧样品表面的应力状态属于双轴应力。基于环芯法测残余应力的原理，可知残余应力的符号与环芯切削方法释放的应力方向相反。即正号表明样品表面残余应力是压应力，这也与冷轧板表面实际应力分布状态相一致。

表 5-1　环芯法测定图 5-21 的 FIB-DIC 铣削的参数和应力计算结果

项目	R /μm	R_{out} /μm	h /μm	U_1 /nm	U_2 /nm	U_3 /nm	U_4 /nm	σ_1 /MPa	σ_2 /MPa
1 号	1.98	4.01	2.56	-3.9	-1.7	-1.9	-2.3	36.9	14.4
2 号	2.01	4.04	2.63	-4.3	-3.5	-2.1	-3.9	76.4	33.7
3 号	2.03	4.03	2.58	-2.7	-3.7	-1.3	-2.2	34.5	15.1

另外，对比图 5-21（b）中晶体取向分布结果可知，"软"取向 [100] 晶面的残余压应力最大（2 号点的主应力 $\sigma_1 = 76.4$MPa），高于 [110] 取向晶面（3 号点的主应力 $\sigma_1 = 34.5$MPa）。其结果与纳米压痕法的测试规律相反，且也违背了"软"取向 [100] 晶面的杨氏模量最小的事实。通常，杨氏模量与残余应力呈正相关。这是因为图 5-21 中 2 号区域内存在大量的细小亚晶粒，图 5-21（c）的 KAM 图显示 2 号区域的亚晶粒处存在大量的残余应变，此时，2 号区域大量细小亚晶粒对残余应力的贡献度高于晶粒取向对应力的影响。致使，残余应力在晶粒取向上的分布呈现反常现象。因此，对于冷轧样品的残余应力分布，应力会在大变形细小亚晶粒处聚集；冷轧大变形细小亚晶粒对残余应力分布的影响高于晶体取向。

为了进一步探究冷轧样品中晶粒取向对残余应力的影响，对不同 Cu-Ni-Si-Co 冷轧样品进行 EBSD 微观织构表征和准原位环芯法残余应力测试。图 5-25 为 Cu-Ni-Si-Co 液氮冷轧样品的 EBSD 微观组织表征及应力测试点的位置。由图 5-25（a）可知，样品所选微观测试区域的主要晶粒取向为 [111] 和 [110] 方向。其中，微观区域中靠近<111>和<110>方向上晶体体积分数分别占 28.6% 和 34.1%。且亚晶粒尺寸的分布相对较为均匀。由 KAM 图可知，细小的亚晶粒处存在大量的残余应变，如图 5-25（b）所示。图 5-25（c）显示，相比<110>晶体取向，靠近"硬"取向<111>方向上的晶粒颜色偏暗黄色，其施密特因子值较小。图 5-25（d）显示，样品的蓝色大角度晶界主要分布在亚晶粒处，且细小亚晶粒处的衍射花样较低，颜色较暗表示亚晶粒处的残余应变/应力较大。

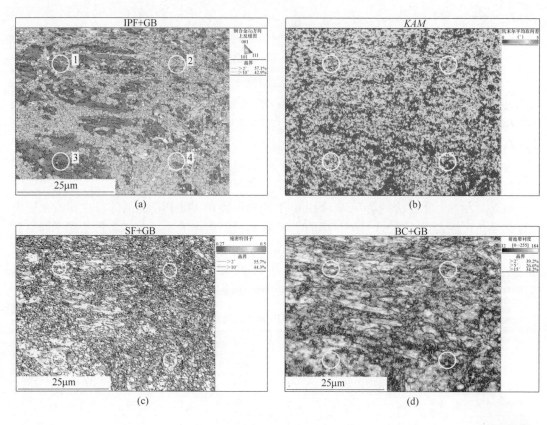

(a)　　　　　　　　　　　　　　　　　　(b)

(c)　　　　　　　　　　　　　　　　　　(d)

图 5-25　Cu-Ni-Si-Co 液氮冷轧样品 FIB-DIC 环芯法的铣削点在
EBSD 微观组织中的分布位置

（a）晶粒取向反极图；（b）KAM 图；（c）施密特因子晶粒分布；
（d）晶粒取向角+衍射花样质量图（BC）
（◦ 代表铣削点的具体分布位置）

图 5-25 彩图

表 5-2 为利用环芯法测定液氮冷轧 Cu-Ni-Si-Co 合金（图 5-25）的 FIB-DIC 铣削参数和残余应力计算结果。可以发现 1 号~4 号测试区的轧向和横向主应力属于同一数量级，且都属于残余压应力。

表 5-2　环芯法测定图 5-25 的 FIB-DIC 铣削的参数和应力计算结果

项目	R /μm	R_{out} /μm	h /μm	U_1 /nm	U_2 /nm	U_3 /nm	U_4 /nm	σ_1 /MPa	σ_2 /MPa
1 号	2.01	4.07	2.61	−5.1	−3.7	−2.9	−4.7	88.9	33.4
2 号	2.02	4.04	2.55	−4.2	−3.3	−2.3	−3.6	49.5	19.3
3 号	1.99	3.99	2.51	−4.7	−3.9	−1.9	−4.2	70.7	25.4
4 号	2.00	4.03	2.54	−3.2	−2.9	−1.8	−3.3	40.7	17.1

对照图 5-25（a）可知，1 号和 3 号测试区域的晶粒取向同属于<111>方向，而 1 号区域轧向主应力（$\sigma_1 = 88.9$MPa）高于 3 号区域轧向主应力（$\sigma_1 = 70.7$MPa）；由图5-25（b）可知，1 号区域的 KAM 平均值明显高于 3 号区域，这也是造成 1 号区域的残余压应力高于 3 号区域的原因。同样，2 号和 4 号测试区域的晶粒取向同属于<110>方向，而 2 号区域轧

向主应力（$\sigma_1 = 49.5$MPa）高于 4 号区域轧向主应力（$\sigma_1 = 40.7$MPa）；2 号区域的 *KAM*值高于 4 号区域，这也是造成 2 号区域的残余压应力高于 4 号区域的原因。

另外，由图 5-25（a）和（b）可知，2 号和 3 号区域的 *KAM* 相差不大，可认为几乎相等；2 号和 3 号测试区域的晶粒取向分别靠近<110>方向和<111>方向。而 2 号测试区域的残余压应力明显小于 3 号区域，这主要是因为面心立方金属［110］晶面（2 号区域）的杨氏模量小于［111］晶面（3 号区域）。综上所示，当只考虑晶粒取向对残余应力分布的影响时，<111>晶体取向上的残余压应力高于<110>晶体取向。

图 5-26 为 Cu-Ni-Si-Co 普通冷轧样品的 EBSD 微观织构表征及环芯法准原位应力测试点的位置。由图 5-26（a）可知，样品所选微观测试区域的晶粒取向恰好包含了［111］、［110］和［100］方向。其中，微观区域中靠近<111>、<110>和<100>方向上晶体体积分数分别占 17.6%、39.7%和 18.3%。且微观区域中存在大量细小的亚晶粒。由图 5-26（b）的 *KAM* 图可知，细小的亚晶粒处存在较高的残余应变。图 5-26（c）显示，靠近"软"取向<100>方向上的晶粒颜色偏红色，其施密特因子值最大；其次为<110>方向上晶粒的施密特因子值；靠近"软"取向<111>方向上的晶粒颜色偏暗黄色，其施密特因子值最小。图 5-26（d）显示，细小亚晶粒处的衍射花样较低，颜色较暗表示亚晶粒处的残余应变/应力较大。

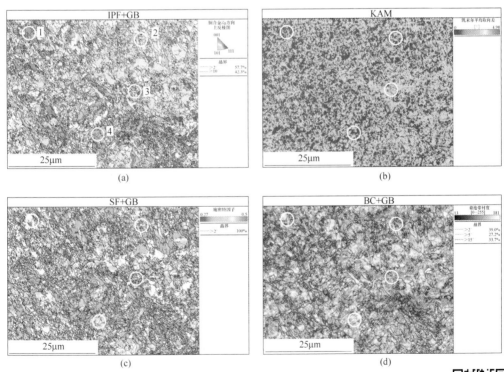

图 5-26　Cu-Ni-Si-Co 普通冷轧样品 FIB-DIC 环芯法的铣削点在
EBSD 微观组织中的分布位置
（a）晶粒取向反极图；（b）*KAM* 图；（c）施密特因子晶粒分布；
（d）晶粒取向角+衍射花样质量图（BC）
（◦代表铣削点的具体分布位置）

图 5-26 彩图

　　表 5-3 为利用环芯法测定普通冷轧 Cu-Ni-Si-Co 合金（图 5-26）的 FIB-SEM 铣削参数和残余应力计算结果。可以发现 1 号~4 号测试区的残余应力都属于双轴应力，且其残余应力都为压应力。

表 5-3　环芯法测定图 5-26 的 FIB-DIC 铣削的参数和应力计算结果

项目	R /μm	R_{out} /μm	h /μm	U_1 /nm	U_2 /nm	U_3 /nm	U_4 /nm	σ_1 /MPa	σ_2 /MPa
1 号	2.03	4.05	2.53	-4.7	-3.1	-2.1	-3.5	66.7	29.5
2 号	2.05	4.02	2.62	-4.1	-2.8	-2.6	-3.3	49.3	19.7
3 号	2.01	4.07	2.55	-4.9	-3.7	-2.8	-4.5	80.6	34.3
4 号	2.07	4.06	2.51	-3.4	-2.6	-1.7	-3.4	33.2	14.9

　　由图 5-26（a）和（b）可知，1 号、2 号和 4 号区域的 KAM 相差不大，可近似认为相等。1 号测试区域的晶粒取向靠近<111>方向（"硬"取向）；2 号测试区域的晶粒取向靠近<110>方向；4 号测试区域的晶粒取向靠近<100>方向（"软"取向）。由表 5-3 可以发现，"硬"取向<111>方向（1 号）上的残余应力最大（σ_1 = 66.7MPa）；其次为<110>取向方向上（2 号）的残余应力（σ_1 = 49.3MPa）；"软"取向<100>方向（4 号）上的残余应力最小（σ_1 = 33.2MPa）。这主要是因为对于面心立方金属 Cu-Ni-Si-Co 合金，密排面 [111] 晶面（1 号）的杨氏模量最大；其次为 [110] 晶面（2 号）的杨氏模量；而 [100] 晶面（4 号）的杨氏模量最小；一般，残余应力与杨氏模量呈正相关。综上所示，当只考虑晶粒取向对残余应力分布的影响时，<111>晶体取向上的残余压应力最大，<100>晶体取向上的残余压应力最小。

　　另外，对照图 5-26（a）可知，3 号测试区域的晶粒取向属于<110>方向；但 3 号测试区域的残余压应力（σ_1 = 80.6MPa）却明显高于其他区域。这是因为 3 号测试区域内部存在大量的细小亚晶粒，致使 3 号区域的 KAM 值最高，残余应变量也最大。这同样也说明冷轧大变形细小亚晶粒对残余应力分布的影响高于晶体取向的影响。

　　图 5-27 为 Cu-Ni-Si-Co 叠层冷轧样品的 EBSD 微观织构表征及环芯法准原位应力测试点的位置。由图 5-27（a）可知，样品所选微观测试区域的晶粒取向主要为 [111] 方向，其次为 [110] 方向。其中，靠近<111>和<110>方向上晶体体积分数分别占 61.9% 和 21.2%。样品中存在较高的残余应变，如图 5-27（b）所示。图 5-27（c）显示，靠近"硬"取向<111>方向上的施密特因子值较小。图 5-27（d）显示，细小亚晶粒处（颜色较暗）的残余应变较大。

　　表 5-4 为利用环芯法测定叠层冷轧 Cu-Ni-Si-Co 合金（图 5-27）的 FIB-DIC 铣削参数和残余应力计算结果。可以发现叠层冷轧样品表面的残余应力属于双轴应力，且其残余应力为压应力。

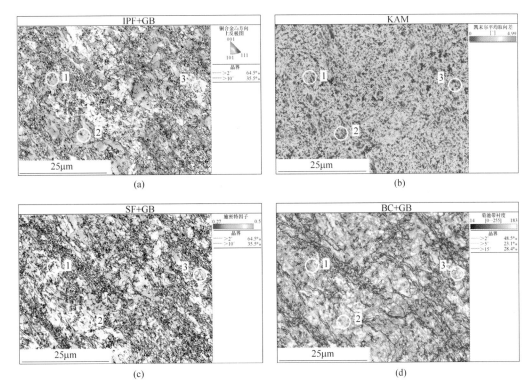

图 5-27 Cu-Ni-Si-Co 叠层冷轧样品 FIB-DIC 环芯法的铣削点在
EBSD 微观组织中的分布位置

（a）晶粒取向反极图；（b）*KAM* 图；

（c）施密特因子晶粒分布；（d）晶粒取向角+衍射花样质量图（BC）

（◦代表铣削点的具体分布位置）

图 5-27 彩图

表 5-4 环芯法测定图 5-27 的 FIB-DIC 铣削的参数和应力计算结果

项目	R /μm	R_{out} /μm	h /μm	U_1 /nm	U_2 /nm	U_3 /nm	U_4 /nm	σ_1 /MPa	σ_2 /MPa
1 号	1.98	4.00	2.61	−4.8	−3.3	−2.6	−3.8	73.3	31.4
2 号	2.01	4.03	2.53	−4.6	−3.2	−2.9	−3.4	67.7	32.8
3 号	2.03	4.05	2.58	−4.1	−2.9	−2.8	−3.0	40.4	23.6

由图 5-27（a）和（b）可知，1 号、2 号和 3 号区域的 *KAM* 相差不大。1 号和 2 号测试区域的晶粒取向靠近<111>方向（"硬"取向）；3 号测试区域的晶粒取向靠近<110>方向。由表 5-4 可以发现，"硬"取向<111>方向（1 号和 2 号）上的残余应力最大（1 号的 σ_1=73.3MPa，2 号的 σ_1=67.7MPa，），高于<110>取向方向上（3 号）的残余应力（σ_1= 40.4MPa）。这主要是因为面心立方金属 Cu-Ni-Si-Co 合金，密排面［111］晶面的杨氏模量高于［110］晶面的杨氏模量；而残余应力与杨氏模量呈正相关。综上所示，当只考虑晶粒取向对残余应力分布的影响时，<111>晶体取向上的残余压应力大于<110>晶体取向上残余压应力。

5.3 带材中晶体取向对微区残余应力的影响

为进一步探索材料中晶体取向和微观残余应力的关联机制，分析晶体取向对微区残余应力分布的影响，使用时效态样品以避免细晶、大变形、亚晶界等造成的干扰。时效样品的去应力退火和应力加载工艺如图 5-28 所示。去应力退火工艺参数为 200℃ +5h，如图 5-28（a）所示。图 5-29（b）为残余应力施加装置的示意图，其中装置内部配有应变片，用于测量应力数值。

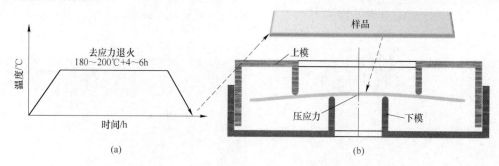

图 5-28 时效态 Cu-Ni-Si-Co 合金织构样品中残余应力的消除和加载示意图

（a）去残余应力退火工艺；（b）残余应力施加装置

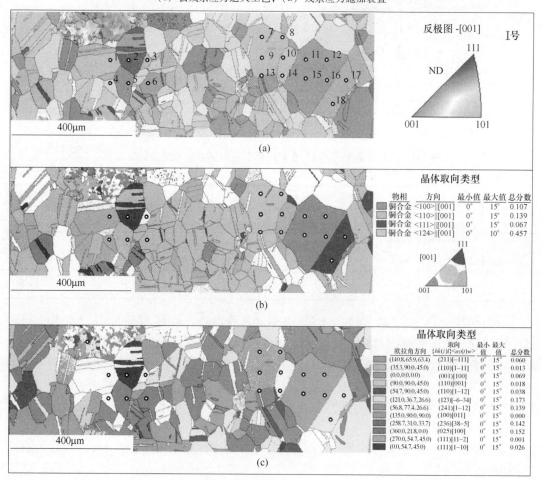

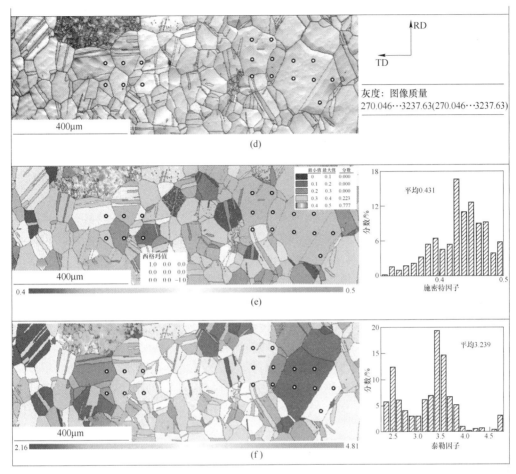

图 5-29 FIB-DIC 环芯法的铣削点在Ⅰ号时效态 EBSD 微观组织中的分布位置
（a）晶粒取向反极图；（b）不同的晶体取向图（包括<111>、<110>、
<100>和<124>晶体取向）；（c）不同的晶体结构分布图；（d）衍射花样质量图（IQ）；
（e）施密特因子晶粒分布和数值柱状图；（f）泰勒因子晶粒分布和数值柱状图
（◦代表压痕点的具体位置）

图 5-29 彩图

表 5-5 为不同时效态 Cu-Ni-Si-Co 合金板带材所受的应力状态，其中包括单轴应力状态（Ⅰ号）、等双轴应力状态（Ⅱ号）和双轴应力状态（Ⅲ号）。利用 FIB-SEM 环芯法评估不同状态的残余应力在具有取向的合金中的分布情况，以探究残余应力与晶粒取向间的关联机制。

表 5-5　时效态 Cu-Ni-Si-Co 合金的不同应力状态（负号表示压应力）

应力状态	σ_x/MPa	σ_y/MPa	$k=\sigma_y/\sigma_x$
Ⅰ号	−128	−5	0.04（单轴）
Ⅱ号	−117	−114	0.97（等双轴）
Ⅲ号	−128	−77	0.60（双轴）

图 5-29 所示为单轴应力状态（Ⅰ号）下时效态 Cu-Ni-Si-Co 合金样品的 EBSD 晶粒特

征图，包括晶粒取向分布（IPF）、晶体织构分布、衍射花样质量（IQ）、施密特因子和泰勒因子等分析图。由图 5-29（a）~（c）可以发现，样品中不同取向的晶粒呈随机分布。样品所选微观测试区域内主要含有 R｛124｝<211>和 S｛123｝<634>织构。此外，还含有靠近<111>晶体方向上黄铜 R｛111｝<110>织构、靠近<101>晶体方向上高斯｛110｝<001>和黄铜型｛110｝<112>织构和靠近<100>晶体方向上立方｛001｝<100>织构。其中，微观区域中靠近<111>、<101>、<100>和<124>方向上晶体体积分数分别占 6.7%、13.9%、10.7% 和 45.7%，如图 5-29（b）所示。由图 5-29（c）可以发现，样品微观区域中的 R｛124｝<211>、S｛123｝<634>、｛236｝<385>、｛025｝<100>、立方｛001｝<100>和铜型｛112｝<111>织构，其对应的体积含量分别为 13.9%、17.3%、14.2%、15.2%、6.9% 和 5.6%。图 5-29 中代表 FIB-SEM 环芯法铣削点的具体位置，对照图 5-29（a）~（c），进行 FIB-SEM 环芯法准原位铣削加工，可以准确测量出样品微观区域中不同取向晶粒的残余应变/应力。

　　衍射花样质量图（IQ）中明亮区域表示应变/应力较小；暗区域表示应变/应力较大。图 5-29（d）的衍射花样质量图显示，样品的孪晶区域相比基体区域，颜色更暗，这说明 Cu-Ni-Si-Co 合金中的孪晶具有较高的残余应变/应力。

　　图 5-29（e）和（f）为样品在 450℃+3h 时效条件下，晶粒的施密特因子和泰勒因子的分布图，可以发现时效样品的平均施密特因子值为 0.431，属于易滑移范畴，其中 R｛124｝<211>织构和 S｛123｝<634>织构晶粒的施密特因子 SF 值较低（小于 0.4），表现为相对难滑移。样品中不同泰勒因子值的晶粒呈随机分布，泰勒因子平均值为 3.239，倒数（1/泰勒因子）为 0.31，低于施密特因子平均值（0.431）。另外，可以发现样品中容易发生大塑性变形的织构为｛025｝<100>和立方｛001｝<100>织构，其泰勒因子值小于 2.5。

　　表 5-6 为利用环芯法测定 I 号时效 Cu-Ni-Si-Co 合金（图 5-29）的 FIB-DIC 铣削参数和残余应力计算结果。可以发现残余应力的测试结果验证了样品处于单轴应力状态，且其残余主应力 σ_1 为压应力；因环芯法释放的应力方向与实际应力方向相反，即测量的正号表示残余压应力。其中，轧向 σ_1 的平均残余应力为 78.2MPa，横向 σ_2 的平均残余应力为 0.7MPa。

表 5-6　环芯法测定图 5-29 的 FIB-DIC 铣削点的参数和应力计算结果

项目	R /μm	R_{out} /μm	h /μm	U_1 /nm	U_2 /nm	U_3 /nm	U_4 /nm	σ_1 /MPa	σ_2 /MPa
1 号	2.03	4.07	2.52	−4.9	−3.2	−0.8	−4.4	80.7	2.3
2 号	2.02	4.04	2.61	−5.7	−4.2	−0.7	−3.7	119.2	3.8
3 号	2.07	4.11	2.57	−4.9	−3.5	−0.9	−4.1	78.9	−1.7
4 号	2.04	4.01	2.53	−4.7	−3.4	−0.6	−4.4	79.3	−1.7
5 号	2.01	4.08	2.54	−4.6	−3.7	−0.4	−3.9	73.8	2.8
6 号	1.98	4.03	2.59	−4.2	−4.1	−0.2	−3.5	70.1	3.4
7 号	2.03	4.03	2.63	−4.9	−4.3	0.3	−4.5	86.4	1.8
8 号	1.99	4.05	2.57	−4.8	−4.4	0.2	−4.6	87.9	2.1

项目	R /μm	R_{out} /μm	h /μm	U_1 /nm	U_2 /nm	U_3 /nm	U_4 /nm	σ_1 /MPa	σ_2 /MPa
9 号	2.03	4.04	2.51	−4.9	−4.4	0.3	−4.6	86.6	1.9
10 号	2.01	4.01	2.59	−4.6	−3.9	−0.6	−3.9	77.3	1.8
11 号	2.04	4.07	2.58	−3.6	−3.2	−0.7	−2.3	48.6	−1.7
12 号	2.07	4.13	2.54	−3.7	−3.3	−0.6	−2.3	49.8	−1.8
13 号	2.04	4.03	2.52	−5.1	−4.2	−0.8	−3.9	96.3	−2.1
14 号	1.97	4.00	2.61	−4.5	−4.0	−0.5	−3.8	76.4	2.2
15 号	1.99	4.04	2.56	−3.5	−3.5	−0.3	−2.2	47.1	2.0
16 号	2.00	4.01	2.51	−3.7	−3.4	−0.4	−2.1	47.9	1.8
17 号	2.01	4.05	2.53	−5.4	−3.4	−0.6	−4.3	102.3	−1.9
18 号	2.05	4.10	2.55	−5.3	−3.4	−0.7	−4.2	99.4	−2.3
平均值	—	—	—	—	—	—	—	78.2	0.7

由表 5-6 的测试结果并结合图 5-29（a）和（c）可知，<111>晶粒取向方向上｛111｝<110>织构的残余应力（2 号）$\sigma_1 = 119.2\text{MPa}$；<124>晶粒取向方向上 R｛124｝<211>织构的残余应力（7 号、8 号和 9 号）$\sigma_1 = 86.97\text{MPa}$；<100>晶粒取向方向上立方｛001｝<100>织构的残余应力（11 号、12 号、15 号和 16 号）$\sigma_1 = 48.35\text{MPa}$。另外，结合图 5-30 可清楚发现残余压应力在不同晶粒取向上分布不同，"硬"取向［111］方向上平均残余应力 σ_1 为 106.97MPa，其为"软"取向［100］晶粒方向上平均残余应力 σ_1（48.35MPa）的 2 倍以上。［110］和［124］晶粒方向上平均残余应力 σ_1 分别为 78.43MPa 和 82.86MPa，其同属于中取向晶粒，残余应力分布相差不大。造成上述残余应力分布不均的主要原因为不同取向晶粒上的杨氏模量不同，杨氏模量与残余应力呈正相关。

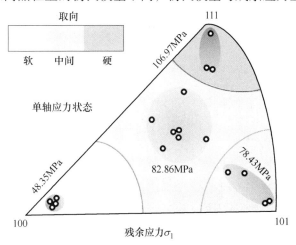

图 5-30　单轴（Ⅰ 号）残余应力在不同的晶体取向下的反极图

图 5-31 所示为等双轴应力状态（Ⅱ 号）下时效态 Cu-Ni-Si-Co 合金样品的 EBSD 晶粒特征图，包括晶粒取向分布（IPF）、晶体织构分布、衍射花样质量（IQ）、施密特因子和

泰勒因子等分析图。由图 5-31 （a）~（c）可以发现，样品中不同取向的晶粒呈随机分布，其取向晶粒主要为 R{124}<211>和 S{123}<634>织构。此外，样品中还含有靠近<111>晶体方向上 {111}<112>织构、靠近<110>晶体方向上高斯 {110}<001>和黄铜型 {110}<112>织构及靠近<100>晶体方向上立方 {001}<100>和旋转立方 {100}<011>织构。其中，微观区域中靠近<111>、<110>、<100>和<124>方向上晶体体积分数分别占 6.6%、10.4%、17.7%和 51.8%，如图 5-31 （b）所示。由图 5-31 （c）可以发现，样品微观区域中的 R{124}<211>、S{123}<634>、铜型 {112}<111>、立方 {001}<100>和旋转立方 {100}<011>织构，其对应的体积含量分别为 36.9%、13.3%、10.6%、8.8%和 6.0%。图 5-31 中代表 FIB-SEM 环芯法铣削点的具体位置，对照图 5-31 （a）~（c），进行 FIB-SEM 环芯法准原位铣削加工，测量样品微观区域中不同取向晶粒的残余应变/应力。

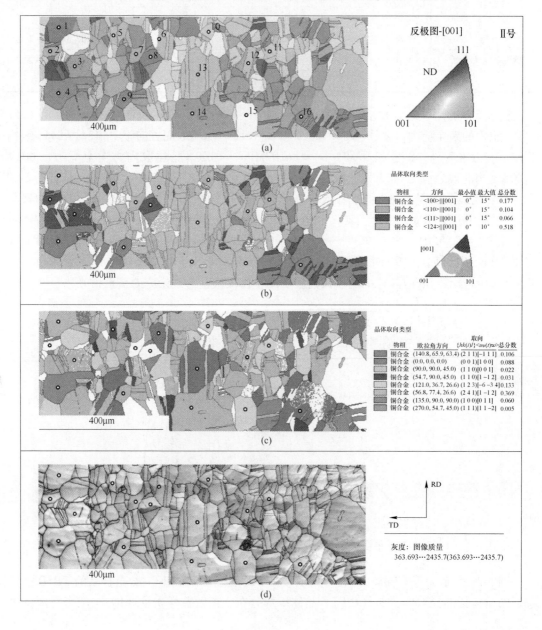

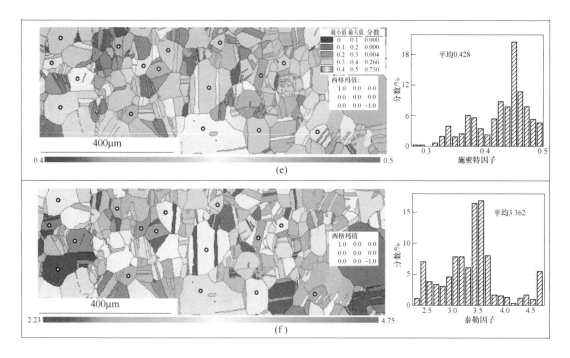

图 5-31　FIB-DIC 环芯法的铣削点在Ⅱ号时效态 EBSD 微观组织中的分布位置

（a）晶粒取向反极图；（b）不同的晶体取向图（包括<111>、<110>、<100>和<124>晶体取向）；
（c）不同的晶体织构分布图；（d）衍射花样质量图（IQ）；（e）施密特因子晶粒分布和数值柱状图；
（f）泰勒因子晶粒分布和数值柱状图
（◦代表压痕点的具体位置）

图 5-31 彩图

　　图 5-31（d）的衍射花样质量图显示，样品的孪晶区域相比基体区域，衍射花样质量更差，颜色更暗，这说明 Cu-Ni-Si-Co 合金中的孪晶具有较高的残余应变/应力。图5-31（e）和（f）为样品在 450℃ +3h 时效条件下，晶粒的施密特因子和泰勒因子的分布图，可以发现时效样品的平均施密特因子值为 0.428，属于易滑移范畴，其中铜型 {211}<111>织构和 S {123}<634>织构晶粒的施密特因子 SF 值较低（小于 0.4），表现为相对难滑移。样品中不同泰勒因子值的晶粒呈随机分布，泰勒因子平均值为 3.362，倒数（1/泰勒因子）为 0.30，低于施密特因子平均值（0.428）。另外，可以发现样品中容易发生大塑性变形的织构为旋转立方 {100}<011>织构，其泰勒因子值为 2.234。

　　表 5-7 为利用环芯法测定Ⅱ号（等双轴应力状态）时效 Cu-Ni-Si-Co 合金（图 5-31）的 FIB-SEM 铣削参数和残余应力计算结果。可以发现，轧向 σ_1 的平均残余应力为 86.0MPa，横向 σ_2 的平均残余应力为 85.3MPa。可以认为主应力 σ_1 和 σ_2 在误差范围内相等，即验证了样品处于等双轴轴应力状态。另外，利用环芯法测出的残余应力的正号表示压应力，负号表示拉应力。即Ⅱ号合金测试区域表面受残余压应力作用。

表 5-7 环芯法测定图 5-31 的 FIB-DIC 铣削点的参数和应力计算结果

项目	R /μm	R_{out} /μm	h /μm	U_1 /nm	U_2 /nm	U_3 /nm	U_4 /nm	σ_1 /MPa	σ_2 /MPa
1 号	2.03	4.05	2.55	−5.2	−3.8	−2.5	−3.7	92.1	93.7
2 号	2.05	4.06	2.61	−5.7	−3.7	−2.4	−3.6	107.7	105.5
3 号	2.03	4.07	2.59	−5.5	−4.0	−2.9	−3.9	116.1	110.9
4 号	2.05	4.11	2.54	−3.8	−3.3	−2.7	−3.1	57.3	55.8
5 号	2.04	4.08	2.61	−4.7	−3.6	−2.4	−3.7	84.6	85.1
6 号	2.04	4.07	2.51	−5.2	−3.7	−2.6	−3.6	91.7	90.0
7 号	2.02	4.06	2.55	−4.6	−3.6	−2.3	−3.6	82.3	81.4
8 号	2.02	4.03	2.52	−5.6	−3.9	−2.6	−3.7	111.6	113.3
9 号	2.03	4.08	2.56	−3.7	−3.3	−2.6	−3.2	58.6	57.1
10 号	2.01	4.04	2.58	−4.5	−3.5	−2.1	−3.4	81.5	79.7
11 号	2.03	4.04	2.54	−4.4	−3.4	−2.0	−3.5	78.2	80.7
12 号	2.01	4.04	2.56	−4.8	−3.8	−2.4	4.0	87.7	87.2
13 号	2.07	4.13	2.57	−4.7	−3.9	−2.4	−3.8	86.4	83.9
14 号	1.99	4.01	2.51	−5.4	−3.4	−2.7	−3.5	100.2	98.4
15 号	1.98	4.00	2.53	−4.6	−3.8	−2.3	−3.6	83.7	85.5
16 号	2.00	4.04	2.56	−3.9	−3.2	−2.5	−3.4	55.6	56.7
平均值	—	—	—	—	—	—	—	86.0	85.3

由表 5-7 的测试结果并结合图 5-31 （a）和 （c）可知，<111>晶粒取向方向上的 8 号残余应力 σ_1 = 111.6MPa，3 号残余应力 σ_1 = 116.1MPa，2 号残余应力 σ_1 = 107.7MPa；<124>晶粒取向方向上 R｛124｝<211>织构的残余应力（14 号）σ_1 = 100.2MPa 和 σ_2 = 98.4MPa；<110>晶粒取向方向上高斯 ｛110｝<001>织构的残余应力（12 号）σ_1 = 87.7MPa，黄铜型 ｛110｝<112>织构的残余应力（5 号）σ_1 = 84.6MPa；<100>晶粒取向方向上立方 ｛001｝<100>织构的残余应力（16 号）σ_1 = 55.6MPa 和 σ_2 = 56.7MPa。可清楚发现，残余压应力在不同晶粒取向上分布具有差异性，<111>取向晶粒上残余压应力最大，具有使压应力集中的效果；<100>取向晶粒上残余压应力最小。

另外，图 5-32 为等双轴（Ⅱ号）残余应力在不同的晶体取向下分布的反极图。其中，"硬"取向［111］方向上平均残余应力 σ_1 为 111.80MPa；"软"取向［100］晶粒方向上平均残余应力 σ_1 为 57.17MPa。［124］和［110］晶粒方向上平均残余应力 σ_1 分别为 90.82MPa 和 82.86MPa，其残余应力分布相差不大。造成上述残余应力分布不均的主要原因为，不同取向晶粒上的杨氏模量不同。

图 5-33 所示为双轴应力状态（Ⅲ号）下时效态 Cu-Ni-Si-Co 合金样品的 EBSD 晶粒特征图，包括晶粒取向分布（IPF）、晶体织构分布、衍射花样质量（IQ）、施密特因子和泰

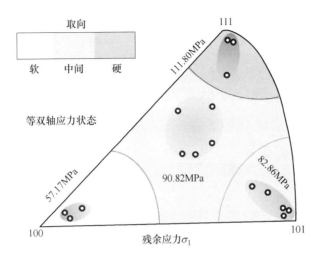

图 5-32 等双轴（Ⅱ号）残余应力在不同的晶体取向下的反极图

勒因子等分析图。由图 5-33（a）~（c）可以发现，样品中含有靠近<111>晶体方向上黄铜 R{111}<110>、靠近<110>晶体方向上高斯 {110}<001>和黄铜型 {110}<112>织构、靠近<100>晶体方向上立方 {001}<100>织构和旋转 {100}<011>织构。其中，微观区域中靠近<111>、<110>、<100>和<124>方向上晶体体积分数分别占 6.2%、12.1%、12.1%和 55.4%，如图 5-33（b）所示。由图 5-33（c）可以发现，样品微观区域中的 R{124}<211>、S{123}<634>、{236}<385>、立方 {001}<100>和铜型 {112}<111>织构，其对应的体积含量分别为 10.8%、10.2%、22.8%、6.0%和 13.6%。图 5-33 中代表 FIB-SEM 环芯法铣削点的具体位置，对照图 5-33（a）~（c），进行 FIB-SEM 环芯法准原位铣削加工，可以测量出样品微观区域中不同取向晶粒的残余应变/应力。

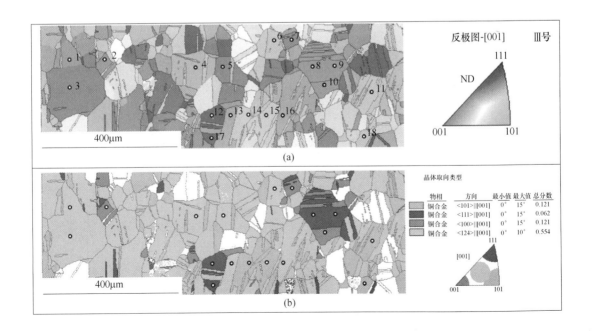

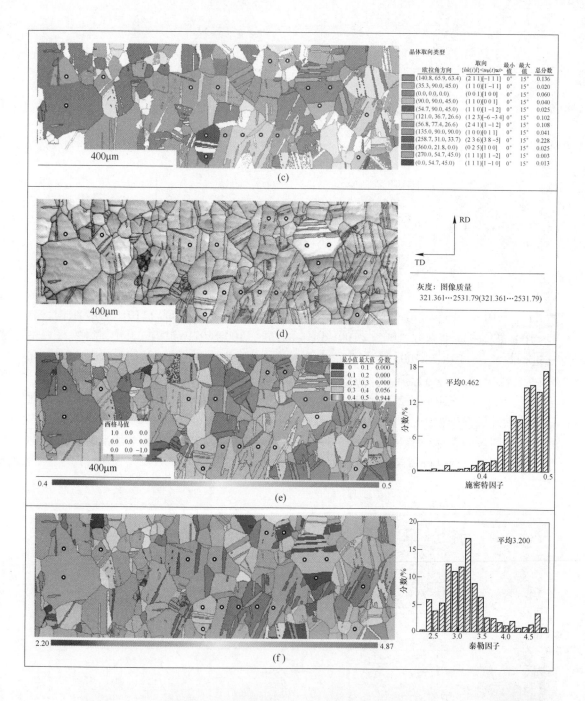

图 5-33　FIB-DIC 环芯法的铣削点在Ⅲ号时效态 EBSD 微观组织中的分布位置

（a）晶粒取向反极图；（b）不同的晶体取向图（包括<111>、<110>、<100>和<124>晶体取向）；

（c）不同的晶体织构分布图；（d）衍射花样质量图（IQ）；

（e）施密特因子晶粒分布和数值柱状图；（f）泰勒因子晶粒分布和数值柱状图

（◦代表压痕点的具体位置）

图 5-33 彩图

图 5-33（d）的衍射花样质量图显示，样品中孪晶区域相比基体区域，衍射花样质量更差，颜色更暗，这说明 Cu-Ni-Si-Co 合金中的孪晶具有较高的残余应变/应力。图 5-33（e）和（f）为样品在 450℃+3h 时效条件下晶粒的施密特因子和泰勒因子的分布图，可以发现时效样品的平均施密特因子值为 0.462，属于易滑移范畴，其中 {111}<110>织构和黄铜型 {110}<112>织构晶粒的 SF 值较低（小于 0.4），表现为相对难滑移。样品中不同泰勒因子值的晶粒呈随机分布，泰勒因子平均值为 3.20，其倒数为 0.31，低于施密特因子平均值（0.462）。另外，样品中容易发生大塑性变形的织构为旋转立方 {100}<011>织构。

表 5-8 为利用环芯法测定Ⅲ号（双轴应力状态）时效 Cu-Ni-Si-Co 合金（图 5-33）的 FIB-SEM 铣削参数和残余应力计算结果。可以发现，轧向 σ_1 的平均残余应力为 87.3MPa，横向 σ_2 的平均残余应力为 51.8MPa。其中，主应力 $\sigma_2/\sigma_1 = 0.59$，比值在预施加应力 $k = \sigma_y/\sigma_x = 0.60$ 误差范围内，间接验证了 FIB-SEM 环芯法测定残余应力的可靠性。另外，利用环芯法测出的残余应力的正号表示压应力，负号表示拉应力。即Ⅲ号合金测试区域表面受残余压应力作用。

表 5-8 环芯法测定图 5-33 的 FIB-DIC 铣削点的参数和应力计算结果

项目	R /μm	R_{out} /μm	h /μm	U_1 /nm	U_2 /nm	U_3 /nm	U_4 /nm	σ_1 /MPa	σ_2 /MPa
1 号	2.01	4.03	2.60	−4.5	−3.9	−1.8	−3.4	83.3	49.7
2 号	2.06	4.12	2.55	−3.7	−3.4	−2.7	−3.5	57.7	37.3
3 号	2.05	4.08	2.58	−4.4	−3.7	−1.9	−3.4	80.6	47.1
4 号	2.02	4.03	2.52	−4.5	−3.6	−1.6	−3.8	78.7	47.8
5 号	2.01	4.04	2.51	−4.4	−3.8	−2.1	−4.0	84.5	50.3
6 号	2.03	4.04	2.53	−4.6	−3.7	−1.8	−3.5	86.7	49.9
7 号	2.03	4.06	2.53	−3.9	−3.3	−2.5	−3.5	56.7	34.5
8 号	2.01	4.04	2.61	−5.3	−4.1	−1.9	−4.0	110.4	65.3
9 号	2.04	4.08	2.55	−5.1	−4.1	−2.1	−3.9	108.7	65.1
10 号	1.99	4.01	2.57	−3.6	−3.2	−2.6	−3.8	54.7	31.9
11 号	1.98	4.06	2.58	−4.5	−3.9	−1.7	−3.6	85.7	52.4
12 号	2.05	4.11	2.55	−5.9	−4.4	−1.8	−3.7	129.8	73.4
13 号	2.04	4.07	2.53	−4.7	−3.7	−1.8	−3.5	86.3	51.4
14 号	2.07	4.07	2.57	−4.6	−4.0	−1.5	−3.5	87.2	52.3
15 号	1.99	4.02	2.53	−4.5	−3.5	−1.7	−3.7	82.1	47.2
16 号	2.04	4.05	2.62	−4.7	−3.7	−2.1	−4.1	92.7	55.3
17 号	2.03	4.07	2.58	−5.8	−4.2	−1.9	−3.8	125.3	72.3
18 号	2.06	4.11	2.59	−4.4	−3.4	−1.8	−3.9	80.7	49.3
平均值	—	—	—	—	—	—	—	87.3	51.8

由表 5-8 的测试结果并结合图 5-33（a）和（c）可知，<111>晶粒取向方向上 {111} <110>织构的残余应力（12 号和 17 号）$\sigma_1 = 127.6\text{MPa}$；<124>晶粒取向方向上 R {124} <211>织构的残余应力（1 号、5 号、6 号和 13 号）$\sigma_1 = 85.2\text{MPa}$；<110>晶粒取向方向上高斯 {110} <001>织构的残余应力（14 号和 15 号）$\sigma_1 = 84.7\text{MPa}$；<100>晶粒取向方向上立方 {001} <100>织构的残余应力（2 号）$\sigma_1 = 57.7\text{MPa}$；旋转立方 {100} <011>织构的残余应力（7 号和 10 号）$\sigma_1 = 55.7\text{MPa}$。即可以清楚发现残余压应力在不同晶粒取向上分布具有差异，<111>取向晶粒上残余压应力最大，具有使压应力集中的效果；<100>取向晶粒上残余压应力最小。

另外，图 5-34 为双轴（Ⅲ 号）残余应力在不同的晶体取向下分布的反极图。其中，"硬"取向 [111] 方向上平均残余应力 σ_1 为 118.55MPa；"软"取向 [100] 晶粒方向上平均残余应力 σ_1 为 56.37MPa，如图 5-34（a）所示。"硬"取向晶粒上所受残余压应力为"软"取向晶粒的两倍以上。[110] 和 [124] 晶粒方向上平均残余应力 σ_1 分别为 83.93MPa 和 84.69MPa，其残余应力分布相差不大。

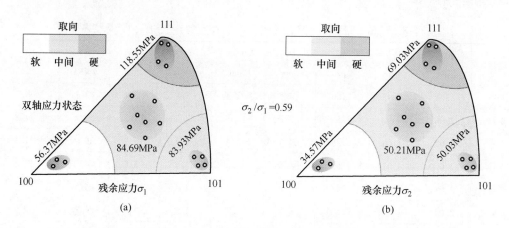

图 5-34　双轴（Ⅲ 号）残余应力在不同的晶体取向下的反极图
(a) 主应力 σ_1；(b) 主应力 σ_2

5.4　带材中宏观残余应力与微区残余应力间的关系

残余应力在不同取向晶粒上的分布不同，即残余应力和织构密切相关。Cu-Ni-Si-Co 合金的宏观残余应力采用晶粒间相互作用修正模型评估，微观残余应力采用纳米压痕法和 FIB-DIC 法进行评估，通过以织构为桥梁，建立微观应力与宏观应力间的关联模型。

根据多晶体的织构分布特点，将晶体的取向空间划分成 n 个微小区域，并以每个微区的取向密度作为权重因子，定义一个具有加权意义的宏观应力和织构及微观应力关系公式：

$$\overline{\sigma} = \sum_{i=1}^{n} \sigma(g_i) \cdot f(g_i) \Delta g_i = \sum_{i=1}^{n} \sigma(g_i) \cdot V_i \tag{5-17}$$

式中，$\overline{\sigma}$ 为具有加权意义的平均宏观残余应力；$\sigma(g_i)$ 为第 i 区域织构的微观残余应力；

$f(g_i)$ 为第 i 区域织构的取向分布函数（或晶粒取向类型）；Δg_i 为第 i 区域织构的宽度；V_i 为第 i 区域织构的体积量。其中，根据 Cu-Ni-Si-Co 合金中含有织构类型的实际情况，为了简化晶体取向的统计量，将合金中织构种类分别划分为靠近<111>、<110>、<100>和<124>晶粒取向上的织构。<111>、<110>和<100>晶粒取向上的织构宽度为15°，而<124>晶粒取向上的织构宽度按照样品实际情况进行设定。

利用式（5-17）计算含织构 Cu-Ni-Si-Co 合金冷轧样品的残余应力，结果如图 5-35 所示。利用晶粒间相互作用修正模型评估冷轧样品表面残余应力，轧向 $\sigma_x = (164.7\pm6.7)\text{MPa}$，横向 $\sigma_y = (57.7\pm5.6)\text{MPa}$；其中，$\sigma = (\sigma_{\text{Voigt}}+\sigma_{\text{Reuss}})/2$，$\sigma_{\text{Voigt}}$ 为 Voigt 修正模型应力，σ_{Reuss} 为 Reuss 修正模型应力。利用式（5-17）应力加权模型评估冷轧样品表面残余应力，轧向 $\overline{\sigma_x} = (73.2\pm5.6)\text{MPa}$，横向 $\overline{\sigma_y} = (18.3\pm3.8)\text{MPa}$。可以发现，对于冷轧样品，相比晶粒间相互作用修正模型，式（5-17）加权模型评估的残余压应力偏小，且小了将近一个数量级。这主要是因为冷轧样品中含有大量的细小亚晶粒，而大变形细小亚晶粒对残余应力分布的影响高于晶体取向。致使基于织构所提出的式（5-17）加权模型，在评估冷轧板残余应力时（未考虑细小亚晶粒的影响），与实际应力情况相偏离，误差较大。

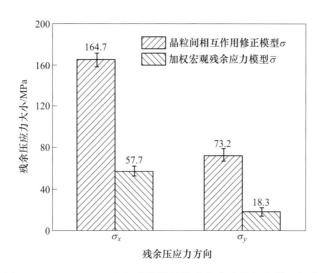

图 5-35 Cu-Ni-Si-Co 合金冷轧样品的残余应力的加权模型评估

图 5-36 为利用式（5-17）计算 Cu-Ni-SivCo 合金时效样品的残余应力加权模型评估结果。时效样品经图 5-28 工艺进行加载压应力，其结果为轧向压应力 $\sigma_x^a = 128\text{MPa}$，横向压应力 $\sigma_y^a = 77\text{MPa}$；样品表面加载压应力（$\sigma^a$）的大小是通过附在试样表面上的应变仪进行测定所得。对时效样品进行线切割制备成 X 射线仪的标准样品尺寸，利用晶粒间相互作用修正模型评估时效样品表面残余应力，其轧向压应力 $\sigma_x = (114.7\pm5.1)\text{MPa}$，横向压应力 $\sigma_y = (70.4\pm3.9)\text{MPa}$；其中，$\sigma = (\sigma_{\text{Voigt}}+\sigma_{\text{Reuss}})/2$，$\sigma_{\text{Voigt}}$ 为 Voigt 修正模型应力，σ_{Reuss} 为 Reuss 修正模型应力。而利用式（5-17）应力加权模型评估时效样品表面残余应力，轧向压应力 $\overline{\sigma_x} = (92.3\pm5.3)\text{MPa}$，横向压应力 $\overline{\sigma_y} = (57.5\pm4.4)\text{MPa}$。可以发现，对于时效样品，相比实际所加载的压应力，晶粒间相互作用修正模型所评估的残余压应力偏小；而

相比晶粒间相互作用修正模型，式（5-17）加权模型所评估的残余压应力进一步偏小；但3种方法所测残余应力的结果都属于同一数量级。随测试方法的变化，所测残余压应力逐渐减小的主要原因是，试样的加工（线切割、金相研磨、电化学抛光等）和存放过程都会使样品中残余应力的释放。此外，时效样品中存在大量的孪晶组织，孪晶同样会影响应力的分布，孪晶处的残余压应力较大。尽管如此，基于织构所提出的式（5-17）加权模型，仍适用于评估时效板带材的残余应力。

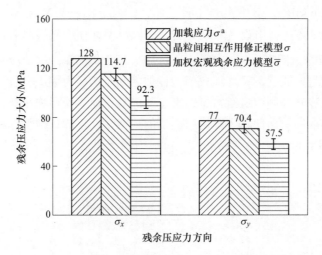

图 5-36 Cu-Ni-Si-Co 合金时效样品的残余应力的加权模型评估

综上所示，式（5-17）加权应力模型可以较为准确的评估 Cu-Ni-Si-Co 合金的残余应力，注意对于冷轧样品需要提前消除大变形细小亚晶粒的影响。加权应力模型可以为合金中微观残余应力和宏观残余应力建立定量关系的桥梁。

参 考 文 献

[1] 韦贺. 铜镍硅系合金中织构对性能和残余应力的影响及作用机制 [D]. 北京：北京科技大学，2021.

[2] Suresh S, Giannakopoulos A E. A new method for estimating residual stresses by instrumented sharp indentation [J]. Acta Materialia, 1998, 46 (16): 5755~5767.

[3] Lee Y H, Kwon D. Measurement of residual-stress effect by nanoindentation on elastically strained (100) W [J]. Scripta Materialia, 2003, 49 (5): 459~465.

[4] Lee Y H, Kwon D. Residual stresses in DLC/Si and Au/Si systems: application of a stress-relaxation model to the nanoindentation technique [J]. Journal of Materials Research, 2002, 17 (4): 901~906.

[5] Zhu L N, Wang C B, Wang H D, et al. Microstructure and tribological properties of WS$_2$/MoS$_2$ multilayer films [J]. Applied Surface Science, 2012, 258 (6): 1944~1948.

[6] Lunt J G, Korsunsky A M. A review of micro-scale focused ion beam milling and digital image correlation analysis for residual stress evaluation and error estimation [J]. Surface and Coatings Technology, 2015, 283 (1): 373~388.

[7] Mcginnis M J, Pessiki S, Turker H. Application of three-dimensional digital image correlation to the core-drilling method [J]. Experimental Mechanics, 2005, 45 (4): 359~369.

[8] Wei R, Li K. Application of miniature ring-core and interferometric strain/slope rosette to determine residual

stress distribution with depth——Part II: experiments [J]. Journal of Applied Mechanics, 2007, 74 (2): 307~314.

[9] Lord J D, Penn D, Whitehead P. The application of digital image correlation for measuring residual stress by incremental hole drilling [J]. Powder Diffraction, 2008, 23 (2): 184~195.

[10] Pan B, Xie H M, Tao H, et al. Measurement of coefficient of thermal expansion of films using digital image correlation method [J]. Polymer Testing, 2009, 28 (1): 75~83.

6 带材轧制过程残余应力及板形控制

在带材热轧过程中，变形过程要求沿板带宽度各部分有均一的纵向延伸，然而出于各种因素的影响，带材在辊缝中的变形常常是不均匀的。设想将带钢分割成若干纵条，如果任何一条上压下量发生变化，都会引起该窄条的纵向延伸发生变化，同时又会影响到相邻窄条的变形。由于带钢是一个整体，各窄条之间必定互相牵制，互相影响。因此，当沿横向的压下量分布不均时，各窄条之间就会相应地发生延伸不均，延伸较大的部分被迫受压，而延伸较小的部分被迫受拉，于是在带材内部就产生沿横向分布不均匀的纵向残余应力。当残余应力沿横向分布的不均匀程度超过一定范围，就会引起带材失稳，造成板形缺陷。

6.1 轧制过程板形控制概述

轧制过程产生平坦度缺陷主要是因为板带宽度方向各点压缩不均匀，导致板带延伸不均匀而产生内应力分布不均。当残余内应力超过板带屈曲失稳的临界应力时，则出现可见浪形。由弹性力学可知，板带产生屈曲失稳的临界力学条件为：

$$\sigma_{\lim} = k_{\lim} \frac{\pi^2 E}{12(1 + \mu)} \left(\frac{h}{B}\right)^2 \tag{6-1}$$

式中，$\sigma_{\lim}$ 为板带产生屈曲失稳的临界应力；$k_{\lim}$ 为板带产生屈曲失稳的临界应力系数；E 为板带材料的弹性模量；μ 为板带材料的泊松比；h 为板带厚度；B 为板带宽度。

当残余内应力大于 $\sigma_{\lim}$ 时，板带将产生屈曲失稳。由式（6-1）可知，$\sigma_{\lim}$ 与 h/B 和 $k_{\lim}$ 密切相关。h/B 越大，板带越不易出现屈曲失稳。$k_{\lim}$ 的大小取决于应力分布特征及板带的支撑条件，一般由试验确定。对于冷轧板带，当产生边浪时，$k_{\lim}$ 约为 12.6，产生中浪时，$k_{\lim}$ 约为 17.0；对于热轧板带，当产生边浪时，$k_{\lim}$ 约为 14，产生中浪时，$k_{\lim}$ 约为 20.0。由此也可以看出，同样的 h/B 下，出现边浪的临界应力要小于出现中浪的临界应力。

具体到轧制过程，判断是否会出现平坦度缺陷，则主要看轧制前板带的横截面形状是否与上下工作辊形成的承载辊缝形状相匹配，如图 6-1 所示。当带钢中部延伸较大被迫受压，而边部延伸较小被迫受拉时，就可能产生中浪的板形缺陷；相反，当中部受拉，边部受压时，就可能产生边浪的板形缺陷；当内应力分布均匀时，带钢的板形是平直的。另外，还可能会产生四分之一浪、边中复合浪等复杂的高次浪形。

与此同时，由于上一工序或机架压下不均、带钢横向温度差异和相变差异等造成的不均匀内应力也会继续残留在板带内部，形成预应力板参与下一工序或机架的变形过程。带钢纤维条在不同形式内应力作用下，沿各个方向的塑性流动特性将发生改变，进而对轧后带钢断面轮廓形状产生影响。因此，板形控制不仅需要关注来料凸度等几何参数对轧后带

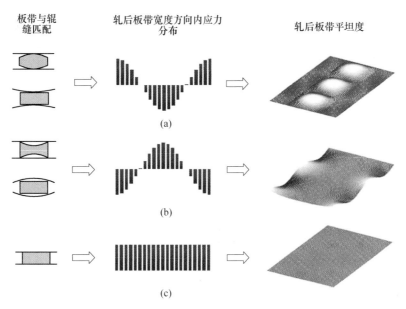

图 6-1 轧制过程平坦度缺陷产生的示意图

(a) 中浪；(b) 边浪；(c) 平坦

钢断面轮廓和平坦度的影响，还需要考虑来料内应力大小及分布对轧后板形的作用效果。

在实际轧制生产过程中，为了达到精确控制板带板形的目的，需要借助先进的辊形技术、弯辊和窜辊技术以及高精度的板形控制模型来实现，这些均为轧制过程的板形质量提供了保障。表6-1所示为板形控制常用技术及各自的特点。

表 6-1　板形控制常用技术及特点

名称		原理	应用情况	特点
压下倾斜		整体改变辊缝形状	广泛使用	控制带钢单侧浪形
液压弯辊	支持辊	轧辊挠曲间接影响辊缝	很少使用	弯曲力大
	中间辊		冷轧广泛使用	对带钢中部作用明显
	工作辊	轧辊挠曲直接影响辊缝	广泛使用	效果显著
支持辊辊形技术	BCM/锥形支持辊/SC/TP	改变辊形或轧辊结构影响轧辊弯曲	使用不广泛	结构复杂
	VCR/VCR+	变接触轧制技术	广泛使用	简单高效
	VC/DSR/IC	以外力方式无级调节支持辊挠曲	使用不广泛	结构复杂，密封难
轧辊移位技术	常规凸度工作辊	横向移位，均匀化轧辊磨损	广泛使用	简单高效
	CVC/SmartCrown/HVC/LVC/UPC	通过窜辊改变辊缝	广泛使用	简单高效
	HC/UC 系类	通过窜辊改变轧机横向刚度	广泛使用	简单高效
	PC	通过轧辊交叉改变辊缝	用于热轧，不广泛	设备结构复杂，维护量大

	名称	原理	应用情况	特点
特殊轧辊辊形	锥形工作辊/MVC	通过轧辊局部辊形形状，对辊缝进行局部补偿	广泛使用	用于解决局部板形问题，效果显著
工艺手段	正弦/抛物线辊形	初始辊形配置	广泛使用	适合品种少，断面要求高
	轧制规程优化	分配压下量时考虑板形	广泛使用	板形控制工艺基础条件
	轧制计划编排	减小磨损对板形的影响	广泛使用	受排产和合同约束大
	分段冷却	改变轧辊温度场	冷轧广泛使用	解决高次浪形，控制滞后
板形控制模型	板形设定、板形自学习、板形动态控制	在线计算各机架工作辊的窜辊位置和弯辊力，确保带钢头部板形控制精度；同时根据实测数据动态调节弯辊力，以保证全长板形良好	广泛使用	板形控制的核心、精度高、灵活高效

6.2　带钢初始内应力对热轧断面轮廓的影响

在热连轧生产过程中，由于上一机架压下不均、带钢横向温度差异等，使得带钢沿宽度方向各纤维条发生不均匀纵向延伸，从而产生不均匀内应力。由于受到周围区域的弹性约束，内应力不会被释放，而是形成预应力板参与下一机架轧制。带钢纤维条在不同形式内应力作用下，沿各个方向的塑性流动特性将发生改变，进而对轧后带钢断面轮廓形状产生影响。

为了量化此影响，需要建立考虑初始内应力的辊系-轧件一体化耦合变形模型，利用模型进行仿真计算，研究初始内应力对带钢断面轮廓和总轧制力的影响。

6.2.1　考虑初始内应力的辊系-轧件一体化耦合变形模型

辊系-轧件一体化耦合变形模型通常采用有限元分析软件来实现。辊系和轧件可同时建立在同一个有限元模型中，二者通过设定接触来实现接触压力和变形的耦合。根据对称性建立 1/4 模型，如图 6-2 所示。轧制过程采用隐式分析类型，轧辊为弹性，轧件为弹塑性。以精轧 F4 机架为例，带钢厚度设为 10.66mm，宽度设为 1250mm。厚度方向划分四层网格；宽度方向分为中部和边部两个区域，边部网格进行细化，以提高边部金属变形的计算精度。轧辊和带钢的网格类型均选择三维 8 节点线性减缩积分单元 C3D8R。支持辊和工作辊、工作辊和带钢之间的接触区域采用网格加密，以保证计算结果的准确性。创建离散刚性片，并与轧辊端部进行绑定，通过控制离散刚性片的参考点来模拟轧辊转动，弯辊力也同样施加在离散刚性片的参考点上。建立辊系-轧件一体化耦合变形

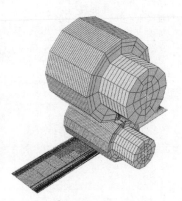

图 6-2　辊系-轧件一体化
耦合变形模型

有限元模型后，以函数形式为带钢施加不同大小和分布形式的初始内应力。

6.2.2　初始内应力的数学描述

针对全幅宽对称初始内应力进行研究，主要包括中浪内应力、双边浪内应力、四分之一浪内应力、边中复合浪内应力。对称初始内应力的分布形式如图 6-3 所示，用余弦函数可表示为：

$$\sigma(x) = A\cos\left(\frac{2k\pi x}{B}\right) \tag{6-2}$$

式中，A 为内应力幅值，MPa（双边浪内应力和四分之一浪内应力取 30，中浪内应力和边中复合浪内应力取 -30）；B 为带钢宽度，mm；k 为应力系数（$k=1$ 时为二次浪形，$k=2$ 时为四次浪形）。

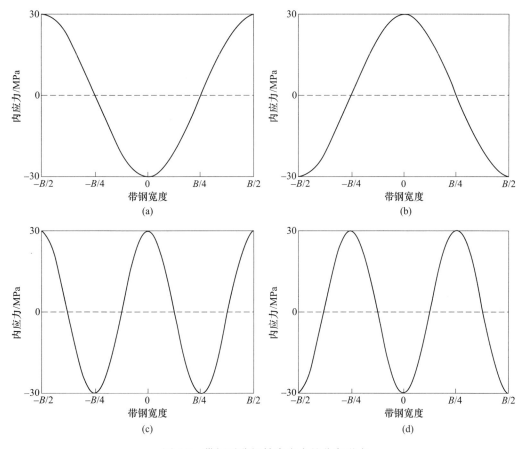

图 6-3　带钢对称初始内应力的分布形式

（a）中浪内应力；（b）双边浪内应力；（c）四分之一浪内应力；（d）边中复合浪内应力

6.2.3　对称初始内应力对带钢断面轮廓的影响

无初始内应力下，轧后带钢二次凸度和四次凸度计算值分别为 94μm 和 1μm，如图6-4 所示。

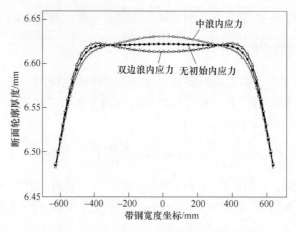

图 6-4　二次浪形内应力对断面轮廓的影响

选取二次浪形内应力（包括中浪内应力和双边浪内应力）作为带钢初始内应力分布形式进行轧制仿真计算。由图 6-4 可知，当带钢具有初始双边浪内应力时，中部金属的拉应力大于边部，中部金属更容易将厚度方向的压下变形转化为纵向的塑性流动，同时边部金属在厚度方向的压缩变形变得困难，边部减薄量减小，因此与无初始内应力工况相比，带钢二次凸度减小了 12μm。反之，当带钢具有初始中浪内应力时，与无初始内应力工况相比，带钢二次凸度增加了 12μm。此外，中浪内应力和双边浪内应力对带钢四次凸度的改变量也很显著，分别为 9μm 和 -9μm。

选取四次浪形内应力（包括四分之一浪内应力和边中复合浪内应力）作为带钢初始内应力分布形式进行轧制仿真计算。由图 6-5 可知，与无初始内应力工况相比，四分之一浪内应力和边中复合浪内应力对轧后带钢二次凸度的影响很小，改变量分别为 -2μm 和 3μm，但对四次凸度的影响较大，改变量分别为 -6μm 和 6μm。

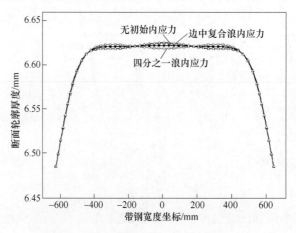

图 6-5　四次浪形内应力对断面轮廓的影响

6.2.4　二次浪形内应力对带钢二次凸度的功效系数

为量化初始内应力大小对轧后带钢断面轮廓的影响，针对常见的二次浪形内应力（包括中浪内应力和双边浪内应力），利用辊系-轧件一体化耦合变形有限元模型计算不同内应力幅值下的带钢断面轮廓，确定二次浪形内应力对带钢二次凸度的功效系数。

内应力幅值依次取 10MPa、20MPa 和 30MPa，分别以中浪内应力和双边浪内应力作为带钢初始内应力分布形式进行轧制仿真计算，得到的带钢断面轮廓形状如图 6-6 所示。

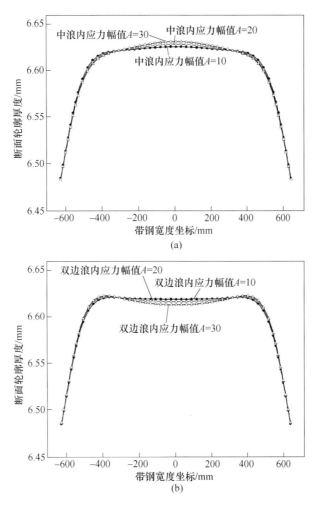

图 6-6 二次浪形内应力下不同内应力幅值对带钢断面轮廓的影响
（a）中浪内应力；（b）双边浪内应力

提取不同内应力幅值下的轧后带钢二次凸度，其随内应力幅值的变化曲线如图 6-7 所示。在中浪内应力下，带钢中部相对于边部受压，随着内应力幅值的增大，中部金属流动更加困难，带钢中心厚度不断增大，同时带钢二次凸度也不断增大，拟合后得到中浪内应力对带钢二次凸度的功效系数为 0.4μm/MPa。在双边浪内应力下，带钢边部受压应力，边部金属的纵向流动受阻，厚度因此增加，带钢二次凸度随之减小，且二次凸度减小量随着内应力幅值的增大而增大，拟合后得到双边浪内应力对带钢二次凸度的功效系数为 −0.4μm/MPa。

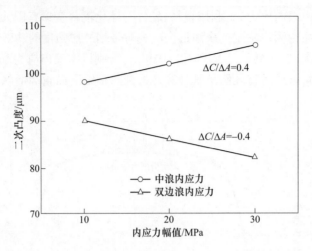

图 6-7 二次浪形内应力对二次凸度的功效系数

6.2.5 带钢内应力对总轧制力的影响

虽然非均匀内应力分布形式多样，但由于内应力自平衡的特点，内应力只改变沿宽度方向各纤维条的延展难易程度，进而改变轧制力分布，但总轧制力并无明显变化，如图6-8所示。

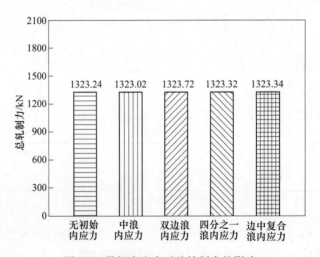

图 6-8 带钢内应力对总轧制力的影响

6.3 辊形技术

辊形是控制带材板形最直接、最有效和最灵活的板形控制技术，也是最能体现自主创新的板形控制技术。事实上，当今很多国际知名的板形控制技术的创新点就在于辊形技术的创新，如 CVC、HC 等；同时国内一些科研院所根据变接触思想开发了 VCR、HVC、MVC 等新型辊形，提高了复杂工况下的板形控制效果。

6.3.1 VCR/VCR+技术

6.3.1.1 VCR/VCR+技术工作原理

轧制过程中辊形的变化不仅对板形控制有影响，而且严重的轧辊磨损将导致弯辊力调控力的下降，使用幅值明显增加，甚至超过极限。为了消除或减轻轧制力的波动和辊形的变化对板形控制、操作等造成的影响，改善轧机的板形控制性能，开发了在轧制生产线上使用的变接触支持辊技术（varying contact length backup roll，VCR）。变接触支持辊技术的核心是在支持辊上磨削特殊的辊形曲线，使得辊系在轧制力的作用下，支持辊和工作辊的辊间接触长度能够与所轧带钢的宽度相适应，消除或减少辊间有害接触区，提高承载辊缝的横向刚度，增加轧机对板形干扰因素（包括来料的板形波动和轧制力波动等）的抵抗能力，抑制板形缺陷的产生，使轧后带钢的板形保持稳定[1~3]。VCR 曲线的特征如图 6-9 所示，中部比较平缓，边部变化剧烈，具有高次曲线特征，根据不同的轧机工况，可设计不同的曲线形式。

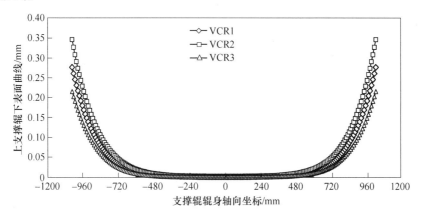

图 6-9 VCR 支持辊辊形曲线

变接触支持辊可以将低横向刚度的辊缝转化为高横向刚度的辊缝，克服 CVC 机型、PC 机型及常规机型在这方面的不足。VCR 技术改变了支持辊与工作辊辊间的接触状态，对改善支持辊轴向不均匀磨损具有积极的作用。自 20 世纪 90 年代变接触支持辊技术开发成功以来，变接触支持辊技术在国内各大钢厂的热轧、冷轧、平整得到了大量的应用，在防止轧辊剥落、降低辊耗、延长轧辊服役周期等方面均取得了良好效果。

随着 CVC/HVC 等轴向移位变凸度工作辊的广泛使用，变接触支持辊在和这类辊形的配合过程中有效性下降，辊间接触压力改善不明显，支持辊下机磨损辊形横向不均匀程度高，为了解决此类问题，开发了新一代变接触支持辊辊形技术（varying contact length backup roll plus，VCR+），通过设计原始的变接触支持辊曲线并在变接触支持辊曲线上叠加高次曲线工作辊技术，达到提高变接触轧制效果的目的[4]。图 6-10 所示为 VCR+ 和高次曲线工作辊的配合情况。

6.3.1.2 VCR/VCR+参数设计方法

VCR 曲线采用六次多项式表示，如式（6-3）所示：

$$g_1(x) = a_2 x^2 + a_4 x^4 + a_6 x^6 \tag{6-3}$$

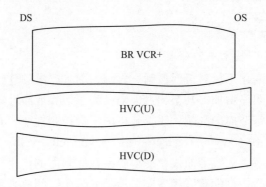

图 6-10　VCR+支持辊辊形和高次曲线工作辊的配合

式中，$g_1(x)$ 为 VCR 曲线方程；x 为辊身横向坐标；a_2、a_4、a_6 为辊形参数。

　　VCR 曲线设计的核心为参数的确定过程。轧制过程支持辊的服役时间长，而且带钢数量和规格多，设计一种最佳的支持辊辊形来轧制各种带钢是不现实的，所以最好的办法是为多数带钢规格设计一个合适的轮廓。设计思想包括以下两方面：

　　（1）减少有害接触区。支持辊辊形应该使辊间接触长度适应带钢的宽度，即对不同带钢宽度来说，该接触长度和带钢宽度应大致相等。要充分考虑带钢宽度和工作辊磨损对支持辊轮廓的影响，在变接触支持辊辊形的设计过程中，选取了 4 种带钢宽度和 2 种工作辊轮廓（无磨损、严重磨损）。结果显示，辊间接触长度大于带钢宽度时总辊间接触长度 T_{g1} 最小，如式 6-4 所示：

$$T_{g1} = \sum_{i=1}^{k} \frac{d_i}{L_{mi} - B_i} \tag{6-4}$$

式中，L_{mi} 为辊间接触长度；B_i 为带钢宽度；d_i 为在 4 种带钢宽度为 B_i 的带钢宽度的比例；k 为总工况数。

　　（2）均匀化辊间接触压力。辊间接触压力的均匀性影响轧辊辊身方向磨损的均匀性，辊间接触压力越大，轧辊表面越容易剥落。若总轧制力恒定且辊间接触压力均匀分布，则接触压力的峰值必然下降。轧辊的磨损和剥落是一个累加结果，工作辊每一个轧制单元的磨损辊形严重改变，从而导致辊缝形状发生改变，影响到了辊间接触压力的分布。考虑到上述因素对辊间接触压力的影响，综合 8 种工况计算出 q_d，其表达式如下：

$$T_{g2} = \frac{1}{q_d} \tag{6-5}$$

$$q_d = \sqrt{\frac{1}{n} \sum_{i=1}^{n} \left(q_a[i] - \frac{1}{n} \sum_{j=1}^{n} q_a[j] \right)^2} \tag{6-6}$$

$$q_a[i] = \frac{1}{k} \sum_{j=1}^{k} q[j][i] \tag{6-7}$$

式中，$q_a[i]$ 为点 i 在不同工况下的接触压力的平均值；$q[j][i]$ 为点 i 在工况 j 中辊间接触压力的值；n 是支持辊计算点的数量。

　　支持辊的设计过程要考虑约束条件，通常轧制过程中希望辊间接触长度不小于带钢宽度，减少轧制过程的跑偏风险。这样一个约束条件表示如下：

$$L_{ci} \geq B_i \quad (i = 1 - k) \tag{6-8}$$

式中，L_{ci} 为工况 i 下辊间接触长度；B_i 为工况 i 下带钢宽度；k 为总工况数。

求解过程基于轧辊形变和轧机材料塑性变形的模型。目标函数基于式（6-9），计算不同工况下接触长度和每个单元的辊间接触压力，取目标函数 T_g 的最大值：

$$T_g = (1 - \tau_1)T_{g1} + \tau_1 T_{g2} \tag{6-9}$$

式中，τ_1 为 T_{g1} 和 T_{g2} 的权重系数，取值范围为 $0 \sim 1$。支撑辊辊形的计算处理是一个非线性连续优化问题，并且目标函数和优化参数的数学表达式不能直接描述，因此在该优化过程中选用遗传算法，优化计算目标包括辊形参数 a_2、a_4、a_6。

VCR+是在 VCR 曲线上叠加高次工作辊辊形曲线技术，达到提高变接触轧制效果的目的。式（6-10）所示为工作辊曲线的高次多项式：

$$g_2(x) = b_0 + b_1 x + b_2 x^2 + b_3 x^3 + b_4 x^4 + b_5 x^5 \tag{6-10}$$

式中，$g_2(x)$ 为工作辊曲线方程；x 为和支持辊辊身长度对应的工作辊横向坐标；$b_0 \sim b_5$ 为辊形参数。新一代变接触支持辊 VCR+辊形轮廓的多项式如式（6-11）所示：

$$g_3(x) = \tau_2 g_1(x) + (1 - \tau_2)g_2(x) \tag{6-11}$$

式中，τ_2 为权重参数，取值范围为 $0 \sim 1$。当参数 a_2、a_4、a_6、τ_2 确定时，则新一代变接触支持辊辊形轮廓也确定。采用和变接触支持辊优化过程的相同算法，可以确定 VCR+的辊形参数。

6.3.1.3 VCR/VCR+技术的板形调控性能

VCR/VCR+通过辊形曲线设计，减小有害接触区对板形的影响，其明显效果在于可提高轧机的横向刚度，提升弯辊力调控效果及均匀化辊间接触压力，可增加支持辊服役周期的辊形自保持性，减少支持辊磨损对板形的影响，并延长轧制公里数。以某 2050mm 热连轧为例，通过有限元模拟方法，比较普通支持辊（CON，平辊）、VCR 和 VCR+与高次曲线工作辊 HVC 配合时的板形调控性能，着重关注轧机横向刚度、弯辊力调控效果以及辊间接触压力。选取的仿真输入变量包括板宽、单位宽度轧制力、工作辊弯辊力、工作辊直径、工作辊弯辊、工作辊窜辊量等。在不考虑磨损、热胀和轧制压力改变时的情况下，选取板宽 $B = 1500\text{mm}$，单位宽度轧制力 $p_1 = 12\text{kN/mm}$，$p_2 = 15\text{kN/mm}$、$p_3 = 18\text{kN/mm}$，工作辊弯辊 $F_{W1} = 0\text{kN}$、$F_{W2} = 750\text{kN}$、$F_{W3} = 1500\text{kN}$，工作辊窜辊 $S_1 = -150\text{mm}$、$S_2 = 0\text{mm}$、$S_3 = 150\text{mm}$。

图 6-11 为不同支持辊和 HVC 配合下，轧机横向刚度的对比结果。从图中可以看出，VCR、VCR+和 HVC 工作辊的配合，其横向刚度明显优于常规支持辊，由于叠加了 HVC 曲线，VCR+的轧机横向刚度比 VCR 差；相同工况下，随着窜辊的正窜（等效增加轧辊凸度），轧机横向刚度增加；相同工况下，随着弯辊的增加，轧机横向刚度减小。轧机横向刚度是板形抵抗轧制压力波动的重要指标，板形控制追求高的轧机横向刚度。

弯辊力调控效果是弯辊力调节板形有效性的重要指标。图 6-12 为不同支持辊和 HVC 配合下，弯辊力调控效果的对比结果。从图中可以看出，VCR 和 VCR+分别与 HVC 工作辊配合时，其弯辊力调控效果明显优于常规支持辊，由于叠加了 HVC 曲线，VCR+的弯辊力调控效果比 VCR 差；相同工况下，随着窜辊的正窜（等效增加轧辊凸度），弯辊力调控效果增加；相同工况下，随着轧制力的增加，弯辊力调控效果减小。

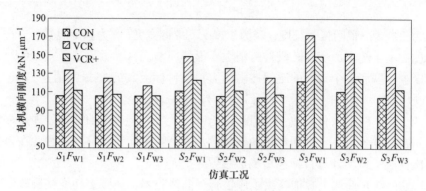

图 6-11 不同支持辊条件下轧机横向刚度的对比

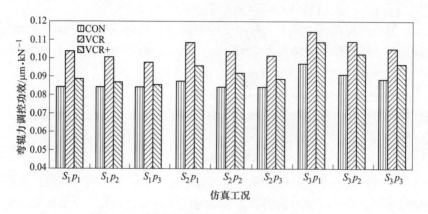

图 6-12 不同支持辊条件下弯辊力调控效果对比

6.3.2 CVC 技术

6.3.2.1 CVC 技术的工作原理

CVC 技术与弯辊装置相配合已经成为目前热冷轧板形控制最常用的方案之一。CVC 技术的核心在于其辊面曲线，通常采用三次多项式表示，上下辊曲线反对称设置，通过轧辊轴向窜动来调节辊缝形状[5~10]。图 6-13 为四辊 CVC 调节板形的原理图，图中的中凸度为 CVC 辊形不窜动时的辊缝凸度，辊形小头外抽等效于正弯辊及加大轧辊正凸度，辊形大头外抽则相反。图 6-14 中六辊 CVC 轧机主要应用在冷轧带钢板形控制，此时 CVC 辊形主要用于调节高次板形。

根据轧机的不同尺寸，CVC 轧辊横向窜动量一般为 ±(100~150)mm，其凸度调节能力与辊形设计有关。CVC 技术有如下优点：（1）设备简单。如果将普通四辊轧机的工作辊辊身延长，增加轴向移辊装置，并采用特殊的曲线，就成为了一台 CVC 轧机。同 HC 轧机和 PC 等轧机相比，CVC 轧机具有投资少，见效快的特点；（2）凸度调节范围比较大。CVC

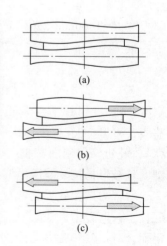

图 6-13 工作辊 CVC 示意图
（a）中凸度；（b）正凸度；
（c）负凸度

轧机除了采用特殊形状的轧辊外，通过与弯辊配合可以扩大凸度调节范围。在由辊缝二次成分和高次成分构成的坐标平面上，CVC 轧机的调节范围是一个近似矩形的区域，而仅有弯辊的四辊轧机调节范围仅是一条直线；（3）使用灵活。CVC 轧机的工作辊可以根据轧制参数的变化进行连续轴向窜动，它既可以在轧制开始前预先设定位置，也可以在轧制过程中窜动（冷轧中应用），对设定进行在线调整。从而能够提高道次规程和生产计划的灵活性，提高轧机利用率，确保最佳的凸度和平坦度结果。

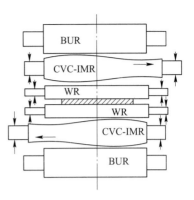

图 6-14　中间辊 CVC 示意图

　　CVC 辊缝调节能力和带钢宽度的平方成正比，带钢越宽，板形调节能力越强，而在一些窄规格产品上，CVC 调节能力弱。此外，调节能力的不足或板形良好均会引起 CVC 在轧制过程中在固定窜辊位置停留，导致局部磨损，复印到带钢表面形成局部高点，影响产品断面质量。对于适应性更强的辊形设计方法及考虑断面的 CVC 窜辊策略近期也成为了研究热点。

6.3.2.2　CVC 参数设计方法

　　图 6-15 所示为 CVC 工作辊辊形及辊缝。以四辊 CVC 为例，对于轧机的上工作辊，3 次 CVC 半径辊形函数 $y_{t0}(x)$ 可用通式表示为：

$$y_{t0}(x) = R_0 + a_1 x + a_2 x^2 + a_3 x^3 \tag{6-12}$$

式中，R_0 为 CVC 轧辊的基准半径；x 为轧辊辊身方向坐标；a_1、a_2、a_3 为辊形参数。

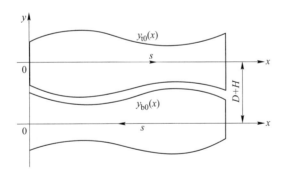

图 6-15　CVC 工作辊辊形及辊缝

　　当轧辊轴向窜动距离 s 时（假设图示方向为正），窜动后上辊辊形函数 $y_{ts}(x)$ 为：

$$y_{ts}(x) = y_{t0}(x - s) \tag{6-13}$$

　　根据 CVC 上下工作辊反对称性，设下辊的辊形函数窜动前和窜动后分别为 $y_{b0}(x)$ 和 $y_{bs}(x)$，则：

$$y_{b0}(x) = y_{t0}(L - x) \tag{6-14}$$

$$y_{bs}(x) = y_{b0}(x + s) = y_{t0}(L - x - s) \tag{6-15}$$

式（6-14）和式（6-15）中，L 为工作辊辊身长度，综上可得到辊缝函数 $g(x)$：

$$g(x) = D + H - y_{ts}(x) - y_{bs}(x) \tag{6-16}$$

式中，$D+H$ 为上下辊轴向中心线离开的距离。根据辊缝函数可以得到其名义辊缝凸度（名义辊缝凸度为轧辊全长形成的辊缝凸度，且不考虑窜辊对辊缝长度的影响，以下均简称为辊缝凸度）C_w：

$$C_w = g(L/2) - g(0) = \frac{1}{2}a_2L^2 + \frac{3}{4}a_3L^3 - \frac{3}{2}a_3L^2s \qquad (6-17)$$

当轧辊轴向窜动范围 $s \in [-s_m, s_m]$（s_m 为工作辊的最大窜辊量）时，两窜辊极限位置辊缝凸度 C_{min}、C_{max} 分别为：

$$C_{min} = \frac{1}{2}a_2L^2 + \frac{3}{4}a_3L^3 + \frac{3}{2}a_3L^2s \qquad (6-18)$$

$$C_{max} = \frac{1}{2}a_2L^2 + \frac{3}{4}a_3L^3 - \frac{3}{2}a_3L^2s \qquad (6-19)$$

可见，辊缝凸度 C_w 仅与多项式系数 a_2、a_3 有关，与 a_1 无关，且与轧辊轴向窜动量 s 呈线性关系。若已知轧辊轴向窜动的行程范围为 $s \in [-s_m, s_m]$，相应的辊缝凸度范围 $C_w \in [C_{min}, C_{max}]$（工程应用时一般使用的是轧辊的辊凸度，此时需将其进行相应转化，轧辊凸度与辊缝凸度互为相反数），则利用辊缝凸度与轧辊轴向窜动量的线性关系，可求得任意窜辊量的辊缝凸度：

$$C = \frac{C_{max} - C_{min}}{2s_m} \cdot s + C_0 \qquad (6-20)$$

式中，C_0 为不窜辊即 $s = 0$ 时的辊缝凸度。

$$C_0 = \frac{C_{min} + C_{max}}{2} = \frac{1}{2}a_2L^2 + \frac{3}{4}a_3L^3 \qquad (6-21)$$

基于对三次 CVC 辊形曲线的分析可对三次 CVC 辊形曲线进行设计。由式（6-12）可知，设计 CVC 辊形曲线的过程即为确定辊形函数中的 3 个系数值 a_1、a_2、a_3 的过程，因此三次 CVC 辊形曲线的设计可分为以下两个步骤：

A 确定系数 a_2、a_3

利用式（6-18）和式（6-19），根据轧辊轴向窜动的行程范围及相应的辊缝凸度范围即可求得 a_2、a_3：

$$a_2 = \frac{(2s_m - L)C_{min} + (2s_m + L)C_{max}}{2L^2s_m} \qquad (6-22)$$

$$a_3 = \frac{C_{min} - C_{max}}{3L^2s_m} \qquad (6-23)$$

从式（6-22）和式（6-23）可以看出，CVC 辊形曲线设计的过程中，若给定不同的凸度调节范围，则对应不同的辊形函数，工厂在实际应用过程中需根据辊形使用情况进行优化。优化过程主要有两个方向：一是考虑整体辊缝凸度调节能力的优化，比如对 C_{min}、C_{max} 进行同时调节或单独调节，调节以后的总辊缝凸度控制能力变大或变小；二是考虑对辊缝凸度调节能力进行平移，平移后总辊缝凸度控制能力保持不变。

B 确定系数 a_1

系数 a_1 的确定与辊缝凸度无关。在生产实际中，通常以轧辊辊径差最小作为设计判据，从图 6-16 可以看出，CVC 在辊身方向有几个拐点，对应的辊径有头端辊径 D_0、尾端

辊径 D_L、中部辊径 D_1 和 D_2。头端和尾端的辊径差 ΔD_1 以及中部辊径差 ΔD_2 均可以作为设计依据。当凸度调节满足工艺要求时，辊身中部辊径差越小越好，但过分减小辊身中部辊径差会造成两端直径差的增加，从而使边部曲线上翘致使与支持辊边部接触恶化，目前辊径差值的选取没有明确的算法和通用式，一般靠经验给定。

若给定轧辊两端辊径差 ΔD_1 作为设计判据，则有：

$$a_1 = (\Delta D_1 - 2a_2L^2 - 2a_3L^3)/2L \tag{6-24}$$

若给定轧辊中部辊径差 ΔD_2 作为设计判据，则有：

$$a_1 = \frac{1}{3}\frac{a_2^2}{a_3} - \frac{3}{4}\Delta D_2^{2/3}a_3^{1/3} \tag{6-25}$$

由于 D_1 和 D_2 均需要人为给定，具有不确定性。板带轧制过程带钢在中部与轧辊接触，所以目前大多数设计过程均以某一轧制宽度 B（通常 $B=0.65L$）作为设计依据，保证轧制宽度 B 两端辊径相同，若以此作为设计原则，则有：

$$y_{t0}(L/2 + B/2) = y_{t0}(L/2 - B/2) \tag{6-26}$$

将式（6-26）和式（6-12）联立解得：

$$a_1 = - a_2L - 3a_3(L/2)^2 - a_3B^2/4 \tag{6-27}$$

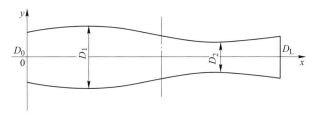

图 6-16　CVC 工作辊辊形辊径差示意图

6.3.2.3　CVC 技术的板形调控性能

CVC 辊形的板形调节特点为：空载辊缝凸度与窜辊量调节呈线性关系，这为 CVC 的在线控制提供了便利，可以方便实现窜辊与辊缝凸度之间的互相计算；CVC 空载辊缝调节凸度能力与板宽的平方呈线性关系，导致轧制较宽带材时板形调控能力很强，而在轧制窄带时板形调节能力不足，此时弯辊的调节能力也减弱，无法弥补这一缺点。如图 6-17 所示，

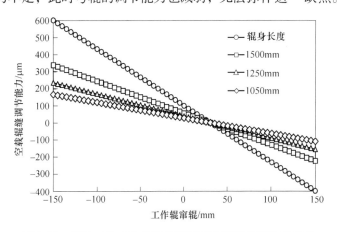

图 6-17　CVC 工作辊空载辊缝调节能力随带钢宽度的变化

以 1700mm 轧机为例，工作辊窜辊行程±150mm，工作辊辊身长度 2000mm，设计 CVC 的空载辊缝调节能力为 [-400，600]μm，由于 CVC 的空载辊缝凸度调节能力和带钢宽度的平方成正比关系，在 1500mm、1250mm、1050mm 3 个主轧断面上，CVC 的空载辊缝调节能力分别下降到 [-225,337]μm、[-156,234]μm、[-110,165]μm。

承载辊缝调节域可以反映轧机板形控制能力的大小，是板形控制手段的一个追求目标。CVC 承载辊缝凸度调节域在研究中同样采用了二维变厚度有限元模型来计算。结合 2250mm 热连轧的实际生产工艺数据，选取的仿真输入变量包括板宽、单位宽度轧制力（15kN/mm）、工作辊弯辊力、工作辊直径、窜辊量等。如图 6-18 所示，3 种板宽 B 分别为 1250mm、1500mm 和 1800mm，在不考虑磨损、热膨胀和轧制压力改变时的情况下，弯辊力选取在 0kN、75kN、1500kN，窜辊量选取-150mm、0mm、150mm，组合成 27 种工况进行仿真计算。横坐标表示承载辊缝四次凸度，纵坐标表示承载辊缝二次凸度。从图 6-18 中可知 CVC 辊形的承载辊缝凸度调节域范围较大。

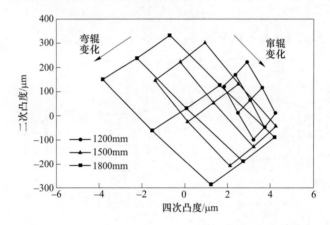

图 6-18　CVC 工作辊承载辊缝调节能力随带钢宽度的变化

图 6-18 中，3 种宽度对应了 3 个"田"字形控制区域，田字形中点是弯辊力和窜辊量为中间值时的承载辊缝形状。受弯辊力和窜辊的变化影响，承载辊缝不断变化。但在弯辊和窜辊的设定区间内，承载辊缝的变化范围也被包含在"田"字形内。从图 6-18 中可以看出，带钢越宽，CVC 控制出的承载辊缝调节域也越大，同时从弯辊和窜辊的变化方向引起的辊缝凸度变化量来看，窜辊对承载辊缝调节域的影响明显强于弯辊，具有更好的调节效果。

6.3.3　PC 技术

6.3.3.1　PC 技术的工作原理

PC 技术由于其在带钢凸度控制能力和板形控制方面的良好效果，首先在日本广田厂 1840mm 热轧带钢精轧机组使用。PC 轧机的基本交叉结构是工作辊与支持辊的轴线保持平行，但上下两对轧辊与和轧制方向成直角的水平线成对交叉成各种所需的角度。图 6-19 所示为 PC 轧机的交叉结构简图[11~14]。

PC 轧机上下辊系交叉后，其辊缝形状相当于两侧加大可形成内凹形，通常需要使用

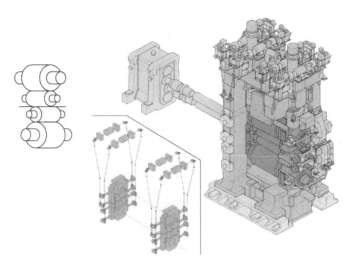

图 6-19 PC 轧机交叉结构简图

内凹形辊形以便扩大正凸度方向的调节能力。PC 轧机工作辊等效凸度可表示如下：

$$C_{eq} = C_e - C_c = \frac{B^2 \tan^2\theta}{2(D_W - C_c)} \tag{6-28}$$

式中，C_{eq} 为 PC 轧机等效凸度；C_e 为轧辊边部辊缝；C_c 为轧辊中部辊缝；θ 为交叉角；B 为带钢宽度；D_W 为轧辊直径。从式中可以看出，等效凸度是一个关于交叉角、带钢宽度、工作辊直径及辊缝的函数，且其控制能力和带钢宽度的平方成正比。PC 轧机的交叉角一般用于板形控制预设定，不进行在线调节。

　　PC 轧机虽然具有较强的凸度控制能力，但 PC 轧机需安装角度调整和侧推力支撑两套机构，相对于轴向移位窜辊系类轧机来说，结构较复杂。同时，由于交叉角和交叉零位漂移的存在，轴向力大（达到轧制力的 8%~10%），随着交叉角的增大，轴向力会进一步增加，容易缩短轴承寿命。

　　另外，由于 PC 轧机不能进行窜辊，当轧辊磨损以后，凹槽型磨损限制了轧制计划中宽度的变化，需要严格按照减宽轧制组织生产，同时长时间的在机还影响表面质量。为了缓解这一因素对轧制过程的影响，PC 轧机配备了在线研磨技术（on-line roll grinder，ORG），ORG 一般设置于精轧各机架上、下辊带钢入口处或出口处，在轧制间隙或轧制过程中用来在线修磨轧辊辊形[15,16]。图 6-20 为使用"被动回转式杯形砂轮"的轧辊在线磨削示意图。该套磨削装置没有专门的砂轮驱动机构，当需要对轧辊进行磨削时，砂轮在压靠油缸的作用下，以交叉角 α 的状态与轧辊接触。砂轮在轧辊表面线速度 V_R 的带动下，各接触点以 V_G 的线速度绕中心轴转动。V_R 与 V_G 的矢量差即为砂轮与轧辊在各接触点上的滑动速度差 V_S，这样就以压靠力及滑动速度 V_S 对轧辊进行磨削。同时，在横移油缸的带动下沿轧辊轴向移动，最终实现砂轮在表面的连续磨削。主动式在线磨辊机和被动式相比，磨头由原来的被动式改为由电机或液压马达驱动的主动式，数量由原来的五个减为两个。主动式在线磨辊机单个磨头磨削效率大幅度提高，砂轮的受力状况也得到改善。

6.3.3.2 PC 技术的板形调控性能

　　PC 轧机的板形控制手段有轧辊交叉、弯辊，其中考虑到轧辊交叉只能够减低带钢凸度，

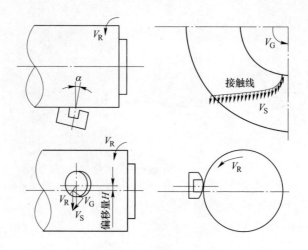

图 6-20 使用"被动回转式杯形砂轮"的轧辊在线磨削示意图

为此，PC 轧机的弯辊一般都配备正负弯辊。PC 轧机承载辊缝凸度调节域在研究中采用二维变厚度的有限元模型来计算。结合某 2000mm 热连轧的实际生产工艺数据，选取的仿真输入变量包括板宽、单位宽度轧制力（15kN/mm）、工作辊弯辊力、工作辊直径、交叉角等。如图 6-21 所示，3 种板宽 B 分别为 1300mm、1500mm 和 1700mm，在不考虑磨损、热胀和轧制压力改变时的情况下，弯辊力选取 -1000kN、0kN、1000kN，交叉角选取 0°、0.4°、0.8°，组合成 27 种工况进行仿真计算。横坐标表示承载辊缝四次凸度；纵坐标表示承载辊缝二次凸度。从图 6-21 中可看出，承载辊缝凸度调节域范围较大，也说明了 PC 与弯辊共同增强了轧机的板形控制能力，同时 PC 交叉角对二次凸度的影响明显强于弯辊的变化。

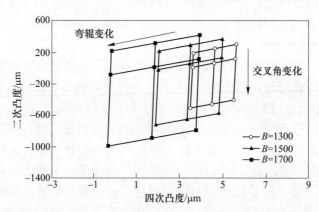

图 6-21 PC 轧机承载辊缝调节能力随带钢宽度的变化

6.3.4 HC 技术

6.3.4.1 HC 技术的工作原理

轧制过程中，工作辊和支持辊接触超出带钢宽度部分通常被称为有害接触区，这部分会导致轧辊过度挠曲；同时，由于有害接触区的存在，弯辊力的作用效果被削弱。采用工作辊或中间辊轴向移动技术来改变辊间接触长度是减小有害接触区的一种有效思路。作为这类技术的先驱代表，当首推 HC 技术。HC（high crown）技术以轧机为载体，通过工作辊或中间辊沿相反方向的轴向移动改变辊间接触长度。通过调节窜辊的大小，并辅以工作辊弯辊使得 HC 轧机具有优异的板形控制能力和良好的板形抗干扰能力。采用小直径工作辊的 HC 轧机，在工作辊弯辊力作用下，工作辊易发生复杂变形，以至于带钢出现复杂浪形[17]。为了进一步改善 HC 轧机的板形控制性能，增加了中间辊弯辊，即 UC（universal crown）轧机。UC 轧机具有更强的板形控制能力，工作辊弯辊与中间辊弯辊联合控制不仅能纠正常见的二次浪形，对于高次浪形也具有较强纠正能力[18]。HC 系列轧机目前较为常用的机型如下：

（1）HCW 轧机。HCW 轧机是一种四辊 HC 轧机，配备工作辊弯辊系统和窜辊系统，通过工作辊的窜辊改变工作辊与支持辊之间的接触长度。

（2）HCM 轧机。HCM 轧机是一种适用于六辊轧机的 HC 轧机，配备中间辊窜辊和工作辊弯辊实现板形控制，图 6-22 所示为 HCM 轧机示意图。

（3）HCMW 轧机。由于同时采用中间辊窜辊和工作辊窜辊，因此 HCMW 轧机具备了 HCW 轧机和 HCM 轧机的特点。

（4）UCM 轧机。UCM 轧机在 HCM 轧机的基础上，引入了中间辊弯辊，进一步提高轧机的板形控制能力，对高次浪形具有明显的改善，图 6-23 所示为 UCM 轧机工作示意图。

（5）UCMW 轧机。UCMW 轧机在 UCM 轧机的基础上，增加了工作辊窜辊系统，配合工作辊辊形可有效进行带钢边部板形控制。

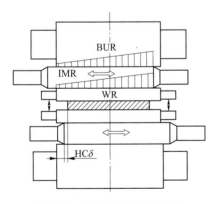

图 6-22 HCM 板形调节简图

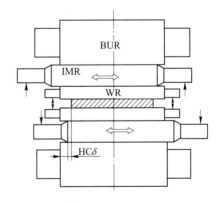

图 6-23 UCM 板形调节简图

目前，HC 轧机是在热轧和冷轧带钢中应用最多的机型之一，这本身说明了 HC 技术的优越性。但是，HC 技术也存在不足，由于工作辊或中间辊的轴向移动，在辊间易出现接触压力尖峰，压力尖峰增加了轧辊的不均匀磨损，严重时导致辊面剥落。将辊形的边部设计成大倒角或圆弧，可以缓解尖峰幅值，但接触压力的不均匀性仍然是 HC 系列轧机的固有缺陷。

6.3.4.2 HC 技术的板形调控性能

工作辊窜辊、工作辊弯辊、中间辊窜辊、中间辊弯辊的互相配合，可以给 HC 系列轧机提供强大的板形调控能力，配合工作辊辊形技术，还能给 HC 系列轧机提供边部板形调控能力。

以 1450mm 的 UCM 轧机为例，说明工作辊和中间辊弯辊调控效果。计算工况中，带钢宽度为 1220mm，单位宽度轧制压力为 10kN/mm，中间辊窜辊取值为相对量。窜辊为 0 表示中间辊台阶边部和带钢齐平，中间辊窜辊大于 0 表示带钢边部在中间辊台阶内侧。中间辊窜辊 3 个取值分别为：$S_{Imin} = -10.5mm$、$S_{Imid} = 7.25mm$、$S_{Imax} = 25mm$；中间辊弯辊 3 个取值分别为：$F_{Imin} = 0kN$、$F_{Imid} = 225kN$、$F_{Imax} = 450kN$；工作辊弯辊 3 个取值分别为：$F_{Wmin} = -350kN$、$F_{Wmid} = 0kN$、$F_{Wmax} = 350kN$。分别将工作辊弯辊、中间辊弯辊与中间辊窜辊进行组合，分别得到 9 种工况，如表 6-2 所示。A1～A9 为中间辊窜辊和工作辊弯辊的组合，代表中间辊弯辊板形调控特性随着中间辊窜辊和工作辊弯辊的变化特点。A10～A18 为中间辊窜辊和中间辊弯辊的组合，代表工作辊弯辊板形调控特性随着中间辊窜和中间辊弯辊的变化。

表 6-2 HC 轧机板形调控性能仿真工况定义

工况符号	含义	工况符号	含义
A1	(S_{Imin}, F_{Wmax})	A10	(S_{Imax}, F_{Imin})
A2	(S_{Imin}, F_{Wmid})	A11	(S_{Imax}, F_{Imid})
A3	(S_{Imin}, F_{Wmin})	A12	(S_{Imax}, F_{Imax})
A4	(S_{Imid}, F_{Wmax})	A13	(S_{Imid}, F_{Imin})
A5	(S_{Imid}, F_{Wmid})	A14	(S_{Imid}, F_{Imid})
A6	(S_{Imid}, F_{Wmin})	A15	(S_{Imid}, F_{Imax})
A7	(S_{Imax}, F_{Wmax})	A16	(S_{Imin}, F_{Imin})
A8	(S_{Imax}, F_{Wmid})	A17	(S_{Imin}, F_{Imid})
A9	(S_{Imax}, F_{Wmin})	A18	(S_{Imin}, F_{Imax})

图 6-24 和图 6-25 为 UCM 轧机中间辊弯辊和工作辊弯辊对二次凸度的调节能力仿真计算结果。从图 6-24 中可以看出，中间辊窜辊对中间辊弯辊板形调节效率影响不大，随着

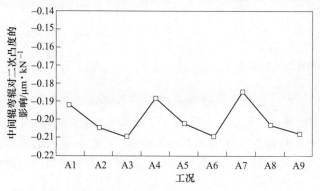

图 6-24 UCM 轧机中间辊弯辊对二次凸度的调控能力

工作辊弯辊力的增大，中间辊弯辊调控效率降低。从图 6-25 可以看出中间辊窜辊对工作辊弯辊板形调节效率的影响。随着中间辊窜辊正窜，工作辊弯辊调控效率降低；随着中间辊弯辊力的增大，工作辊弯辊调控效率增加。

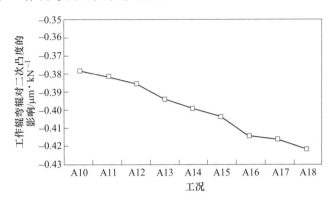

图 6-25　UCM 轧机工作辊弯辊对二次凸度的调控能力

6.3.5　HVC 技术

6.3.5.1　HVC 技术的工作原理

三次曲线轴向移位工作辊辊形技术在窄规格带钢板形控制能力上显得不足。近年来，许多研究者对变凸度辊形进行深入研究，如提出了 LVC（linearly variable crown）辊形，希望通过变凸度辊形技术的创新，达到增加轧机板形控制能力的目的。LVC 辊形可使等效凸度调节能力在特定宽度范围内与带钢宽度呈近似线性关系，因此，在带钢宽度由宽变窄时板形调节能力下降速度减慢，从而达到增强轧机板形控制能力的目的。LVC 辊形技术已在多条热带钢轧机上使用[19,20]。LVC 辊形和三次曲线辊形相比，在相同的调节能力下，头尾辊径差偏大。

变凸度辊形研究的最终目标是通过对新型的变凸度辊形的开发，增大轧机的板形控制能力，尤其是增加轧机对窄规格带钢的板形控制能力。同时，为了便于变凸度辊形的应用，其等效凸度应保持与窜辊位置呈线性或近似线性关系。生产实践中，希望在带钢宽度减小时，工作辊等效凸度调节能力减小幅度缓慢；同时希望形成的辊缝形状平滑，接近抛物线形状。若能设计出一种工作辊辊形使得辊缝在所指定的宽度区间内呈线性化，而在其他宽度区间内辊缝平滑呈二次函数分布，则该工作辊辊形的等效凸度调节能力可满足上述的期望。根据辊缝形成的原理，可用分段函数构造这种工作辊辊形，如图 6-26 所示。该辊形在指定宽度区间内使用二次多项式曲线，其他范围使用三次曲线。

根据上述分析，分段函数的 3 个定义域如下：

$$\left.\begin{array}{l} X_1 = \left[s_0 - 0.5L_c, s_0 + 0.5L_c \right] \\ X_2 = \left[s_0 - 0.5L_q, s_0 - 0.5L_c \right) \cup \left(s_0 + 0.5L_c, s_0 + 0.5L_q \right] \\ X_3 = \left[-0.5L, s_0 - 0.5L_q \right) \cup \left(s_0 + 0.5L_q, 0.5L \right] \end{array}\right\} \quad (6\text{-}29)$$

式中，X_1、X_2、X_3 为工作辊辊身的分段区间；s_0 为零位辊形坐标；L_c 和 L_q 为三次曲线段和二次曲线段的分界区间。在 X_1 段，辊形采用三次曲线，在 X_2 段，辊形采用二次曲线，

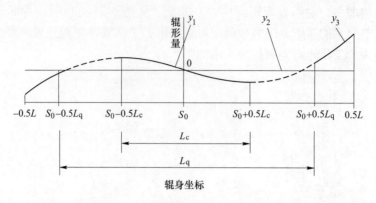

图 6-26 工作辊辊形分段函数示意图

在 X_3 段，辊形采用三次曲线。统一的辊形曲线分段函数表达式为：

$$y_t(x) = \begin{cases} a_1(x - s_0) + a_2(x - s_0)^3 & x \in X_1 \\ a_3(x - s_0) + a_4\mathrm{sgn}(x - s_0)(x - s_0)^2 & x \in X_2 \\ a_5(x - s_0) + a_6(x - s_0)^3 & x \in X_3 \end{cases} \quad (6\text{-}30)$$

式中，$y_t(x)$ 为辊面曲线坐标；$a_1 \sim a_6$ 为辊形参数；sgn 为符号函数。以上辊形关于 $(s_0, 0)$ 中心对称。根据辊缝形成机理，该辊形的三次曲线部分将形成二次辊缝，而二次曲线部分将形成线性辊缝，辊缝示意图如图 6-27 所示。

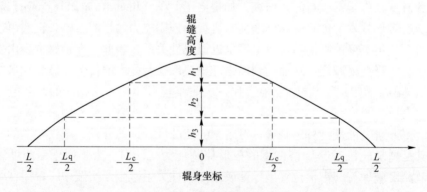

图 6-27 HVC 辊缝形状示意图

根据图 6-27 所示辊缝形状示意图，整个工作辊辊身长度范围内的辊缝凸度 C_g 为：

$$C_g = h_1 + h_2 + h_3 \quad (6\text{-}31)$$

式中，h_1、h_2、h_3 分别为各分段辊缝高度，其计算公式为：

$$\left.\begin{array}{l} h_1(s) = -\dfrac{3}{2}a_2(s + s_0)L_c^2 \\[2mm] h_2(s) = -2a_4(s + s_0)(L_q - L_c) \\[2mm] h_3(s) = -\dfrac{3}{2}a_6(s + s_0)(L^2 - L_q^2) \end{array}\right\} \quad (6\text{-}32)$$

工作辊等效凸度调节能力为：

$$C_a(s_m, B) = \begin{cases} 3a_2 s_m B^2 & B < L_c \\ s_m[3a_2 L_c^2 + 4a_4(B - L_c)] & L_c \leqslant B \leqslant L_q \\ s_m[3a_2 L_c^2 + 4a_4(L_q - L_c) + 3a_6(B^2 - L_q^2)] & L_q < B \end{cases} \quad (6\text{-}33)$$

式中，$C_a(s_m, B)$ 为宽度 B 情况下的轧辊等效凸度调节能力；s_m 为极限值。

通过公式（6-33）可以看出，在宽度区间 $[L_c, L_q]$ 范围内，等效凸度调节能力与带钢宽度呈线性关系，而在其他宽度区间内，等效凸度调节能力与带钢宽度成二次函数关系。根据工作辊等效凸度调节能力与带钢宽度之间的关系，将式（6-33）定义的工作辊辊形命名为 HVC（high-performance variable crown，高效变凸度辊形）[21]。

6.3.5.2　HVC 参数设计

HVC 辊形中含有 s_0、a_1、a_2、a_3、a_4、a_5、a_6 共 7 个辊形系数，故在辊形设计时，需要建立 7 个方程。给定工作辊长度 L、窜辊极限 s_m、线性化宽度范围 $[L_c, L_q]$ 及等效轧辊凸度调节范围 $[C_{a1}, C_{a2}]$，根据式（6-33）可得：

$$\left.\begin{array}{l} C_{a1} = C_a(-s_m, L) \\ C_{a2} = C_a(s_m, L) \end{array}\right\} \quad (6\text{-}34)$$

HVC 辊形采用分段函数实现，根据分段点的辊形连续性要求，可得：

$$\left.\begin{array}{l} y_1(s_0 + 0.5L_c) = y_2(s_0 + 0.5L_c) \\ y_1'(s_0 + 0.5L_c) = y_2'(s_0 + 0.5L_c) \end{array}\right\} \quad (6\text{-}35)$$

$$\left.\begin{array}{l} y_2(s_0 + 0.5L_q) = y_3(s_0 + 0.5L_q) \\ y_2'(s_0 + 0.5L_q) = y_3'(s_0 + 0.5L_q) \end{array}\right\} \quad (6\text{-}36)$$

根据最小辊径差或最小轴向力等方法，可确定一个等式。在工程设计中，保持主轧宽度 B_m 两端的辊形高度相等是一个折中的经验方法，可引入等式：

$$y(0.5B_m) = y(-0.5B_m) \quad (6\text{-}37)$$

式（6-34）~式（6-37）为关于辊形系数 s_0、a_1、a_2、a_3、a_4、a_5、a_6 的 7 个等式组成的非线性方程组。通过非线性方程组的数值求解方法可得所有的 HVC 辊形系数，从而确定 HVC 辊形曲线。

6.3.5.3　HVC 的板形调控性能

HVC 工作辊的等效凸度与窜辊位置呈线性关系，此关系为通过窜辊来改变工作辊等效凸度，进而为改变辊缝凸度提供理论依据。在宽度区间 $[L_c, L_q]$ 范围内，HVC 工作辊等效凸度调节能力与带钢宽度呈线性关系；而在其他宽度区间内，工作辊等效凸度调节能力与带钢宽度呈二次函数关系。以表 6-3 所示参数为例，设计 HVC 辊形曲线，其工作辊等效凸度与窜辊位置、宽度的关系分别如图 6-28 和图 6-29 所示。

表 6-3　工作辊辊形设计参数

参数名称	值/mm
辊身长度 L	2550
窜辊极限 s_m	150
线性宽范围度 $[L_c, L_q]$	[1200, 2000]
等效轧辊凸度范围 $[C_{a1}, C_{a2}]$	[-0.9, 0.5]

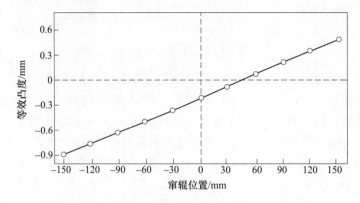

图 6-28   HVC 工作辊等效凸度与窜辊位置关系

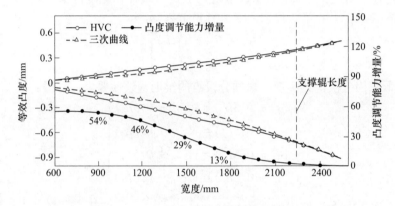

图 6-29   工作辊等效凸度与带钢宽度关系

从图 6-28 可以看出，HVC 工作辊的等效凸度控制能力和窜辊呈线性关系。在图 6-29 中，在相同的辊径差条件下，HVC 辊形的等效凸度调节能力较大。随着带钢宽度的下降，由于在 $L_c \sim L_q$ 宽度范围内工作辊等效凸度与宽度呈线性关系，因此 HVC 工作辊等效凸度调节能力下降缓慢。由以上可以看出，HVC 辊形与三次曲线辊形有着紧密的联系，它不仅具有三次曲线辊形凸度连续调节等优点，同时也克服了三次曲线辊形在板形调节能力方面的缺点。与三次曲线辊形相比，HVC 辊形具有更大的凸度调节能力，增强了轧机的整体板形控制能力，尤其在窄规格带钢轧制中，HVC 辊形具有更明显的凸度调节优势。

6.3.6   MVC 技术

6.3.6.1   MVC 技术工作原理

MVC（mixture variable crown，混合变凸度工作辊）主要用于解决热轧过程中的高次浪形，其开发过程需求来自热轧不锈钢的四分之一浪[22]。对于特定的轧机，在四分之一浪出现位置相对固定的前提下，在出现浪形区域，对辊形进行适当的补偿，通过辊形的补偿减小局部压下量，避免浪形的发生。图 6-30 为 MVC 工作辊辊形对高次浪形的补偿示意图。

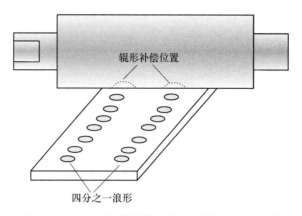

图 6-30 MVC 工作辊辊形对高次浪形的补偿示意图

6.3.6.2 MVC 技术参数设计方法

考虑到设计出来的 MVC 辊形需要兼顾解决二次浪形及高次浪形，为此，设计过程包括如下两个步骤：

（1）在工作辊全长范围内，根据二次浪形设计二次曲线，如果不锈钢二次浪以中间浪为主，则加大辊形的二次曲线凹度；如果不锈钢二次浪以双边浪为主，则减小辊形二次曲线凹度。二次抛物线辊形方程采用：

$$y(x) = a_2 x^2 \qquad -0.5L \leqslant x \leqslant 0.5L \tag{6-38}$$

式中，L 为工作辊辊身长度；x 为以轧辊中点为原点的轧辊横向坐标；$y(x)$ 为轧辊半径辊形曲线坐标；a_2 为二次抛物线曲线系数。二次曲线系数 a_2 和中间浪或双边浪这两种对称浪形的大小有关，应根据需要控制的浪形大小确定 a_2 的值；一般工作辊二次曲线半径辊形大小取值范围在 $[-300, 100]\,\mu m$ 之间，为此 a_2 的取值范围为 $[-300 \times 4/L^2, 100 \times 4/L^2]$。

（2）高次浪形的补偿曲线采用六次方程，如果不锈钢在带钢中心线两侧相同位置出现对称浪形，则依据浪形出现的位置和大小，在带钢宽度 B 范围内设计六次方曲线。图 6-31 所示为按照对称浪形设计的六次辊形曲线。

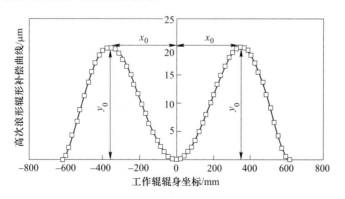

图 6-31 六次曲线对四分之一浪形的补偿示意图

在带钢宽度范围内将六次辊形补偿曲线叠加到二次抛物线曲线上，得到综合式如下：

$$y(x) = \begin{cases} a_2 x^2 + (b_2 x^2 + b_4 x^4 + b_6 x^6) & -0.5B \leqslant x \leqslant 0.5B \\ a_2 x^2 & -0.5L \leqslant x < -0.5B, 0.5B < x \leqslant 0.5L \end{cases}$$

$$(6\text{-}39)$$

式中，B 为带钢宽度；b_2、b_4、b_6 为六次曲线系数，它们需满足如下方程：

$$\begin{cases} b_2 x_0^2 + b_4 x_0^6 + b_6 x_0^6 = y_0 \\ 2b_2 + 4b_4 x_0^2 + 6b_6 x_0^4 = 0 \\ b_2(0.5B)^2 + b_4(0.5B)^4 + b_6(0.5B)^6 = 0 \end{cases}$$

$$(6\text{-}40)$$

式中，x_0 为对称的高次浪距离带钢中心的位置；y_0 为轧辊半径辊形量，用于补偿 x_0 位置四次浪形的大小，根据浪形大小，y_0 取值范围为 $20 \sim 50 \mu m$ 之间，浪形越大，取值越大。叠加后的新工作辊辊形曲线与抛物线辊形对比如图 6-32 所示。

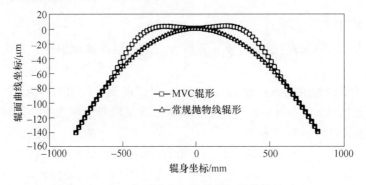

图 6-32　MVC 辊形曲线与抛物线辊形曲线的对比

6.3.6.3　MVC 技术的板形调控性能

图 6-33 所示为某 1780mm 热轧不锈钢企业采用 MVC 技术解决高次浪形效果的对比，板形仪表将浪形的大小用不同的颜色进行区分。从图中可以看出，在不采用 MVC 技术时，1260mm 宽度的带钢在距离带钢中心部位 400mm 左右均存在浪形，且左右对称，100m 以后卷取建立张力，浪形立即消失。采用 MVC 技术以后，双侧的高次浪形消失，从而证明了 MVC 辊形在控制高次浪形方面的显著成果。

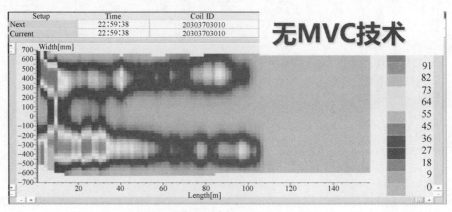

(a)

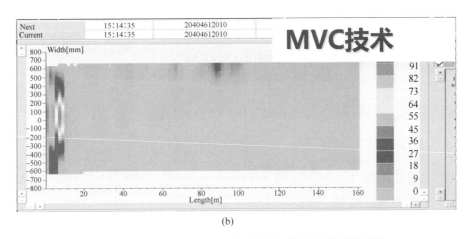

(b)

图 6-33 MVC 辊形曲线用于解决热轧不锈钢高次浪形效果
(a) 无 MVC 技术；(b) MVC 技术

MVC 辊形的曲线磨削方法可采用离散点或高次曲线方法，一般采用 8 次多项式即可表示出曲线的形式。MVC 辊形一般用在末机架，且同样可实现轧辊的轴向窜动。

6.3.7 ATR 技术

6.3.7.1 ATR 技术工作原理

随着市场多钢种、小批量及交叉轧制的需求不断增加，传统的棺形轧制计划编排原则也越来越难以实现，同时，低凸度、超平材的需求也被市场所提及。CVC、HVC 等轴向变凸度工作辊主要用于控制带钢宽度方向辊缝形状，窜辊是根据轧制带钢的目标板形进行设定，无法做到均匀化磨损，不适合用在下游机架实现交叉轧制和小逆宽轧制。常规凸度工作辊配上长行程窜辊技术 WRS（work roll shifting）同样存在两项重要缺点：（1）不具有特定的板形控制功能；（2）由于凹槽形磨损依然存在，宽度跳跃轧制还是被禁止。

为了满足以上控制需求，北京科技大学开发了 ATR 工作辊辊形技术（asymmetry taper roll），其设计的基本思想是利用辊形和窜辊的非对称性来改变工作辊的磨损特性，改善辊缝的非对称性[23,24]。图 6-34 为 ATR 辊形的工作原理。根据轧制过程中轧辊的磨损规律，设定特殊的窜辊方式，使得工作辊的磨损由凹槽形转化为半开放形磨损，即打开凹槽一个边，使带钢始终处于辊形较为平坦的区域内，打破由宽到窄的棺形轧制规程约束，并结合强力弯辊保证承载辊缝的正常可控。ATR 辊形由于其一端带有锥形，一方面，可以提高弯辊力的作用效果，减小有害接触区，提高辊缝横向刚度；另一方面，锥形部位可以对带钢边部产生局部作用，显著改善带钢边部板形，能满足硅钢等专用钢对边部板形控制的特殊要求。

ATR 的结构可以分为平辊段和锥度段，平辊段辊形一般设计成常规凸度辊形，而锥度段则带有一定的锥度。ATR 工作辊根据轧制过程中带钢的宽度以及轧辊磨损的状况确定带钢进入锥段的长度。图 6-35 为 ATR 的示意图，将工作辊一侧磨削成带特殊曲线的锥形，上下工作辊成反对称放置。图 6-35 中，L_e 为工作辊锥形长度，H_e 为工作辊锥形高度，B 为带钢宽度，S 为窜辊行程，L_w 为工作辊长度，S_e 为轧制过程中带钢进入锥部的长度，与轧辊的磨损量和带钢宽度有关。

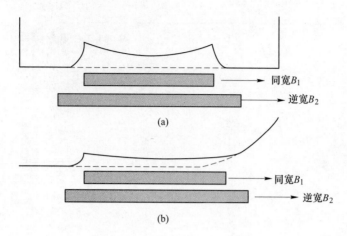

图 6-34　ATR 工作辊工作原理图

（a）凹槽形磨损-常规辊形；（b）半开放形磨损- ATR 辊形

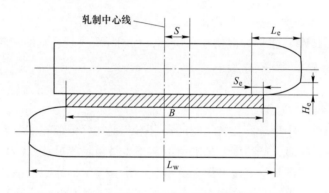

图 6-35　ATR 工作辊设计示意图

6.3.7.2　ATR 技术参数设计方法

A　锥形长度 L_e 的设计

设某轧制单位内带钢的最大宽度为 B_{max}，最小宽度为 B_{min}，窜辊最大行程为 S_{max}，则 L_e 可以由 B_{max}、B_{min}、S_{max} 之间的关系进行确定。L_e 须保证轧制单位内最小宽度带钢能进入锥段，最大宽度带钢能脱离锥段。图 6-36 所示为最小宽度带钢 B_{min} 进入锥形段的临界条件，从几何关系可以得出：

$$L_e \geqslant \frac{1}{2}L_w - S_{max} - \frac{1}{2}B_{min} \tag{6-41}$$

同理，对于最大宽度带钢 B_{max}，为保证带钢能脱离补偿段，有：

$$L_e \leqslant \frac{1}{2}L_w + S_{max} - \frac{1}{2}B_{max} \tag{6-42}$$

取两者极限情况，加以整理得：

$$B_{max} - B_{min} = 4S_{max} \tag{6-43}$$

比较宽度的最大变化范围与 S_{max} 的关系，得到以下结论：

（1）若 $B_{max} - B_{min} = 4S_{max}$，此时 L_e 有唯一解，可以保证 B_{min} 能进入锥段，B_{max} 能脱离锥段，L_e 为：

$$L_e = \frac{1}{2}L_w - S_{max} - \frac{1}{2}B_{min} \tag{6-44}$$

（2）若 $B_{max} - B_{min} < 4S_{max}$，此时 L_e 有无穷多个解，L_e 的范围可以表示为：

$$L_e \in \left[\frac{1}{2}L_w - S_{max} - \frac{1}{2}B_{min}, \frac{1}{2}L_w + S_{max} - \frac{1}{2}B_{max} \right] \tag{6-45}$$

（3）若 $B_{max} - B_{min} > 4S_{max}$，此时 L_e 无解，无法设计出非对称工作辊满足此宽度的变化范围。

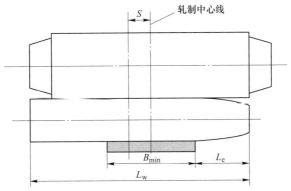

图 6-36　带钢宽度为 B_{min} 时窜辊与 L_e 之间的关系

B　锥形高度 H_e 的设计

H_e 的设计和轧辊磨损量密切相关。H_e 设计过小，锥形段补偿磨损的能力不够，H_e 设计过大，带钢进入锥形段后由窜辊引起的误差敏感度大，也有可能引起边部增厚，所以轧辊中点的半径磨损量 w_c 是设计 H_e 的主要参考条件，w_c 值可通过高精度磨损预报模型或实测统计得出。

在轧制任意时刻，不同宽度的带钢进入锥形段后，如果带钢边部对应的锥形曲线处截距 h 和 w_c 近似相等，则设计的 H_e 为最理想状况，不同宽度带钢都可以达到补偿效果。图 6-37 所示为锥形曲线对轧辊磨损的补偿示意图。假设图中轧辊表面磨损曲线为轧辊下机前的磨损形态，Y_1、Y_2 和 Y_3 分别为 3 条不同的锥形段曲线，则从图中可以看出，曲线 Y_1 对轧辊磨损的补偿能力过小，曲线 Y_3 对轧辊的补偿能力过大，曲线 Y_2 对轧辊磨损的补偿最理想，可以实现带钢在较平缓的条件下轧制。

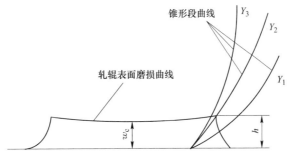

图 6-37　不同锥形曲线轧辊磨损补偿示意图

截距 h 的计算需知道锥长和曲线的方程，锥长 L_e 的范围由第 6.3.7.2 节 A 中确定，锥形段曲线方程采用二次抛物线。以锥形段起点为坐标原点，设锥形段二次曲线方程为 $y = ax^2$，a 为待估参数，引入目标函数 T_1、T_2 和 T_3：

$$T_1 = \sum_{i=1}^{2} \lambda_i (w_c - a \times S_{Ei} \times S_{Ei})^2 \tag{6-46}$$

$$T_2 = a \times S_{E2} \times S_{E2} \tag{6-47}$$

$$T_3 = S_{E1} \tag{6-48}$$

式中，λ_1、λ_2 分别为 B_{min} 和 B_{max} 所占比例；S_{E1} 为最窄带钢 B_{min} 进入锥形的最大值；S_{E2} 为最宽带钢 B_{max} 进入锥形的最大值。具体计算方法如下：

$$S_{E1} = \frac{1}{2} B_{min} + S_{max} - \left(\frac{1}{2} L_W - L_e \right) \tag{6-49}$$

$$S_{E2} = \frac{1}{2} B_{max} + S_{max} - \left(\frac{1}{2} L_W - L_e \right) \tag{6-50}$$

结合对锥长 L_e 的求解，及对辊径差、磨床磨削效率和表面质量的限制，引入约束条件：

$$L_e \in \left[\frac{1}{2} L_W - S_{max} - \frac{1}{2} B_{min}, \ \frac{1}{2} L_W + S_{max} - \frac{1}{2} B_{max} \right] \tag{6-51}$$

$$H_e = a L_e^2 \leqslant H \tag{6-52}$$

式中，H 为锥高 H_e 最大允许值，一般根据磨削效率和表面质量、辊径差允许范围等来确定。从目标函数可以看出，T_1 值越小，各种带钢宽度下，曲线对轧辊的磨损补偿能力综合效果越好；T_2 值越小，可减少辊径差，同时又能防止带钢走偏以后引起边部增厚；T_3 值越大，可以使窄规格得到更好的控制效果。以上各式中，B_{max}、B_{min}、S_{max}、L_W、w_c、H 均为已知参数，a、L_e 为设计参数，属于多目标多变量优化问题。

采用满意优化方法对 ATR 辊形进行求解，可获得理想的设计效果[25~28]。以某热连轧 1700mm 为例，建立非对称工作辊参数多目标满意优化模型，设计适用于 F4、F5、F6 机架的非对称工作辊辊形。非对称工作辊的主要设计参数为锥长 L_e 和锥高 H_e，而锥高 H_e 可以通过锥形段的曲线参数来表示，因此，建立的多目标满意优化数学模型中参数变量如式（6-53）所示：

$$X = [x_1, x_2] = [L_e, a] \tag{6-53}$$

根据式（6-46）~式（6-48）建立的目标函数，设计的控制性能变量如下：

$$q = [q_1, q_2, q_3] = [T_1, T_2, T_3] \tag{6-54}$$

T_1 和 T_2 希望越小越好，而 T_3 则希望越大越好，根据这一性能指标，设计对应的满意度函数如下：

$$[s_1, s_2, s_3] = [g_1(T_1), g_2(T_2), g_3(T_3)] \tag{6-55}$$

由于 T_1 和 T_2 函数值要求越小越好，而 T_3 要求越大越好，所以 g_1、g_2 可采用降折线型满意度函数，g_3 可采用升折线型满意度函数，如图 6-38 所示。

性能变量 T_1、T_2 和 T_3 在不同值时，对应的满意度求解方法如下所示：

$$s_1 = \begin{cases} 1 & T_1 \leqslant a_1 \\ \dfrac{(1 - a_0)(a_1 - T_1)}{a_2 - a_1} + 1 & a_1 < T_1 \leqslant a_2 \\ \dfrac{a_0(a_3 - T_1)}{a_3 - a_2} & a_2 < T_1 \leqslant a_3 \\ 0 & a_3 < T_1 \end{cases} \tag{6-56}$$

$$s_2 = \begin{cases} 1 & T_2 \leqslant b_1 \\ \dfrac{(1 - b_0)(b_1 - T_2)}{b_2 - b_1} + 1 & b_1 < T_2 \leqslant b_2 \\ \dfrac{b_0(b_3 - T_3)}{b_3 - b_2} & b_2 < T_2 \leqslant b_3 \\ 0 & b_3 < T_2 \end{cases} \tag{6-57}$$

$$s_3 = \begin{cases} 0 & T_3 \leqslant c_1 \\ \dfrac{c_0(T_3 - c_1)}{c_2 - c_1} & c_1 < T_3 \leqslant c_2 \\ \dfrac{(1 - c_0)(T_3 - c_2)}{c_3 - c_2} + c_0 & c_2 < T_3 \leqslant c_3 \\ 1 & c_3 < T_3 \end{cases} \tag{6-58}$$

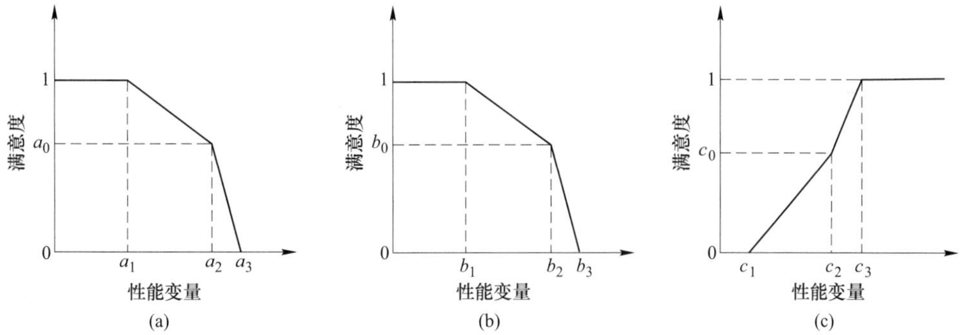

图 6-38　各变量的满意度函数
（a）$g_1(T_1)$；（b）$g_2(T_2)$；（c）$g_3(T_3)$

　　式（6-56）~式（6-58）中，所建立的性能变量满意度函数参数取值主要由决策者进行量化，对于所建立的满意度函数，可由磨床的磨削效率及表面质量要求、辊径差允许范围、带钢跑偏量、窜辊最大行程等因素综合考虑确定。结合某热连轧 1700mm 生产线实际情况，给出各参数的取值，见表 6-4。

表 6-4　满意度函数的参数取值

参数	值/μm²	参数	值/μm²	参数	值/mm	参数	值
a_1	20	b_1	100	c_1	50	a_0	0.6
a_2	80	b_2	200	c_2	100	b_0	0.6
a_3	120	b_3	300	c_3	150	c_0	0.6

为保证设计出的辊形达到理想效果，需考虑各性能变量满意度函数之间的协调性，为此建立线性综合满意度函数，定义适应度 f_x 如式（6-59）所示：

$$\left.\begin{array}{l} f_x = \displaystyle\sum_{i=1}^{3} \omega_i s_i = \omega_1 g_1(T_1) + \omega_2 g_2(T_2) + \omega_3 g_3(T_3) \\[3mm] \displaystyle\sum_{i=1}^{3} \omega_i = 1 \end{array}\right\} \qquad (6\text{-}59)$$

线性加权的关键是确定各目标的权值 ω，权值 ω 的取值和各个目标性能的重要程度相关。辊形设计最为关注的是锥形段对轧辊磨损的补偿能力，其次为辊径差的大小，基于此，权值取 $\omega_1 = 0.5$、$\omega_2 = 0.3$、$\omega_3 = 0.2$。最后，通过模拟退火遗传算法进行辊形参数寻优。

6.3.7.3 ATR 技术的板形调控性能

ATR 技术的核心在于辊形设计以及对于辊形的控制方法。由于 ATR 辊形在其一端带有锥度，在工作辊和支持辊的接触中，锥度在一定程度上可以改善有害接触区对板形的影响，为此，使用 ATR 工作辊辊形后，轧机横向刚度、弯辊力调控效果都有不同程度的提高。在边部板形控制方面，随着带钢进入到锥内所对应的高度变化，边部板形调节效果也变强。以 1700mm 热连轧机为例，取宽度为 1250mm，弯辊力 750kN，单位宽度轧制力 10kN/mm，采用 ATR 工作辊时，边部减薄量和窜辊进入锥形对应高度之间的关系如图 6-39 所示。从图中可以看出，随着窜辊位置对应高度的增加，边部减薄呈近似线性关系变化。

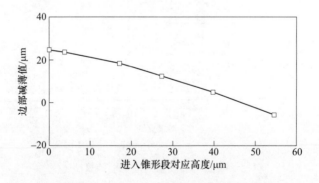

图 6-39 采用 ATR 时边部减薄量和窜辊进入锥形对应高度之间的关系

ATR 工作辊在自由轧制方面同样具有优势，特别是在交叉轧制和小逆宽轧制方面可以取得理想的效果。图 6-40 为某个轧制单位宽度和厚度的排列情况，轧制单位内 1500mm 和 1250mm 交叉轧制，厚度规格有 9 种，最厚的 9.70mm，最薄的 2.75mm，钢种有 Q235B 和 St02Z，F6 机架轧制长度为 76km。从图中可以看出轧制计划编排为宽度交叉轧制，厚度也缺乏过渡，为典型自由规程轧制计划编排。采用非对称工作辊后，可根据实时计算的轧辊磨损量以及带钢的宽度，设定出带钢的窜辊位置，缓解轧辊磨损对宽规格带钢板形的影响。图 6-41 为板形主要指标凸度和平坦度的控制效果，从轧后来看，能满足凸度（40±20）μm，平坦度（0±25）IU 的板形要求。

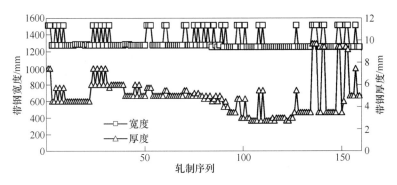

图 6-40 自由规程轧制中宽度厚度排列

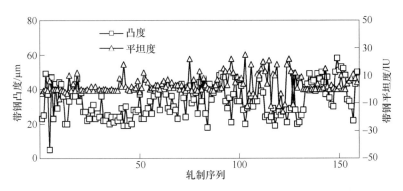

图 6-41 ATR 工作辊在自由规程轧制中的板形控制效果

6.4 弯辊和窜辊技术

6.4.1 液压弯辊控制技术

6.4.1.1 液压弯辊技术的分类及工作原理

液压弯辊调节装置出现于 20 世纪 60 年代，是一种行之有效的板形控制方法，和其他板形控制技术相比，液压弯辊技术的最大优点在于实时性强，可以在瞬时达到改善板形的目的，为此在板形闭环控制中，主要还是采用液压弯辊进行板形调节[29,30]。同时，任何新的板形控制技术出现，都会与液压弯辊进行配合使用，所以液压弯辊是板形控制中的最基础条件。液压弯辊的原理是通过向轧辊（工作辊或支持辊）辊颈施加液压弯辊力，使得轧辊产生瞬时的弯曲变形，改变承载辊缝形状，进而影响轧制完成后带钢横向不同位置的延伸，改善带钢截面形状和浪形。

根据作用对象的不同，液压弯辊可以分为：工作辊弯辊、中间辊弯辊和支持辊弯辊。根据作用力方向的不同，液压弯辊可以分为：正弯辊和负弯辊，正弯辊等效于增加轧辊的凸度，负弯辊等效于减小轧辊凸度。根据作用面的不同，液压弯辊可以分为：垂直面弯辊系统和水平面弯辊系统。根据弯辊作用位置的不同，液压弯辊可以分为：单轴承座弯辊系统、多轴承座弯辊系统和无轴承座弯辊系统。

工作辊弯辊目前在各类轧机中被广泛使用，是板带轧制过程中必备的执行机构。工作辊弯辊可以和原始辊形、轧辊移位技术、支持辊技术配合并用于控制板形，为此在原始辊形、移位技术设计恰当的前提下，采用工作辊弯辊即能满足板形控制的需求，这对于简化设备结构、减小设备维护具有积极的意义。目前，绝大多数的热连轧机组都采用正弯，而在热轧和冷轧平整机、热轧 PC 轧机、带钢冷轧机、有色金属热轧机和冷轧机中还同时采用工作辊正弯和负弯系统，图 6-42 所示为工作辊正负弯辊示意图。中间辊的正负弯辊系统主要用于冷轧六辊轧机，通过中间辊的正负弯辊，可得到高次的板形调控能力。

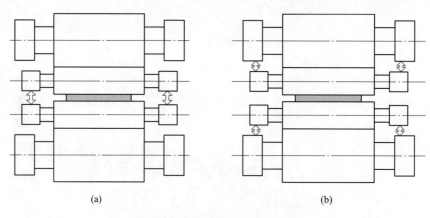

(a)   (b)

图 6-42　工作辊正负弯辊示意图
(a) 工作辊正弯；(b) 工作辊负弯

6.4.1.2　液压弯辊技术的板形调控性能

液压弯辊的板形调控能力可以用弯辊调控效率来评价，弯辊调控效率越高表示液压弯辊的调节能力也越强。采用不同类型的轧机或轧制不同规格的带钢时，弯辊的板形调控性能不同。对于某一固定宽度的轧机，液压弯辊的板形调控性能随着带钢宽度、工作辊和支持辊直径、工作辊和支持辊辊形、轧制力的变化而变化[31]。

图 6-43 为 1700mm 热轧机在不同带钢宽度条件下的弯辊力影响系数对比。选取 1050mm、1250mm 和 1500mm 三种带钢宽度断面，支持辊直径 1500mm，工作辊直径 750mm，单位宽度轧制压力 18kN/mm。可以看出，随着宽度的增加，弯辊力板形调节能力变大，单位凸度变化所需要的弯辊力越小。

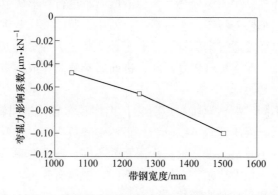

图 6-43　1700mm 热轧机在不同带钢宽度条件下的弯辊力影响系数

图 6-44 为 1700mm 热轧机在不同工作辊直径条件下的弯辊力影响系数对比。选取 600mm、650mm、700mm 和 750mm 四种工作辊直径，支持辊直径 1500mm，带钢宽度 1250mm，单位宽度轧制压力 18kN/mm。可以看出，随着工作辊直径的增加，弯辊力板形调节能力变小，单位凸度变化所需要的弯辊力越大。

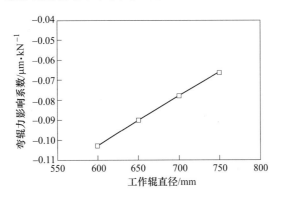

图 6-44 1700mm 热轧机在不同工作辊直径条件下的弯辊力影响系数

图 6-45 为 1700mm 热轧机在不同单位宽度轧制力条件下的弯辊力影响系数对比。选取 6kN/mm、10kN/mm、14kN/mm 三种单位宽度轧制力，支持辊直径 1500mm，工作辊直径 580mm，带钢宽度 1250mm。可以看出，随着单位宽度轧制力的增加，弯辊力板形调节能力变小，单位凸度变化所需要的弯辊力越大，但影响效果没有带钢宽度和工作辊直径明显。

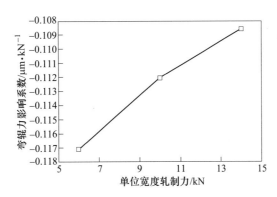

图 6-45 1700mm 热轧机在不同单位宽度轧制力条件下的弯辊力影响系数

6.4.2 液压窜辊技术

6.4.2.1 液压窜辊技术的工作原理

轧辊轴向窜动技术在热轧和冷轧中均得到广泛应用。根据窜辊主题和窜辊方向的不同，窜辊技术又可以分为：双向支持辊窜辊、双向中间辊窜辊、双向工作辊窜辊和同向工作辊窜辊，其中以双向工作辊窜辊和双向中间辊窜辊最为常见[30]。图 6-46 所示为热轧常见的窜辊机构，在工作辊轴承座的一侧装有液压系统对工作辊进行左右抽动。根据工作辊辊形和轧机结构不同，窜辊主要有以下功能：

（1）均匀化轧辊磨损。主要用于热轧，工作辊采用常规凸度曲线辊形，如正弦曲线或二次抛物曲线。工作辊长度是支持辊长度加上两倍的窜辊行程，通过工作辊的轴向窜动，均匀化工作辊磨损，改善带钢断面形状，避免断面局部高低点的产生。

（2）增加凸度控制能力。结合高次工作辊辊形，通过窜辊实现工作辊连续变凸度能力，满足不同规格带钢对板形的控制需求。

（3）减小带钢边部减薄。结合锥形工作辊，通过窜动，使得带钢的边部进入锥形段，减少带钢的边部减薄，实现局部板形控制。

（4）提高轧机的横向刚度。目前主要用于冷轧六辊轧机。通过中间辊窜辊技术，改变轧辊之间的接触长度，消除有害接触区，提高轧机的横向刚度。

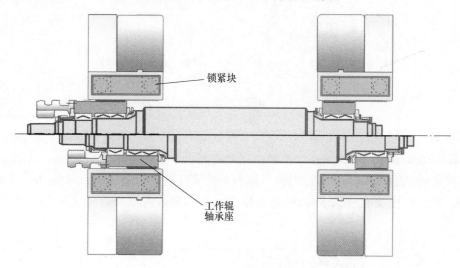

图 6-46 工作辊窜辊机构

6.4.2.2 液压窜辊技术的板形调控性能

按工作辊是否带辊形来分，窜辊技术可分为常规轧辊（不带辊形、辊形为正弦曲线或者是抛物线）和带辊形轧辊（高次曲线）轴向窜动两种，其中常规轧辊轴向窜动起均匀化轧辊磨损的目的。采用合理的窜辊步长、窜辊行程、窜辊频率等参数，减少板形质量缺陷，图 6-47 为根据大量实测磨损下机数据得出的不同窜辊行程与"猫耳"生成系数之间的关系[32]。

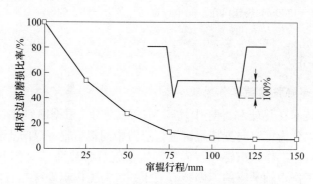

图 6-47 窜辊行程和边部磨损比率之间的关系

窜辊策略的制定目前尚无理论的依据，这无疑会给最佳使用工作辊轴向窜动技术、充分发挥板形调控性能增加难题。根据窜辊参数的不同，工作辊的窜辊策略又可分为以下两种。

A 等参数周期窜辊策略

等参数周期窜辊策略即在整个轧制单位内，采用不变的窜辊步长、窜辊行程和窜辊频率对工作辊进行周期往返移动。文献［33］以减小整个轧制过程中"猫耳" H_c 平均值为依据，确定最佳的窜辊步长、窜辊行程和窜辊频率。

考虑到实际操作的可行性，分别对 3 个窜辊参数取有限个参数值，将这些参数值排列组合，得出一系列的窜辊策略，对这些窜辊策略进行穷举，找出 H_c 最小的窜辊策略即为最优值。采用穷举法求出的最佳窜辊策略使得一个轧制单位内 H_c 值由不窜辊的 $18.4\mu m$ 下降到 $8.7\mu m$，减少了 52.7%，磨损辊形更加光滑，无阶梯状，且轧辊受热面积增大，稳定轧制后中点热凸度值减小 $6 \sim 14\mu m$。

B 非等参数周期窜辊策略

非等参数周期窜辊指在一个轧制单位内最大窜辊行程、窜辊步长和窜辊频率均有可能为变量，为参数优化问题。文献［34］先采用周期性变步长窜辊，当产生局部高点时，根据带钢磨损和热凸度的计算值，用十二次多项式曲线拟合出带钢出口轮廓曲线，搜索轮廓曲线的局部高点，求出局部最大值和最小值差值，并寻求差值的最大值。为得到平缓的板凸度，变化窜辊位置，将可以避免产生局部高点的窜辊位置确定为最优位置。此方法一定程度上解决了寻优问题，但是寻优精度受基本凸度辊缝计算模型、轧辊热凸度计算模型、轧辊磨损计算模型的精度限制，由于寻优目标是微米级，和以上 3 个模型的误差范围同属一个数量级，因而此方法在线使用的有效性还值得讨论。

从均匀化工作辊磨损的目的来看，等参数周期窜辊策略优于其他的窜辊策略。但这种窜辊策略没有考虑热轧的特点，有时会导致带钢运行稳定性问题。非等参数周期窜辊虽然可以考虑了热轧的特点，却不一定能最大化地均匀化工作辊的磨损。所以，采用哪种窜辊策略或窜辊参数需视实际轧制情况及所制定的目标函数而定。

6.5 热轧带钢板形控制模型

热轧带钢板形控制模型大体上分为在 L2（过程自动化）实现的板形设定及自学习计算模型和在 L1（基础自动化）实现的动态板形模型。以北京科技大学开发的板形控制系统为例来说明板形控制系统的功能组成。图 6-48 为板形控制系统功能框图，图中板形控制系统由 L1 和 L2 功能组成。在 L2 的板形控制中，包括如下子模块：

（1）SCPC，板形参数设定计算，设定弯辊力和窜辊量；

（2）SSM，板形管理程序，用于进程管理和调度；

（3）WRTM，轧辊温度场计算，实时计算轧辊温度；

（4）SSDH，精轧实测数据管理，收集板形模型所需要的实测数据；

（5）RICC，轧辊综合辊形计算，处理和轧辊辊形相关内容；

（6）SSLC，板形自学习，获得实测值后，对板形模型进行自学习，提高设定精度；

（7）MTK，轧线跟踪模块，获得板形启动信号；

（8）FSM，精轧管理模型，为板形模型提供必要的精轧设定数据；

（9）RDM，轧辊数据区，获得相关换辊信号，进行初始化操作。

在 L1 的板形控制中，包括如下模块：

（1）板形保持，消除轧制过程中轧制压力波动和热辊形变化对板形的影响；

（2）凸度反馈，根据凸度的检测值与设定值的偏差，实时对弯辊力进行调整；

（3）平坦度反馈，根据平坦度仪的检测值与设定值偏差，实时对弯辊力进行调整；

（4）板形板厚解耦，AGC 对辊缝进行调节后，实时对弯辊力进行补偿。

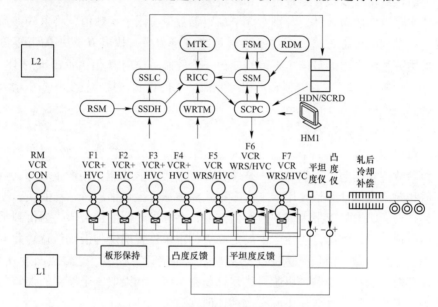

图 6-48　板形控制模型系统功能结构框图

此外板形控制系统还考虑不同辊形的组合对控制模型的需求，如 CVC、HVC、VCR、VCR+、CON 等，在板形目标的确定方面，还考虑轧后冷却对板形的影响。

6.5.1　热轧带钢板形设定模型

热连轧过程中，带钢在进入到精轧机进行轧制之前，根据带钢的钢种、宽度、厚度、负荷分配、轧制力、辊形状态等，计算出各个机架初始的弯辊力和窜辊量，用于保证带钢穿带过程中良好的板形，同时给动态板形控制提供增益参数，这一过程称为板形设定，也称板形预设定。准确的板形设定值非常关键，它可保证带钢头部的板形质量、穿带的稳定性、L1 的调节效果。以 PFEC（profile、flatness and edge shap control）板形控制系统为例，介绍板形设定模型主要流程。

6.5.1.1　板形设定模型总体构架

图 6-49 所示为板形控制模型的功能划分，在板形设定模型 SSU（shape setup）中，包含板形设定管理 SSM、板形参数设定计算 SCPC、轧辊综合计算 RICC、板形自学习 SSLC、实测数据管理 SSDH、轧辊温度数据管理 WRTM 等。

板形设定管理 SSM：板形模型作为轧制模型，和其他模型有着大量的数据交换及事件交换，考虑到程序的功能划分，将数据交换、事件交换功能都集成在 SSM 中。

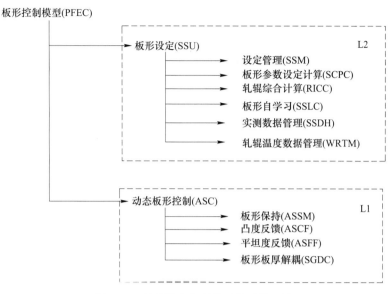

图 6-49 板形设定控制模型的功能组成

板形参数设定计算 SCPC：设定控制模型的核心，根据 PDI 信息、负荷分配、轧制力、辊形状态等，计算带钢穿带时候所需要的弯辊力和窜辊量，并给动态板形控制 ASC 下发增益参数。

轧辊综合辊形计算 RICC：进行轧辊相关的计算，如轧辊热凸度、轧辊磨损、轧辊换辊初始化等，并将轧辊的相关信息实时保存在数据区中。

板形自学习 SSLC：根据实测的凸度、平坦度偏差以及人工对弯窜辊的干预，修正板形模型的计算误差，用于后续带钢的修正。

实测数据管理 SSDH：板形实测数据的采集系统，包括数据有效性检查、采集的时序、数据的处理方法等。

轧辊温度数据管理 WRTM：主要采用二维交替差分，实时计算轧辊温度场，并将计算结果保持在数据区中。

板形参数设定计算模型流程如图 6-50 所示。

6.5.1.2 板形参数设定数据准备

板形参数设定计算模型需要用到的各类数据，如图 6-51 所示。

其中来料参数主要指轧制带钢的钢种、宽度、厚度等；辊形参数主要指轧辊的原始辊形、磨损辊形、热辊形、辊径、材质代码等；FSU 参数主要指和精轧设定相关的参数，包括各机架的厚度分配、轧制力大小、温度、轧制速度等；目标参数主要指带钢的凸度、平坦度目标值及控制公差；HMI 包括画面中对板形控制的参数选择和极限值设置等；自学习层别文件存放不同钢种、规格的各类自学习值，用于修正设定计算。

6.5.1.3 轧辊综合辊形计算模型

辊形状态是板形控制模型中的重要输入参数，包括工作辊辊形状态与支持辊辊形状态。而其各自又包含初始辊形、磨损辊形和热辊形，叠加初始辊形、磨损辊形、热辊形以后得到综合辊形曲线，如图 6-52 所示。从图中可以看出，沿轧辊横向的辊形非常不均匀，

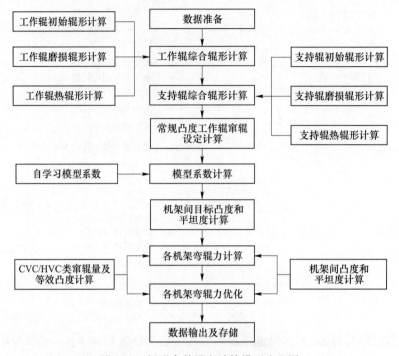

图 6-50 板形参数设定计算模型流程图

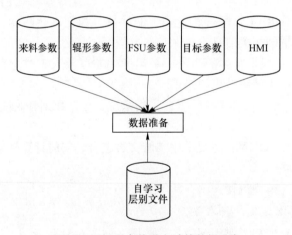

图 6-51 板形参数设定计算数据准备

是否将复杂的辊形信息传递给模型将直接决定模型的计算精度，特别是在进行宽度交叉轧制或者小逆宽轧制时，带钢宽度有可能会超过轧辊表面辊形的跳变区间，引起板形设定计算的误差。

精确的板形控制系统需得到轧辊横向的所有信息，如果板形控制模型中的承载辊缝采用的是辊系变形在线计算模型，则可以将辊形进行横向离散化，离散化后的所有坐标点输入到模型中；如果板形控制模型中承载辊缝计算采用的是基于离线有限元的线性化回归模型，则如何将横向复杂的辊形信息通过简单的变量传递给模型非常关键。

工作辊初始辊形计算依赖所采用的工作辊辊形，在磨床能保证磨削精度的前提下，可

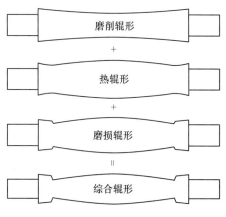

图 6-52 轧辊综合辊形示意图

直接采用设计辊形。由于轧制过程中影响工作辊磨损的因素很多且各因素大多具有时变性，目前还不能从机理出发导出磨损计算模型，只能考虑影响磨损的主要因素，建立半理论半经验的磨损预报模型。通过现场实测值，采用先进算法对模型参数进行评估，得出适合工作辊磨损计算模型。采用二维交替差分的方法建立工作辊热辊形在线计算模型，并利用该模型计算热轧过程中和下机后任意时刻工作辊温度场及其热辊形，实现工作辊热辊形的在线预报。在工作辊磨损辊形、热辊形计算完毕后，对其进行综合。以工作辊为例，工作辊综合辊形是一条非常复杂的曲线，图 6-53 所示为工作辊综合辊形实际曲线，需要 10次以上的多项式才能完全表示。采用图 6-54 的曲线可以近似等效图 6-53 的复杂曲线。在图 6-54 中，用中部辊形 C_{WC} 和边部辊形 C_{WE} 两个特征值来描述轧制过程中工作辊综合辊形的真实情况，并把信息传递给模型。中部辊形采用与实际综合辊形等值的抛物线辊形等效，边部辊形采用实际综合辊形的均值辊形等效。中部辊形 C_{WC} 和边部辊形 C_{WE} 的横向坐标由所轧规格的宽度变化计算得到。支持辊的综合辊形计算和工作辊相似，不同之处是相对工作辊的热辊形而言，支持辊热辊形较稳定，辊身各点温差变化不大。因而，支持辊热辊形的计算采用经典的简化计算模型。将中部辊形 C_{WC} 和边部辊形 C_{WE} 作为变量传递给线性化回归模型，即可近似将复杂的轧辊综合曲线让板形模型得到识别。

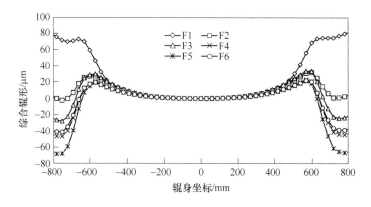

图 6-53 轧辊综合辊形实际曲线

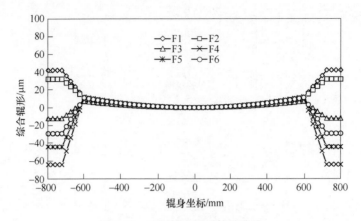

图 6-54 轧辊综合辊形等效曲线

6.5.1.4 常规凸度工作辊窜辊策略

常规凸度工作辊（曲线为正弦或者二次抛物线）由于能够均匀化轧辊磨损，改善带钢断面，目前在热连轧中下游机架仍然被广泛使用，而且特别适用于品种规格相对较少，对断面要求高的热轧生产线。由于常规凸度工作辊窜辊对浪形和凸度的计算没有影响，因此，常规凸度工作辊的窜辊策略相对独立，更多和工艺思想相关联。

常规曲线工作辊窜辊策略主要包含窜辊步长 t_s、窜辊行程 k_s 和窜辊频率 f_s 三个参数。t_s 为每次的窜辊量；k_s 为往操作侧或传动侧窜辊的最大值；f_s 为相邻几块带钢进行窜辊设定计算。目前大多仍然采用经验给定方法进行窜辊。图 6-55 和图 6-56 分别为某 1700mm 热轧机 F6 机架不同窜辊行程和不同窜辊频率下常规凸度工作辊的窜辊示意图。

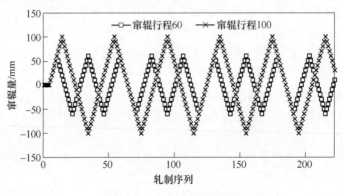

图 6-55 变行程窜辊策略

基于不同窜辊参数下的磨损分析，提出了一种适合常规曲线工作辊的窜辊策略。在轧辊磨损量小的时候，尽量保证窜辊行程等于机械设备窜辊的最大行程，追求大的磨损宽度 B_w 和工作辊边部磨损均匀化，减小磨损猫耳 H_c 高度。随着轧制过程中工作辊的磨损量增大变化窜辊行程，减少工作辊磨损以后窜辊对承载辊缝的影响，减少不可控的四次板形，变行程窜辊策略算法如下。

A 当 $L_i \leqslant L_s$ 时

L_i 为工作辊换辊后轧制 i 块带钢时精轧末机架的轧制公里数，L_s 为窜辊行程开始变化

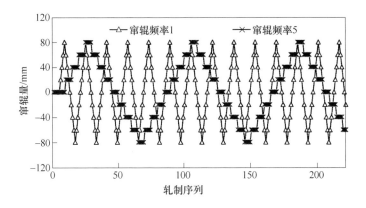

图 6-56 变频率窜辊策略

的工作辊轧制公里数的临界值。当 L_i 没有到达临界公里数时，第 i 块带钢窜辊量 S_i 的计算过程与等参数周期性窜辊一致。采用等参数窜辊策略时，S_i 可表示为：

$$S_i = \begin{cases} 0 & i \leqslant n_s \\ S_{i-1} & i > n_s \text{ 且 } i \text{ 不能被 } f_s \text{ 整除} \\ S_{i-1} + D_r \times t_s & i > n_s \text{ 且 } i \text{ 能被 } f_s \text{ 整除} \end{cases} \tag{6-60}$$

式中，n_s 为起始窜辊带钢，一般取值为 1~3；D_r 为初始窜辊方向；一般初始取值为 ±1。第 i 块带钢窜辊计算结果 S_i 和窜辊行程 k_s 进行比较，需满足以下关系式：

$$S_i = \begin{cases} k_s, D_r = -D_r & S_i > k_s \\ -k_s, D_r = -D_r & S_i < -k_s \end{cases} \tag{6-61}$$

B 当 $L_i > L_s$ 时

当 L_i 达到临界公里数时，首先计算第 i 块带钢允许的窜辊行程 k_i：

$$\Delta k_s = k_{s1} - k_{s2} \tag{6-62}$$

$$k = \frac{\Delta k_s}{L_m} \tag{6-63}$$

$$k_i = k_{s1} - k \times (L_i - L_s) \tag{6-64}$$

式中，k_{s1} 为预设定的初始窜辊行程；k_{s2} 为预设定的轧制周期结束时窜辊行程；Δk_s 为预设定的起始与轧制周期结束时窜辊行程的差值；k 为窜辊行程变化系数；L_m 为窜辊行程变化到 k_{s2} 时的轧制公里数。计算完 k_i 后，S_i 需满足式（6-65）：

$$S_i = \begin{cases} k_i, D_r = -D_r & S_i > k_i \\ -k_i, D_r = -D_r & S_i < -k_i \end{cases} \tag{6-65}$$

图 6-57 所示为变行程窜辊策略的窜辊实际值。

6.5.1.5 机架间凸度分配策略模型

机架间凸度分配是板形设定模型的关键步骤之一。各机架在轧制力作用下形成的辊缝形状，一方面，确定了出口带钢横截面外形；另一方面，决定了纵向各条纤维的变形。控制好带钢产品凸度，不但可以满足凸度目标，同时也是保证平坦度良好的前提条件。凸度控制可以看成为单个机架的控制行为，而平坦度控制则取决于相邻机架间凸度控制的协调

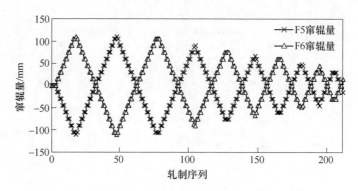

图 6-57 变行程窜辊策略一个工作辊周期内窜辊实际值

性。在控制中，若单独追求凸度值或平坦度值满足要求，有可能会出现顾此失彼的状态。

按等比例凸度方法对机架间凸度进行分配是最为常用也最为简单的分配方法。其原理在于 Shohet 判别式（6-66）：

$$-80\left(\frac{h}{B}\right)^{\alpha} < \frac{C_H}{H} - \frac{C_h}{h} < 40\left(\frac{h}{B}\right)^{\beta} \tag{6-66}$$

式中，α 为带钢产生边浪的临界指数；β 为带钢产生中浪的临界指数；C_H 为机架入口凸度；C_h 为机架出口凸度；h 为带钢出口厚度；B 为带钢宽度。

已知各个机架的厚度分配和带钢宽度后，通过成品目标凸度进行反推，即能获得各个机架所需的出口和入口凸度。在计算过程中，实际上还存在着如下限制条件：

（1）入口凸度未知，或者相同规格带钢不同时刻入口凸度变化较大；

（2）除了式（6-66）的起浪临界条件约束以外，设备的能力（弯辊和窜辊）也构成了约束条件；

（3）设定值的最优化需求，在出浪临界条件内，希望弯辊力和窜辊尽量不频繁出现在极限位置。

上游机架的平坦度死区较大，下游机架等比例凸度限制越严格，利用此特性，提出解耦策略：在上游机架，允许适度偏离几何相似条件，去形成所需要的带钢凸度，以达到比例凸度目标值，而在下游机架，控制各架比例凸度相等，通过这一策略，可以使得凸度和平坦度控制得到兼顾。因此，热轧中凸度控制的关键部位在上游机架，这就要求上游机架需要有足够的凸度控制能力。图 6-58 和图 6-59 所示分别为浪形临界区域下的凸度路径和设备能力条件下的凸度路径。浪形临界区域下的凸度路径主要保证凸度在机架间的分配不超出起浪区域，设备能力条件下的凸度路径主要保证凸度在机架间的分配不超过设备的能力极限（弯辊和窜辊）。

凸度分配计算模型中，输出各个机架凸度前的终止计算的条件大多由模型设置的迭代次数、窜辊弯辊是否超限、是否有板形缺陷等决定，一旦某次计算结果满足条件，即输出相应的计算结果。采用智能算法进行寻优，可找到在凸度锥内最优凸度分配策略。以采用动态规划法和 7 机架热连轧为例，说明凸度分配的过程：

（1）阶段，由于研究的对象是 7 机架热连轧机组，故状态数量为 $i=7$；

（2）状态，即为各阶段的入口凸度，表示为：

$$C_{H_i} = \{ C_{H_1}, C_{H_2}, \cdots, C_{H_N} \} \tag{6-67}$$

式中，C_{H_i} 为机架的入口凸度。

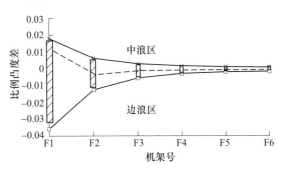

图 6-58 浪形临界区域下的凸度路径

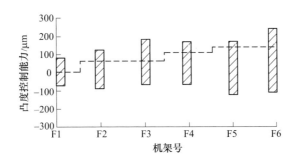

图 6-59 设备能力条件下的凸度路径

（3）决策，决策变量即为影响轧后板形凸度的所有因素，表示为：

$$u_i(C_{H_i}) = P_i(C_{H_i}), F_{W_i}(C_{H_i}), S_i(C_{H_i}), D_{W_i}(C_{H_i}), D_{D_i}(C_{H_i}), C_{\text{mul}_i}(C_{H_i}) \tag{6-68}$$

式中，$P_i(C_{H_i})$ 为轧制力决策变量；$F_{W_i}(C_{H_i})$ 为弯辊力决策变量；$S_i(C_{H_i})$ 为 CVC 窜辊决策变量；$D_{W_i}(C_{H_i})$ 为工作辊直径决策变量；$D_{D_i}(C_{H_i})$ 为支持辊直径决策变量；$C_{\text{mul}_i}(C_{H_i})$ 为综合辊形决策变量。

（4）状态转移方程，状态转移方程即表示各个轧机由入口凸度到出口凸度的转换关系，即：

$$C_{H_{(i+1)}} = T_i \{ C_{H_i}, u_i \} \tag{6-69}$$

（5）策略，策略在此的含义即为各个机架出口凸度值满足最优解的集合，由第 1 架轧机出口凸度到精轧出口凸度的策略表示如下：

$$p_{07}(C_0) = u_1(C_{H_1}), u_2(C_{H_2}), u_3(C_{H_3}), u_4(C_{H_4}), u_5(C_{H_5}), u_6(C_{H_6}), u_7(C_{H_7}) \tag{6-70}$$

式中，C_0 为精轧机组来料凸度。

（6）指标函数，阶段指标函数表示为：

$$J_i = \omega_1 \left(\frac{F_W - F_{W_0}}{F_{W_{\max}}} \right)^2 + \omega_2 \left(\frac{S - S_0}{S_{\max}} \right)^2 + \omega_3 \left(\frac{C_{H_i}}{H_i} - \frac{C_{h_i}}{h_i} \right)^2 \tag{6-71}$$

式中，F_W 为弯辊力；F_{W_0} 为弯辊力设定值；$F_{W_{\max}}$ 为弯辊力最大值；S 为窜辊位置；S_0 为窜辊位置设定值；$S_{\max}$ 为窜辊最大位置；$\dfrac{C_{H_i}}{H_i} - \dfrac{C_{h_i}}{h_i}$ 为单机架入口比例凸度与出口比例凸度差；

ω_1、ω_2、ω_3 为权重系数。根据上述建立的数学模型，即可根据最优性原理，建立迭代计算关系，从而找到最优策略。

6.5.1.6　机架间板形传递模型

机架间板形计算模型的主要功能是已知轧制压力、弯辊力和其他工艺参数的情况下，计算各架入口和出口板形。图 6-60 为邻近机架凸度和平坦度示意图。

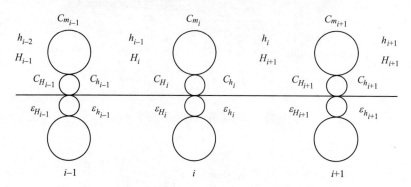

图 6-60　邻近机架的凸度和平坦度示意图

机架出口带钢凸度模型如式（6-72）所示：

$$C_{h_i} = (1 - \eta_i) C_{m_i} + \eta_i \frac{h_i}{H_i} C_{H_i} \tag{6-72}$$

式中，η_i 为第 i 机架入口凸度遗传系数；C_{m_i} 为第 i 机架产生的承载辊缝机械凸度；C_{h_i} 为第 i 机架出口的凸度；C_{H_i} 为第 i 机架入口的凸度；h_i 为第 i 机架出口的厚度；H_i 为第 i 机架入口的厚度。

机架出口带钢平坦度模型如式（6-73）所示：

$$\varepsilon_{h_i} = \xi_i \left(\varepsilon_{H_i} + \frac{C_{H_i}}{H_i} - \frac{C_{h_i}}{h_i} \right) \tag{6-73}$$

式（6-73）中，ε_{H_i} 为第 i 机架入口平坦度；ξ_i 为辊缝宽展影响系数：

$$\xi_i = \begin{cases} 0 & B/h_i \leqslant k_{\xi 1} \\ \dfrac{B/h_i - k_{\xi 1}}{k_{\xi 2} - k_{\xi 1}} & k_{\xi 1} < B/h_i \leqslant k_{\xi 2} \\ 1 & k_{\xi 2} < B/h_i \end{cases} \tag{6-74}$$

式中，$k_{\xi 1}$ 为上限宽厚比系数；$k_{\xi 2}$ 为下限宽厚比系数。

机架入口带钢平坦度模型如式（6-75）所示：

$$\varepsilon_{H_{i+1}} = \gamma(\varepsilon_{h_i} - \varepsilon_0) \tag{6-75}$$

式中，$\varepsilon_{H_{i+1}}$ 为第 $i+1$ 机架入口平坦度；γ 为平坦度系数；ε_0 为平坦度阈值，且：

$$\varepsilon_0 = \begin{cases} -2\Delta & \varepsilon_{h_{i-1}} \leqslant -2\Delta \\ \varepsilon_{h_{i-1}} & -2\Delta < \varepsilon_{h_{i-1}} \leqslant \Delta \\ \Delta & \Delta < \varepsilon_{h_{i-1}} \end{cases} \tag{6-76}$$

式中，Δ 为判定条件不出浪形部分。

机架入口带钢凸度模型如式（6-77）所示：

$$C_{H_{i+1}} = C_{h_i} + \lambda h_i (\varepsilon_{H_{i+1}} - \varepsilon_{h_i}) \tag{6-77}$$

式中，$C_{H_{i+1}}$ 为第 $i+1$ 机架入口的凸度；λ 为二次变形对凸度的影响系数。

6.5.1.7　承载辊缝及弯辊力系数计算模型

如果忽略带钢轧后的弹性恢复，承载辊缝形状即为出口带钢的轮廓，定义 C_m 为机械凸度，指不考虑来料凸度影响时利用力学模型计算出的负荷辊缝凸度。式（6-78）为计算 C_m 的线性化模型：

$$C_m = k_p P + k_f F_W + k_{WC} C_{WC} + k_{WE} C_{WE} + k_{BC} C_{BC} + k_{BE} C_{BE} + k_{CWR} C_{CWR} + C_{const} \tag{6-78}$$

式中，k_p 为轧制力影响系数；P 为轧制力设定值；k_f 为弯辊力影响系数；F_W 为弯辊力设定值；k_{WC} 为工作辊中部辊形影响系数；C_{WC} 为工作辊中部辊形特征值；k_{WE} 为工作辊边部辊形影响系数；C_{WE} 为工作辊边部辊形特征值；k_{BC} 为支持辊中部辊形影响系数；C_{BC} 为支持辊中部辊形特征值；k_{BE} 为支持辊边部辊形影响系数；C_{BE} 为支持辊边部辊形特征值；k_{CWR} 为工作辊初始辊形影响系数；C_{CWR} 为工作辊初始辊形特征值；C_{const} 为常数项，其值与机架间凸度分配策略以及自学习有关。

选取一些影响承载辊缝凸度的主要因素，如轧制力、弯辊力、工作辊综合辊形、支持辊综合辊形、带钢宽度等，运用有限元手段对工况组合计算，在有限元计算结果的基础上通过多元非线性回归方法得出模型系数。

6.5.1.8　弯辊力系数计算模型

常规凸度工作辊的弯辊力计算即为最终结果，而对于特殊曲线工作辊，计算结果包括弯辊力和工作辊的窜辊量。对于常规工作辊，在已知目标凸度的情况下合理分配各机架的出口凸度，一旦凸度分配确定，弯辊力值也唯一被确定，如式（6-79）和式（6-80）所示：

$$F_W = \Delta C / k_f \tag{6-79}$$

$$\Delta C = C_m - k_p P - k_{BC} C_{BC} - k_{BE} C_{BE} - k_{WC} C_{WC} - k_{WE} C_{WE} - k_{CWR} C_{CWR} - C_{const} \tag{6-80}$$

对于带特殊曲线工作辊，其弯窜辊计算步骤如下：

（1）先固定弯辊力，一般可选平衡力，根据工作辊实际窜辊位置，由窜辊和空载辊缝之间的关系求出等效空载辊缝凸度 C_{CWR}，由此时工艺数据求出弯辊力模型系数；判断带钢是否满足窜辊条件，若不满足，弯辊力的设定方法和常规辊形一致。

（2）若满足窜辊条件，根据已求得的板形模型系数用式（6-81）计算此机架特殊辊形需要调控的凸度 C_{CWR}，再用特殊辊形的窜辊模型如式（6-82）求所需的窜辊量 S。对所求的窜辊量进行极值判定，若窜辊超限，由窜辊和空载辊缝之间的关系求出等效空载辊缝凸度 C_{CWR}，重新计算弯辊模型系数，再计算弯辊设定量：

$$C_{CWR} = (C_m - k_p P - k_f F_W - k_{WC} C_{WC} - k_{WE} C_{WE} - k_{BC} C_{BC} - k_{BE} C_{BE} - C_{const}) / k_{CWR} \tag{6-81}$$

$$S_f = f(C_{CWR}) \tag{6-82}$$

式中，$f(x)$ 为特殊曲线辊形可调节辊缝凸度关于窜辊量的函数关系。

6.5.2　热轧板形自学习模型

实际生产条件千变万化，不可知因素很多，一些可知因素的变化规律也难以把握，包括来料板形、轧辊磨削误差、轧辊温度场计算误差、轧辊磨损计算误差、物理模型本身误差等，经过简化处理的在线设定模型不可能包含所有这些因素的变化，使得设定计算结果有时不能与实际轧制过程完全相符。为了提高弯辊力计算模型的精度，运用生产中多功能仪和操作人员干预的实际数据，对板形模型中的一些系数进行修正即板形自学习。板形自学习（SSLC）主要是对板形模型中的弯辊力模型的常数项进行自学习。

根据精轧出口装备板形仪表的情况，可进行凸度自学习、平坦度自学习及操作工自学习。

凸度自学习的算法如下：

$$\Delta C_C(i + 1) = \Delta C_C(i) + k_C(\Delta C_C^R(i) - \Delta C_C(i)) \tag{6-83}$$

式中，$\Delta C_C(i+1)$ 为第 $i+1$ 块带钢凸度自学习量；$\Delta C_C(i)$ 为第 i 块带钢凸度自学习量；$\Delta C_C^R(i)$ 为根据第 i 块带钢凸度实测值反算出的模型系数调整量；k_C 为凸度自学习增益系数。

平坦度自学习的算法如下：

$$\Delta C_F(i + 1) = \Delta C_F(i) + k_F(\Delta C_F^R(i) - \Delta C_F(i)) \tag{6-84}$$

式中，$\Delta C_F(i+1)$ 为第 $i+1$ 块带钢平坦度自学习量；$\Delta C_F(i)$ 为第 i 块带钢平坦度自学习量；$\Delta C_F^R(i)$ 为根据第 i 块带钢平坦度实测值反算出的模型系数调整量；k_F 为平坦度自学习增益系数。

弯辊力干预量自学习的算法如下：

$$\Delta BF_0(i + 1) = \Delta BF_0(i) + k_0 BF_0(i) \tag{6-85}$$

式中，$\Delta BF_0(i+1)$ 为第 $i+1$ 块带钢弯辊力操作工干预量的自学习量；$\Delta BF_0(i)$ 为第 i 块带钢弯辊力操作工干预量的自学习量；$BF_0(i)$ 为第 i 块带钢操作工对弯辊力的干预量；k_0 为弯辊力操作工干预量自学习增益系数。

每块带钢轧制完成后，板形控制系统收集相关的实测数据，经过滤波处理后，按照一定的规则进行自学习计算。不同规格的带钢模型误差对板形的影响不相同，特别是相邻带钢宽度、钢种、厚度区别较大时候，学习值一般不能进行直接复制。图 6-61 所示为相邻带钢的板形自学习关系图。N 和 M 之间存在什么样的关系决定了自学习的有效性。

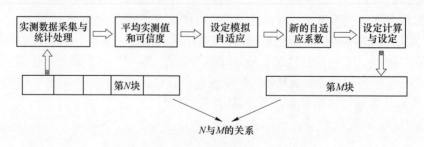

图 6-61　相邻带钢的板形自学习关系图

常用方法 1：$M = N+1$，板形自学习量在相邻带钢之间进行继承。常用方法 2：M 与 N 同规格时，按钢种、厚度、宽度分档，自学习量用于同规格带钢。

自学习模型中采用短期自学习、长期自学习和继承性自学习相结合的方法。

6.5.3　热轧板形动态控制模型

6.5.3.1　板形保持功能

在热连轧板带生产中，由于轧制温度、中间坯厚度、辊形等无法准确预知的因素以及厚度控制系统对辊缝的不断调整，轧制力在轧制过程中会频繁波动。轧制力变化影响本机架出口带钢凸度，破坏机架间的协调平衡，如果不加以补偿，则带钢的板形必然也会随之波动，造成生产不稳定和带钢板形的恶化。为了消除这种由于轧制力的波动带来的不良影响，最有效的方法是使弯辊力随轧制力的波动以一定周期做出相应的调整，稳定承载辊缝的形状。同时，随着轧制的进行，轧辊温度不断升高导致轧辊热凸度不断增加，同样为了消除轧辊热凸度增加对承载辊缝的影响，实时修正弯辊力值。板形保持功能采用的控制算法如下：

$$\Delta B_{Ri} = \frac{\alpha_{Bi}}{\alpha_{Pi}}\Delta P_i - k_{ti}t_{mi} = k_{Ri}\Delta P_i - k_{ti}t_{mi} \tag{6-86}$$

$$\Delta P_i = P_i - P_{0i} \tag{6-87}$$

式中，i 为机架号；ΔB_{Ri} 为板形保持功能计算出的弯辊力变化量；α_{Bi} 为弯辊力横向刚度系数；α_{Pi} 为轧制力横向刚度系数；ΔP_i 为轧制力变化值；P_i 为轧制力实际值；P_{0i} 为机架咬钢后延时一定时间轧制力的锁定值；k_{ti} 为轧辊热凸度对辊缝的影响系数；t_{mi} 为机架咬钢后延时一定时间，以延时结束点为起始点开始计时；k_{Ri} 为弯辊力和轧制力转换系数，通过二维变厚度有限元方法计算得到。

首先选取影响承载辊缝的多种工况的组合计算，并对计算结果进行多元非线性回归，求得弯辊力横向刚度系数 α_{Bi} 和轧制力横向刚度系数 α_{Pi}，进而得出弯辊力和轧制力的转换系数。以 2150mm 热连轧为例，图 6-62 所示为某机架采用二维变厚度有限元方法计算出的 k_{Ri} 值大小，在设备参数如辊径、辊身长度、原始辊形等一定的情况下，k_{Ri} 主要和带钢宽度有关，宽度越宽，弯辊力对辊缝凸度的调节能力越明显，k_{Ri} 值越小，反之则越大。

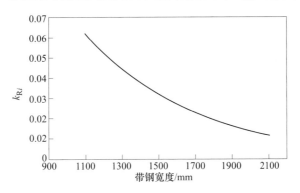

图 6-62　弯辊力和轧制力转换系数

6.5.3.2　凸度反馈控制

凸度反馈控制的原理主要是以凸度仪检测到的带钢凸度实际值与目标值的偏差为依据，调整精轧上游机组各机架的弯辊力大小，消除偏差。为了保证在进行凸度反馈调节时不对平坦度造成影响，对下游机架的弯辊力也要进行相应的调整。凸度反馈控制采用的是基于数字 PID 控制器的算法，可实现对带钢全长的凸度反馈控制，改善带钢全长的凸度精度。在凸度反馈控制系统中，采用 PI 控制算法：

$$\Delta B_{Ci}(k) = \left(k_{Pi} \cdot e_{Ci}(k) + k_{Ii} \sum_{j=0}^{k} e_{Ci}(j) \right) / k_{Ci} \tag{6-88}$$

$$e_{Ci}(k) = e_C(k) h_i / h \tag{6-89}$$

$$e_C(k) = CR_{Aim} - CR_{Mes}(k) \tag{6-90}$$

式中，i 为机架号；k 为控制周期序号；$\Delta B_{Ci}(k)$ 为第 k 个控制周期凸度反馈的弯辊力调节量；k_{Pi} 为比例系数；k_{Ii} 为积分系数；$e_{Ci}(k)$ 为第 i 机架第 k 个控制周期凸度的偏差值；h 为末机架出口带钢厚度；h_i 为第 i 机架出口带钢厚度；$e_C(k)$ 为末机架第 k 个控制周期凸度的偏差值，即实测值与目标值的偏差；CR_{Aim} 为目标凸度；$CR_{Mes}(k)$ 为第 k 个控制周期凸度的实测值；k_{Ci} 为弯辊力和凸度的转换系数。

k_{Ci} 值同样通过二维变厚度有限元方法计算得到，图 6-63 所示为某机架用于在线控制的 k_{Ci} 值，宽度越宽，弯辊力对辊缝凸度调节能力越明显，k_{Ci} 值越小。

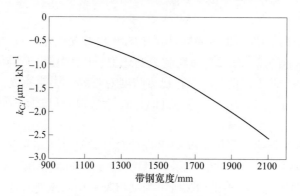

图 6-63　弯辊力和凸度转换系数

6.5.3.3　平坦度反馈控制

如果在精轧机组出口安装能快速检测出带钢轧后平坦度的平坦度仪，则可在 L1 实现平坦度反馈控制。根据平坦度仪检测带钢实际平坦度值，与目标平坦度值进行比较，得出平坦度反馈控制偏差，依次通过调整精轧机组末两机架的弯辊力，以消除平坦度偏差。

由于精轧出口带钢宽度存在温差及轧后发生相变，经层流冷却和空冷后，带钢平坦度会发生变化。精轧出口轧出完全平坦的带钢，冷却到室温后，带钢又会出现平坦度缺陷。因此，应根据不同的钢种、规格，预先确定合理的平坦度控制目标。对于二次浪形，弯辊调节非常有效，是当前热轧平坦度反馈控制要完成的主要工作。

由于卷取机建立张力后仪表检测到的平坦度信号不能反映实际平坦度情况，因而不能继续进行平坦度反馈控制，即平坦度反馈控制的有效控制时间段为带钢出精轧机组平坦度仪咬钢开始至卷取机咬钢结束。平坦度反馈控制采用的是基于数字 PID 控制器的算法：

$$\Delta B_{Fi}(k) = \left(k_{Pi} e(k) + k_{Ii} \sum_{j=0}^{k} e(j) + k_{Di} [e(k) - e(k-1)] \right) / k_{Fi} \tag{6-91}$$

式中，i 为机架号；k 为控制周期序号；$\Delta B_{Fi}(k)$ 为末机架第 k 个控制周期末时刻弯辊力修正量的计算值；$e(k)$ 为第 k 个控制周期平坦度的偏差值；$e(k-1)$ 为第 $(k-1)$ 个控制周期平坦度的偏差值；k_{Pi} 为比例系数；k_{Ii} 为积分系数；k_{Di} 为微分系数；k_{Fi} 为弯辊力对平坦度影响系数。

　　k_{Fi} 同样通过二维变厚度有限元方法计算得到。图 6-64 所示为某机架用于在线控制的 k_{Fi} 值，宽度越宽，弯辊力对平坦度调节能力越明显，k_{Fi} 值越大，在同样的偏差情况下所需要的弯辊力越小。

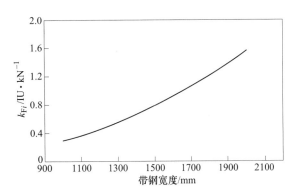

图 6-64　弯辊力和平坦度转换系数

参 考 文 献

［1］杨荃，陈先霖，徐耀寰，等．应用变接触长度支承辊提高板形综合调控能力［J］．钢铁，1995，30（2）：48~51.

［2］何安瑞，张清东，曹建国，等．宽带钢热轧支持辊辊形变化对板形的影响［J］．北京科技大学学报，1999，21（6）：565~567.

［3］何安瑞，杨荃，陈先霖，等．变接触轧制技术在热带钢轧机上的应用［J］．钢铁，2007，42（2）：31~34.

［4］王晓东，李飞，李本海，等．变接触支持辊辊形及辊形配置技术在宽带钢热连轧粗轧机组的应用［J］．钢铁，2010，45（7）：47~51，56.

［5］张杰．CVC 轧机辊型及板形的研究［D］．北京：北京科技大学，1990.

［6］Bald W，Beisemann G，Feldmann H，et al. Continuously variable crown（CVC）rolling［J］．Iron and Steel Engineer. 1987，22（3）：32~40.

［7］张清东，陈先霖，徐乐江．CVC 四辊冷轧机板形预设定控制研究［J］．钢铁，1997，32（10）：29~33.

［8］Xu L，Xu Y，Zhang Y，et al. CVC technology in China's largest cold strip mill［J］．Steel Technology International（London），1994：203~208.

［9］Klamma K. CVC technology in cold rolling mills［J］．Metallurgical Plant and Technology，1985，8（3）：60~62.

［10］张清东，陈先霖．CVC 四辊冷轧机板形控制策略［J］．北京科技大学学报，1996，18（4）：348~351.

［11］邓肯．基于数据驱动的 PC 轧机板型设定与自适应方法研究［D］．武汉：武汉科技大学，2019.

［12］Hayashi，Kanji，Shimazutsu. Development of on-line roll grinding system for hot strip mill［J］．ISIJ International，1991，31（6）：588~593.

［13］Owada T，Hayashi K. On-line grinder（ORG）for hot strip mill application［J］．South East Asia Iron and

Steel Institute, 2003, 32 (1): 38~42.

[14] 李红雨, 史乃安. 热轧带钢工作辊在线研磨装置 ORG 的研究 [J]. 鞍钢科技, 2006, 23 (6): 20~22.

[15] 程良, 钱春风. 上海宝钢一钢公司 1780 热轧在线磨辊技术及应用 [J]. 上海金属, 2005, 27 (4): 23~26.

[16] 张伍军, 张成瑞. 在线磨辊技术在 PC 轧机上的应用效果 [J]. 轧钢, 2005, 22 (1): 62~64.

[17] Nakanishi T. Applications of HC mill in hot steel strip rolling [J]. Hitachi Review, 1987, 32 (2): 59~64.

[18] Yasuda K I, Narita K, Kobayashi K, et al. Shape controllability in new 6-high mill (UC-4 Mill) with small diameter work rolls [J]. ISIJ International, 2007, 31 (6): 594~598.

[19] 王仁忠, 何安瑞, 杨荃, 等. LVC 工作辊辊型的板形控制性能的研究 [J]. 钢铁, 2006, 41 (5): 41~44.

[20] 何安瑞, 杨荃, 陈先霖, 等. LVC 工作辊在超宽带钢热轧机的应用 [J]. 中国机械工程, 2008, 19 (7): 864~867.

[21] 孔繁甫, 何安瑞, 邵健, 等. 板带轧机工作辊混合变凸度辊型研究 [J]. 机械工程学报, 2012, 48 (22): 87~92.

[22] Jian S, Anrui H, Fanfu K, et al. Research and application of work roll contour technology on thin gauge stainless steel in hot rolling [J]. Open Mechanical Engineering Journal, 2015, 9 (1): 111~116.

[23] 何安瑞, 杨荃, 陈先霖, 等. 热带钢轧机非对称工作辊的研制和应用 [J]. 北京科技大学学报, 2008, 30 (7): 805~808.

[24] 邵健, 唐荻, 何安瑞, 等. 基于多目标满意优化的热轧非对称工作辊设计 [J]. 北京科技大学学报, 2012, 34 (9): 1077~1083.

[25] 姚新胜. 满意优化原理及其在机械工程领域中的应用研究 [D]. 成都: 西南交通大学, 2002.

[26] 丁大钧. 满意优化解 [J]. 东南大学学报, 2003, 33 (5): 529~533.

[27] 温碧丽. 多准则满意优化方法及应用研究 [D]. 成都: 西南交通大学, 2004.

[28] 冯晓云, 赵冬梅, 李治. 基于满意优化的模糊多目标预测控制算法研究 [J]. 西南交通大学学报, 2002, 37 (1): 99~102.

[29] 王国栋. 板形控制和板形理论 [M]. 北京: 冶金工业出版社, 1986.

[30] 金兹伯格 V B. 高精度板带材轧制理论与实践 [M]. 北京: 冶金工业出版社, 2000.

[31] Wang R Z, Yang Q, Anrui He. Research on strip control ability of hot rolling mills [J]. Journal of University of Science and Technology Beijing, 2008, 18 (1): 1~5.

[32] 邵健. 自由规程轧制中板形控制技术的研究 [D]. 北京: 北京科技大学, 2009.

[33] 何安瑞. 宽带钢热轧精轧机组辊形的研究 [D]. 北京: 北京科技大学, 2000.

[34] 孔祥伟, 徐建忠, 王国栋, 等. 采用平辊实现自由程序轧制最优横移方案新方法 [J]. 东北大学学报, 2002, 23 (12): 20~22.

7 热轧带材冷却过程残余应力分析与控制

金属带材即使在精轧出口处具有良好的板形也不等于最终产品没有板形缺陷。在冷却过程中，随着温度的变化不仅会发生组织的转变，而且会出现复杂的应力变化情况。带材内部的应力包括热应力和组织应力。当带材的温度发生改变时，带材的各部分就会膨胀或收缩，这种变形由于受到带材内部的变形协调要求而不能自由发生时，带材内部就会产生附加应力，这种应力称为热应力，当带材温度降低到一定程度时，带材内部发生相变。由于带材内部各部分相变时间和相变组织不一致，各部分的相变膨胀也不相同，因而相变时的自由膨胀受到约束，产生了组织应力。热应力和组织应力使带材在冷却过程中有可能产生塑性变形，从而造成残余应力，最终可能使得带材的平坦度发生变化，对板带材质量产生很大的负面影响。例如汽车制造使用的大梁板，由于冷却不均带来潜在板形缺陷，虽然表面上看起来轧后带材平直，但是用户分割切条之后却发生翘曲，以至于影响用户的使用[1]。

7.1 热轧带材轧后的温度场和相变耦合解析

7.1.1 层流冷却过程的温度场和相变耦合解析

7.1.1.1 层流冷却过程中的温度场

A 温度场有限元计算的数学模型

按物体温度是否随时间变化，热量传递过程可区分为稳态过程与非稳态过程两大类。凡是物体中各点温度不随时间改变的热传递过程均称为稳态热传递过程，反之则称为非稳态热传递过程。各种物体在持续不变的运行工况下经历的热传递过程属于稳态过程，而物体在加热、冷却、熔化和凝固情况下经历的热传递过程则为非稳态的过程。

热轧带钢的层流冷却过程可以看作是有内热源的非稳态导热过程，这种情况下，带钢的温度是空间和时间的函数，即：

$$T = f(x, y, z, t) \tag{7-1}$$

式中，x、y、z 为空间直角坐标；t 为时间坐标。

为求解温度场问题，首先是要建立起导热微分方程。

热轧后冷却过程中，带钢温度场的计算方法是建立在一定的初始条件、边界条件和内部热传导之上的，另外，随着温度的改变还伴随着内热源的释放。由此建立的傅里叶（Fourier）导热微分方程为[2,3]：

$$\lambda \left(\frac{\partial^2 T}{\partial x^2} + \frac{\partial^2 T}{\partial y^2} + \frac{\partial^2 T}{\partial z^2} \right) + \dot{q} = \rho c \frac{\partial T}{\partial t} \tag{7-2}$$

式中，x、y、z 为节点的空间直角坐标，m；T 为温度，℃；t 为时间，s；λ 为带钢的导热系数，W/(m·K)；ρ 为带钢密度，kg/m³；c 为带钢比热容，J/(kg·K)；$\dot{q}$ 为相变潜热率，J/(kg·s)。

在求解上述微分方程时，需要考虑初始条件、边界条件和热物性参数的选择。

带钢热轧后的冷却过程属于瞬态传热过程。在这个过程中，轧件温度随时间有明显变化，热边界条件随着温度和周围环境变化，有限元计算瞬态温度场的基本方程为[3]：

$$\left([K] + \frac{[N]}{\Delta t}\right)\{T\}_t = \{P\}_t + \left(\frac{[N]}{\Delta t}\right)\{T\}_t - \Delta t\{T\}_{t-\Delta t} \tag{7-3}$$

式中，$\{T\}_t$ 为任意时刻 t 的温度场；$[K]$ 为温度刚度矩阵；$[N]$ 为变温矩阵，它是温度随时间变化的一个系数矩阵；$\{P\}_t$ 为边界条件；$\{T\}_{t-\Delta t}$ 为初始温度场或前一时刻的温度场；Δt 为时间步长。

这些都是已知，从而求得 t 时刻的温度场，再由 $\{T\}_t$ 去求 $\{T\}_{t+\Delta t}$，如此逐步推进，就可以算出任意时刻的温度分布情况。

上式是有限元法计算瞬态温度场的基本方程，该方程为向后差分格式。由于向后差分格式是无条件稳定的，而且在大的 Δt 步长下也不会震荡，保证了模型计算精度。

B　温度场有限元计算的基本假设

有限元计算中，为提高计算效率，在不影响计算精度的条件下，通常都会采用一些假设，模型采用的假设条件有：

(1) 认为终轧温度在带钢宽度方向上对称，且喷水量在横向上对称，两个边部与空气的换热冷却也是同步的，因此可以取钢板二分之一作为研究对象；

(2) 在实际的冷却过程中，带钢运行速度对带钢表面的对流换热系数会有一定的影响，这里忽略这种影响；

(3) 视材料为各向同性；

(4) 初始条件：认为带钢在厚度方向上的温度是均匀分布的。

C　层流冷却过程的工艺参数

图 7-1 为热轧带钢生产线层流冷却段的工艺布置图。从出精轧测温点到层流冷却的第一组集管的距离为 14.36m，层流冷却集管共有 20 组，前 18 组为冷却区，每组长度为 4.56m，后 2 组为微调区，每组长度为 6.08m，最后，从层流冷却最后一组集管到卷取前的测温度点的距离为 22.275m。

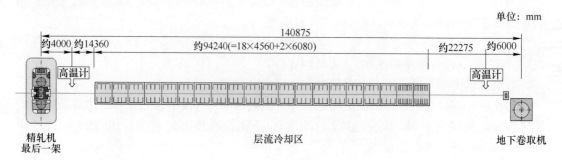

图 7-1　层流冷却工艺布置图

根据层流冷却过程的特点，将计算过程分 3 个工作步完成，第一个工作步为带钢从精轧出口到第一排冷却水管的距离内的空冷，空气温度为30℃；第二工作步为层流冷却过程，冷却水温度为30℃；最后是从水冷出口处到卷取前的空冷阶段。

结合层流冷却过程的设备参数，得到水流密度 $w = 48.5079\text{m}^3$（$\min \cdot \text{m}^2$），喷嘴直径 $D = 0.02\text{m}$，沿轧向喷嘴间距 $p_1 = 0.57\text{m}$，垂直轧向喷嘴间距 $p_c = 0.04167\text{m}$。

D 温度场有限元模型的建立

瞬态温度场求解的有限元模型包括：几何形状和尺寸、网格划分、材料属性、边界条件、初始条件等。

a 模型的几何尺寸

根据带钢的实际尺寸，建立几何模型。由于带钢是无限长的，参考相关文献[4]，在长度上取6m。模型的几何尺寸：6m×带钢宽度×带钢厚度。

b 初始条件

层流冷却过程的初始条件为终轧后的温度。由于几何形状的原因，边部温度必然较低。该温度分布可用下式表示：

$$T(x, y, t) = T_0(x, y, 0) \tag{7-4}$$

在出精轧末机架时，由于带钢宽度方向中心和边部散热条件的不同，在带钢边部存在着一定的温度不均匀分布。

c 边界条件

热轧带钢的层流冷却过程是相对比较复杂的传热过程，合理确定各种边界条件是影响模型计算精度的关键。

带钢在热轧后的层流冷却过程中的传热过程主要包括空冷及水冷两部分。空冷指带钢向环境散热的温降过程；水冷指带钢与喷淋至其表面的冷却水换热的温降过程。

$$q = H(T - T_\infty) \tag{7-5}$$

式中，q 为热流密度；H 为等效热传导系数；T、T_∞ 分别为轧件表面和环境的温度。

换热系数是反映带钢与介质之间热交换能力的重要参数，其中包括空冷区换热系数和水冷区换热系数[3]。

空冷时，带钢的传热方式主要有热辐射和热对流两种[5]，以辐射热交换为主。

热辐射情况下表面传热系数可用斯蒂芬-玻耳兹曼（Stefan-Boltzmann）方程计算，辐射热通量的计算公式为：

$$q_r = \sigma_0 \varepsilon A(T^4 - T_\infty^4) \tag{7-6}$$

式中，σ_0 为玻耳兹曼常数，$\text{W}/(\text{m}^2 \cdot \text{K}^4)$；$\varepsilon$ 为材料表面的辐射率；A 为面积；T、T_∞ 分别为轧件表面温度和环境温度。

对流传热的热通量为式（7-7），一般可通过经验公式算得：

$$q_{\text{air}} = h_c A(T - T_\infty) \tag{7-7}$$

式中，h_c 为自然对流换热系数。

考虑到辐射和对流的综合影响，可以换算出一个空冷状态下的综合换热系数，即总换热系数可表示为[6]：

$$h_j = h_r + h_d \tag{7-8}$$

$$h_d = 2.15(T_s - T_\infty)^{0.25} \tag{7-9}$$

$$h_r = \varepsilon \sigma_0 (T_s^2 + T_\infty^2)(T_s + T_\infty) \qquad (7-10)$$

式中，h_j 为空冷时总的换热系数，$W/(m^2 \cdot K)$；h_r 为热辐射换热系数，$W/(m^2 \cdot K)$；h_d 为热对流换热系数，$W/(m^2 \cdot K)$；σ_0 为玻耳兹曼常数，$W/(m^2 \cdot K^4)$；ε 为辐射率；T_s 为带钢表面温度，K；T_∞ 为环境温度，K。

式 (7-10) 中的热辐射率 ε 与钢板的表面温度有关。随着钢板表面温度的变化，辐射率也会产生变化，具体的变化情况可由式 (7-11) 得出：

$$\varepsilon = 1.1 + \frac{T_s}{1000}\left(0.125\frac{T_s}{1000} - 0.38\right) \qquad (7-11)$$

带钢水冷时传热过程相对比较复杂。冷却水在带钢表面形成射流冲击区和稳态膜沸腾区，对于此过程换热系数 h_w 的研究很多[7~9]，此过程的换热系数主要受设备条件、冷却水量和带钢表面温度的影响。

射流冲击区：

$$h_s = Pr^{0.33}(0.037 Re^{0.8} - 850)\frac{\lambda_w}{w} \qquad (7-12)$$

式中，Pr 为普朗特常数，$Pr = \mu_f c_p / \lambda_w$；$\mu_f$ 为动力黏度，$kg/(m \cdot s)$；c_p 为定压比热容，$J/(kg \cdot K)$；λ_w 为导热系数，$W(m \cdot K)$；Re 为雷诺数，$Re = w\rho v/\mu_f$；w 为冲击区宽度，m；ρ 为密度，kg/m^3；v 为射流水速度，m/s。

稳态膜沸腾区：

$$h_{fb} = \lambda_s \left(\frac{g\Delta\rho}{8\pi\lambda_s\alpha_c}\right)^{\frac{1}{3}} \qquad (7-13)$$

$$\alpha_c = \frac{\lambda_s\theta_s}{2i_{fc}\rho} \qquad (7-14)$$

式中，h_{fb} 为稳态稳定膜沸腾区的换热系数，$W/(m^2 \cdot K)$；g 为标准重力加速度，m/s^2；$\Delta\rho$ 为密度差，kg/m^3，$\Delta\rho = \rho_1 - \rho_s$；$\lambda_s$ 为饱和蒸汽下的导热系数，$W/(m^2 \cdot K)$；θ_s 为饱和蒸汽下的温度差，K，$\theta_s = T - T_1$；i_{fc} 为单位蒸发比焓，J/kg。

水冷过程中换热系数的确定一般采用经验公式。换热系数的经验公式为[10,11]：

$$h_w = h_r + h_w^c \qquad (7-15)$$

$$h_r = \varepsilon\sigma_0(T_s^2 + T_\infty^2)(T_s + T_\infty) \qquad (7-16)$$

$$h_w^c = \frac{9.72 \times 10^5 \omega^{0.355}}{T_s - T_w}\left[\frac{(2.5 - 1.5\lg T_w)D}{p_1 p_c}\right]^{0.645} \times 1.163 \qquad (7-17)$$

式中，h_w 为过程换热系数；h_w^c 为层流冷却水冷换热系数，$W/(m^2 \cdot K)$；ω 为水流密度，$m^3/(min \cdot m^2)$；D 为喷嘴直径，m；T_s、T_w 分别为带钢表面温度和水温，K；p_1、p_c 分别为轧线方向和轧线垂直方向的喷嘴间距，m。

在实际的层流冷却过程中，一般来说，边部的冷却能力大于中部，这是因为冷却水不断由带钢中部向边部流动造成的，因此换热系数沿带钢宽度方向是不均匀的。靠近侧面的地方对流换热系数较大且不均匀，根据文献 [12]，用下式描述 h_w 沿带钢宽度方向的分布情况：

$$h_{w} = \begin{cases} h_{w}^{c}\left(1 + 0.25\dfrac{10x - 4B}{B}\right) & x > 0.4B \\ h_{w}^{c} & x \le 0.4B \end{cases} \tag{7-18}$$

式中，h_{w}^{c} 为式（7-17）所确定的换热系数值。

由于需要计算的数据繁多，根据以上公式对空冷和水冷时的换热系数的计算进行编程，可以直接输出空冷时带钢在不同下温度下换热系数，并且该程序可以根据不同水量、环境温度和水温进行计算。

d 材料的热物性参数

材料的热物理性能包括导热系数、比热容等，都是随温度变化的。

导热系数又称热导率，指一定温度梯度下单位时间单位面积上传导的热量。它是由该点的材料性质决定的，是表征固体材料各处热传导能力强弱的物理量。带钢的导热系数与钢种有关，并且随温度变化，可由试验曲线确定。

在冷却过程中计算温度场时还需要确定带钢的比热容。带钢的比热容是与温度有关的物理量，随着冷却过程带钢温度的变化而不断变化。

7.1.1.2 相变过程的有限元模型

A 相变过程的数学模型

处于奥氏体区的带钢在冷却过程中，当温度低于 A_{r3} 时，钢中的奥氏体会向自由能更低的其他相转变。随着冷却速度的增加和相变温度的降低，奥氏体将依次形成铁素体、珠光体、贝氏体和马氏体。

奥氏体在冷却时的相变过程可以通过相变模型来进行描述。冷却后生成何种组织依赖于热力学条件，不同的钢种在室温条件下具有不同的组织。对于低碳钢来说，相变产物主要是先析出的铁素体，同时有很少量的珠光体。这种 $\gamma \to \alpha$、$\gamma \to P$ 的相变过程，主要受带钢的温度支配，即温度的变化引起钢的奥氏体相变，而相变同时又产生相变潜热，因此温度与相变是相互作用的，这两者必须同时耦合求解。

以等温转变热力学为基础，根据热膨胀实验结果和相变的叠加法则，描述连续冷却过程的相变行为，建立冷却过程温度与相变的耦合预报模型，利用有限元法计算带钢在冷却过程的相变过程。

带钢在冷却过程中，由于冷却速率的变化范围比较大，因此无法用连续冷却转变图（CCT 图）进行描述。针对带钢控制冷却过程的相变行为，Hawbolt、Umemot 和 Tamura[13,14] 等认为，钢的相变满足可加性法则，可以用一系列的等温过程描述此连续冷却过程，也就是说，相变动力仅是温度和已转变相百分含量的函数，而与具体的相变途径无关，即相变满足 Avrami 方程。

奥氏体相变的动力学方程可以用 Avrami 方程表示[15]：

$$X = 1 - \exp(-bt^{n}) \tag{7-19}$$

式中，X 为转变量；t 为相变开始后的时间；b、n 为新相形核长大系数，随钢的成分和奥氏体化温度的不同而异，由等温转变数据确定。

对于参数 b 和 n 值，可以根据等温转变曲线（TTT）回归分析得到。如图 7-2 所示。

如果已知某一温度 T 下两个不同的转变量 V_{s}、V_{e} 及其所对应的时间 t_{s}、t_{e}，就可以通过求解下述公式求得 b 和 $n^{[16]}$。

$$n = \frac{\ln\left[\dfrac{\ln(1 - V_s)}{\ln(1 - V_e)}\right]}{\ln\left(\dfrac{t_s}{t_e}\right)} \qquad (7\text{-}20)$$

$$b = -\frac{\ln(1 - V_s)}{t_s^n} \qquad (7\text{-}21)$$

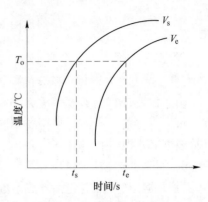

图 7-2　组织转变量与
转变时间的对应关系

根据等温转变实验数据绘制 TTT 曲线，再对 TTT 曲线进行拟合，回归出相变孕育期，并根据式（7-20）和式（7-21）计算出 b 值和 n 值。

Scheil 法则认为冷却中在各温度 T_i 下所停留的时间 t_i 对孕育期的消耗是可加性的。如果 T_i 的等温相变孕育期为 τ_i，将冷却过程无限细分，当在各温度下所消耗的孕育期 t_i/τ_i 的总和为 1 时，即表示孕育期耗尽而相变开始。如下式所示：

$$\frac{t_1}{\tau_1} + \frac{t_2}{\tau_2} + \frac{t_3}{\tau_3} + \cdots + \frac{t_n}{\tau_n} = \sum_{t=1}^{t=t_n} \frac{t(T)}{\tau(T)} = 1 \qquad (7\text{-}22)$$

在冷却过程中，当过冷度积累到一定程度时发生相变。采用上式所示的 Scheil 法则计算可得相变开始温度 A_{r3}。

利用 Scheil 的可加性法则，Avrami 方程可以写成式（7-23）的形式：

$$\dot{X} = nb\left[-\ln(1 - X)\right]^{n-1/n}(1 - X) \qquad (7\text{-}23)$$

式中，b 为温度的函数，n 在相变过程中保持不变，则式（7-23）的右侧其他部分是相变比例的函数，即相变动力仅是温度和已转变相百分含量及其应变的函数。

Scheil 的可加性法则同样可以用来判断过冷奥氏体相变开始时间，满足下式的时刻，相变开始：

$$\sum \frac{\Delta t_i}{\tau_i f(\varepsilon)} = 1 \qquad (7\text{-}24)$$

式中，Δt_i 为在温度 T_i 时的时间步长；τ_i 为在温度 T_i 时的相变孕育时间；$f(\varepsilon)$ 为相变材料内的积累应变的函数，$f(\varepsilon) = (1-\varepsilon)^2$。

当某种组织的孕育期消耗大于 1 时，则奥氏体开始向这种组织转变。当铁素体的孕育期消耗量大于 1 时开始发生铁素体转变；当贝氏体的孕育期消耗量大于 1 时，则发生贝氏体转变。这两种转变开始后，一旦珠光体的孕育期消耗量等于 1，则它们终止并开始发生珠光体转变。当温度 $T < M_s$ 时，以上转变终止并发生马氏体转变。

假设 X_{i-1} 为到第 $i-1$ 时间步长时的某一相变转变量；Δt 为时间步长，时间 t_i 为：

$$t_i = \Delta t + t_{i-1} \qquad (7\text{-}25)$$

$$t_{i-1} = \left[\frac{\ln\left(\dfrac{1}{1 - X_{i-1}}\right)}{b(T_i)}\right]^{1/n} \qquad (7\text{-}26)$$

利用式（7-25）~式（7-27）可以计算出某一时间步长内的相变转变量。

对于马氏体这种非扩散型相变，转变时仅取决于温度，而与时间无关，转变量与温度关系式为：

$$V = 1 - \exp[-\alpha(M_s - T)] \tag{7-27}$$

式中，M_s 为马氏体开始转变温度；α 为反映马氏体转变速率的常数，大多数钢种为 0.011。

另外，在带钢冷却过程中，内热源项 q 是由相变潜热产生的。相变潜热对温度场的影响较大，计算温度场时必须予以考虑，这使得温度场的计算更加复杂，两者必须耦合求解；由于奥氏体在单位时间转变程度 Δf 与温度有关，因此相变潜热也是与温度有关的函数，其计算公式为[17]：

$$q = \Delta H \frac{f_{n+1} - f_n}{\Delta t} = \Delta H \cdot \Delta f \tag{7-28}$$

式中，f_{n+1} 为 t_{n+1} 时刻的相变程度；f_n 为 t_n 时刻的相变程度；ΔH 为生成铁素体、珠光体、贝氏体、马氏体时相应的热焓；试验测得的奥氏体分解时的热焓值见表 7-1[17]；Δf 为单位时间的相变程度。

表 7-1 奥氏体分解时的热焓值

组织	铁素体	珠光体	贝氏体	马氏体
$\Delta H / \text{J} \cdot \text{m}^{-3}$	5.9×10^8	6.0×10^8	6.2×10^8	6.5×10^8

Avrami 方程中奥氏体的转变量 X 为归一化的值，用 X 乘以该温度下的平衡转变量 $X_{eq}(T)$，就可得到该时刻的相变比例。

B 相变平衡温度和平衡转变量的计算

由于奥氏体在冷却过程中并非只发生一种转变，而每种转变在一定温度下，有其平衡转变量。相变平衡温度和平衡转变量采用 K. Esaka 等[18~20]提出的并广泛应用在热轧带钢组织性能预报中的普通 C-Mn 钢相变动力学模型为基础确定。

a 相变温度的确定

铁素体相变平衡温度的确定：

$$A_{e3} = 1115 - 150.3w(\text{C}) + 216 \times (0.765 - w(\text{C}))^{4.26} \tag{7-29}$$

珠光体相变开始温度的确定：

$$\begin{cases} T_{PE} = 951.30 - 156.07w(\text{C}) + 26.809w(\text{Mn}) & T_{PE} \leqslant T < 993\text{K} \\ T_{PE} = 903\text{K} & T_{PE} \leqslant 903\text{K} \end{cases} \tag{7-30}$$

贝氏体相变温度范围是 T_{PE} 温度以下，贝氏体相变开始温度：

$$T_{Bs} = 656 - 58w(\text{C}) - 35w(\text{Mn}) - 75w(\text{Si}) - 15w(\text{Ni}) - 34w(\text{Cr}) - 41w(\text{Mo}) \tag{7-31}$$

马氏体相变开始温度：

$$M_s = 561 - 474w(\text{C}) - 33w(\text{Mn}) - 17w(\text{Si}) - 17w(\text{Cr}) - 21w(\text{Mo}) \tag{7-32}$$

b 各相平衡转变量的确定

铁素体相变平衡转变量：

$$X_{max} = f(T) \qquad 993\text{K} < T \leqslant A_{r3} \tag{7-33}$$

珠光体相变平衡转变量：

$$X_{max} = f(993) \qquad T_{PE} < T \leqslant 993\text{K} \tag{7-34}$$

贝氏体相变平衡转变量:

$$X_{\max} = 1 - f(993) \qquad T < T_{PE} \tag{7-35}$$

其中

$$f(T) = 1 - w(C)/C_0 \tag{7-36}$$

C_0 为 A_{r3} 温度下的碳含量:

$$C_0 = 14.09 - 0.02973 \times (T - 273) + 1.5656 \times 10^{-5} \times (T - 273)^2 \tag{7-37}$$

C 温度和相变的耦合计算过程

将带钢在输出辊道上的冷却过程划分为有限个足够小的时间步,从带钢进入冷却区开始计算。在带钢低于相变平衡温度时,首先,计算在各个时间步内对相变孕育期的消耗,当在某一时间步内相变孕育期耗尽,则将开始发生相变。假设在下一个时间步 Δt 内,相变是等温转变过程,通过 Avrami 方程计算该时间步内的相转变量。

在下一个时间步内,利用可加性法则计算相变增量。针对已开始相变的单元,重新将时间 t 置为 0。设 t 时刻的温度为 T_t,相转变比例为 X_t。首先,通过热交换方程得到 $T_{t+\Delta t}$,再利用式(7-38)计算出在 $T_{t+\Delta t}$ 下相转变比例达到 X_t 所需的虚拟时间 t_v。

$$t_v = \left[\frac{\ln(1 - X_t)}{-b(T_{t+\Delta t})} \right]^{1/n} \tag{7-38}$$

将虚拟时间 t_v 加上时间增量 Δt,利用 Avrami 方程确定 $t+\Delta t$ 时刻的总转变量:

$$\ln\left[\ln\left[\frac{1}{1 - X_{t+\Delta t}} \right] \right] = \ln b(T_{t+\Delta t}) + n\ln(t_v + \Delta t) \tag{7-39}$$

$X_{t+\Delta t}$ 与 X_t 的差即为时间增量 Δt 内的相转变增量。重复此计算过程,就可以得到最终各相的比例。首先,用 Avrami 方程计算相变量,从而得到相变潜热;再求解热交换方程,得到新的温度;利用新的温度计算参数 $b(T)$ 和 n,再重新求解相变量。如此迭代下去,直至两次迭代之间温差满足收敛条件。

用 Fortran 语言进行编程求解,计算流程如图 7-3 所示。

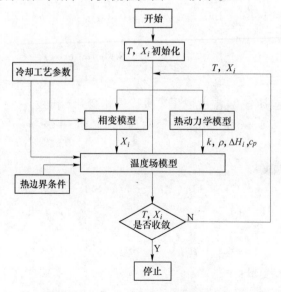

图 7-3 带钢层冷过程中的温度场和相变耦合求解流程图

D 计算结果及分析

温度场有限元模型的建立的基本条件包括：几何形状和尺寸，网格划分、材料属性、边界条件、初始条件等。对于厚度为3.5mm、宽度为1275mm的SPHC带钢，其化学成分见表7-2。有限元模型的几何尺寸为6m×1.275m×0.0035m。根据对称关系，取板宽一半进行分析，轧件截面划分为300×16个四节点网格单元。其冷却模式为前段连续冷却，开启前2组集管，带钢在输出辊道上的速度为7.0m/s。

表 7-2 SPHC 化学成分 （质量分数/%）

成分	C	Si	Mn	P	S	N
含量	0.02~0.04	0.01	0.2~0.023	0.006~0.013	0.006~0.012	0.0013~0.0046

根据带钢热轧生产中精轧机出口实测带钢横向温度分布，作为温度场分析的初始条件。计算的初始温度条件如图7-4所示。图7-4（a）为精轧出口实测的带钢温度分布。SPHC终轧温度目标值为880℃。结合大量现场实测数据，考虑到带钢边部处存在着边部温降，同时，为了简化计算，将温度场模型的初始温度沿宽度方向上的分布设为如图7-4（b）所示，在边部存在着40℃的温降。在长度和厚度方向上，认为带钢初始时的温度是均匀分布的。

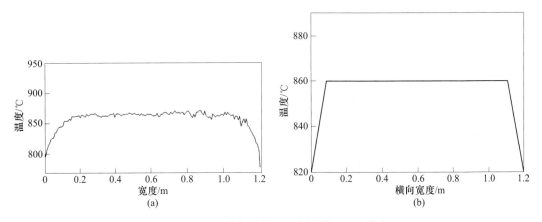

图 7-4 Q235 带钢精轧出口实测横向温度分布
（a）实测值温度分布；（b）假设初始温度分布

表 7-3 为 SPHC 钢的热物性参数，比热容、导热系数随温度的变化，由于这些参数是实测值，因此可确保计算精度和整个模型预测的准确性。

表 7-3 SPHC 钢的热物性参数表

温度/℃	比热容/J·(kg·K)⁻¹	导热系数/W·(m·K)⁻¹
20	455.1	76.19
100	403.4	59.26
200	520.0	63.83
300	561.2	56.32
400	611.3	50.57

续表 7-3

温度/℃	比热容/J·(kg·K)$^{-1}$	导热系数/W·(m·K)$^{-1}$
500	648.9	43.01
600	728.0	39.96
700	860.7	31.89
800	788.9	29.89
850	817.0	27.20
950	654.0	27.10

相变模型中参数 b 和 n 值，根据等温转变曲线（TTT）回归分析得到。首先根据等温转变实验数据绘制 TTT 曲线，再对 TTT 曲线进行拟合，回归出相变孕育期，并根据式（7-20）和式（7-21）计算出 b 和 n 值。具体试验过程如下。

针对 SPHC 钢，通过热膨胀仪和热模拟机测定其相变点和不同温度下的热膨胀曲线。实验材料取自工业试制热轧板坯，切成 $\phi4\times10$ 的小圆柱，工艺路线如图 7-5 所示。

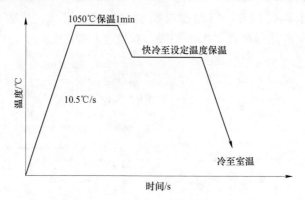

图 7-5　测定 TTT 曲线的实验工艺示意图

相变结束后，将试样快冷至室温，以保留该温度下的组织。将经过不同等温处理后的试样研磨、抛光，用 4% 的硝酸酒精溶液浸蚀，在光学显微镜观察分析其转变组织。根据不同保温温度下的时间-温度-膨胀量曲线，找出不同温度下的各相变起始点时间和终止点时间，并结合金相组织照片进行曲线的修正，得到 SPHC 的 TTT 曲线，如图 7-6 所示。

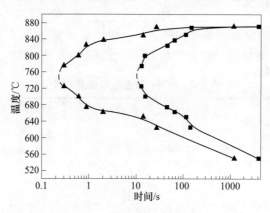

图 7-6　SPHC 钢的 TTT 曲线

　　SPHC 钢的 TTT 曲线测定的冷却温度范围为：880~550℃。等温转变曲线（TTT 图）中，转变温度 T 和时间 t 存在：$\ln t = a + bT + cT^2$ 关系，对实验数据按照相应的函数类型进行回归分析，得到如图 7-7 所示的拟合曲线，拟合公式中的系数见表 7-4。将拟合公式代入式（7-20）和式（7-21），从而得到参数 b 和 n，如图 7-8 所示。

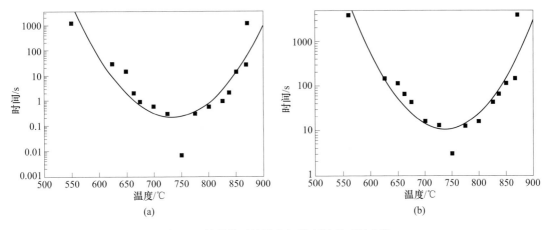

图 7-7　铁素体开始转变与结束转变时间曲线

（a）开始时间；（b）结束时间

表 7-4　拟合曲线中的参数

拟合参数	a	b	c
转变开始	162.98485	−0.44791	3.04855×10^{-4}
转变结束	116.86737	−0.31057	2.10618×10^{-4}

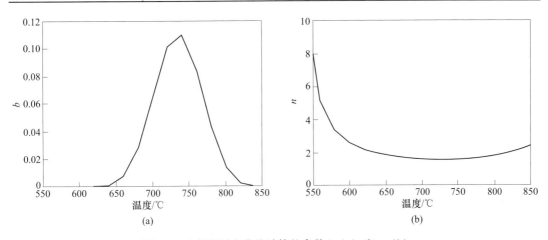

图 7-8　由等温转变曲线计算的参数 b（a）和 n（b）

　　对于 SPHC 钢层流冷却过程中的温度场和相变变化过程，首先看其厚度方向上的变化情况。带钢厚度为 3.5mm，出精轧后先经过 2.05s 的空冷，再进入水冷区，水冷区时间为 1.30s，而后再进行空冷 15.34s，层冷总的时间为 18.69s，即 0~2.05s 为空冷段，2.05~3.35s 为水冷阶段，3.35~18.69s 为二次空冷阶段。

图 7-9 为带钢厚度方向上温度场随时间变化。如果不考虑相变影响，采用开启前 2 组集管，辊道速度 $v = 7.0\text{m/s}$，水冷前空冷 2.05s，水冷时间为 1.30s，水冷后空冷 15.34s，冷却总时间为 18.69s，带钢可以从终轧后的 880℃冷却到 700℃左右（图 7-9（a））；而考虑了相变影响后，带钢由于发生相变释放相变潜热，温度有所回升，经过层流冷却后温度达到 740℃左右（图 7-9（b）），与实测点温度相吻合。

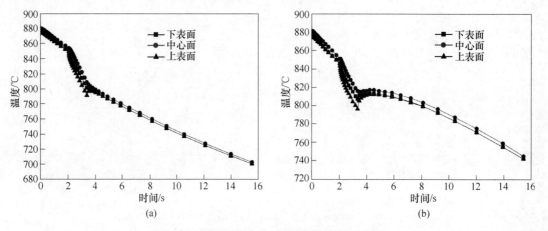

图 7-9　带钢厚度方向上温度随时间变化曲线

（a）不考虑相变；（b）考虑相变

在最初的空冷阶段带钢上下表面和中心面的冷却速度基本一致，进入水冷阶段后，表面温度降得较为迅速，下表面次之，中心面最慢。水冷过程中，由于温差变化和相变孕育期的积累将发生铁素体相变，而在相变的过程中会释放相变潜热，它会反过来影响带钢温度场的变化，从而降低带钢温度场的温降速率。从图 7-9 中可以看出，在 3s 左右带钢上表面温度开始回升，同时对照图 7-10 可以知道此时带钢中奥氏体开始向铁素体转变，由此可以得出其温度的回升是由于相变释放的相变潜热所致，故相变对温度场的影响是不可忽略的。带钢卷取前上下表面和中心面基本一致，为 740℃左右。

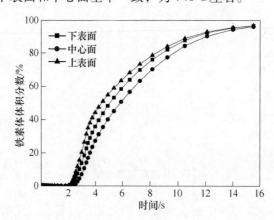

图 7-10　带钢厚度方向上铁素体含量随时间变化曲线

在冷却过程中，随着温度降低带钢会在某一温度发生铁素体和珠光体相变。图 7-11 表示带钢厚度方向上铁素体含量随时间变化曲线，从图中可以看出，带钢上表面铁素体相变开始时间为 2. 18s 左右, 下表面开始时间为 2.18s, 中心面开始时间为 2.47s, 这是由于带钢上表面直接接触冷却水的冲击, 冷却速度比较快。3 个位置相变增长的速率基本一致, 水冷结束时, 带钢上表面铁素体相变百分含量为 97.7%, 下表面铁素体相变百分含量为 97.6%, 中心面为 97.5%。对比图 7-9 和图 7-10 可以看出带钢相变的发生是与温度场紧密联系在一起的, 温度场的变化影响带钢相变的产生, 反过来相变的发生也影响温度场的变化曲线。

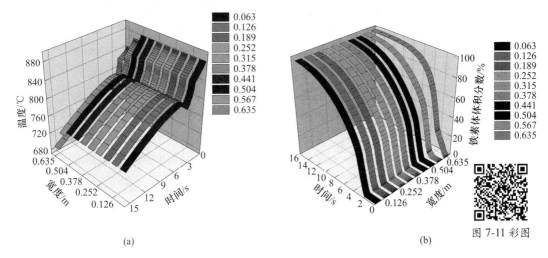

图 7-11 带钢宽度方向上温度与相变随时间变化曲线

(a) 温度; (b) 铁素体相变

如图 7-11 (a) 所示, 为带钢上表面宽度方向上温度随时间变化三维图, x 坐标指的是宽度方向上坐标即距离带钢边部的距离值, 0 表示带钢中部, 0.6375 表示带钢边部, y 坐标表示的是带钢冷却的时间, z 坐标表示温度。如图 7-11 (b) 所示, 为带钢上表面宽度方向上铁素体含量随时间变化三维图, x 坐标指的是宽度方向上坐标即距离带钢边部的距离值, 0 表示带钢中部, 0.635 表示带钢边部, y 坐标表示的是带钢冷却的时间, z 坐标表示温度。相变开始时间大致为 2.18s, 结束时间为 18.7s, 这与通过实验得到的 CCT 曲线的数据是基本吻合的 (图 7-12)。

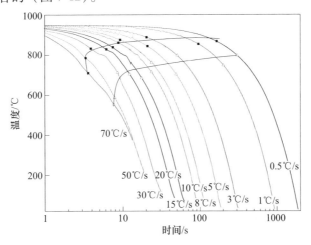

图 7-12 实验测量的 CCT 曲线

　　如图 7-13 (a) 是带钢中部温度与边部温度的温度差随时间的变化曲线图，从图中可以明显地看出，带钢冷却过程中温度差与冷却时间的关系，从而得到温度变化的规律。在冷却的不同阶段，带钢的边部温度总是低于中部的温度，在冷却的开始阶段，带钢边部和心部的温差为 40℃，在冷却结束卷取前带钢边部和中部的温差达到了 50℃，这说明带钢边部温降比心部快。空冷阶段产生温差时由于带钢边部直接接触空气，热传导的方向为边部向心部，故边部温度较心部温度低，而在水冷阶段，带钢边部的冷却速率明显地高于心部的冷却速率，经分析这是由于在层流冷却的过程中，带钢宽度方向上，中间的冷却水会向边部流动，导致边部产生二次冷却，使边部的对流换热系数进一步增大，边部冷却速率变大。图 7-13 (b) 是带钢中部与边部的温度差与铁素体转变的关系，由于相变孕育期的积累，此时，带钢铁素体相变孕育期已到达，故发生了奥氏体向铁素体的转变，边部温降较心部快，边部首先发生铁素体相变，心部紧接着发生相变。从图中可以更好地说明 SPHC 钢层冷过程中的相变与温度场的耦合关系：温度场的变化促使铁素体发生转变，而反过来铁素体相变过程中产生释放的相变潜热又影响了温度场的变化。

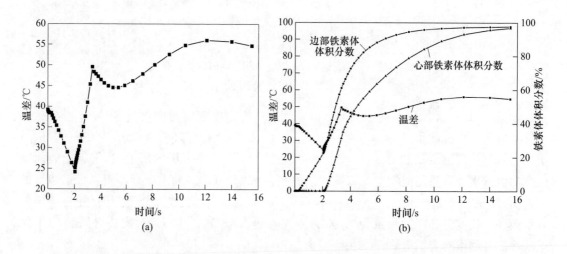

图 7-13　带钢边部与中部温度差 (a) 及铁素体转变随时间的变化 (b) 曲线

7.1.1.3　冷却模式的影响分析

A　后段连续冷却时的温度场与相变

　　对于厚度为 2.0mm、宽度为 1200mm 的 SPHC 带钢，有限元模型的几何尺寸为 6m×1.2m×0.002m。根据假设条件，取带钢宽度方向上的 1/2 确定模型的宽度，因此温度场模型横截面的几何尺寸为 0.6m×0.002m，划分为 30×20 个单元格。在输出辊道上带钢的速度为 11.9 m/s，这里不考虑微调区的影响。采用前段连续冷却方式冷却时，开启前 9 组水冷集管，而采用后段连续冷却方式冷却时开启后 9 组水冷集管。其中由于带钢在冷却过程中，边部存在较大的温度梯度，因此对边部单元进行了细化。计算时，带钢温度宽度方向温度分布的初始条件参考图 7-4。

　　表 7-5 为钢的热物性参数，比热容、导热系数随温度的变化[21]。

表 7-5 热物性参数 （ρ: 7841kg/m³）

温度/℃	比热容/J·(kg·K)⁻¹	导热系数/W·(m·K)⁻¹
20	465	55.78
100	485	52.18
200	512	48.74
300	544	45.81
400	585	43.12
500	639	40.03
600	715	36.27
700	848	31.65
760	1153	30.83
800	845	29.48
900	755	32.38
1000	742	31.71

下面以后段连续冷却方式为例，对计算结果进行分析。

在带钢厚度方向上，如图 7-14 所示，对于后段连续冷却，0~4.65s 为空冷阶段，钢板上下表面与中心的温度几乎相同；4.65~8.10s 为水冷阶段，由于受到冷却水的冲击，上下表面温度快速下降，中心温度也随之降低；8.10~11.8s 为返红阶段，钢板表面温度略低于中心的温度，内部导热系数大于表面换热系数，另外从图 7-15 中可以看出，在水冷时，随着温度的降低将发生奥氏体相变，而相变过程中会释放相变潜热，它反过来影响温度场的变化，使带钢温度升高，因此在返红阶段钢板快速返温。带钢在厚度方向上，整个冷却过程中各处温度的变化规律及温度的大小基本一致。在整个冷却过程中的平均冷却速度为 17.6℃/s。这和现场实测结果基本一致。

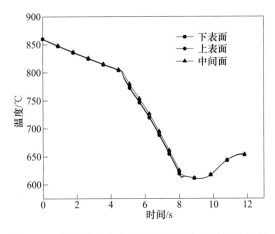

图 7-14 带钢厚度方向上的温度随冷却时间的变化

在宽度方向上，如图 7-15 所示，0~4.65s 为空冷阶段，带钢中部和边部的温度均有所降低，温度的变化及温降基本一致。4.65~8.10s 为水冷阶段，边部的温降速率稍大于中部的温降速率，靠近边部的区域过冷度进一步加大。水冷结束时中部和边部的温差达到极大值，由初始40℃增加到69℃。温差增大的主要原因有：（1）在层流冷却过程中，由于在宽度方向上，中间的冷却水会向边部流动，这会导致边部产生二次冷却，使边部的对流换热系数进一步增大，使边部冷却速率变大；（2）由于钢板是不断向前运动的，因此在钢板横截面中心处，前一组集管的冷却水会对后面的集管的冷却水造成一定的影响，由于是已经冷却后的水，因此水温会有一定的升高，也就会导致中心的换热系数降低。8.10~11.8s为出层流冷却后的带钢返红阶段，如图7-16和图7-17所示的计算结果表明，在水冷结束以后，中部与边部的温度差先减小后增大，这是由于在冷却过程中，带钢边部温度低于中部的温度，随着温度的降低，带钢边部首先发生铁素体相变，其相变速率大于带钢中部，释放的相变潜热使带钢边部温度明显升高，边部与中部温度差逐渐减小；在水冷结束以后，带钢中部也发生铁素体相变，释放相变潜热使带钢中部温度也明显升高，因此，使带钢边部与中部温度差又逐渐增大。由于奥氏体相变所释放的相变潜热，带钢中部和边部的温度有40~50℃的回升，最终，带钢边部和中心部位的温差为60℃，温差比初始冷却时增大。这说明相变生成热特别是在低冷却速率时要在温度场的计算中进行耦合，相变潜热对温度场的影响是不能忽略的。

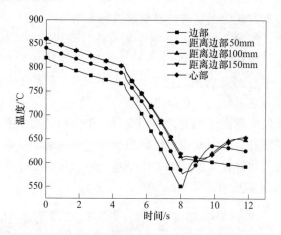

图7-15 沿带钢宽度方向不同部位的温度随时间的变化

图7-18所示，终冷时带钢在宽度方向上，在靠近边部的地方仍有60℃左右的温差；而对带钢内各相的分布，在靠近边部的地方铁素体的分布较高，为65%左右，而中心铁素体的分布较低，为62.5%左右，此时铁素体转变已经结束，而珠光体转变刚刚开始，即珠光体转变主要发生在卷取过程中，且此时边部的珠光体相变比例及相变速率较大。

B 前段连续冷却和后段连续冷却时的比较

带钢横截面上一些坐标点的温度变化情况，在宽度、厚度方向上不同两点之间温差的变化以及不同时刻的温度分布情况，同时将前段连续冷却和后段连续冷却两种不同冷却方式进行了对比。

如图7-19所示，对于前段连续冷却，水冷前，上下表面温度相同，均略低于中心面温度1℃左右；在层流冷却过程中由于上下水量不同，上集管的水流量大，对流换热系数大，因此水冷时上表面的温降速度大于下表面，导致水冷后下表面温度高于上表面温度大

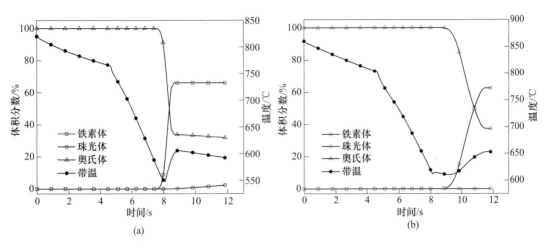

图 7-16 带钢宽度不同部位相变量随时间的变化

(a) 带钢边部；(b) 带钢中部

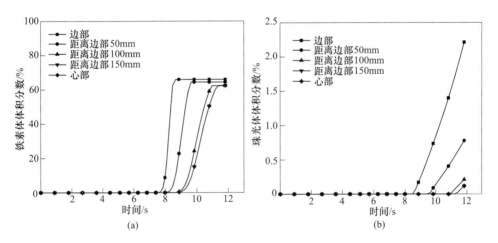

图 7-17 层冷冷却过程中铁素体和珠光体的转变量

(a) 铁素体转变量；(b) 珠光体转变量

约 4℃；水冷结束以后，由于内部导热，终冷时钢板上下表面温度又趋于一致。后段冷却时，带钢在空冷和水冷段的内外温差上与前段冷却几乎没有大的差异，只是温差大时间段后移。

值得注意的是，经过同样的水冷和空冷时间后，采用前段连续冷却方式的终冷温度要高于采用后段连续冷却方式的终冷温度，如后段冷却条件下带钢的卷取温度为 529℃，而前段冷却条件下带钢的卷取温度为 550℃。主要原因有：（1）空冷时的综合换热系数在很大程度上受温度的影响，温度高换热系数大，前段连续冷却和后段连续冷却经历了相同的空冷时间，而后者所经历的空冷时间大多集中在带钢温度较高的时间段内，因此温降较大；（2）水冷时的对流换热系数同样受温度的影响，与空冷相反，温度越高对流换热系数越小，采用后段连续冷却方式，进水冷前的带钢温度就明显低于采用前段连续冷却方式的带钢温度，其对流换热系数大，温降快，因此终冷时后段连续冷却的带钢温度较低。

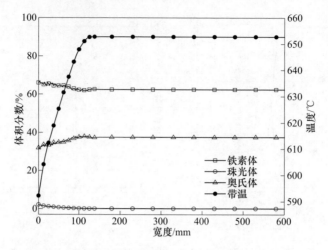

图 7-18 终冷时带钢沿宽度方向上温度及各相分布

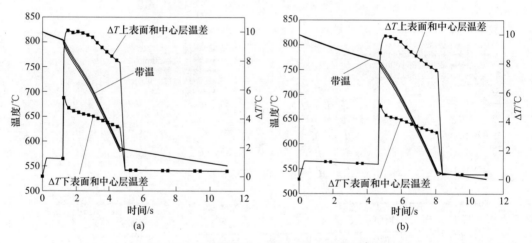

图 7-19 带钢厚度方向上的温度-时间历程曲线
(a) 前段连续冷却;(b) 后段连续冷却

在宽度方向上,初始时的温度分布比较均匀,但靠近带钢边部的地方,即 0~90mm 之间还是存在冷却度过大现象,由初始条件可知有 40℃ 的温差,在水冷过程中靠近边部的地方过冷度进一步加大,终冷时其温差达到 70℃,且温度的不均匀分布在宽度方向上的范围也进一步加大,终冷时增加到 140mm 左右。如图 7-20 所示,其中 0mm 处为带钢的边部,600mm 处为带钢宽度方向横截面中心。采用前段连续冷却和后段连续冷却,终冷时沿宽度方向上的温度分布及整个冷却过程中温度的变化情况基本相同。但由于采用前段连续冷却方式进行冷却,水冷后有更多的空冷时间进行带钢的内部导热,因此终冷时带钢中心面和侧面的温差要略小于后段连续冷却方式。

综上所述,产生宽度方向上温度分布不均的原因主要有:(1) 热轧后带钢初始温度分布,其边部的温度就明显低于中心的温度,在层流冷却过程中,钢板的表面温度直接影响对流换热系数的大小,温度低的地方对流换热系数大,温度高的地方对流换热系数

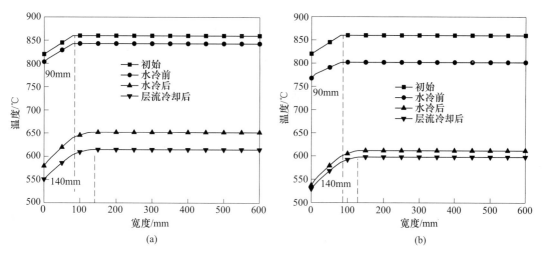

图 7-20 带钢上表面在宽度方向上的温度分布

（a）前段连续冷却；（b）后段连续冷却

小；（2）在层流冷却过程中，由于在宽度方向上，中间的冷却水会向边部流动，这会导致边部产生二次冷却，使边部的对流换热系数进一步增大，同时这也使温度在宽度方向不均匀分布的范围进一步增大；（3）由于钢板是不断向前运动的，因此在钢板横截面中心处，前一组集管的冷却水会对后面的集管的冷却水造成一定的影响，由于是已经冷却后的水，因此水温会有一定的升高，也就会导致换热系数降低。

不同冷却模式下带钢的铁素体体积分数随时间的变化历程不同，前段连续冷却模式下带钢首先发生铁素体相变，相变开始温度为 645℃，后段连续冷却模式下带钢发生铁素体相变开始温度为 614℃，且后段连续冷却模式下带钢铁素体的相变速率大于前段连续冷却模式下带钢铁素体的相变速率。不同冷却模式下，带钢中部铁素体、珠光体体积分数随时间的变化曲线如图 7-21 所示。

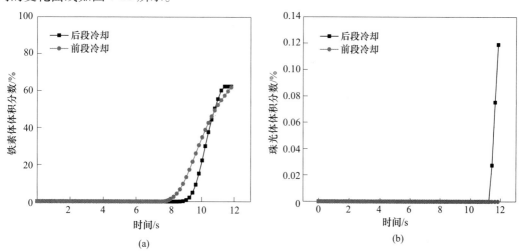

图 7-21 相变体积分数随时间的变化

（a）铁素体相变；（b）珠光体相变

不同冷却模式下，终冷时各相的体积分数沿带钢宽度方向的分布如图 7-22 所示。热轧普碳钢在层冷冷却后进入空冷段时的微观组织为铁素体、珠光体和奥氏体。在不同冷却模式下，终冷时铁素体含量及分布规律基本相近，中部铁素体含量较低，铁素体体积分数在 62%~63% 之间，靠近边部的地方铁素体含量较中部高 3% 左右；在不同冷却模式下，终冷时珠光体含量都很少，分布规律基本相同，边部珠光体含量较中部高，为 2% 左右，而中部的珠光体相变刚刚开始；由于卷取后，钢卷冷却方式为空冷，冷却速度缓慢，奥氏体继续转变为铁素体和珠光体。

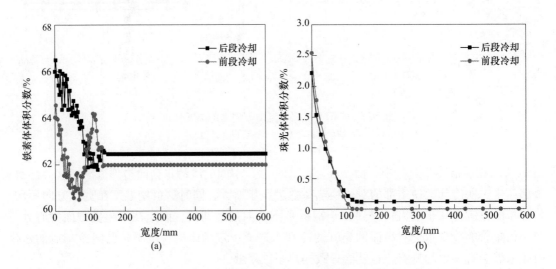

图 7-22　终冷时带钢沿宽度方向上相变组织的分布情况

(a) 铁素体相变；(b) 珠光体相变

7.1.1.4　厚度方向温度和相变不均匀性分析

以 12mm 厚度 X70 管线钢为对象，分析厚度方向不对称冷却对相变不均匀产生的影响。层流冷却设备参数与前面的有限元模拟一致。X70 管线钢在快速冷却下，其相变组织主要为针状铁素体或贝氏体铁素体，还有少量多边形铁素体和极少量马氏体-奥氏体（MA）混合组织。

对带钢层流冷却过程中的温度场和相变效应进行计算。图 7-23 为距离带钢中心 0.63m 宽度范围内（此小节随后分析的温度、贝氏体都在带钢中部的这一范围之内），厚度方向上、中、下面上温度随时间的变化规律。从图 7-23 中可以看出精轧机出口到水冷之前的第一段空冷的过程中，带钢依靠对流、辐射降温和内部导热，上、下表面及中心的温度基本相同。进入水冷区之后，带钢上下表面为冷却水对流换热降温，中部为热传导降温。上表面和中心面的温度差值在冷却 14.28s 之后达到最大值 53.8℃，水冷结束之后差值为 30.2℃；中心面和下表面的温度差值在水冷开始不久的 8.33s 时即达到最大值 27.8℃，之后逐渐降低，水冷结束之后为 9.5℃。水冷结束之后的空冷过程中，由于内部的热传导和相变潜热的综合作用，上下表面的温度迅速回升，冷却至 30s 左右，上、下表面和中心面的温差基本稳定在 2.3℃ 左右，终冷时带钢的卷取温度为 503℃。

根据相变子程序模拟计算的结果，带钢在层流冷却过程中只会发生贝氏体相变。图

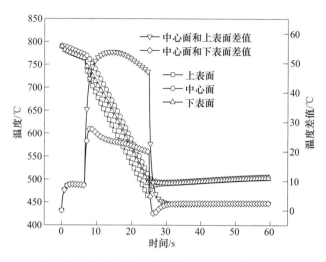

图 7-23　冷却过程中带钢厚度方向上的温度变化

7-24 为厚度方向各面贝氏体随时间的变化规律，可以看出，由于上表面水冷温降比较迅速，在冷却至 23.8s 时发生贝氏体相变，而下表面和中心面的贝氏体相变开始时间则分别为 25.6s、26.4s。在之后的贝氏体转变过程中，上、下表面和中心面的组织转变量依次降低，卷取时各面的体积分数分别为 41.8%、38.2%、34.9%。水冷过程中和随后的空冷过程中，厚度方向上的温度不均匀，是贝氏体转变量产生差异的原因。图 7-25 为卷取时带钢厚度方向上的贝氏体分布，可以看出贝氏体分布并不沿厚度中心对称分布，含量较低的部分在靠近下表面一侧。

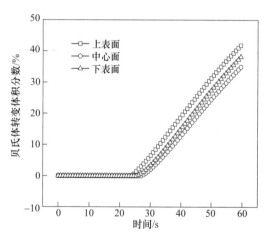

图 7-24　冷却过程中带钢厚度方向上的贝氏体变化

图 7-26 为带钢中部在水冷结束时和卷取时厚度方向的分布规律，可以看出，在常规层流冷却过程中，水冷结束时上下表面的温差为 26.7℃，最大的温度梯度更是达到了 46.9℃。由于内部导热和均匀的上下表面空冷换热系数，卷取时上下表面的温度基本相等为 503℃，最大温差仅为 2.5℃，且温度分布沿中心面对称分布。由于上下表面的不均匀冷却，相变产生的膨胀和冷却导致的收缩很容易导致水冷过程中带钢的翘曲变形。特别是

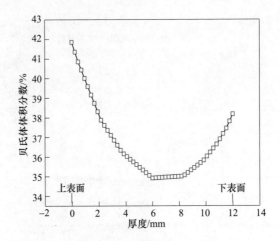

图 7-25　卷取时带钢厚度方向贝氏体的分布规律

水冷温度区间为相变区间，相变会使材料在各个温度下的线膨胀系数发生很大的变化，且不均匀分布的微观组织也会产生不均匀分布的组织应力，使翘曲变形更加复杂化。

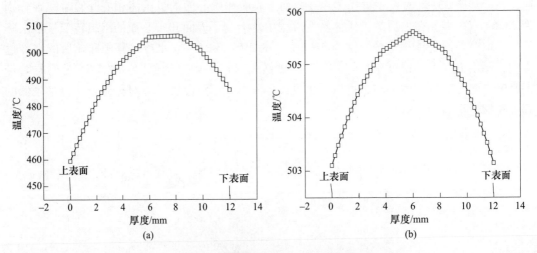

图 7-26　带钢厚度方向温度分布规律

(a) 水冷结束时；(b) 卷取时

7.1.1.5　宽度方向温度和相变不均匀性分析

图 7-27 为层流冷却过程中带钢上表面宽度方向上的温度和贝氏体分布规律。从图 7-27 (a)可以看出，在整个冷却过程中，宽度方向上的温度分布都不均匀。在空冷过程中中部和边部的温差无论是范围还是数值大小都变化不大，基本维持在初始温差的范围之内。当进入水冷区之后，由于中部的水流向边部流出，下喷嘴的水流回落到钢板两边，边部 150mm 范围内会产生过冷现象，且随着水冷时间的增加，边部温降的速度比中部要大。至水冷结束时边部温度最低为 198.3℃，此时中部温度为 459.4℃，中部和边部的温差达到了 261.1℃。之后空冷过程中由于相变潜热和内部宽度方向上的热传导作用，边部 150mm 范围内和中部的温差逐渐较小，不过卷取时依然存在较大的 65.2℃温差。

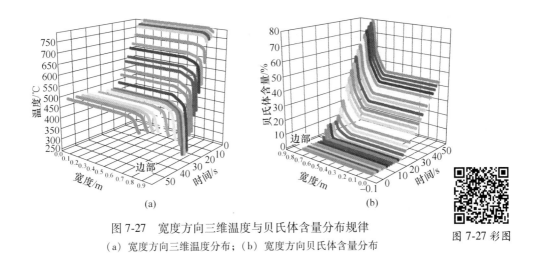

(a)   (b)

图7-27 宽度方向三维温度与贝氏体含量分布规律

（a）宽度方向三维温度分布；（b）宽度方向贝氏体含量分布

图 7-27 彩图

从图 7-27（b）可以看出，在空冷区和水冷的一段范围之内，并没有发生贝氏体相变。由于边部的过冷现象，在 14.28s 时边部首先发生相变，此时边部的温度为 424℃，随着温度的继续降低，边部相变的范围开始扩大，相变开始越早的部位，贝氏体组织比例就越大。中部的相变开始时间为 23.8s，此时带钢上表面的温度为 476℃。卷取时宽度方向边部贝氏体体积分数不均匀分布的范围达到了 180mm，边部的最大值达到了 78.6%，中部仅为 41.8%。

图 7-28 和图 7-29 分别为带钢宽度方向温度和贝氏体中部、边部的二维分布规律。从图 7-28（a）中可以更加直观地看出在带钢宽度方向上的温度分布规律，在带钢边部和分别距离边部 9~75mm 处，水冷结束时温度由 198.3℃ 急剧过渡到 459.4℃，但是在边部 30mm 范围内升高的幅度明显大于其他部位，这是由于边部的初始温度较低和带钢边部特殊的传热条件造成的。从图 7-29（a）中可以看出，各处贝氏体转变开始的时间不同，卷取时贝氏体体积分数为 71.8% 过渡到 53.6%。同样地，由于温度的变化幅度原因，贝氏体转变开始时边部 30mm 范围内的变化幅度最大，但是贝氏体最终生成量的变化幅度并不如开始时间那样大。这里选取带钢上表面中部和距离边部 9mm、30mm 处的温度、贝氏体转变量差值绝对值随时间的变化规律。从图 7-28（b）可以看出，在常规层流冷却过程中，

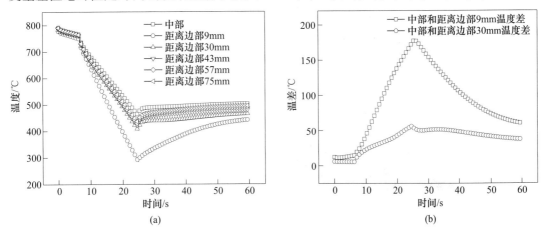

(a)   (b)

图 7-28 带钢上表面中部和边部温度分布（a）和温度差值（b）规律

中部和距离边部 9mm、30mm 处的温差最大值分别为 160.4℃、46.8℃；边部和中部的贝氏体体积分数转变量之差的最大值分别为 31.5%、27.3%。

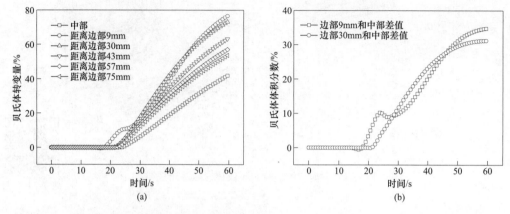

图 7-29 带钢上表面中部和边部贝氏体分布（a）和差值（b）规律

从以上的分析中可以看出，在 X70 钢层流冷却过程中，由于宽度方向初始温差的存在和水冷区换热系数的不同，自始至终宽度方向上都存在着不均匀的温度差，这种不均匀的温差在水冷结束后达到最大。同时宽度方向上不均匀的温差也直接导致了贝氏体转变量的差异，边部冷却速度大，相变时间开始早，最终相变比例大于边部。这种宽度方向不均匀分布的温度和组织转变差异会产生不均匀的热应力和组织应力差异，影响冷却过程中的板形和冷却至室温之后的板形。

7.1.1.6 有限元计算结果的验证

用热像仪器实测了热轧带钢上表面出精轧温度和卷取前温度，如图 7-30 和图 7-31 所示。

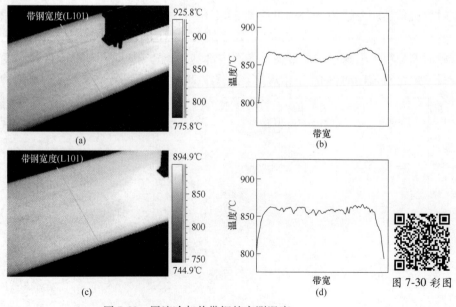

图 7-30 层流冷却前带钢的实测温度

（a），（c）测温图像；（b），（d）沿带钢宽度温度分布测量的 20 组结果如图 7-32 和图 7-33 所示，出精轧时带钢上表面中部的平均温度为 860℃，而边部温度较低，从图中可以看出温度主要分布在 800~810℃。

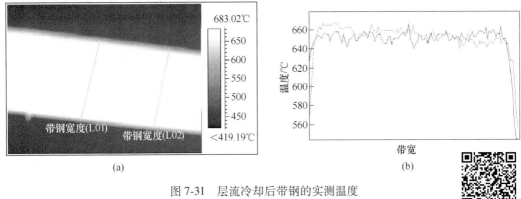

(a)

(b)

图 7-31　层流冷却后带钢的实测温度

（a）测温图像；（b）沿带钢宽度温度分布

图 7-31 彩图

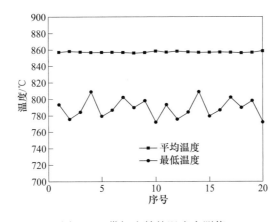

图 7-32　带钢出精轧温度实测值

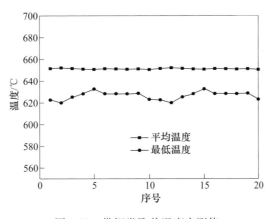

图 7-33　带钢卷取前温度实测值

从图 7-33 中可以看出，卷取前带钢上表面中部的平均温度为 651℃左右，边部最低温度分布在 619.9~632.6℃ 范围内，而温度分布主要集中在 628℃ 左右。本章根据实际现场的冷却工艺计算所得卷取前的温度分布如图 7-34 所示，根据计算结果可得到卷取前带钢上表面的平均温度为 658.4℃，而边部最低温度为 634.4℃。可知，计算所得的温度分布和实测的温度分布基本相同，温度的相对误差小于 10℃，证明了该模型在温度场计算方面具有较高的精度。

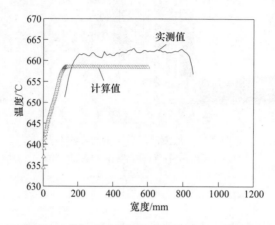

图 7-34 带钢卷取前温度计算值和实测值比较

7.1.2 钢卷冷却过程的温度场和相变耦合解析

7.1.2.1 热轧钢卷温度场有限元模型的建立

钢卷表面的热辐射与钢卷周围空气的对流是其热损失的主要途径，而钢卷内径孔内的辐射得到维持，散热削弱，计算时可以忽略。所以对于热轧钢卷来说，欲较准确地求出钢卷的温度分布，除考虑对流和辐射效应外，还要考虑径向和轴向导热的影响，因而是一个导热、对流和辐射的组合性问题。

在冷却的理论计算中，假设带钢卷为多层圆柱体（图 7-35），钢卷冷却时自由表面与周围介质有热交换，钢卷内部层与层之间有热传导。从传热理论来看这属于无内热源非稳态温度场。因钢卷呈圆柱状，内外自由表面都均匀换热，故温度沿周向变化可忽略不计，因而可以说热轧钢卷的温度场就是其轴对称面的温度场。热轧带钢卷的冷却过程用热传导二维方程来表示，在圆柱体坐标中：

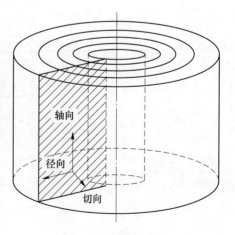

图 7-35 钢卷示意图

$$\frac{\partial T}{\partial t} = a\left(\frac{\partial^2 T}{\partial r^2} + \frac{1}{r}\frac{\partial T}{\partial r} + \frac{1}{r^2}\frac{\partial^2 T}{\partial \varphi^2} + \frac{\partial^2 T}{\partial z^2}\right) \quad (7\text{-}40)$$

忽略周向导热、考虑轴向导热系数与径向导热系数的正交各向异性，得热传导方程如下：

$$C\rho\frac{\partial T}{\partial t} = \lambda_r\left(\frac{\partial^2 T}{\partial r^2} + \frac{1}{r}\frac{\partial T}{\partial r}\right) + \lambda_z\frac{\partial^2 T}{\partial z^2} \quad (7\text{-}41)$$

初始状态:

$$T(r,z)_{t=0} = T_0 \tag{7-42}$$

钢卷内径壁、外径壁和两个端面是钢卷换热界面,作为边界的每个冷却表面存在着对流换热和辐射换热。边界条件表示为[22]:

$$\lambda_i \frac{\partial T^k}{\partial x_i} = -\alpha^k(T^k - T_{cp}^k) \tag{7-43}$$

式中,i 为方向指数(如:r—径向,z—轴向);k 为表面热交换指数;α^k 为表面换热系数,$W/(m^2 \cdot K)$,将辐射换热也等效为对流换热,因而表面换热系数为等效的对流换热系数;λ_i 为 i 向导热系数,$W/(m \cdot K)$;C 为钢的质量热容,$J/(kg \cdot K)$;ρ 为密度,kg/m^3;T^k 为冷却表面温度,K;T_{cp}^k 为来自相应表面的介质温度,K。

(1)钢卷的内表面为自由表面,为第三类温度边界条件:

$$h_1(T_f - T_{r=R_i}) = -\lambda\left(\frac{\partial T}{\partial r}\right)_{r=R_i} \tag{7-44}$$

钢卷横放时内表面空气的流动状态一般都呈层流状态,故内表面与空气的换热系数 h_1 取:

$$h_1 = 1.42\left(\frac{T_w - T_f}{D}\right)^{\frac{1}{4}}\left(\frac{d}{D}\right)^{\frac{1}{9}} \tag{7-45}$$

(2)钢卷的外表面为第三类温度边界条件:

$$h_2(T_f - T_{r=R_o}) = -\lambda\left(\frac{\partial T}{\partial r}\right)_{r=R_o} \tag{7-46}$$

钢卷为横放,空气流动状态呈层流状态,外表面与空气的换热系数 h_2 取:

$$h_2 = 1.32\left(\frac{T_w - T_f}{D}\right)^{\frac{1}{4}} \tag{7-47}$$

(3)钢卷的端面为第三类温度边界条件:

$$h_3(T_f - T_{z=B}) = -\lambda_0\left(\frac{\partial T}{\partial z}\right)_{z=B} \tag{7-48}$$

钢卷为横放,空气流动状态呈层流状态,两个端面与空气的换热系数 h_3 取:

$$h_3 = 1.42\left(\frac{T_w - T_f}{D}\right)^{\frac{1}{4}} \tag{7-49}$$

式中,h_1、h_2、h_3 分别为钢卷的表面与周围介质的对流换热系数;T_w、T_f 分别为钢卷外表面温度和周围空气的温度;λ_0、λ 分别为环向/轴向导热系数和径向导热系数,取 $60.5 W/(m \cdot K)$;d 为气体的通道当量直径,对于钢卷的内表面取钢卷的内径;D 为钢卷外径。

7.1.2.2 钢卷温度场和相变的耦合计算结果

A 模型的建立

a 模型的几何尺寸和网格划分

Q235 连铸坯在加热炉中预热后,经粗轧、精轧、层流冷却、卷取这一系列的热轧过程,轧成带厚为 2mm、带宽为 1200mm 的带钢。卷取后钢卷的最小内径为 760mm。

　　根据体积相等原理可以求得钢卷的几何尺寸，见表 7-6。

表 7-6　热轧钢卷的尺寸及其他模拟输入参考数据

冷却介质	带厚/mm	内径/mm	外径/mm	带宽/mm	卷取温度/℃	介质温度/℃	密度/kg·m⁻³
空气	2	760	1800	1200	662.5~600	30	7841

　　热轧钢卷是存在中空空隙的层叠圆柱状卷曲的连续的钢带，如图 7-36 所示。因为钢卷是层叠状的，径向是阻碍热流扩散的主要方向，所以径向网格划得比较稠密，每个网格宽度相当于每匝带厚，而轴向长度较大，网格也划得较稀，为的是节省计算时间，而又不影响计算结果的精度。因为钢卷是轴对称的，所求的是二维温度场，所以选择耦合温度、应力和位移的四节点轴对称单元，节点数为 2112（65×15×2），单元数为 1950（65×15×2）。由于边部冷却能力强，温差大，故将边部进行细分。如图 7-37 所示，L 为带钢宽度，R_i 为钢卷内径，R_o 为钢卷外径。

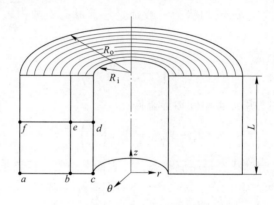

图 7-36　钢卷导热坐标系统

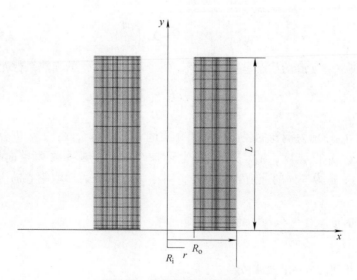

图 7-37　热轧钢卷网格模型图

b　热物性参数

在计算模拟钢卷的温度场时，需要确定钢卷的导热系数尤其是径向导热系数。考虑热物性参数的各向异性，关于钢卷的径向导热系数，热轧钢卷在轧后 500~720℃ 间卷取，在钢卷库存储间冷至室温，热轧钢卷的冷却时间依赖于许多变量，如环境温度、冷却介质、冷却方式、板带厚度和钢卷重量等。钢卷的热损失主要是由钢卷表面的热辐射与钢卷周围空气的对流造成的，而钢卷内径孔内的辐射得到维持，散热削弱，计算时可以忽略。

钢卷的导热系数设为各向异性，钢卷的轴向导热系数 λ_z 即是钢的导热系数。

钢卷的径向导热系数，采用了文献 [23] 所用的式（7-50）来计算：

$$\lambda_r = (1 - a/100)[\lambda_B/(1 - \eta) + \alpha S/\eta] + a\lambda_M/100 \qquad (7\text{-}50)$$

式中，a 为接触率（对卷取密度 $\eta = 0.9 \sim 0.98$ 的卷，$a = 3\%$）；α 为气层辐射换热系数，其平均值 $\alpha_{c\rho} = 96W/(m^2 \cdot K)$；$\lambda_M$ 为金属导热系数，平均值 $\lambda_m^{c\rho} = 46.4W/(m \cdot K)$；$\lambda_B$ 为空气在气层中的导热系数，$\lambda_B = 4.8 \times 10^{-3}W/(m \cdot K)$；$S$ 为带钢厚度，mm。

已知带钢厚度即可以求出这个钢卷的径向导热系数，而钢卷的轴向导热系数 λ_z 即是钢的导热系数，对温度为 50~700℃ 的低碳钢来说，一般为 46.4W/(m·K)。

c　初始条件

初始条件采用层冷结束后即卷取时的温度场和相变结果，采用表格的形式加载。

B　温度场的计算结果

卷取后钢卷在冷却过程中的温度场变化如图 7-38 所示。其中，图 7-38（a）为初始状态，图 7-38（b）为 86400s（24h）的温度分布云图。从图 7-38（b）可以看出经历 24h后，钢卷外径壁温度约为 130℃，钢卷内径壁大约为 400℃，而离内径壁 1/3 温度最高，达 560℃。并从冷却趋势可知，初始阶段，钢卷冷却地较快，钢卷冷却最慢点的温度从卷取温度到 300℃ 大概需要 14h。14h 之后，钢卷的冷却速度逐渐减慢。

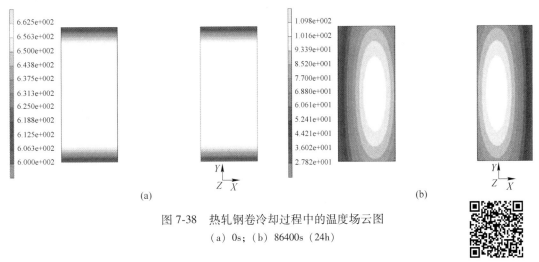

图 7-38　热轧钢卷冷却过程中的温度场云图
（a）0s；（b）86400s（24h）

图 7-38 彩图

图 7-39 和图 7-40 表示的是图 7-36 中所示特殊点的温度变化，a、b、c 分别表示钢卷端部外径壁、离内径壁 1/3 处及内径壁点，f、e、d 分别表示钢卷中心部外径壁、离内径壁 1/3 处及内径壁点。可以明显地看到离内径壁 1/3 处的温度为最高。

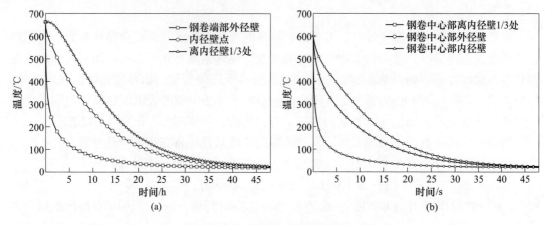

图 7-39 钢卷各层的温度分布
(a) 中心; (b) 端部

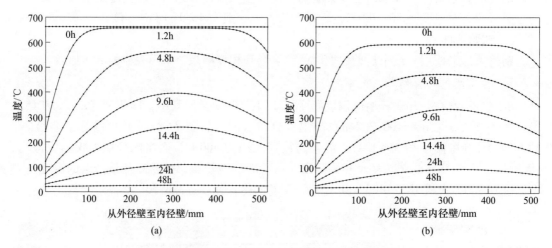

图 7-40 钢卷端部不同时刻的温度分布
(a) 钢卷端部; (b) 钢卷轴向 1/2 高度处

图 7-40 表示钢卷在卷取后的初始时刻以及 1.2h、4.8h、9.6h、14.4h、24h 和 48h 时刻时钢卷径向的温度分布, 由此图可以更加明显地表示出钢卷从外径壁到内径壁的温度变化过程。根据图 7-40 进一步可以计算出, 由于不均匀冷却, 钢卷温度差随时间的变化, 如图 7-41 所示, 其温度差高峰点在 2.856h 时出现, 此时温差为 171℃。

由以上曲线可知, 在卷取后的初始阶段, 内径壁和外径壁的冷却速率相差不多, 而随着冷却的进行, 内径壁冷却速度越来越慢, 距离内径壁 1/3 处冷却得最慢。从模拟计算的钢卷温度场结果来看, 越冷到最后, 冷却最慢点越由中心移向离内径壁 1/3 处, 这是由于钢卷内径孔壁相互辐射使孔内辐射散热被削弱, 且孔内的空气对流相对而言也不太通畅造成的。

C 温度场和相变耦合计算结果

钢卷径向不同位置处的温度随时间的变化曲线如图 7-42 所示, 从温度曲线中, 可以明显地看出, 离内径壁 1/3 处钢卷的温度冷却最慢。内径壁次之, 外径壁冷却得最快。从

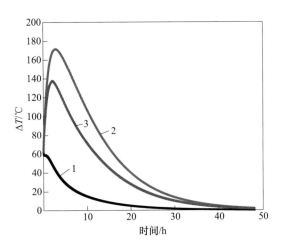

图 7-41　钢卷的温差随时间变化值

1—a 点和 f 点温差；2—b 点和 e 点温差；3—c 点和 b 点温差

卷取温度冷到 500℃，内径壁需要 4.26h，外径壁只需 2.79h，而离内径壁 1/3 处最慢，需要 19h。初始阶段，钢卷冷却得比较快，而后逐渐减慢直至室温。随着温度的降低和相变孕育期的积累，将发生奥氏体相变，相变的过程中会释放相变潜热，它反过来影响温度场的变化，使带钢的温降变慢，因此相变对温度变化的影响是不可忽视的。

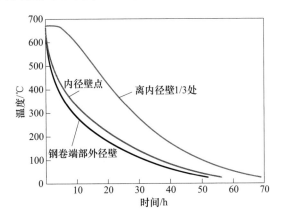

图 7-42　钢卷径向不同位置的温度曲线

图 7-43 表示的是钢卷的 f 点和 e 点的温差随时间的变化。考虑相变时，当冷却时间约为 9.1h 左右时，最大温差达 314℃，此时，外径壁温度为 295℃，内径壁温度为 343℃，离内径壁 1/3 处温度最高，为 609℃。不考虑相变时，当冷却时间约为 2.9h 左右时，最大温差达 458℃，此时，外径壁温度为 161℃，内径壁温度为 482℃，离内径壁 1/3 处温度最高，为 619℃。分析认为，这是由于钢卷内径孔壁相互辐射使孔内辐射散热被削弱，且孔内的空气对流相对而言也不通畅造成的。

可见，相变潜热的释放对冷却过程温度场有很大的影响。由于外径壁温降快，其珠光体相变首先开始。在卷取后的初始阶段相变潜热的释放使得外径壁冷速降低，和心部的温差也降低。考虑相变时，最大温差点由 2.9h 推迟到 9.1h。

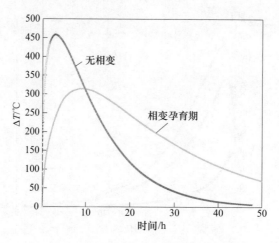

图 7-43 钢卷的温差随时间变化

下面对钢卷的相变过程进行分析。

如图 7-44 所示，是铁素体含量随时间的变化曲线，从图中可以看出，卷取后，端部铁素体含量为 82.2%，中心为 83%，并一直保持不变，这说明，铁素体在卷取之前已经转变完全，在卷取后的冷却过程中，只发生铁素体长大，其总含量是不变的。

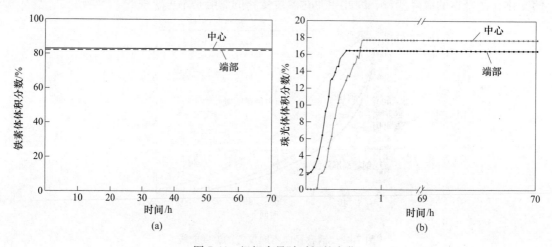

图 7-44 组织含量随时间的变化
(a) 铁素体；(b) 珠光体

图 7-44（b）表示珠光体的含量随时间的变化曲线，当时间达到 0.714h 左右时，钢卷端部的珠光体含量为 16.4%，而后保持稳定；钢卷中心的珠光体含量达到稳定状态时为 17%，时间为 1.155h 左右。

贝氏体是钢中过冷奥氏体在中温范围转变成的亚稳产物。当时间为 1.344h 时，贝氏体的孕育期消耗大于 1 的情况下，贝氏体开始转变，端部含量为 0.546%，此时钢卷的温度为 530℃ 左右，从此数据可以看出贝氏体含量极少。

钢中的奥氏体完全转变完成后，钢卷中的组织主要为铁素体和珠光体。

7.1.2.3 考虑层间压力时钢卷温度场计算结果

A 模型的建立

a 模型的几何尺寸和网格划分

厚度 3.5mm、宽度为 1275mm 的 SPHC 带钢卷取后，钢卷的最小内径为 742mm，外径为 1932mm，根据体积相等原理可以求得钢卷的几何尺寸，表 7-7 表示的是钢卷的尺寸及其他模拟输入数据。

表 7-7 SPHC 热轧钢卷的尺寸及其他模拟输入参考数据

冷却介质	带厚/mm	内径/mm	外径/mm	带宽/mm	卷取温度/℃	介质温度/℃	密度/kg·m⁻³
空气	3.5	742	1932	1275	710	50	7900

因为钢卷是轴对称的，所求的是二维温度场，所以选择耦合温度、应力和位移的四节点轴对称单元，单元数为 20400（170×120）。由于边部冷却能力强，温差大，故将边部进行细分。L 为带钢宽度，r 为钢卷内径，R 为钢卷外径（图 7-45）。

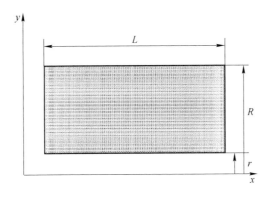

图 7-45 热轧钢卷网格模型图

b 初始条件

SPHC 热轧带钢卷取后冷却过程中的温度场的分析，初始条件采用层冷结束后即卷取时的温度场结果，采用表格的形式加载。具体数值如图 7-46 所示。

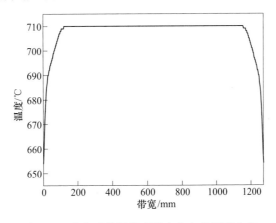

图 7-46 卷取时带钢沿宽度方向上的温度分布

c　热物性参数的确定

热轧钢卷的径向导热系数，采用两种方法来计算。

第一种，采用经验公式（7-44）来计算得到。已知带钢厚度 $S = 3.5\mathrm{mm}$ 即可以求出这个钢卷的径向导热系数 $\lambda_\gamma = 0.5966\mathrm{W/(m \cdot K)}$。而钢卷的轴向导热系数 λ_z 即是钢的导热系数，对温度为 $50 \sim 700℃$ 的低碳钢来说，一般为 $46.4\mathrm{W/(m \cdot K)}$。

第二种方法是把热轧钢卷在径向可看成是由钢层和界面层周期性相间层叠而成的，两相邻钢层之间的界面层的性质影响着传热的过程。因此，两接触钢层之间的界面层的热阻是非常重要的。采用如图 7-47 所示的单元层模型来计算等效导热系数。

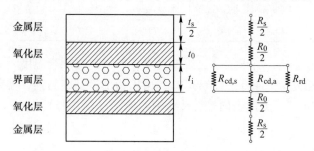

图 7-47　热轧带钢钢卷的单元层示意图

通常钢层的自由表面在微观上并不光滑，而是具有粗糙峰的。当钢带卷取比较密实时，相邻钢带的真正接触界面包括每个表面上粗糙峰的实际接触点以及这些实际接触点之间的空隙。钢卷内径壁相互辐射削弱了孔内辐射散热，所以辐射引起的热损失可以忽略不计。钢卷冷却过程中通过接触界面的热传递有几种不同的机制：实际接触点间的热传导、空隙中空气的热传导及热辐射。因此，热轧钢卷的表面特征和径向应力对接触界面的热流有影响。在计算等效导热系数时，应该考虑钢卷表面特征和径向热应力的影响。

B　钢卷径向导热系数和层间压力的计算及分析

a　钢卷层间压力和径向导热系数的计算

热轧钢卷的轴向和切向平行于接触界面，在这些方向上，等效导热系数和钢的导热系数几乎是一样的；而径向是接触界面的法向，阻止热流，因而等效导热系数（即径向导热系数）与钢的导热系数是完全不同的。

在钢卷中取一个单元层，单元层由金属层、氧化层和界面层组成。

热轧钢卷的单元层模型的单元层热阻为：

$$R_T = \frac{t}{k_{eq}} = R_s + R_0 + R_i \tag{7-51}$$

式中，t 为单元层厚度；k_{eq} 为单元层等效导热系数；R_s 为金属层热阻；R_0 为氧化层热阻；R_i 为界面层热阻。

金属层热阻可以用金属层厚度和导热系数表达为：

$$R_s = \frac{t_s}{k_s} \tag{7-52}$$

式中，t_s 为金属层厚度；k_s 为钢的导热系数。一般对钢来说，$200℃$ 时，$k_s = 53.2\mathrm{W/(m \cdot K)}$，它与钢的温度及化学成分有关。

氧化层热阻可以用氧化层厚度和导热系数表达为：

$$R_0 = \frac{2t_0}{k_0} \qquad (7-53)$$

式中，t_0 为氧化层厚度；k_0 为氧化层的导热系数。

用扫描电镜测得氧化层的平均厚度是 $7\mu m$，Slowik 等测得 $200℃$ 时氧化层的导热系数 $k_0 = 3W/(m·K)$。通过计算带钢酸洗前后的重量损失，得出不同厚度带钢氧化铁皮层的厚度大约是 $10\mu m$。J. Slowik[24] 认为氧化铁皮的导热系数随温度变化不大，一般为 $2.3W/(m·K)$ 在界面层，热流同时通过接触点和充满空气的空隙传递。由于热轧带钢之间的空隙为微米尺度，空隙之间空气的热传导占主导而非对流。界面层的传热以 3 种方式进行：实际接触点的热传导、空隙中空气的热传导及热辐射。因此界面层的热阻如下：

$$\frac{1}{R_i} = \frac{1}{R_{cd,s}} + \frac{1}{R_{cd,a}} + \frac{1}{R_{rd}} \qquad (7-54)$$

式中：$R_{cd,c}$ 为界面层接触点热传导热阻；$R_{cd,a}$ 为空隙中空气热传导热阻；R_{rd} 为空隙中热辐射热阻。故由前面各式可得单元层的等效导热系数：

$$k_{eq} = \frac{t}{R_s + R_0 + \cfrac{1}{\cfrac{1}{R_{cd,s}} + \cfrac{1}{R_{cd,a}} + \cfrac{1}{R_{rd}}}} \qquad (7-55)$$

为了确定界面层的热阻还必须知道实际接触面积，即实际接触点的总面积。考虑由于压应力造成的带钢塑性变形，实际接触点的总面积和两个接触界面的物理特性以及压应力有关。

根据文献 [25，26]，带钢层间的实际接触面积 A（归一化）如下：

$$A = \frac{P}{H + P} \qquad (7-56)$$

式中，H 为带钢显微硬度，MPa；P 为层间正压力，MPa。

针对上式，Miki[27] 得出界面层接触点热传导热阻：

$$R_{cd,s} = \frac{\sigma_p}{1.13k_s\tan\theta}\left(\frac{H + P}{P}\right)^{0.94} \qquad (7-57)$$

式中，σ_p 为带钢轮廓高度标准差，对于热轧带钢来说，σ_p 为 $3.2215\mu m$；$\tan\theta$ 为带钢轮廓的平均绝对斜率。

空隙中空气热传导热阻：

$$R_{cd,a} = \frac{t_a}{(1 - A)k_a} \qquad (7-58)$$

式中，t_a 为空隙厚度；k_a 为空气的导热系数。

Baik 试验测量了界面层平均厚度和压应力的关系，如图 7-48 所示。界面层厚度和正压力的关系可以近似表达为：

$$t_a = 42.7 \times 10^{-6}\exp(- 5 \times 10^{-2}P) \qquad (7-59)$$

式中，P 为层间压应力，MPa；t_a 为空隙厚度，m。

空隙中热辐射热阻：

$$R_{rd} = \frac{1}{4(1-A)\varepsilon\sigma_0 T^3} \tag{7-60}$$

式中，ε 为热辐射率；σ_0 为 Stefan-Boltzmann 常数；T 为钢卷温度。

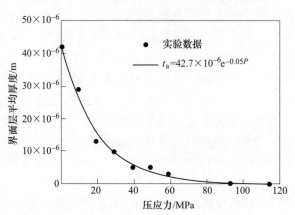

图 7-48　界面层平均厚度和压应力的关系

综合以上各式，得到等效导热系数为：

$$k_{eq} = \frac{t}{\dfrac{t_s}{k_s} + \dfrac{2t_0}{k_0} + \left[1.13 \dfrac{k_s \tan\theta}{\sigma_p} A^{0.94} + (1-A)\dfrac{k_a}{42.7 \times 10^{-6}\exp(-5\times 10^{-2}P)} + 4(1-A)\varepsilon\sigma_0 T^3 \right]^{-1}}$$

$$\tag{7-61}$$

等效导热系数与材料特性、正压力、温度以及表面特征有关。式（7-61）中的相关参数参考文献 [28] 确定。

为了求得等效导热系数[29]，需要知道相邻带钢间的压力。假设钢卷各层为薄壁的同心圆柱体，那么就可以用下面的公式来表示相邻 i 和 $i+1$ 层之间压力为 P_i 时二者的关系，各层的温度分别为 T_i 和 T_{i+1}：

$$\Delta r_i = \frac{(P_{i-1} - P_i)r_i^2}{t_s E} + \lambda r_i (T_i - T_{coil}) \tag{7-62}$$

$$\Delta r_{i+1} = \frac{(P_i - P_{i+1})r_{i+1}^2}{t_s E} + \lambda r_{i+1}(T_{i+1} - T_{coil}) \tag{7-63}$$

$$\Delta r_i - \Delta r_{i+1} = 42.7 \times 10^{-6}(1 - \exp(-0.05P_i)) \tag{7-64}$$

式中，Δr_i 为第 i 层沿径向的变化值；Δr_{i+1} 为第 $i+1$ 层沿径向的变化值；T_{coil} 为钢卷温度；t_s 为带钢厚度；λ 为钢的线膨胀系数；E 为弹性模量。

上式表明，两相邻层之间距离是两层之间压力的函数。对钢卷所有层写出上面 3 个公式后，用 Thomas 法求解三对角矩阵，根据已知的 T_i 求解出 P_i，从而计算出径向等效导热系数。

钢卷层间压力和径向导热系数的计算流程如图 7-49 所示。

b　钢卷层间压力和径向导热系数结果分析

沿钢卷内径壁的轴向，从轴向 1/2 处到钢卷端部取 5 个点，沿钢卷径向，从内径壁到

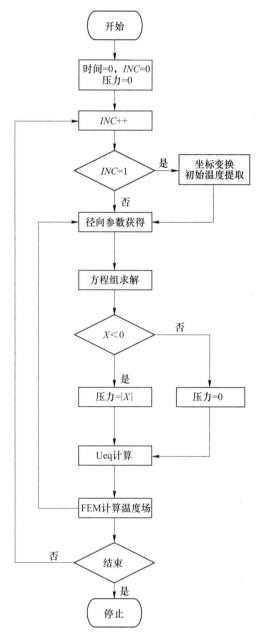

图 7-49 钢卷层间压力和径向导热系数的计算流程图

外径取 6 个点, 如图 7-50 所示。图中的数字为节点的编号。为了清楚地表达出各个点在钢卷上的位置, 径向从内径到外径分别称为第 1~6 层, 轴向从中心至端面分别称为第 1~5 列。

　　做出层间压力沿轴向的分布, 如图 7-51 所示。从图中可以看出, 对钢卷内径壁而言, 越靠近中心, 带钢层间压力越大。钢卷内径壁沿钢卷轴向, 即沿带钢宽度方向, 边部处的径向压力最大值最小, 为 10.58MPa; 靠近中心处增大到 12.6MPa。在卷取后冷却过程中, 层间压力先是快速增大到最大值, 然后慢慢减小到零。

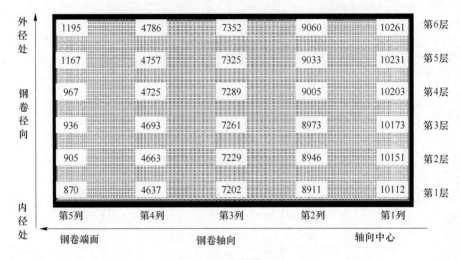

图 7-50 点的位置

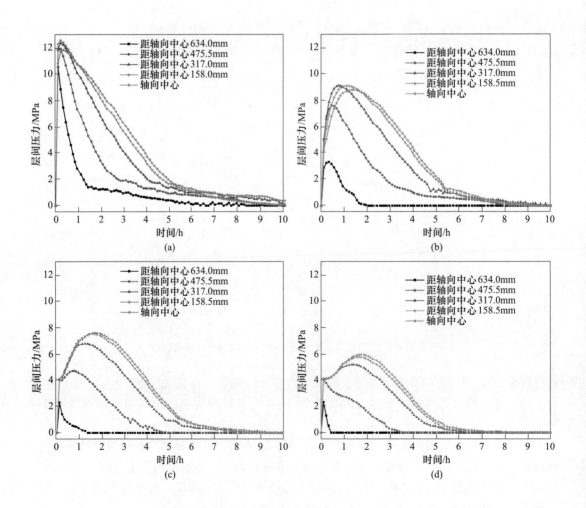

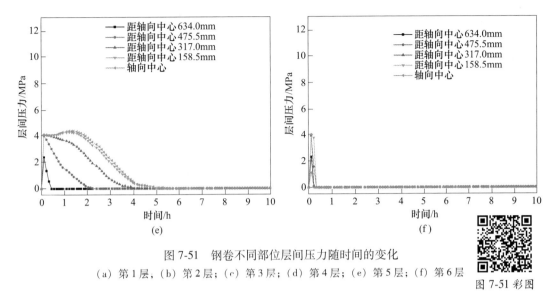

图 7-51 钢卷不同部位层间压力随时间的变化

(a) 第 1 层，(b) 第 2 层；(c) 第 3 层；(d) 第 4 层；(e) 第 5 层；(f) 第 6 层

图 7-51 彩图

沿钢卷的端面，从内径壁到外径取 6 个点，做出层间压力沿径向的分布，如图 7-52 所示。从图中可以看出距钢卷内径壁越近，层间压力越大。这是因为，随着钢卷层数的增多，以及高温时钢卷的快速冷却，外层钢卷向内层压紧使得内层压力增加。

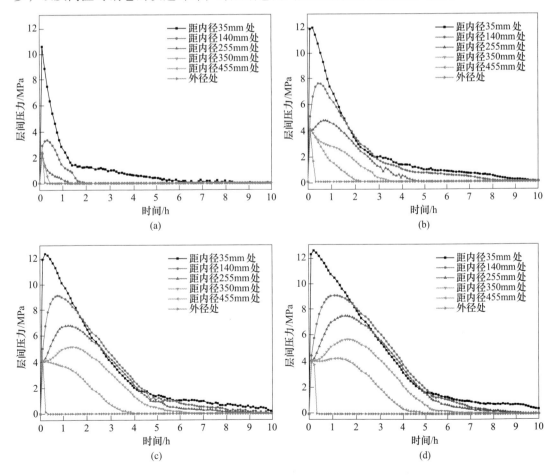

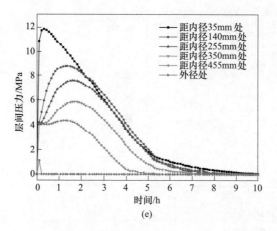

图 7-52 彩图

图 7-52　距钢卷轴向中部不同位置层间压力随时间变化的曲线
（a）钢卷端部；（b）距离轴向中心 475.5mm 处；（c）距离轴向中心 317.0mm 处；
（d）距离轴向中心 158.5mm 处；（e）轴向钢卷中心处

综合图 7-51 和图 7-52，可以看出钢卷层间压力的变化趋势是：在轴向上，距离钢卷中部越近，层间压力越大；在径向上，距离钢卷内径壁越近，层间压力越大。所以，层间压力最终趋势是，靠近钢卷中部内径壁的地方层间压力最大，最大值约可达 12.6MPa。

图 7-53 为沿钢卷径向不同部位等效径向导热系数变化。从图中可以看出，随着时间

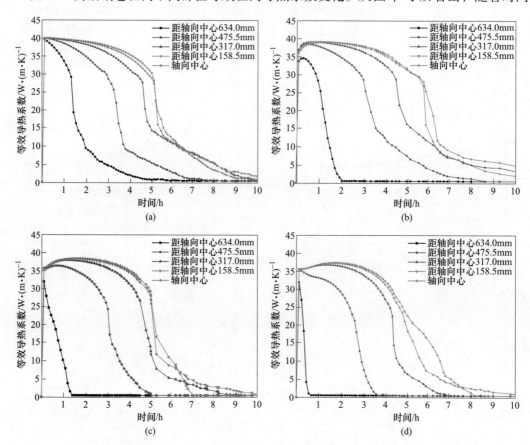

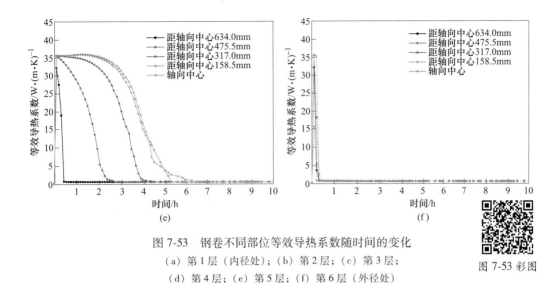

图 7-53　钢卷不同部位等效导热系数随时间的变化

（a）第 1 层（内径处）；（b）第 2 层；（c）第 3 层；
（d）第 4 层；（e）第 5 层；（f）第 6 层（外径处）

图 7-53 彩图

的增加，钢卷径向导热系数的变化趋势和钢卷层间压力的变化趋势一致，都是先增加到最大值，然后慢慢减小至零。其最大值为 39.7W/(m·K)。沿钢卷轴向方向上，端面处径向导热系数小，中心部位径向导热系数相对较大。沿轴向的导热系数变化规律是：靠近端面处径向导热系数变化梯度大，钢卷中心相对较小。

图 7-54 显示了距钢卷轴向中部不同位置等效导热系数随时间的变化。图 7-54（a）为钢

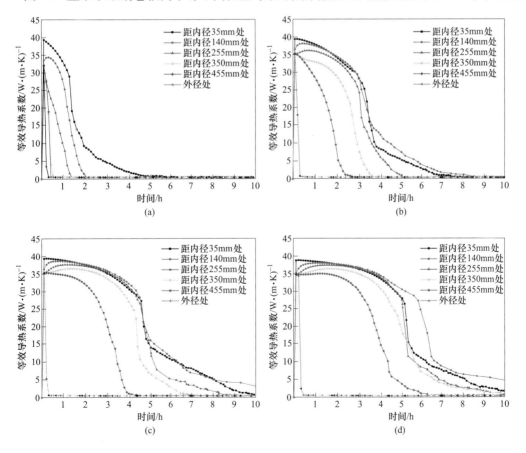

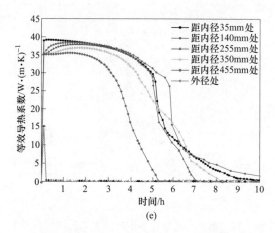

图 7-54 彩图

图 7-54 距钢卷轴向中部不同位置等效导热系数随时间的变化

(a) 钢卷端部; (b) 距离轴向中心 475.5mm 处; (c) 距离轴向中心 317.0mm 处;

(d) 距离轴向中心 158.5mm 处; (e) 轴向钢卷中心处

卷端面沿内径到外径方向 (图 7-50 中第 5 列) 其径向导热系数随时间的变化。从图中可以看出, 沿钢卷径向方向上, 距钢卷内径壁越近钢卷径向导热系数越大。

研究表明[28]在小于 1MPa 的低正压力范围内, 热传递主要通过空隙中的热辐射进行, 正压力大于 1MPa 时热传递主要通过接触点的热传导进行。钢卷外层由于压应力小, 其界面层接触点热传导热阻最大, 热传递主要通过空隙中的热辐射进行, 导致外层等效导热系数小。此时, 界面层对于整个钢卷的热传递发挥着重要的作用。之后越靠近内径壁, 由于界面层热阻随着压应力的增加而迅速降低, 等效导热系数增加很快。相关研究表明[28]: 压应力高于 8MPa 时, 金属层热阻最大。金属层和氧化层的热阻与压应力无关。所以在靠近钢卷内径壁处等效导热系数变化不大。

C 温度场计算结果分析及验证

a 温度场计算结果

图 7-55 和图 7-56 表示的是图 7-36 中所示特殊点的温度变化, a、b、c 表示钢卷端部

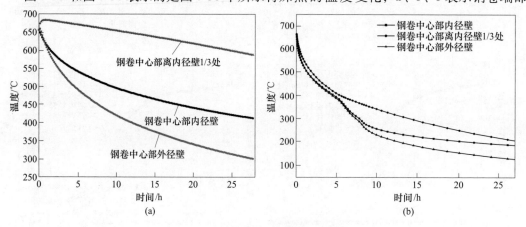

图 7-55 钢卷端部各层的温度分布

(a) 采用恒定径向导热系数计算结果; (b) 采用等效导热系数计算结果

外径壁、离内径壁1/3处及内径壁点从卷取后至室温状态下的温度变化，d、e、f 则表示钢卷中心部外径壁、离内径壁1/3处及内径壁点从卷取后至室温状态下的温度变化。可以看到离内径壁处1/3处的温度为最高。

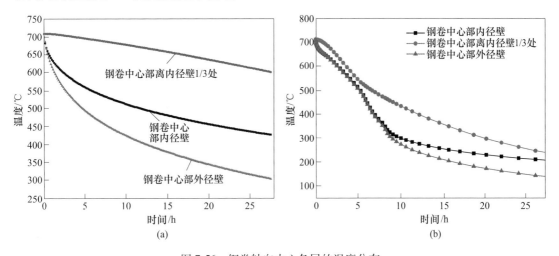

图 7-56 钢卷轴向中心各层的温度分布
（a）采用恒定径向导热系数计算结果；（b）采用等效导热系数计算结果

由以上图变化可知，初始阶段，内径壁和外径壁的冷却速率相差不多，而随着冷却的进行，内径壁冷却速度越来越慢，距离内径壁1/3处冷却地最慢。从模拟计算的钢卷温度场结果来看，越冷到最后，冷却最慢点越由中心移向离内径壁1/3处，这是由于钢卷内径孔壁相互辐射使孔内辐射散热被削弱，且孔内的空气对流相对而言也不太通畅造成的。

采用恒定的径向导热系数计算出来的温度高于采用式（7-61）的等效径向导热系数的结果。现场的测温结果表明，后者的计算结果和实际情况更吻合。

图 7-57 则表示钢卷 0h、3.6h、6.9h、10.6h、13.2h、18.7h、21.9h、24.1h 及 27.7h 时间段钢卷轴向和径向的温度分布，由此图可以更加明显地表示出钢卷从内径壁到外径壁的温度变化过程和沿宽度方向的温度变化过程。

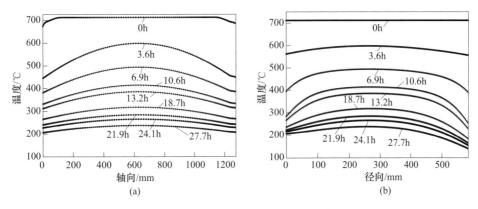

图 7-57 钢卷轴向与径向的温度分布
（a）轴向；（b）径向

带钢卷取前宽度边部和中心存在 40℃温差，随着冷却过程的进行，由于钢卷端部散热快，带钢边部和中心温差进一步增大，冷却 3.6h 时二者的温差为 153℃。之后温差又逐渐减少。

径向上，虽然初始时温度相等，但由于外壁的散热快，在 13.2h 时，内径壁温度为 267℃，中心为 385℃，外径壁为 227℃，外径壁和中心的温差达到 158℃。并且随着冷却的进行，由于内径壁散热慢，温降小，最高温度点逐渐由中心向靠近内径 1/3 处转变。

图 7-58 表示的是图 7-36 中所示特殊点的温差，a、b、c 分别表示钢卷端部外径壁、离内径壁 1/3 处及内径壁点，f、e、d 分别表示钢卷中心部外径壁、离内径壁 1/3 处及内径壁点。可以明显地看到在 2.1h 时，钢卷端部和中心的温差最大。此时，a（外径端部）点温度为 467℃，f（外径中心）点温度为 614℃，b（离内径壁 1/3 处端部）点温度为 492℃，e（离内径壁 1/3 处中心）点温度为 660℃，c（内径端部）点温度为 470℃，d（内径中心）点温度为 618℃。在整个冷却过程中，离内径壁处 1/3 处的端部和轴向中心的温差比内、外径处相对应点的温差大。

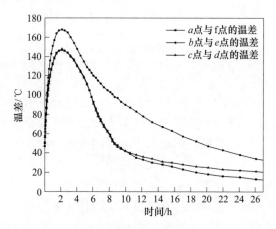

图 7-58　钢卷轴向端部和中心的温差随时间的变化

b　模型验证

为了验证所建立的耦合模型的准确性，对热轧带钢卷取后到成品库储存时其表面温度场进行了大量的测试工作。

分别在卷取前和卷取后用红外热像仪对端面和外表面温度进行测量。钢种是 SPHC，规格为 3.5mm×1275mm 和 5.0mm×1275mm。带钢终轧温度为 880℃，层流冷却目标温度为 710℃。以卷取完成时间为 0 时刻，如图 7-59 所示。

SPHC 钢卷温度计算值和测量值的比较如图 7-60 所示。采用等效径向导热系数所计算出来的钢卷温度和实测值比较接近。

以上，通过构建 SPHC 带钢在层流冷却后的钢卷温度场模型，对其变化过程进行了分析。在模拟中考虑了钢卷导热系数的正交各向异性以及钢卷内径壁、外径壁及两个端面的界面换热系数的差异。结果表明，钢卷冷却的最慢点不在钢卷层的最中心，而是在离钢卷内径壁大约 1/3 处。考虑等效径向导热系数和钢卷层间压力的关系，构建了 SPHC 带钢在层流冷却后的钢卷温度场模型，对其变化过程进行了分析。采用等效径向导热系数计算出

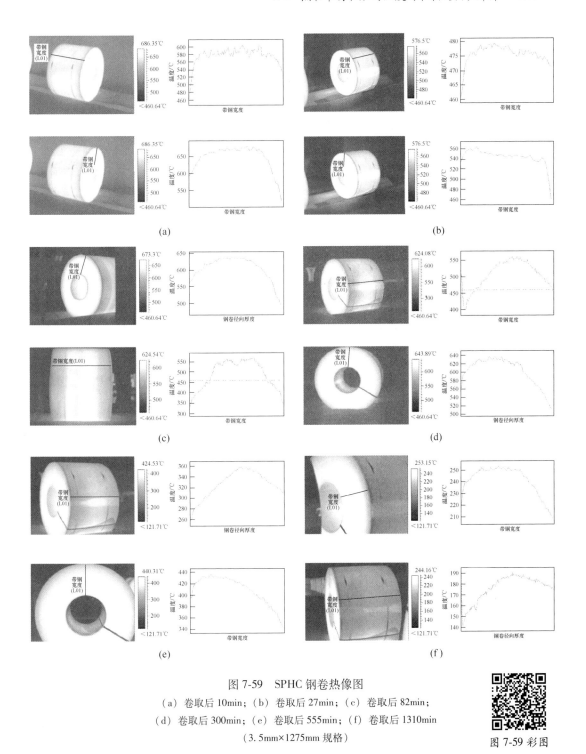

图 7-59 SPHC 钢卷热像图

（a）卷取后 10min；（b）卷取后 27min；（c）卷取后 82min；
（d）卷取后 300min；（e）卷取后 555min；（f）卷取后 1310min
（3.5mm×1275mm 规格）

图 7-59 彩图

来的冷却曲线和试验测量结果更接近，为进一步分析带钢从卷取温度至室温过程中的钢卷内部应力变化情况研究提供了基础。

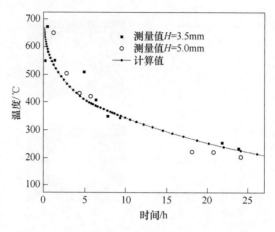

图 7-60   SPHC 钢卷温度计算值和测量值的比较

7.2   热轧带材冷却过程中残余应力与温度、相变的关系

7.2.1   热应力和相变应力计算的基本理论

材料具有热胀冷缩的特性，在温度作用下会产生体积膨胀，产生热应变。当结构的热应变受到约束不能自由发展时，就会产生热应力。这里所指的约束可能是外界环境施加的约束，也可能是由于结构各部分之间线膨胀系数的差异或温度的差异所引起的相互作用。而在热轧带钢层流冷却过程中，由非均匀的温度分布即温度梯度产生的热应力最为常见。

温度对结构应力和变形的影响不仅仅在于产生热应变和热应力。材料的力学性能如弹性模量、泊松比、屈服应力、线膨胀系数等往往都随温度而变化，也会影响到结构应力的分析结果。这种热应力分析称为热弹塑性分析。

7.2.1.1   热应力分析的有限元描述

从位移有限元可以导出单元应力 $\boldsymbol{\sigma}$ 与节点上的等效外力 $\boldsymbol{P}$ 之间的平衡关系为：

$$\int_{v} \boldsymbol{B}^{\mathrm{T}} \boldsymbol{\sigma} \mathrm{d}V = \boldsymbol{P} \tag{7-65}$$

式中，$\boldsymbol{B}^{\mathrm{T}}$ 为建立节点位移 $\boldsymbol{u}$ 和单元总应变 $\boldsymbol{\varepsilon}$ 之间线性关系的转换矩阵：

$$\boldsymbol{\varepsilon} = \boldsymbol{B}\boldsymbol{u} \tag{7-66}$$

通常假设总应变由三部分组成：

$$\boldsymbol{\varepsilon} = \boldsymbol{\varepsilon}^{\mathrm{e}} + \boldsymbol{\varepsilon}^{\mathrm{p}} + \boldsymbol{\varepsilon}^{\mathrm{th}} \tag{7-67}$$

式中，$\boldsymbol{\varepsilon}^{\mathrm{e}}$、$\boldsymbol{\varepsilon}^{\mathrm{p}}$ 和 $\boldsymbol{\varepsilon}^{\mathrm{th}}$——分别为弹性应变、塑性应变和由温度产生的热应变。弹性应变 $\boldsymbol{\varepsilon}^{\mathrm{e}}$ 应满足虎克定律，即：

$$\boldsymbol{\sigma} = \boldsymbol{D}\boldsymbol{\varepsilon} \tag{7-68}$$

式中，$\boldsymbol{D}$ 为弹性系数矩阵。

对热弹塑性材料的塑性应变描述采用 J_2 流动理论，可将式（7-68）写成增量形式为：

$$\Delta \boldsymbol{\sigma} = \boldsymbol{D}_{\mathrm{T}} \Delta \boldsymbol{\varepsilon} - \boldsymbol{h} \Delta T \tag{7-69}$$

式中，$\boldsymbol{D}_{\mathrm{T}}$ 为依赖于温度的弹塑性系数矩阵，包含弹性变形和塑性变形的贡献；$\boldsymbol{h}$ 为表示热应变对应力贡献大小的张量。

整理可得：

$$\int_V \boldsymbol{B}^{\mathrm{T}} \boldsymbol{D}_{\mathrm{T}} B \Delta u \mathrm{d}V = \Delta P + \int_V \boldsymbol{B}^{\mathrm{T}} \boldsymbol{h} \Delta T \mathrm{d}V \qquad (7\text{-}70)$$

方程式（7-70）左端项代表材料在当前温度下切线刚度的影响，右端第二项代表热应变所产生的等效热载荷。在热应力分析中，温度的影响就反映在这两项上。

7.2.1.2 热应变

热应变的变化可用结构中温度对无热应力参考温度的变化量来决定，即：

$$\frac{\partial \varepsilon_{ij}^{\mathrm{th}}}{\partial t} = \alpha_{ij}(T) \frac{\partial T}{\partial t} \qquad (7\text{-}71)$$

式中，$\dfrac{\partial \varepsilon_{ij}^{\mathrm{th}}}{\partial t}$ 为热应变张量的变化率；$\alpha_{ij}(T)$ 为随温度变化的瞬时线膨胀系数。

对各向同性线弹性材料，如不考虑温度对弹性模量和泊松比的影响，则：

$$\frac{\partial \boldsymbol{\sigma}_{ij}}{\partial t} = D_{ijkl} \left(\frac{\partial \boldsymbol{\varepsilon}_{kl}}{\partial t} - \frac{\partial \varepsilon_{kl}^{\mathrm{th}}}{\partial t} \right) = D_{ijkl} \left(\frac{\partial \boldsymbol{\varepsilon}_{kl}}{\partial t} - \alpha \delta_{kl} \frac{\partial T}{\partial t} \right) \qquad (7\text{-}72)$$

用差分表示温度变化率 $\dfrac{\partial T}{\partial t}$ 后可得积分后的增量应力和增量应变：

$$\Delta \boldsymbol{\sigma}_{ij} = D_{ijkl} \left[\Delta \boldsymbol{\varepsilon}_{kl} - \alpha \left(T + \frac{1}{2} \Delta T \right) \delta_{kl} \Delta T \right] \qquad (7\text{-}73)$$

式中，$\alpha\left(T + \dfrac{1}{2}\Delta T\right)$ 项为用时间增量步中的平均温度来评价热线胀系数。式（7-73）右端第二项就是引入热应变后的等效热载荷。

7.2.2 层流冷却过程带钢的残余应力形成与演变

研究对象钢种选择常见的普碳钢 Q235。针对 Q235 热轧带钢进行热轧带钢层流冷却过程的温度场和相变有限元计算，计算过程分 3 个工作步完成，第一个工作步为带钢从精轧出口到第一排冷却水管的距离内的空冷，空气温度为 30℃；第二工作步为层流冷却过程，冷却水温度为 30℃；最后是从出水冷到卷取前的空气冷却。冷却工艺与第 7.1.1 节相同，不考虑微调区的影响。

7.2.2.1 几何尺寸及单元划分

模拟带钢的几何尺寸为 6000mm×1200mm×3mm，由于带钢在宽度方向上的对称性，本章取带钢宽度方向上的 1/2 确定为几何模型的尺寸并划分单元网格，温度场模型横截面的几何尺寸为 600mm×3mm，划分为 30×20 个单元格，并对边部单元进行了细化，带钢长为 6000mm，划分为 60 个单元。由于带钢为几何形状规则的长方体，因此模型采用了八节点六面体单元。

7.2.2.2 材料的热物性参数

材料的热物理性能（热传导系数、比热容等）是随温度变化的。材料的物理性能参数是随温度变化的。

线膨胀系数是随着温度的变化而变化的，并且在相变温度范围内由于奥氏体的转变，会使得膨胀系数发生突变，通过实验测得了在不同温度下的线膨胀系数，线膨胀系数随温度的变化情况如图 7-61 所示。

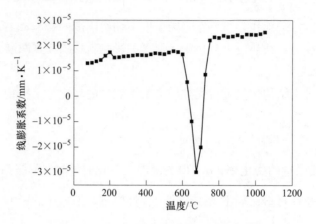

图 7-61   Q235 钢的膨胀系数随温度的变化

在层流冷却过程中，带钢上表面和中心面温度变化规律基本相同（图 7-62）。在进入层流冷却水冷区后，由于上表面直接受到冷却水的冲击，温度迅速下降，上表面和中心面存在一定的温差，根据计算结果，在水冷结束时边部上表面和中心面的最大温差在 12.7℃左右。但在随后的空冷过程中，上表面和中心面的温差又趋于一致。由图 7-63 计算可知，带钢进入水冷瞬间，由于受到冷却水的冲击，带钢冷却速率达到一个极大值。在进入卷取机前，沿带钢宽度方向边部和中部的温差从层流冷却前的 40℃ 增大到 53℃。

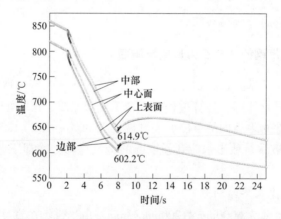

图 7-62   层流冷却过程中带钢不同部位的温度变化

对于冷却过程中的应力分析，由于内应力主要是由于温度和相变行为的差异所引起的，因此，温度和相变行为的差异也会使表面和中心面内部应力的变化曲线有所不同。如果不考虑进入层流冷却时带钢的初始应力，即假设带钢初始板形为平坦，则在层流冷却过程中的残余应力变化如图 7-64 所示。对于带钢边部，在进入精轧机组后的空冷区时，长度方向出现微小的拉应力，上表面为 18.7MPa，中心面为 7.2MPa。进入层流冷却水冷区时，冷却速度增大（图 7-63），上表面的拉应力骤增到 61.9MPa，而中心面则变为受压应力（-7.3MPa）。之后，随着带钢温度的进一步降低，铁素体相变开始，在相变和冷却的

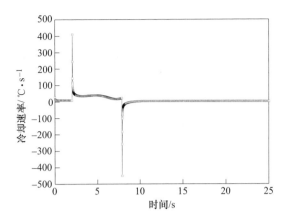

图 7-63 层流冷却过程中带钢不同部位冷却速度的变化

共同作用下，在 7.1s 时带钢边部上表面的应力变为压应力。在水冷快结束时，带钢边部上表面压应力达到-96.5MPa。在随后的返红阶段，带钢边部上表面和中心面的应力趋向一致，压应力达到最大值-115.8MPa。至卷取前，带钢边部为压应力状态，为-70.1MPa，带钢中部在长度方向为 5.718MPa 的拉应力。

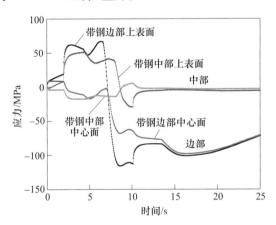

图 7-64 带钢表面和中心面应力的变化曲线

在相变之前应力主要受温度的影响，尤其是在带钢进入水冷区后，由于上表面直接受到冷却水的冲击，温度迅速下降，从而使上表面温度低于中心面的温度，热胀冷缩的作用使得带钢上表面受拉应力，而带钢中心面受压应力。但是在奥氏体向铁素体的相变开始后，相变过程中有相变潜热的释放以及发生相变膨胀，导致相变应力的产生。由图 7-64 中可以看出，在相变和冷却的相互作用下，残余应力变化趋势不同。由于带钢上表面的温度一直低于中心面的温度，此时上表面首先发生相变，这样就使得在相变过程中上表面先发生膨胀。

图 7-65 为带钢上表面应力变化同温度变化之间的关系。在带钢进入水冷瞬间，由于受到冷却水的冲击，带钢表面温度迅速下降，表面快速收缩，从前面的分析中可知，中心面温度随后降低，中心面的温度大于表面的温度，因此带钢边部和中部的表面都受拉应力，但从图中可以看出，在进入水冷之后，带钢边部与中部的温差是先减小后增大的，由

于带钢沿轧制方向上的应力是受厚度和宽度方向上温度分布的影响，因此带钢在进入水冷区以后，由于厚度方向上的温度不均匀分布，应力增大之后，又受到宽度方向温度分布的影响，应力增加到一定大小之后，由于温差的先减小后增大，应力也表现为先减小后增大。

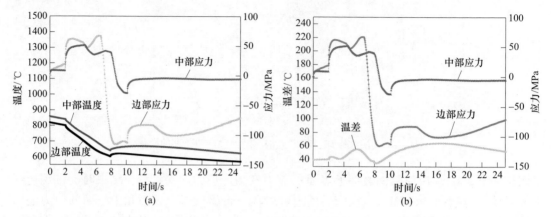

图 7-65 温度变化及边部和中部温差对带钢上表面应力的影响
（a）温度变化的影响；（b）边部和中部温差的影响

　　金兹伯格认为带钢宽度方向温差、整体厚度方向温度梯度、带钢头尾厚度方向温度差与长度方向上的温差造成带钢呈现边浪和弓形等不同形式的板形缺陷。从本研究的计算结果可以看出，在整个冷却过程中，带钢上表面和中心面的应力变化规律不同，但在水冷结束以后，上表面和中心面的残余应力值逐渐趋于一致。因此对于热轧薄带钢，可以只考虑宽度方向上非均匀温度分布对带钢板形带来的影响。

　　带钢长度方向上的应力随着带钢进入水冷区，由于温度的下降速率增大而急剧增大，但随着温度的降低，将发生奥氏体相变，相变的过程会释放一定的相变潜热，并且相变过程还将发生体积膨胀。

　　图 7-66（a）为相变变化的影响对带钢表面应力的影响。随着温度的降低，在 4.0s 时边部首先发生相变，随着相变的发生边部的应力急剧下降，从拉应力变为压应力，随着温度的进一步降低，带钢中部也发生铁素体相变，中部的应力也逐渐下降，随着温度的降低，边部首先发生相变，当相变速率达到最大值时，边部的压应力达到最大值，而后中部也发生相变，中部相变速率增加，而边部的相变速率减小，当相变速率达到最大值时，中部的压应力也达到最大值，而后边部和中部的相变速率都逐渐减小。图 7-66（b）为边部与中部相变量之差对带钢表面应力的影响。当边部与中部的铁素体转变量之差达到最大值以后，随着转变量之差的减小，中部的应力的拉应力逐渐增加，并趋于稳定，边部的压应力先减小后增大，这主要是因为边部铁素体转变完成以后，将发生珠光体转变，而中部此时还没有发生珠光体转变，中部和边部的珠光体转变量之差逐渐增加，因此边部的压应力又逐渐增加。

　　如图 7-67 所示，带钢从精轧机出口到水冷开始时刻（1.97s）为空冷阶段，此时带钢仍处于奥氏体区，没有相变发生。但由于带钢边部和中部初始温差的存在，沿带钢宽度各点轧向应力不同，边部局部区域呈现微小的压应力状态，中部为拉应力，轧向应力的数值不超过

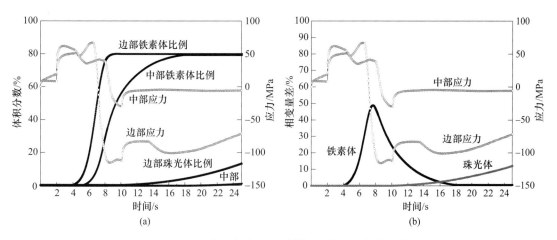

图 7-66 相变、相变量差对带钢上表面应力的影响

(a) 相变变化的影响；(b) 边部和中部相变量差的影响

18.6MPa。当带钢进入水冷区时，由于受到冷却水的冲击，带钢冷却速率达到一个极大值，带钢上表面温度迅速下降，上表面快速收缩，厚度方向的中心面温度随后降低，厚度中心面的温度大于上表面的温度。而且随着温度的降低，奥氏体向铁素体相变开始，相变的过程会释放一定的相变潜热，并且相变过程还将发生体积膨胀。水冷使得带钢温度快速下降时，带钢边部上表面首先发生相变，但由于刚开始相变时相转变量少，其带来的体积膨胀和释放的相变潜热抵消不了水冷带来的体积收缩量，因此，此时带钢边部和中部的上表面都为拉应力状态，其数值在 51.60MPa 左右（5.27s 时）。当边部和中部的相变量差达到最大值 48.8%时，相变带来的体积膨胀已经使得带钢边部由拉应力状态转变为压应力状态。

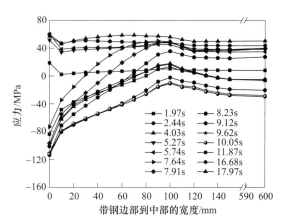

图 7-67 层流冷却过程中沿宽度方向带钢上表面应力

随着边部相变的增加，带钢边部逐渐进入压应力状态。随着温度的进一步降低，带钢中部也发生铁素体相变，中部的拉应力也逐渐下降。水冷结束后，当带钢上表面温度都有所回升，边部上表面由于相变潜热和内部传热温度回升到最高点 620℃时，带钢边部和中部表面应力都进入到压应力状态。当边部铁素体相变结束时（图 7-68，10.05s 时），其轧向压应力达到最大值-112.4MPa，此时带钢中部也进入了最大压应力状态，为-29.4MPa。

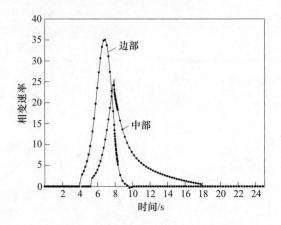

图 7-68　层流冷却过程中带钢边部和中部铁素体相变速率

图 7-69 为卷取时带钢内部应力在宽度方向上分布曲线，从图中可以看出，带钢中部受微小压应力（-2.5MPa）、边部受压的应力分布形式，最终导致带钢板形朝着边浪的方向变化。边部的压应力最大可以达到-70.1MPa。在带钢边部 100mm 处，出现了压应力的峰值，为 19.6MPa 的拉应力。由此可知，带钢内部应力形成和增大的原因是带钢横向的温度分布不均和由于温度分布不均所导致相变行为的差异。温度变化引起应力的变化，当内部应力达到带钢该温度下的屈服应力就会在边部导致塑性应变的发生，这肯定会对轧后带钢板形带来一定的不良影响。

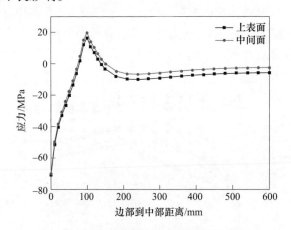

图 7-69　卷取前带钢内部应力横向分布曲线

对于带钢层流冷却过程中内应力变化趋势的研究结果存在两种截然相反的观点。文献 [30] 的研究结果表明热轧带钢轧后冷却过程中带钢平坦度将向边浪的方向发展。文献 [31] 的研究结果是冷却过程中带钢平坦度将向中浪方向发展。冷却过程应力的变化受多种因素的影响，除了受到宽度方向上温度和相变行为的影响，带钢厚度方向上的温度和相变行为，尤其是在水冷过程中影响较为明显，另外带钢横截面上各个部分的应力还相互影响、相互制约，这些都是应力变化的主要因素。带钢横向温差和由于温度分布不均所导致相变行为的差异是带钢内应力形成的原因，当内应力达到带钢该温度下的屈服应力，就会在边部导致塑性应变的发生，这对轧后带钢板形会带来一定的不良影响。尽管目前对带钢冷却过程中板形变化趋势的研究结果存在分歧，但对冷却不均所带来板形问题的重要性已越来越受到关注。

层流冷却后的热应力和残余应力的比较如下：

如果不考虑进入层流冷却时带钢的初始应力，即假设带钢初始板形为平坦，则在层流冷却过程中的残余应力变化如图 7-70 和图 7-71 所示，图中也给出了热应力的变化。对于带钢边部，在进入精轧机组后的空冷区时，长度方向出现微小的拉应力，上表面为12.4MPa，中心面为1.8MPa。进入层流冷却水冷区时，冷却速度增大，上表面的拉应力骤增到53.4MPa，而中心面则变为受压应力（-14.6MPa）。之后，随着带钢温度的进一步降低，铁素体相变开始，在相变和冷却的共同作用下，在5.3s时带钢边部上表面的应力变为压应力。在水冷快结束时，带钢边部上表面压应力达到-188MPa。在随后的返红阶段，带钢边部上表面和中心面的应力趋向一致，压应力达到最大值-197MPa。至层流冷却结束时，带钢边部为压应力状态，为-187MPa。带钢中部的应力变化如图 7-71 所示。层流冷却结束时，带钢中部在长度方向为18MPa的拉应力。

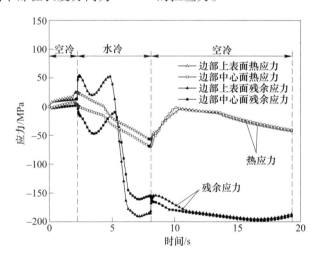

图 7-70　层流冷却过程中带钢边部上表面和中心面残余应力与热应力的变化

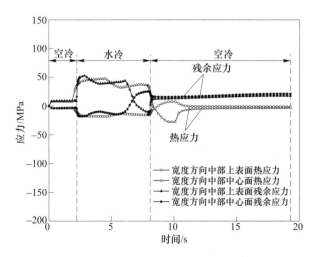

图 7-71　层流冷却过程中带钢中部上表面和中心面残余应力与热应力的变化

在相变之前应力主要受温度的影响，尤其是在带钢进入水冷区后，由于上表面直接受到冷却水的冲击，温度迅速下降，从而使上表面温度低于中心面的温度，热胀冷缩的作用使得带钢宽度方向中部上表面受拉应力（图7-70），而带钢边部受压应力（图7-70）。但是在奥氏体向铁素体的相变开始后，相变过程中有相变潜热的释放以及发生相变膨胀，导致相变应力的产生。由图7-70和图7-71中可以看出，在相变和冷却的相互作用下，残余应力变化趋势和热应力变化趋势不同。由于带钢上表面的温度一直低于中心面的温度，此时上表面首先发生相变，这样就使得在相变过程中上表面先发生膨胀。层流冷却结束时，带钢边部上表面残余应力为 $-187MPa$ 的压应力，而只考虑热应力时仅仅为 $-42MPa$ 的压应力，前者在数值上是后者的4.5倍；带钢中部上表面残余应力为18MPa的拉应力，而热应力仅仅为 $-2.9MPa$ 的压应力。由此可见，带钢在冷却过程中由于温度和相变的耦合作用产生很大的残余应力，甚至改变应力状态。

7.2.3　钢卷冷却过程的残余应力形成与演变

对于热轧带钢卷冷却过程中的应力分布，影响因素是多种多样的。这里分横向和纵向对其影响因素和分布形式进行研究。首先，横向上分析带钢在宽度上和厚度上的分布，考虑温度场和相变耦合产生的应力场，宽度方向上加载初始应力。

通过换算，得到钢卷内径 $r=0.38m$、外径 $R=0.9m$。在开卷之后，为考察长度方向上的温度以及应力的分布情况，取 $r_1=0.48m$、$r_2=0.58m$、$r_3=0.68m$ 3种情况，分别考虑带钢在不同长度处宽度方向上的应力分布，换算成带钢开卷后离带钢头部的长度分别为 $L_1=137.72m$、$L_2=301.44m$ 和 $L_3=499.26m$。

图7-72表示带钢冷却30h和96h宽向上的应力分布情况。从图中可以看出，带钢在 L_1、L_2、L_3 处的应力分布趋势一致，带钢边部受到压应力，中部受到拉应力，带钢板形向边浪的方向变化，应力值随着冷却时间的进行越来越大，最大拉应力达到150MPa，由此可知，带钢内部残余应力的形成和增大主要是由于带钢横向的温度分布不均造成的。

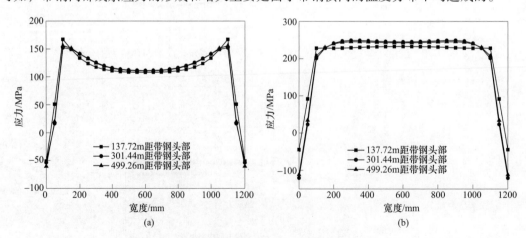

图7-72　冷却不同时间后带钢各长度处宽向应力分布

(a) 冷却30h；(b) 冷却96h

对于带钢厚度方向上，带钢边部温降地比较迅速，中部温降比较缓慢，所以带钢应力分布为边部长度方向上的应力值大于中部长度方向上的应力值。但是在整个过程中，其表面和中心面温度的大小和变化规律是一致的，这样，带钢上表面和中心面的应力变化亦无差异，呈上升趋势，边部主要受压应力，中部受拉应力，且应力分布比较均匀（图 7-73）。下面研究带钢宽度方向上的内应力分布。

对于带钢宽度方向上的内应力分布，由于整个冷却过程时间的漫长，所以只取了 0h、0.5h、2.5h、5h、10h、20h、30h、60h、72h、84h、96h 11 个时间点分析建立宽度坐标与长度方向上内应力分布的关系图。考虑温度场和相变耦合作用，并加初始应力值，未考虑卷取张力的作用。带钢在冷却的初始段温度分布不均匀，在带钢边部存在温度梯度，随着冷却的进行，温度梯度越来越大，边部和中部的温差达到最大，之后这种温度梯度趋势逐渐减小，直至室温状态。对应的应力变化曲线如图 7-74 所示，带钢边部分布着较大的压应力，中部存在拉应力，带钢板形朝着边浪的方向发展。

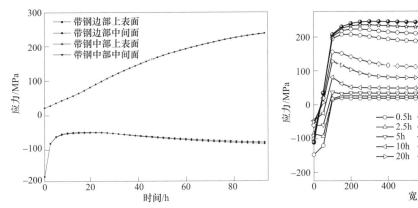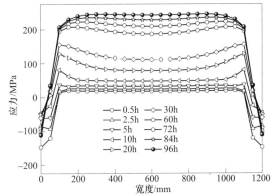

图 7-73　带钢表面和中心面内应力变化曲线　　图 7-74　带钢宽度方向上的应力变化曲线

材料热胀冷缩的特性，在温度作用下会产生体积变化或热应变。当结构的热应变受到约束不能自由发展时，就会产生热应力。这里所指的约束可能是外界环境施加的约束，也可能是由于结构各部分之间的线膨胀系数的差异引起的相互作用。而由非均匀的温度分布即温度梯度产生的热应力最为常见。对于热轧带钢钢卷冷却过程来说，首先仅考虑由温度变化引起的热应力，模型将温度和应力约束条件进行耦合，从而计算出钢卷在冷却过程中由于各部分温度的不均匀分布和约束产生的热应力。由于带钢内部横向应力和与带钢表面垂直方向上的应力比较小，而且对带钢板形缺陷带来影响的主要因素是沿带钢长度方向上的应力，所以文中只考虑长度方向上的应力。

图 7-75 表示的是没有加载初始内应力和卷取张力的情况下，仅考虑温度场变化引起的各时间段热应力。从中可以看出，带钢长度方向上的热应力在钢卷冷却的开始几个小时内比较大，而后逐渐减小直至趋于平缓。在最后的室温状态下，带钢宽度方向上受到长度方向上的热应力为中心受拉、边部受压。引起热应力变化的原因主要是带钢温度下降的速率的快慢。钢卷开始冷却地比较快，从而导致热应力的值也增大，在钢卷冷却一两天之后，冷却速度逐渐缓慢，则热应力值也逐渐减小，最后导致带钢板形朝着微小边浪的方向变化。以上分析说明，热应力的方向是由带钢横向温度分布的形式所确定的，带钢边部存在的温降导致了热应力在带钢边部是压应力，而在带钢中部是拉应力。

对照图 7-74 和图 7-75，结合前面对 SPHC 钢冷却过程过程的相变规律，我们可以进一步

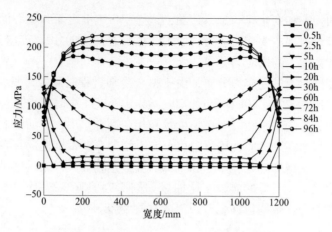

图 7-75 带钢宽度方向上的热应力随时间分布

分析钢卷冷却初期相变和相变热对于内应力的影响，后期主要是温度变化对热应力的影响。

7.3 层流冷却过程中热轧带钢横向翘曲分析

在层流冷却过程中厚度方向上的温度不均匀，会造成带钢厚度方向上的组织分布不均和热应力差别，当应力达到带钢的屈服强度时，就会产生残余应力，发生塑性变形，造成不可恢复的板形不良。所以有必要对冷却过程中的厚度方向上的应力、应变场进行研究分析，计算出横向翘曲现象和变化方式，为层冷冷却控制工艺优化提供基础数据。

本节选用热轧带钢品种为 X70 管线钢，因为该品种的带钢厚度相对较厚，横向翘曲现象更为突出。

7.3.1 应力、应变场和横向翘曲模型的建立

7.3.1.1 热物性参数

X70 钢的线膨胀系数、弹性模量、屈服强度都是随温度变化的变量。在 Formaster-Digital 型热膨胀仪测定 15℃/s 连续冷却条件下 X70 钢线膨胀系数的变化。通过再加热后压缩试验方法测量 X70 钢屈服强度，测量结果如图 7-76 所示。

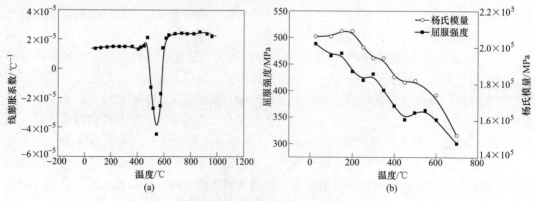

图 7-76 X70 管线钢的热物性参数

(a) 线膨胀系数；(b) 屈服强度和杨氏模量

7.3.1.2 边界条件

位移边界条件根据工厂实际条件建立，对于在线冷却的整长带钢，可以认为长度方向是无限的，因此当取三维平板分析时，带钢两个端部上每个节点沿长度方向的位移量是一致的。假定带钢静止，边界条件随带钢移动，故位移边界条件设定为：（1）带钢的两端为长度方向耦合约束 $U_z = 0$；（2）由于对称关系取带钢的一半进行分析，带钢中部一端 $U_x = 0$，$U_y = 0$。其中 U_x、U_y、U_z 为 3 个方向的位移。

7.3.1.3 应力应变模型

应力应变模型包括弹塑性变形和热膨胀应变，至于层流冷却期间发生的相变膨胀应变和相变诱导塑性应变已经包含在试验测得的热膨胀应变之中，不再进行考虑，故总应变可以用如下方程表示：

$$\varepsilon^t = \varepsilon^e + \varepsilon^{th} + \varepsilon^p \tag{7-74}$$

式中，ε^t 为总应变；ε^e 为弹性应变，满足 Hooke 定律；ε^{th} 为热膨胀应变；ε^p 为经典塑性应变，符合 J_2 理论。

将温度和相变计算的后处理文件作为应力、应变的初始条件加载，可以实现温度-相变-应力三者之间的耦合分析。

7.3.2 应力、应变场和翘曲的计算结果分析

带钢冷却过程中，厚度方向上的冷却速度不一致，不均匀地膨胀和收缩，会产生不均匀分布的热应力；而相变使各材料温度下的线膨胀系数不一致，进入相变温度区间时组织应力分布也不均匀。当带钢头部没有进入卷取机之前时，只存在精轧机出口一端的约束，带钢上下表面的不均匀冷却只会产生沿长度方向的 L 翘；当带钢头部进入卷取机之后，由于两端的约束，在线冷却时只会表现为横向的 C 型翘曲。采用热弹、塑性模型对带钢层流冷却过程中应力、应变和翘曲进行了计算。

图 7-77（a）为带钢厚度方向各面上轧向应力随时间的变化规律。在第一阶段的空冷过程中，带钢上下表面的应力相同且为拉应力，中心面为压应力；第二阶段的水冷过程中，前期上下表面冷却速度很快，中心温降相对较慢，表面和心部产生不均匀的收缩，导致上下表面产生拉应力，中心面产生压应力，随后由于上下表面产生过冷，中心面的冷却速度逐渐大于上下表面的冷速，开始转变为拉应力，上下表面的拉应力逐渐转变为压应力，持续到水冷结束，中心面的温降一直大于上下表面，此后这种应力状态会一直存在，卷取时上下表面应力基本相同，为 -62MPa 的压应力，中心面为 11.6MPa 的拉应力。轧向热应变、弹塑性应变之和所得到的总应变，图 7-77（b）为带钢上、下表面轧向应变变化，在高温条件下这个应变差还是比较大的，可能会导致微小的屈服应变。

结合图 7-77 中得到的带钢上、下表面轧向应变及应变差，可以结合有限元温度场-相场-应力场的耦合，计算得到不同时刻带钢横向的翘曲值，如图 7-78 所示。在 6.55 ~ 13.49s 时，上下表面的拉应力差大于零，如图 7-78 所示，在此过程中上下表面总应变之差小于零，带钢向上的翘曲值呈增加状态，13.49s 时应变差最小值 -0.71×10^{-3}，边部的翘曲量达到最高点 21.99mm，在此过程中，会造成带钢中部积水，发生次生不均匀冷却，使厚度方向的冷却更加不均匀。在 13.49 ~ 21.22s 之间上下表面应力之差小于零，相应的轧向总应变差大于零，此时带钢呈现出向下翘曲的趋势，到 21.22s 时上下表面的应变差达到最大值 1.02×10^{-3}，边部翘曲量达到向下的最大值 -44.07mm。之后一直持续到水冷结束，上下表面应力差值大于零，上下表面的应变差逐渐减小，带钢向下的翘曲开始恢复。

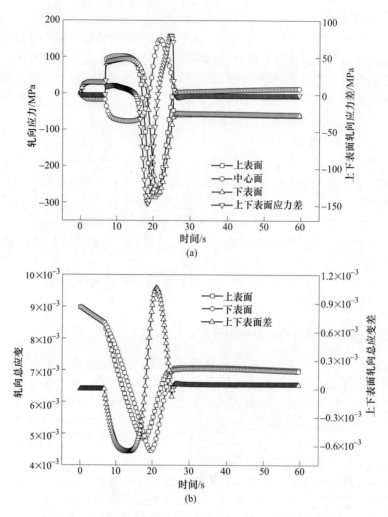

图 7-77 带钢轧向应力与应变变化规律

（a）带钢厚度方向轧向应力；（b）带钢上、下表面轧向应变

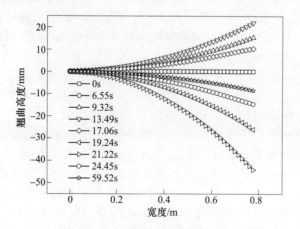

图 7-78 带钢边部 y 向翘曲量

在层流冷却之后至卷取前的空冷过程中，由于厚度方向贝氏体的生成速度不一致，释放的相变潜热不同，产生的组织应力大小不一致，同时在水冷过程中，当达到带钢的屈服强度会产生塑性变形，如图 7-79 所示，卷取时距离上下表面 2.2mm 的范围内发生了塑性变形，轧向总应变沿厚度方向也是不均匀的，卷取时上下表面依然存在 0.03×10^{-3} 的应变差，残留有-9mm 向下的翘曲量，这是组织应力、热应力综合作用的结果。

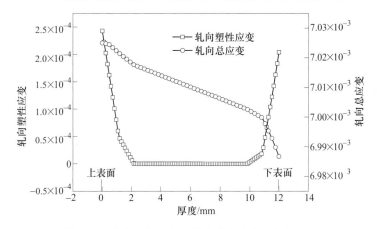

图 7-79　终冷时厚度方向轧向残余应变和塑性应变

层流冷却过程中产生的横向弯曲会直接影响到钢卷开卷之后的板形。采用常规冷却的钢卷下开卷后，95%钢卷都不同程度存在横弯的问题，即带钢呈中部向上凸、两侧向下翘的 C 型，如图 7-80 所示。这种缺陷通常是整卷存在，在经过矫直后有所改善。这直接影响管线钢管的焊口对齐和焊接质量。

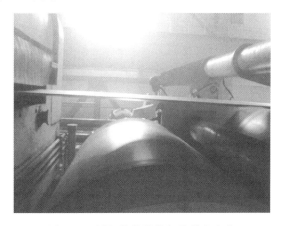

图 7-80　矫机前热轧带钢的横向弯曲

7.3.3　带钢冷却横向翘曲的改善

层流冷却过程中的带钢翘曲主要与冷却模式及上下表面的冷却均匀性有关。在冷却模式方面，交替冷却和密集冷却相比，在水冷过程中有间断的反温过程，在相同冷却速度下能显著减小厚度方向的温度梯度，降低厚度方向上的组织和残余应力不均匀，减小翘曲量。上下表面的冷却均匀性主要和层流冷却的设备、工艺有关，在常规层流冷却过程中，上集管出口距离带钢上表面1.76m，出管口后的射流在重力加速作用下冲击上表面，形成强的冲击对流换热区，同时存在着壁面射流冷却形成的过渡冷却区和横向流水弱冷区，综合考虑后冷却水的利用率高，平均换热系数大；下集管喷出的水流在到达钢板下表面的过程中受到重力的减速作用，随后在重力的作用下射流从带钢下表面滑落，不存在过渡冷却区和横向弱冷区，综合换热系数比较低，所以要保证上下表面的冷却速度相同，上下集管的水量比要合适。

7.3.3.1　上下水比的计算模型

上下集管喷嘴的直径分别为 d_1、d_2，上下喷嘴出水口距离钢板上下表面的距离分别为 h_1、h_2，上集管的流量为 q，下集管与上集管的水量比为 r，根据以上数据，上下喷嘴出水口的流速为：

$$\left.\begin{array}{l} v_1 = \dfrac{4q}{\pi d_1^2} \\[3mm] v_2 = \dfrac{4rq}{\pi d_2^2} \end{array}\right\} \tag{7-75}$$

水流到达钢板上下表面的速度分别为：

$$\left.\begin{array}{l} v_{c1} = \sqrt{v_1^2 + 2gh_1} \\[2mm] v_{c2} = \sqrt{v_2^2 - 2gh_2} \end{array}\right\} \tag{7-76}$$

水流到达钢板的直径可根据流体连续性方程得出：

$$\left.\begin{array}{l} d_{c1} = d_1\sqrt{v_1/v_{c1}} \\[2mm] d_{c2} = d_2\sqrt{v_2/v_{c2}} \end{array}\right\} \tag{7-77}$$

根据 Ochi 和 Nalanishi 等的圆形喷嘴冲击红热固体表面的实验结果，热流密度具有以下关系：

$$\frac{v_{c1}}{v_{c2}} = \left(\frac{d_{c2}}{d_{c1}}\right)^{3.216} \tag{7-78}$$

在实际生产中，层流上集管内径为22mm，下集管内径为14mm，上下集管距离辊面的距离分别为1760mm、150mm，上集管的流量为100m³/h，联立式（7-75）~式（7-78），代入以上数据即可求得层流下集管与上集管的水量比为1.58。

7.3.3.2　冷却水量比的对比优化

为了探究上下水比对厚度方向冷却均匀性的影响，试算了上下水比分别为 1:1.25、1:1.58 时对 12mm 厚度 X70 钢翘曲及厚度方向组织分布的影响。从图 7-81 可以看出，在上下水比为 1:1.58 时，水冷结束时上下表面的温差由 26.7℃ 减小到 1.7℃，终冷时上下表面的贝氏体体积分数的差值显著减小，体积分数基本相同为 41.8%，且厚度方向沿中心面对称分布，保证了热应力和组织应力沿中心面的对称分布，大大减小了作用于中心面的弯矩。从图 7-82 可以看出在水冷过程中，两种上下水比量前期带钢边部最大翘曲量分别为 21.99mm、1.59mm，水冷后期向下的翘曲量分别为 -44.07mm、-3.2mm，卷取时带钢边部的翘曲值由 -9mm 减小到 -0.58mm，钢板基本呈现平直状态。所以改变上下集管的上下水比对于改善层流冷却过程中的板形翘曲具有十分明显的效果。

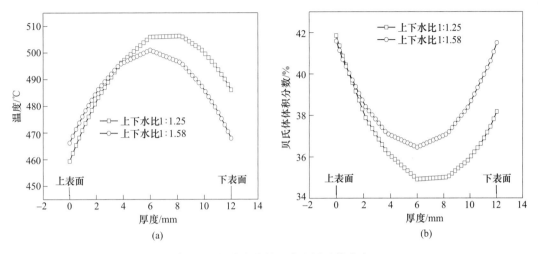

图 7-81 厚度方向的温度和贝氏体分布
（a）水冷结束时温度；（b）卷取时贝氏体

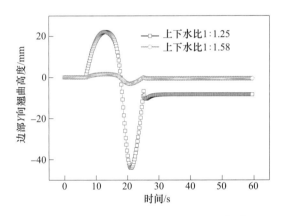

图 7-82 不同上下水比时带钢边部 Y 向翘曲量

热应力和组织应力在厚度方向上的不均匀对称分布是带钢产生翘曲的主要原因，X70钢层流冷却从790℃冷却至500℃，期间随着温度变化和贝氏体转变，线膨胀系数也在不断地变化，厚度方向上的温度分布不均所引起的应力不对称分布形式会更加多样化，这也是水冷后期翘曲发生反向的原因。不同厚度的带钢在相同的上下水比条件下，由于厚度方向上的温度梯度会随着厚度的增大而增大，翘曲高度也会随之增大，所以在实际生产中需要根据带钢的厚度确定冷却水量和上下水比，对于12mm厚度的X70钢生产实际中上下水比量在改进后为1:1.6，计算值和实际值相比偏差不大。

X70钢常规层流冷却过程中，由于宽度方向上的冷却不均，会产生边浪板形缺陷，从而使板形呈现出翘曲和浪形的复合板形缺陷，但是通过模拟发现边部过冷对钢板翘曲的高度影响很小，所以本书没有列出边部厚度方向上的温度、应力等的变化情况。同时在线冷却时的板形缺陷也会对开卷之后的板形产生影响，因此，要保证室温时的板形良好，厚度方向的对称冷却和横向上的均匀冷却是必不可少的。

7.4   热轧过程中带材残余应力的控制措施

7.4.1   厚度方向对称冷却控制

带钢沿宽度方向出现应力不均，一方面，是由于精轧出口处沿宽度方向初始温差的存在，另一方面，是由冷却过程中带钢表面中部与边部冷却水流量不均所引起的。而在厚度方向上，由于冷却水在上下表面的停留时间和流动状态不同，可能造成上下冷却的不均匀性。板形厚度方向上冷却不均一方面体现在表面与心部的冷却不均匀，用温度梯度来衡量；另一方面是指上下表面的冷却不均匀，用温度对称程度来描述。

前者是由于冷却水直接冲击带钢表面，使表面温度迅速降低，而心部只能通过带钢内部热传导来使温度降低，这就造成带钢表面与心部冷却不均匀，同时会产生不均匀的内应力，图 7-83 为带钢应力沿厚度方向的分布曲线，可以看出冷却结束后带钢表面和心部的应力分布存在着一定的差异，带钢表面为压应力约 $-35\mathrm{MPa}$，而带钢心部为拉应力约 $39\mathrm{MPa}$，应力曲线在整个厚度方向上呈近似抛物线分布。并且这种沿厚度方向上的不均匀性和带钢本身的厚度有关，带钢越厚，不均匀性越明显，如图 7-84 所示。但当厚度小于 2mm 时，带钢不同厚度截面的应力趋于一致，如图 7-85 所示。

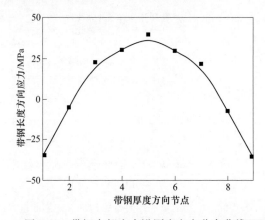

图 7-83   带钢中部应力沿厚度方向分布曲线

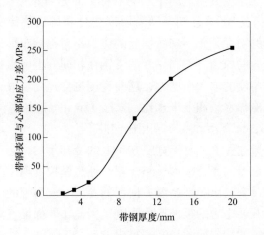

图 7-84   带钢表面与中心面应力差随带钢厚度的变化情况

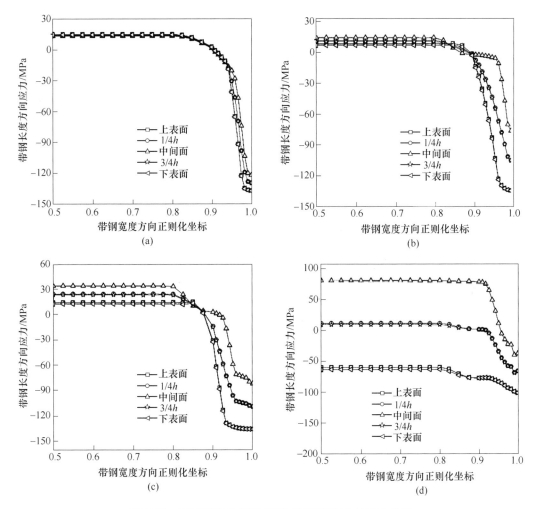

图 7-85 不同厚度的带钢在不同厚度截面上的应力分布

(a) $h = 2.0 \text{mm}$; (b) $h = 3.2 \text{mm}$; (c) $h = 4.8 \text{mm}$; (d) $h = 9.7 \text{mm}$

而上下表面不均匀是由于冷却水以加速运动方式冲击带钢上表面,以减速运动方式冲击下表面,并且冲击带钢表面后,冷却水在其上下表面流动状态又有很大差别,上表面冷却水二次冷却远大于下表面,使带钢上下表面出现不对称的应力分布,这种厚向上的分布不均达到一定程度会造成带钢出现翘曲现象,如果带钢纵向应力沿厚度不均会造成带钢头尾翘曲,这在带钢切条后会明显表现出来;若横向应力沿厚度不均达到一定程度便会出现带钢两侧向冷却水量大的方向翘曲,即所说的"C 形翘"或"横弯"现象。东北大学的龚彩军博士曾利用热弹塑性分析法研究了中厚板在冷却过程中的应力应变及冷却不均时的钢板翘曲规律[32],分析和计算了钢板冷却过程的失稳临界应力,作者认为中厚板控制冷却时,如果上下表面冷却不对称,钢板会产生翘曲现象,翘曲的挠度不仅与温度有关而且与钢板内部组织的变化也有很大关系。通过分析冷却过程的钢板翘曲变形行为,初步对钢板上下表面的冷却水流量进行修正,以减小钢板厚度方向的不均匀冷却程度。指出要想改善上下表面冷却的不均匀性,需从上下冷却系统的水量设计入手,主要靠增加下表面的喷水量来实现。水量比将视总水量而定，总水量越大，下水量与上水量的比值越小，一般该比值设为 1.0~2.5。

7.4.2 边部遮蔽与横向温度均匀性控制

从热轧带钢的生产过程来看，板坯出加热炉后，边部温降快，从而出精轧机组后沿带钢宽度方向温度的分布形式一般为：边部温度低，中心温度高。这种温度分布不均匀基本是无法解决的。考虑到这一点，在层流冷却时可以采取的缓解带钢横向温度不均的方法主要有：（1）上部集管采用横向不均匀的水流量分布，如采用集管直径或水流密度的中凸分布，在带钢宽度方向上形成具有一定凸度的水流量分布，这样带钢边部冷却水量较少，从而能够减小水冷时带钢边部的温降，减缓带钢宽度方向温度分布的不均匀性。（2）采用边部遮蔽方式，在边部一定的宽度范围内施加边部遮挡，阻止冷却水与带钢边部相接触，这样带钢边部只受到中部水流以及热辐射的影响，从而缓解带钢边部容易过冷的现象。

采用离散化的边部遮蔽策略，使带钢边部范围内达到温度冷却相对均匀的目的，为了和常规层流方式具有可比性，冷却工艺同样为前端冷却方式，开启前 9 组集管。采取的遮蔽策略组合为：开启 9 组集管里，每组有 4 支冷却集管，每只集管有 2 排喷水 U 形管，对每组集管边部遮蔽的宽度分别为 120mm、0mm、80mm、0mm、60mm、0mm、30mm、0mm、10mm，即间隔不均匀遮蔽的方式，如图 7-86 所示，黑色部分为边部遮蔽区域。

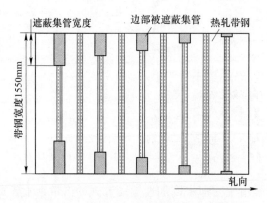

图 7-86 离散化边部遮蔽的组合策略

假设钢板未遮蔽处为常规层流冷却的换热系数，被遮蔽处的换热系数 h_{fb} 按照稳定膜沸腾区换热系数处理，稳定膜沸腾区换热系数公式如式（7-13）和式（7-14）所示。在标准大气压下查得公式中所用各参数如表 7-8 所示。

表 7-8 标准大气压下各参数值大小

$T_1/℃$	$\rho_s/\text{kg} \cdot \text{m}^{-3}$	$\lambda_s/\text{W} \cdot (\text{m} \cdot \text{K})^{-1}$	$i_{\text{fc}}/\text{J} \cdot \text{kg}^{-1}$	$\rho_1/\text{kg} \cdot \text{m}^{-3}$
99.63	0.59	0.68	2257630	1000

根据上述参数计算出带钢表面温度从 200~800℃ 之间的稳定膜沸腾换热系数如图 7-87 所示。

带钢冷却前的初始温度分布如图 7-88 所示。至于其他的位移约束、初始温度、常规

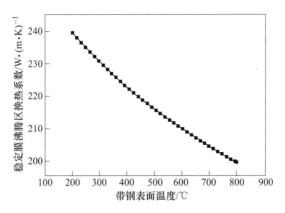

图 7-87 带钢表面膜沸腾换热系数随温度的变化范围

层流冷却条件的边界条件，以及一些热物性参数等，都使用前文中所列的数据和描述。计算时采用热力耦合的计算方法，直接进行温度、相变和应力三者之间的耦合计算。

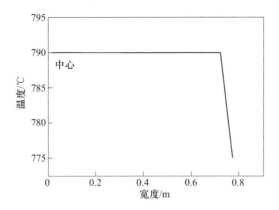

图 7-88 初始时带钢在宽度方向上的温度分布

7.4.2.1 温度与相变分析

采用某 2160mm 热轧带钢厂层流冷却工艺参数进行模拟，X70 管线钢冷却方式为前端冷却，出精轧口之后经历 6.55s 的空冷，然后是 18.65s 的水冷，水冷结束之后为 34.29s 的空冷。

图 7-89（a）分别为采用两种冷却工艺后，卷取时带钢温度沿宽度方向的计算值。采用离散化边部遮蔽的冷却策略之后，边部 150mm 范围内温度更加均匀，中部和边部的温差减小到 10℃，远低于常规冷却的 62℃，显著改善带钢宽度方向的温度均匀性。假设 X70 冷却过程中只会发生贝氏体相变，图 7-89（b）可以看出，常规层冷后带钢中部的贝氏体体积分数为 41.8%，边部 150mm 范围内贝氏体体积分数逐渐增加到了 78.6%，相变体积分数分布严重不均匀；在采用边部遮蔽工艺后，带钢边部的贝氏体体积分数转变量计算值和中部差值在 3.2% 范围之内。

图 7-90 为在两种冷却工艺条件下，带钢上表面中部和距离边部 9mm、30mm 处的温度、贝氏体转变量差值绝对值随时间的变化规律。与常规层流冷却的工艺相比，采用离散

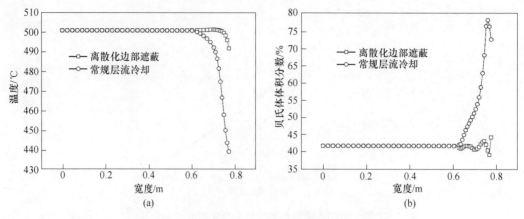

图 7-89 卷取时带钢宽度方向的温度与相比例分布

（a）温度；（b）贝氏体体积分数

化边部遮蔽的冷却工艺，带钢距离边部 9mm 处的温差最大值由 160.4℃减小到 54.1℃，贝氏体体积分数之差的最大值则由 31.5%减小到 4.9%；同时中部和距离边部 30mm 处的温差范围由 46.8℃减小到了 15.2℃，贝氏体体积分数转变量差值范围由 27.3%减小到了 2.37%。可见，在采用离散化边部遮蔽的冷却工艺后，带钢宽度方向上的贝氏体转变量趋于均匀，利于降低带钢宽度方向上的热应力和组织应力差异，从而使冷却过程中的应力分布均匀。

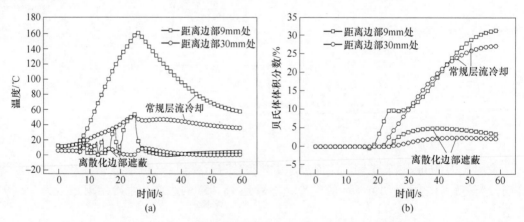

图 7-90 带钢上表面中部和边部的温差和贝氏体转变量差值

（a）温度；（b）贝氏体

7.4.2.2 应力应变分析

X70 钢层流冷却过程中，从精轧机出口的 790℃冷却到卷取时的 500℃，期间经历贝氏体相变，在 450~600℃之间，带钢的线膨胀系数会发生急剧的变化，水冷过程中横向的温度分布不均所引起的应力分布形式会更加多样化，同时相变潜热所释放的热量也会影响带钢内应力的大小。

12mm 厚度的 X70 钢的轧向应力的确定应该以厚度方向上平均值为准，而不应片面地取某一个面上的应力。图 7-91 为层流冷却过程中，带钢轧向应力在不同时间下的分布规律。从图 7-91（a）可以看出，在常规层流冷却过程中，随着冷却的进行，带钢边部的温降增大，边部的压应力开始增大，在 18.8s 时达到了最大值-538.2MPa，并且应力不均范围扩大到了 150mm 的宽度，带钢板形有向边浪发展的趋势；之后边部发生贝氏体相变，相变产生的组织应力和热应力的方向相反，带钢边部的压应力开始减小，在水冷结束的 25.2s 时，带钢边部 80mm 范围内为不均匀分布的拉应力，最大达到了 320MPa，带钢板形有向中浪发展的趋势；在随后的空冷过程中，由于带钢内部热传导和相变潜热的综合作用，中部和边部的温降逐渐减小，卷取时横向上的应力分布基本均匀。因为钢卷在卷取冷却过程中仍然会发生应力及板形变化，室温下的测量应力无法反应层流冷却后的应力实际值，层流冷却过程中因速度和温度原因，也无法直接测量带钢的应力和应变，根据生产过程观察，在层流冷却中 X70 管线钢在冷却过程中存在横向 U 形弯曲，同时伴有边浪，上述现象与应力计算的结果一致。

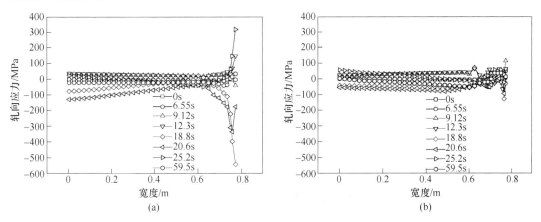

图 7-91 层流冷却过程中带钢宽度方向的轧向应力分布
（a）常规层流冷却；（b）离散化边部遮蔽

层流冷却过程中采用离散化边部遮蔽之后，由于减小了冷却过程中边部和中部的温度差、组织转变差，从图 7-91（b）的计算结果来看，冷却过程中带钢横向上的轧向应力分布相对均匀，分布范围在-125.8~116MPa 之间，能有效减小边部的内应力大小，改善水冷过程中的板形不良现象，防止钢板发生次生的不均匀冷却。

图 7-92 为带钢边部上表面轧向应力和屈服强度随时间的变化规律。从图中可以看出，在采用改进后的冷却工艺之后，整个冷却过程中的内应力都没未超过带钢边部在对应温度处的屈服强度。在常规层流冷却过程中当水冷至 11s 时，此时的拉应力计算值为 379.5MPa，超过了该温度下带钢的屈服强度 330.5MPa；当冷却至 15.3s 时，边部的压应力计算值会再次超过带钢的屈服强度；水冷结束时，边部的拉应力达到了 569.7MPa，也超过了带钢在此温度下的屈服强度 424MPa，因此在冷却过程中带钢边部会存在塑性应变。卷取时带钢横向上的轧向塑性应变规律如图 7-93 所示，从图中可以看出，在常规层流冷却过程中，带钢横向上边部 25mm 范围内的内应力会超过带钢的屈服应力，产生塑性变形，最大达到了 1.62×10^{-3}；相对而言，在采用离散化边部遮蔽的层流冷却工艺之后，从计算结果来看，卷取时在带钢横向上没有产生轧向塑性应变，有效地消除了残余塑性应变对之后钢卷冷却的不良影响，有利于获得室温时的良好板形。

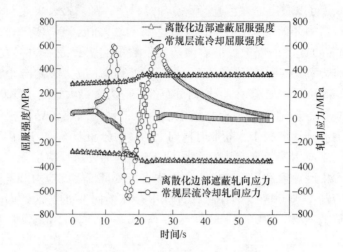

图 7-92 带钢边部上表面应力与屈服强度变化

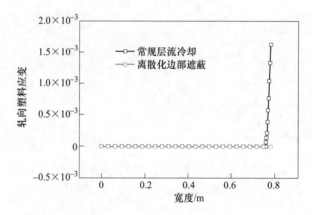

图 7-93 层流冷却结束后带钢长度和宽度方向塑性应变分布

热轧带钢层流冷却过程中板形缺陷问题的研究历来存在很多分歧，Zhou 等[4]认为水冷结束之后边部会产生拉应力，带钢板形向中浪发展，Yoshida H[33]、蔡正[34]和王晓东等[35]认为：在层流冷却过程中，带钢边部会产生压应力，板形会向边浪发展。这是因为他们研究钢种及相变特性有一定区别，冷却工艺也不尽相同，由于不同钢种的成分和相变区间不同，线膨胀系数大小和随温度的变化趋势是不一样的，边部温降所引起的应力大小也就更加多样化。可以肯定的是，层流冷却过程中板形缺陷的根本原因是横向温度分布不均匀，从本节模拟的结果来看，离散化的边部遮蔽冷却策略能有效改善带钢卷取前的板形不良现象。但是对于 X70 管线钢而言，在卷取过程中和卷取之后的钢卷冷却过程中，仍然会发生相变并产生残余应力，影响开卷之后的室温板形。

7.4.3 相变与卷取温度控制

现代热轧带钢生产中，为了获得良好的力学性能，在带钢离开末架轧机进入卷取机之前，于输出辊道上进行快速冷却，通过控制带钢的卷取温度来达到性能要求。随着温度的降低，带钢发生相变，相变体积膨胀使带钢产生相变应力，同时相变过程还将释放相变潜热影响温度场的变化；带钢沿宽度和厚度方向的不均匀冷却必将导致热应力不均匀分布，同时使相变不均匀，这些都将导致带钢在冷却过程中产生塑性变形，造成残余应力，不利于带钢保持良好的板形。

余伟等[36]采用 Marc 有限元软件计算了热轧带钢在层流冷却中卷取温度分别为 500℃、550℃和 600℃时的温度场、相变体积分数、残余应力随时间的变化，计算结果及分析如下。

7.4.3.1 温度场及相变

对带钢层流冷却后不同卷取温度下的相变和应力分布进行计算。图 7-94 是带钢中部上表面温度随时间变化的曲线；图 7-95（a）是模拟卷取温度为 500℃、550℃和 600℃时沿带钢宽度方向的温度分布，以及实测卷取温度沿宽度的分布；图 7-95（b）是带钢中部上表面贝氏体转变量沿宽度的分布。

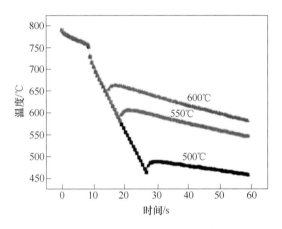

图 7-94　带钢中部上表面温度随时间变化

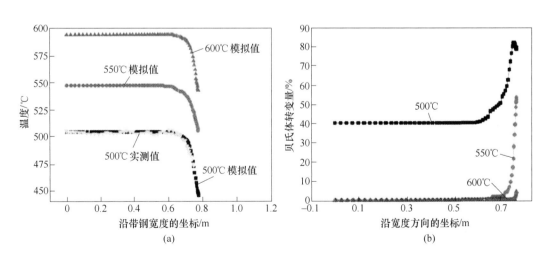

(a)　　　　　　　　　　　　　　　(b)

图 7-95　带钢上表面温度与相变量沿宽度的分布

（a）温度；（b）贝氏体转变量

从图 7-95 中可以看出，带钢横向温度的分布不均导致相变行为在带钢横向存在着差异。在层冷过程中，带钢边部温降比较大，先发生相变；而中部温降小，后发生相变。X70 管线钢在不同的卷取温度下，相变比例也存在着差异：卷取温度为 600℃时，只是边部有 5%的贝氏体转变；550℃时，边部贝氏体最大转变量可达 55%，而中部还未发生相变；500℃卷取时，带钢边部贝氏体最大转变量可达 80%，中部贝氏体转变量可达 40%。结果表明，卷取温度不同，宽度方向贝氏体转变量最大差值也不同：550℃卷取为 55%；500℃卷取时为 40%；600℃卷取时为 5%。因此，550℃卷取时组织转变量差别最大。

7.4.3.2 中部应力变化

带钢中部上表面应力随时间变化如图 7-96 所示。0~6.53s 的空冷阶段，带钢的热应力很小。之后的水冷阶段，带钢的上表面与冷却水接触温度下降很快，热应力迅速增大。卷取温度为 600℃和 550℃时，带钢相变量很小，应力主要是温降引起的热应力，表现为拉应力。卷取温度为 500℃时，温降引起的热应力为拉应力，最大可达 225MPa。随着冷却的进行，贝氏体相变产生了组织应力，其方向与热应力相反，最大综合应力可达 350MPa。随着相变的继续进行，组织应力发生反向。由于相变使得温升，热应力减小。卷取温度为 600℃和 550℃时，带钢中部上表面的最终应力状态均为压应力，大小分别为 6.6MPa 和 30.3MPa；而 500℃时，带钢中部的应力为 7.7MPa。

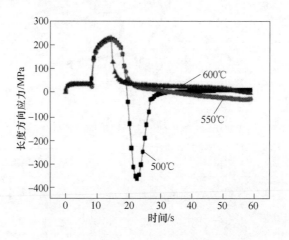

图 7-96 带钢中部上表面应力随时间变化

尽管卷取温度 600℃与 500℃时带钢残余应力的绝对值并无明显差异，但是从性能控制的角度看，600℃卷取会导致 X70 管线钢屈服强度和韧性降低，实际在生产中不采用该工艺。

7.4.3.3 中部应力变化

图 7-97 表示卷取目标温度分别为 500℃和 550℃时，带钢中部和边部温差与贝氏体转变量的关系。从图中可以看出，带钢层流冷却过程中，相变和温度的耦合关系，温度场的变化促使贝氏体的转变，反过来贝氏体相变产生相变潜热使温度差升高。温差带来的组织分布不均，最终导致带钢内部应力分布的差异（图 7-98）。

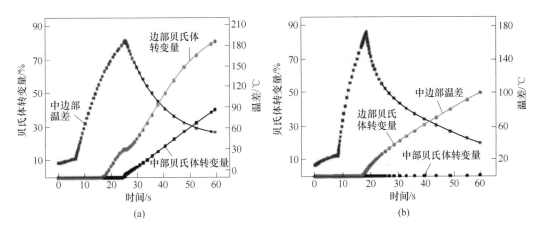

图 7-97 带钢中部和边部上表面的温差和贝氏体转变量

（a）卷取温度 500℃；（b）卷取温度 550℃

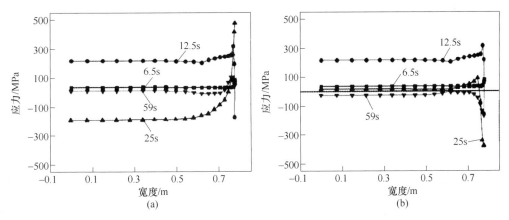

图 7-98 带钢冷却过程中宽度上的应力分布

（a）卷取温度 500℃；（b）卷取温度 550℃

从图 7-99（a）和图 7-100 可以看出：卷取温度为 500℃时，带钢中部的应力在整个冷却过程中都未超过带钢该温度下的屈服强度，中部也没有塑性变形。但是，带钢边部的应力在冷却过程中变化较大。水冷开始时，带钢边部受到拉应力未超过该温度下的屈服强度，也没有塑性变形；在水冷 11s 时，带钢边部的拉应力计算值达到 420MPa，超过了该温度下的屈服强度（306MPa），此时存在塑性变形，而中部受拉应力；在水冷 16s 时，带钢中部受拉应力，边部压应力超过该温度下的屈服强度，可能会产生塑性变形，带钢板形向着边浪发展；水冷结束时，带钢中部受压应力；边部的拉应力计算值为 520MPa，再次超过了该温度下带钢的屈服强度 351MPa，此时带钢边部发生了 $2.1×10^{-4}$ 的塑性变形，带钢板形向着中浪发展。本计算卷取温度 500℃，水冷前期 16s 时的应力分布结果与王晓东[35]研究得到的板形向边浪发展的结果吻合，但水冷结束时的应力分布结果与 Zhou 等[4]得到的板形向中浪发展的结果一致，只是在应力大小上要稍大于他们的结果。这主要是他们所研究的是铁素体-珠光体高温相转变类型钢，而 X70 属于中温相转变类型钢，后者的线膨胀系数更大。

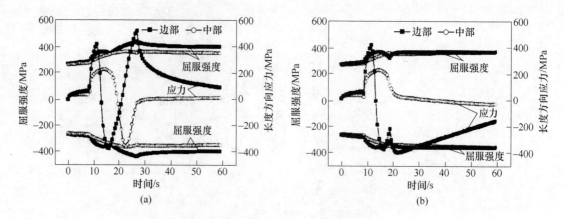

图 7-99 带钢中部和边部的上表面应力与屈服强度变化历史

（a）卷取温度 500℃；（b）卷取温度 550℃

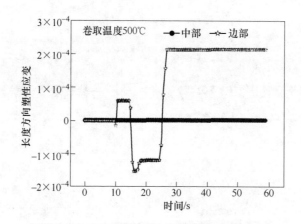

图 7-100 带钢中部和边部的上表面应变随时间变化

从图 7-99 和图 7-100 可以看出，与卷取温度 500℃相比，卷取温度 550℃时带钢中部未出现压应力，因为中部无相变。在水冷前期和水冷结束时，带钢边部均出现了应力超过了该温度下的屈服强度。最终的残余应力为−165MPa，比 500℃卷取温度的最终残余应力大 77MPa。

7.4.4 初始横向温度差控制

带钢的初始横向温差是指带钢进入层流冷却辊道时，带钢宽度方向上中部的温度和边部最低温度的差值。修改模型的初始温度，建立带钢不同初始横向温度对应的模型，横向温差分别为 30℃、90℃。各种初始温度对应的带钢横向温度分布如图 7-101 所示。

以不同初始温差建立模型，带钢冷却至室温后，不同初始横向温差带钢长度方向应力在带钢宽度上的分布如图 7-102 所示。

从图 7-102 可以看出，带钢横向初始温差对带钢最终应力分布影响很大。初始横向温差为 30℃的带钢，冷却结束后，边部的最大压应力比温差为 60℃的带钢小 46.47MPa，减

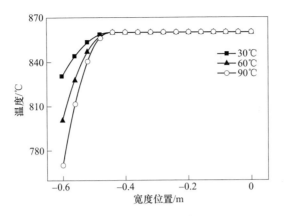

图 7-101 不同初始温差温度分布

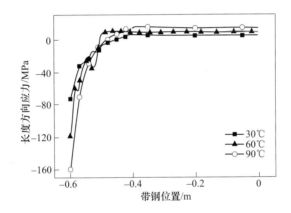

图 7-102 不同初始温度热轧带钢冷却结束后应力分布

小比例 39.05%；初始横向温差为 90℃的带钢，冷却结束后，边部的最大压应力比温差为 60℃的带钢大 41.07MPa，增大 34.51%。根据计算结果，带钢进入输出辊道前的横向温差对带钢轧后冷却过程中产生的应力有较大的影响。

7.4.5 微中浪轧制控制

所谓微中浪轧制是指，在精轧阶段通过设定板形目标值为中浪，来补偿在轧后冷却过程可能出现的边浪。微中浪轧制策略是通过在轧制过程增加带钢中部的延伸，以使带钢在进入层流冷却辊道时具有一定的初始应力。不同中浪补偿量对应的初始应力分布如图 7-103 所示。

将初始应力分别加入到模型初始条件中，对模型进行计算。冷却结束后，带钢宽度方向上应力分布如图 7-104 所示。

从图 7-104 可以看出，采用微中浪轧制工艺，对带钢冷却后应力分布有较大影响，采用两种补偿量均能减小带钢长度方向压应力。采用 30 IU 中浪轧制的带钢，冷却结束后，边部的最大压应力减小 27.41MPa，减小比例 23.03%。

总结：热轧带钢轧后层冷冷却、钢卷冷却过程中，因为温度不均匀、相变不同时，会

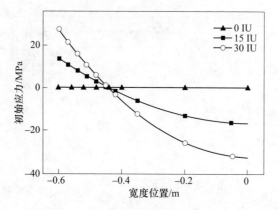

图 7-103　不同中浪补偿量对应的初始应力

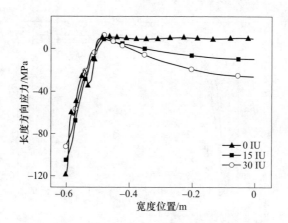

图 7-104　不同中浪补偿量对带钢应力的影响

产生复杂的热应力和组织应力变化。从残余应力的形成原因分析，主要首要解决的是冷却过程的不均匀现象。带钢层流冷却不均匀可以通过多种手段加以调整与控制，但是均匀冷却的带钢在卷取后的常规空冷中，仍然会在钢卷不同部位形成很大的温度差，导致残余应力，还需要进一步控制钢卷的温度均匀性。钢种的相变特性会因为温度不均匀性而加剧，当然，在实际生产中也可以利用材料的相变特性，控制残余应力。

参 考 文 献

[1] 王国栋. 均匀化冷却技术与板带材板形控制 [J]. 上海金属，2007，29（6）：1～5.

[2] 支颖. 热轧带钢全线温度演变的模拟计算与软件开发 [D]. 沈阳：东北大学，2004：24～28.

[3] 孔祥谦. 有限元法在传热学中的应用 [M]. 北京：科学出版社，1996：61～63.

[4] Zhou Z Q, Thomson P F, Lam Y C, et al. Numerical analysis of residual stress in hot-rolled steel strip on the run-out table [J]. Journal of Materials Processing Technology, 2003, 132 (1~3)：184~197.

[5] Serajzadeh S, Mirbagheri H, Taheri A K. Modelling the temperature distribution and microstructural changes during hot rod rolling of a low carbon steel [J]. Journal of Materials Processing Technology, 2002, 125：89~96.

[6] 谢海波，徐旭东，刘相华，等. 层流冷却过程中带钢温度场数值模拟 [J]. 钢铁研究学报，2005，

17（4）：33~35.

［7］ Serajzadeh S. Modelling of temperature history and phase transformations during cooling of steel ［J］. Journal of Materials Processing Technology，2004，146（3）：311~317.

［8］ Serajzadeh S. Prediction of temperature distribution and phase transformation on the run-out table in the process of hot strip rolling ［J］. Applied Mathematical Modelling，2003，27（11）：861~875.

［9］ 王晓东，何安瑞，杨荃，等. 热轧带钢层流冷却过程中温度与相变耦合预测模型 ［J］. 北京科技大学学报，2006，28（10）：964~968.

［10］ 支颖，刘相华，王国栋. 热轧带钢层流冷却中的温度演变及返红规律 ［J］. 东北大学学报，2006，27（4）：410~413.

［11］ 朱丽娟，吴迪，赵宪明. Si-Mn 系 TRIP 钢控轧控冷过程温度分布的模拟与控制 ［J］. 轧钢，2005. 22（6）：9~11.

［12］ Hiroshi，Yoshida. Analysis of flatness of hot rolled steel strip after cooling ［J］. Transactions ISIJ，1984. 24（3）：212~220.

［13］ Kumar A，McCulloch C，Hawbolt E B，et al. Modeling thermal and microstructural evolution on runout table of hot strip mill ［J］. Materials Science and Technology，1991，7（4）：360~367.

［14］ Umemoto M，Nishioka N，Tamura I. Prediction of hardenability from isothermal transformation diagrams ［J］. Journal of Heat Treating，1981，2（2）：130~138.

［15］ Liu Z D. Experiments and mathematical modeling of controlled run-out table cooling in a hot rolling mill ［D］. Canada：The University of British Columbia，2001.

［16］ 阮冬潘，健生，胡明娟. 过冷奥氏体等温转变曲线数据库的建立 ［J］. 金属热处理，1997（8）：4~9.

［17］ Wang K F，Chandrasekar S，Yang H. Experimental and computational study of the quenching of carbon steel ［J］. Journal of Manufacturing Science & Engineering，1997，119（3）：711~712.

［18］ Esaka K，Wakita J，Takahashi M，et al. The development of the precise model predicting and controlling mechanical properties ［J］. Seitetsu Kenkyu，1986，321（32）：92~100.

［19］ 井玉安. 热轧管线钢的组织性能预测 ［D］. 鞍山：鞍山钢铁学院，2001.

［20］ 颜飞. Q345E 热轧带钢轧后冷却过程温度及组织演变模拟 ［D］. 武汉：武汉科技大学，2004.

［21］ 潭真. 工程合金热物性 ［M］. 北京：冶金工业出版社，1994.

［22］ 程杰锋，刘正东，董瀚，等. 热轧带钢卷取及其冷却过程热模拟研究 ［J］. 钢铁，2004，39（10）：40~42.

［23］ 王书智. 强制快速冷却热轧带钢卷的有效制度 ［J］. 国外钢铁，1990，3：53~57.

［24］ Slowik J，Borchardt G，Kohler C，et al. Influerce of oxide scales on heat transfer in secondary cooling zones in the continuous casting process. Part 2. determination of material properties of oxide scales on steel under spray-water cooling conditiones ［J］. Steel Reader h，1990，61（7）：302~311.

［25］ Sidhar M R，Yovanovich M M. Review of elastic and plastic contact conductance models：comparison with experiment ［J］. Journal of Thermophysics and Heat Transfer，1994，8（4）：633~640.

［26］ Pullen J J，Williamson B P. On the plastic contact of rough surfaces ［J］. Proceedings A of the Royal Society，1972，327（1569）：159~173.

［27］ Miki B B. Thermal contact conductance theoretical considerations ［J］. International Journal of Heat and Mass Transfer，1974，17（2）：205~214.

［28］ Park S J，Hong B H，Baik S C，et al. Finite element analysis of hot rolled coil cooling ［J］. Transactions of the Iron & Steel Institute of Japan，1998，38（11）：1262~1269.

［29］ Ahmad S，Saeid H. Heat transfer analysis of hot-rolled coils in multi-stack storing ［J］. Journal of Materials

Processing Technology，2007，182（1~3）：101~106.

［30］ Pham T T，Hawbolt E B，Brimacombe J K. Predicting the onset of transformation under non-continuous cooling conditions：part Ⅰ. Theory［J］. Metallurgical and Materials Transactions A，1995，26（8）：1987~1992.

［31］ 蔡正. 热轧带钢冷却后的屈曲行为研究［D］. 沈阳：东北大学，1998.

［32］ 龚彩军. 中厚板控制冷却过程温度均匀性的研究［D］. 沈阳：东北大学，2005.

［33］ Yoshida H. Analysis of flatness of hot rolled steel strip after cooling［J］. Transactions ISIJ，1984，24（3）：212~220.

［34］ 蔡正，王国栋，刘相华，等. 热轧带钢在冷却过程中的内应力解析［J］. 钢铁，2000，35（6）：33~36.

［35］ Wang X D，Yang Q，He A. Calculation of thermal stress affecting strip flatness change during run-out table cooling in hot steel strip rolling［J］. Journal of Materials Processing Technology，International，2008，207：130~146.

［36］ 余伟，卢小节，陈银莉，等. 卷取温度对热轧 X70 管线钢层流冷却过程残余应力的影响［J］. 北京科技大学学报，2011，33（6）：721~726.

8 连续退火过程中带材残余应力变化

8.1 连续退火炉中带材的残余应力概述

随着我国冷轧技术的发展，冷轧带钢以其美观、加工性能好和生产品种多样化等特点，广泛应用于汽车制造、家用电器、建筑、船舶、交通、机电、仪表等领域。就其用途来说，可分为汽车用板、家电用板、建筑用板和电工用板等。根据性能分类，又可分为普通冷轧板、深冲级钢板、超深冲级钢板及各类高强钢板等。然而，带钢在冷轧变形后，内部会存在残余应力和大量位错，使其强度硬度增加、塑性韧性下降，这种冷轧过程的加工硬化对后续的加工是极为不利的，因此需要对冷轧带钢进行退火处理。

冷轧带钢的退火工艺主要包括罩式退火和连续退火两类。罩式退火的优点在于生产带钢的规格范围广、生产灵活、投资小，缺点是生产率低、产品表面质量差，并且生产带钢的品种受限制。随着退火技术的发展及工业生产的需求，连续退火生产技术应运而生。1972 年，世界上第一条完备的冷轧钢板立式连续退火线在新日铁的君津钢厂投入生产，将原来需要 10 天的生产周期缩短到了 10min。连续退火机组将带钢的清洗、退火、平整、精整等工艺集于一体，与传统的罩式炉退火工序比较，具有生产周期短、布置紧凑、便于生产管理、劳动生产率高、产品品种多样化及产品质量高等优点[1,2]。但是，目前在连续退火生产中存在一个比较严重的问题是，带钢在连退炉内绕炉辊运行时常常会发生瓢曲变形，轻则引起板形质量不合格、重则引起断带，断带一旦发生，就需要停机重新穿带，从发生断带到恢复生产中间至少需要 1 天时间，严重影响了生产效率。尽管目前现场各生产线采取了一些防瓢曲的控制技术，但由于连退炉内影响带钢瓢曲的因素众多，以致带钢瓢曲变形很难得到有效的控制。

8.1.1 连续退火机组概述

图 8-1 为某立式连续退火机组的生产流程图[3]，带钢经开卷机开卷后，夹送辊和矫直

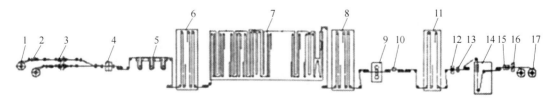

图 8-1 连续退火机组设备布置

1—开卷机；2—夹送辊及矫直机；3—入口剪；4—焊机；5—清洗段；6—入口活套；
7—连续退火炉；8—出口活套；9—平整机；10—拉矫机；11—检查活套；12—双头圆盘剪；
13—去毛刺机；14—带钢表面检查站；15—静电涂油机；16—出口飞剪；17—卷取机

机在开卷机的辅助下将带钢送往入口剪切，以切除带卷头尾的超厚部分，再通过焊机将钢卷的头部和前一个钢卷的尾部焊接在一起，而后带钢需经过清洗段进行清洗，去除钢卷表面的轧制油，然后带钢再进入连续退火炉进行退火，退火后的带钢需要进入平整机对带钢表面进行平整，最后带钢经过切边、去毛刺、精切头尾、涂油等环节送到卷取机卷成带卷。连续退火机组的主要设备包括：焊机、清洗段、连续退火炉和平整机等[4,5]，下面简要介绍一下各个主要设备的功能。

8.1.1.1 焊机

焊机位于连续退火机组的入口段，其主要作用是将头尾两卷带钢焊接在一起，以实现生产的连续性。目前采用的焊接方法主要有窄搭接电阻焊和激光对焊，对应的焊机分别为电阻焊机和激光焊机。窄搭接电阻焊的带钢焊缝处厚度常常超过母材厚度的 10% ~ 20%。激光对焊焊缝处厚度和母材相同，而且很平滑，通过平整机和拉矫机时不用抬辊，同时可使断带率降至 0.1% 以下，但激光焊接系统所需的投资较大。

8.1.1.2 清洗段

为了保证带钢表面的清洁度，新建的先进生产线均设有完整的清洗段，通常的布置是碱洗槽→刷洗槽→电解清洗槽→刷洗槽→热水漂洗槽，清洗段主要作用是去除带钢表面附着的轧制油和异物，防止带钢退火后出现表面缺陷。

8.1.1.3 连续退火炉

连续退火炉是连续退火机组的核心设备，按照退火方式，可分为立式退火炉、卧式退火炉和立卧混合炉 3 种。连续退火的特点是快速加热、短时保温、急速冷却、定时时效，整个过程只需几分钟，连退生产的带钢具有表面质量好、生产周期短等优点。

8.1.1.4 平整机

在冷轧带钢的连退生产中，平整是必不可少的工艺环节之一，平整机的主要功能是消除带钢屈服平台、通过降低屈服点改善带钢抗拉强度和塑性变形范围、改善带钢平直度和调节带钢表面粗糙度等。

8.1.2 · 连续退火技术要求

连退生产的带钢的厚度很薄，为 0.5 ~ 0.8mm，因此加热冷却速度比较快，这就需要带钢保持较高的运行速度，为 200 ~ 400m/min，因而就对连退炉内带钢的加热技术、冷却技术和高速通板技术提出了更高的要求。

8.1.2.1 加热技术

在连续退火炉内，为了防止带钢表面氧化，带钢的加热、保温和冷却过程均是在保护气氛中进行的。目前连退炉内采用的加热方式主要为辐射管加热，其工作原理是：燃气在密封的管内燃烧，受热的管表面通过热辐射的形式将热量传递给带钢，由于燃烧气氛和产物不与带钢表面直接接触，因此有效避免了带钢表面的氧化和脱碳，这种加热方式适用于对产品表面质量要求高的场合[6]。目前连续退火炉内使用的辐射管包括以下几种：U 型辐射管、W 型辐射管、P 型辐射管和双 P 型辐射管等，图 8-2 所示为 W 型辐射管的结构图[7]。

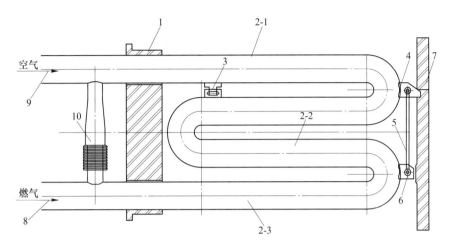

图 8-2 W 型辐射管结构

1—炉墙；2—W 型辐射管（包括 2-1、2-2、2-3）；3—连接板组件；4—上部托架；5—连杆；
6—下部连接座；7—炉墙；8—燃气进气口；9—空气进气口；10—管道补偿器

8.1.2.2 冷却方式

带钢均热后的冷却是非常重要的，现场生产要求在不影响带钢质量、不加大能源消耗和设备投资的前提下，带钢冷却速率要尽可能快。连退炉内的冷却方式包括：气体喷射冷却、高速气体喷射冷却、气-水双相冷却、水冷、辊式冷却、热水冷却等。

8.1.2.3 高速通板技术

随着用户对产品质量要求的不断提高，连续退火产品向薄、宽方向发展，并且通板速度越来越快，这就对高速通板技术提出了更高的要求，如带钢的加热冷却要均匀、温度控制要准确、张力波动范围不能太大，尽可能地避免带钢瓢曲变形和跑偏现象。

8.1.3 带钢瓢曲变形概述

连退炉内的带钢的瓢曲变形是在连退炉内这种特定的、复杂环境下产生的一种板形缺陷，其宏观表现是在带钢局部宽度上沿纵向出现的一条或多条皱纹。带钢瓢曲变形与带钢冷轧之后出现的浪形虽然都是结构失稳的表现形式，但是它们的产生原因、产生环境和后屈曲形貌都有着很大的不同。

8.1.3.1 产生原因

连退带钢的瓢曲变形和带钢轧后的浪形的产生机理有着本质的区别。板带轧制过程中，变形过程要求带钢宽度各部分沿纵向均有一定的延伸，但由于各种因素的影响，带钢在辊缝中的变形量往往是不均匀的。设想将带钢沿宽度分割成许多纵向纤维条，在变形过程中，各纵向纤维条是相互牵制、相互影响的，延伸大的纤维条将受压应力，而延伸小的部分受拉应力作用，受压处的带钢失稳后就会产生明显的浪形，如图 8-3 所示。而连退炉内的带钢，是在张力的作用下，由炉辊驱动着，通过各个炉段以达到热处理的工艺要求，不存在类似轧制过程中所要求的工艺变形，因此它的产生机理与轧后的浪形有着明显的不同。

图 8-3　带钢轧后出现的浪形

8.1.3.2　瓢曲形貌

常铁柱[8]论文中给出了连退炉内带钢瓢曲不同阶段的形貌，如图 8-4 所示。

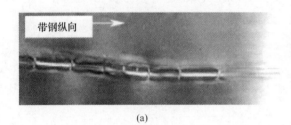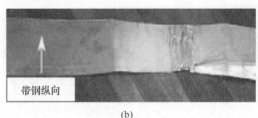

(a)　　　　　　　　　　　　　　　　　　　(b)

图 8-4　带钢的瓢曲变形

（a）初期瓢曲；（b）后期瓢曲

图 8-4 中可以看出，带钢瓢曲变形后，先在带钢局部宽度上出现单根皱纹，皱纹宽度很小，约 10mm，沿纵向没有明显的周期性，随着瓢曲变形的发展，皱纹长度越来越长，并且单根皱纹附近区域内的皱纹条数逐渐增多，到瓢曲后期便出现了多根皱纹的情况，此时带钢很容易发生断带。

目前为止，国内学者对连退带钢瓢曲变形的机理存在两种认识，一是带钢宽度方向温度分布不均引起的热应力导致了带钢发生瓢曲变形；二是带钢不均匀拉伸产生的诱导压应力导致带钢发生瓢曲变形。

A　热应力导致带钢瓢曲变形

1994 年，许永贵等[9]提出热瓢曲是一种热变形现象，他认为在连退炉的加热段和均热段内，由于带钢宽度方向存在较大温差，带宽方向将产生式（8-1）给出的热应力。当热应力超过带钢的屈服强度时，带钢就会发生热瓢曲变形：

$$\sigma = \beta E \Delta T / 1.05 \tag{8-1}$$

式中，σ 为热应力，MPa；β 为金属的线膨胀系数，$℃^{-1}$；ΔT 为带钢横向温差，$℃$；E 为带钢的弹性模量，MPa。

赵永生和许永贵等[10]利用红外测温仪现场测量了连退炉加热段的炉温和带温的分布情况，测量结果表明，加热段内炉温和带温沿宽度方向分布都不均匀，宽度中部温度高，两边温度低，炉子宽度上温差在 6~60℃ 之间，带宽的温差介于 14~81℃。他们经过分析指出，带钢在加热段入口处，升温快，温差大，加上入口端是变速、变温、变张力的区域，带钢产生热瓢曲的可能性最大。

李文科等[11]根据相似理论，按照与现场连退炉均热室 1:10 的比例，建立了均热室模型，研究了不同供热制度下炉温和带温的分布规律，结果表明，现行供热制度不合理，使得均热段的炉温和带温沿高度和宽度方向分布不均匀，宽度方向炉温温差为 49~73℃、带钢温差为 12~38℃。如果操作控制不佳，带钢就很容易发生瓢曲变形。

B 不均匀拉伸导致带钢发生瓢曲变形

2003 年，戴江波[12]以宝钢 2030 连续退火机组为研究对象，利用 ANSYS 有限元软件建立了连退炉内带钢的热力耦合模型，计算了加热段带钢横向温差和来料板形对带钢瓢曲变形的影响。其研究表明，横向温差是带钢横向张应力分布不均匀的主要因素，并且带钢来料板形对带钢横向张应力分布也有较大影响。为了改善带钢的板形，应该采取措施减小带钢横向温差，并且尽量使带钢入炉前的浪形为对称双边浪，杜绝不对称单边浪。此后，戴江波等[12]在进一步研究连退带钢瓢曲变形的基础上，对连退带钢瓢曲变形机理提出一种新的解释——他认为传统认知的横向温差不足以造成"热瓢曲"，带钢瓢曲的主要原因是带钢中部局部张力集中导致不均匀拉伸变形造成的局部屈曲，并且利用 MARC 有限元软件计算了带钢规格、温度、横向温差、初始板形、焊缝和导向辊辊形对带钢瓢曲变形的影响，结果表明，辊形只对炉辊附近的带钢横向张应力分布有影响，带钢越宽越薄、张应力越大、带温越高，带钢越容易发生瓢曲变形。

张清东和戴江波[13~15]认为带钢瓢曲变形的机理类同于薄板成型中不均匀拉伸起皱与皱曲变形，他们借鉴了冲压领域中有关薄板起皱理论，建立了如图 8-5 所示的带钢解析模型，对带钢的屈曲临界应力、后屈曲模态以及屈曲区域进行了解析求解（图中 a' 为压应力半区宽度，最小的屈曲载荷为 a'；b' 为拉应力半区长度，最小的屈曲载荷为 b'）。并且在 YBT 实验的基础上，设计了带钢不均匀拉伸实验，实验装置如图 8-6 所示，通过万能拉伸实验机和电子数显千分表测量拉伸过程中拉伸载荷与带钢中心面外位移的关系曲线。

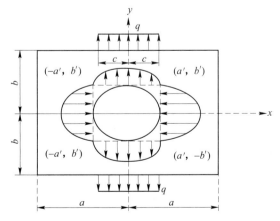

图 8-5 带钢解析模型

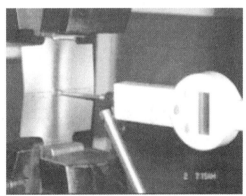

图 8-6 带钢不均匀拉伸实验装置

在张清东和戴江波研究的基础上，常铁柱[8]采用解析法对连退带钢的瓢曲变形进行了更深入的研究。他基于 Airy 应力函数和 Timoshenko 最小功原理，建立了薄宽带钢瓢曲变形的力学分析模型和计算方法，获得了前屈曲应力场分布的表达式，同时运用伽辽金虚位移原理解法获得了屈曲临界载荷，进一步推导了不均匀载荷作用下薄宽带钢瓢曲变形的后屈曲摄动求解方法及相应数学表达式。

2008 年，王丽红等[16]通过有限差分法计算了连退炉内的带钢长度和宽度方向上的温度分布，并且在国内首次将带钢温度场引入带钢热力耦合的有限元模型，并运用 MARC 有限元软件计算了带温不均匀分布对带钢屈曲临界应力的影响，结果表明带温不均匀分布对带钢屈曲临界应力影响很大。

8.2 连退炉内带钢的屈曲变形及应力应变分布

带钢的屈曲变形是带钢瓢曲变形的先行阶段，带钢一旦进入后屈曲变形阶段，带钢瓢曲变形往往发展得很快，当后屈曲变形达到一定程度时，带钢表面就会出现明显的皱纹。不论是带钢的屈曲变形还是后屈曲变形的发展，它们与带钢的应力和应变分布是紧密相关的，要深入分析带钢的瓢曲变形，必须要了解带钢应力应变的分布情况。但由于现场检测手段有限，无法测得连退炉运行时带钢的应力应变分布。已有文献中通过有限元方法对连退炉内带钢的屈曲变形和应力应变分布进行过相关研究，但炉辊辊形多采用单锥度辊。从目前实际生产情况看，现场在加热段、均热段等高温炉段多采用双锥度辊，本节采用双锥度辊作为炉辊辊形，通过 MARC 有限元软件研究带钢的屈曲变形及应力应变分布情况。

8.2.1 带钢屈曲变形的有限元理论

有限单元法求解结构屈曲问题的数值分析方法大致分为两类[17]：一类是通过线性特征值分析计算屈曲载荷，根据是否考虑非线性因素对屈曲载荷的影响，又细分为线性屈曲和非线性屈曲，该类屈曲分析主要是针对平衡临界状态的求解，其中包括临界载荷和屈曲模态的求解；另一类是利用结合 Newton-Raphson 迭代的弧长法来确定加载方向，追踪失稳路径的增量非线性分析方法，能有效地分析大应变塑性变形等高度非线性屈曲和失稳问题。

8.2.1.1 线性屈曲分析

对于受压结构，随着压应力的增加，结构抵抗横向变形的能力下降，当载荷达到某一水平，结构总体刚度变为零，丧失结构稳定性。屈曲分析研究失稳发生时的临界载荷和失稳形态。基于结构失稳前系统刚度矩阵出现奇异，可将失稳问题转化为特征值问题处理。线性屈曲载荷的计算属于结构小位移材料线弹性的屈曲范畴。对于总体 Lagrange 格式或者更新的 Lagrange 格式，几何非线性的有限元方程可以写为：

$$(K_L + K_{NL}) \Delta u = \Delta F_{t+\Delta t} \tag{8-2}$$

式中，K_L 为与应变表达式中非线性应变相关的部分，$K_L = K_0 + K_\sigma$，K_0 为初始位移刚度矩阵或大位移刚度矩阵，K_σ 为初始应力刚度矩阵或几何刚度矩阵；K_{NL} 与应变表达式中线性应变相关的部分，是由初始应力引起的，通常称为初始应力矩阵；$\Delta F_{t+\Delta t}$ 为相关的外力项。

对于特征值稳定问题，载荷可以表示为：

$$F = \lambda \overline{F}_0 \tag{8-3}$$

式中，$\overline{F}_0$ 为载荷模式；λ 为载荷幅值。

求解时应首先求解对应于载荷 $\overline{F}_0$ 的线性平衡问题：

$$\boldsymbol{K}_\sigma \overline{u} = \overline{F}_0 \tag{8-4}$$

式中，$\boldsymbol{K}_\sigma$ 为结构的线弹性刚度矩阵。

通过式（8-4）求解出 u，进而可以得到结构内的应力分布 $\overline{\sigma}$，结构临界载荷 λ 可以通过求解关于 λ 的特征值问题得到。

假设在结构初始失稳时，初始位移 u_0 很小，则在有限元方程中可以忽略其影响，并且可以忽略大位移刚度矩阵 $\boldsymbol{K}_0$，式（8-2）变为：

$$(\boldsymbol{K}_\sigma + \boldsymbol{K}_{NL})u = \Delta F_{t+\Delta t} \tag{8-5}$$

在总体 Lagrange 格式中，将 $u = \lambda \overline{u}$ 代入式（8-5），并考虑到结构达到稳定的临界载荷时，可认为 $\Delta F_{t+\Delta t}$ 为 0，则可得到下列方程：

$$(\boldsymbol{K}_\sigma + \lambda \boldsymbol{K}_{NL})u = 0 \tag{8-6}$$

使式（8-6）有非零解，需保证：

$$|\boldsymbol{K}_\sigma + \lambda \boldsymbol{K}_{NL}| = 0 \tag{8-7}$$

式（8-7）作为一个广义的特征值方程，求解式（8-7）可求得各阶特征值 λ，从而得到相应的其他物理量。

特征值屈曲分析省略了非线性项，实际上是一种线性屈曲分析方法，是对理想弹性结构的理论屈曲强度的预测，满足于经典的屈曲理论。忽略了各种非线性因素和初始缺陷对屈曲失稳载荷的影响，对屈曲问题大大简化，从而提高了屈曲失稳分析的计算效率。但是由于材料的缺陷和非线性往往导致结构不在理论弹性屈曲强度处发生屈曲。因此，特征值屈曲分析经常得到非保守的结果，得到的失稳载荷可能与实际相差较大。并且从特征值分析角度研究失稳，只能获得描述结构失稳时各处相对位移变化大小，即失稳模态，无法给出位移的绝对值。如果想得到失稳后结构最大位移，特征值屈曲分析是不够的。

8.2.1.2　非线性屈曲分析

所谓非线性屈曲分析，是把增量非线性分析的有限元方法与屈曲特征值问题的求解相结合。增量非线性有限元分析中的刚度矩阵中考虑了加载过程非线性因素的影响。式（8-2）可以写为：

$$(\boldsymbol{K}_L + \boldsymbol{K}_{NL} - \boldsymbol{K}_g)\Delta u = 0 \tag{8-8}$$

式中，$\boldsymbol{K}_g$ 为载荷刚度矩阵；$\boldsymbol{K}_L + \boldsymbol{K}_{NL} - \boldsymbol{K}_g$ 为切线刚度矩阵。

对于这类大挠度、小转动的有限变形问题，采用线性化的逐步增量法求解，即将载荷分为若干步，按小增量逐步施加，而对每一个增量求解一个逐段线性问题。与小变形问题不同，这里考虑加载前的应力状态对本次加载的影响，而且每次都是在上一级载荷增量施加终止时的结构位置上施加本次载荷增量。

受载荷控制、位移控制或弧长控制的增量加载过程中，在第 i 个增量步迭代收敛后提取线性屈曲特征值，此时用于提取屈曲特征值的刚度矩阵，是第 i 个增量步开始时的切向刚度阵，其中包含了第 i 个增量步以前所有加载过程中各种非线性因素对刚度矩阵的贡献。第 i 个增量步提取非线性屈曲特征值方程可表示为：

$$[K + \lambda \Delta K^G(\Delta u, u, \Delta \sigma)] - \Delta u = 0 \qquad (8\text{-}9)$$

式中，ΔK^G 为从第 i 个增量步开始算起，与引起屈曲失稳的载荷增量 ΔP_{i-1} 有关的线性函数，称为几何刚度矩阵；K 为基于第 i 个增量开始时应力应变状态的切向刚度矩阵，可以反映各种非线性累积到第 i 个增量步的影响总和。

屈曲失稳载荷为：

$$P_{cr} = P_{i-1} + \lambda \Delta P_{i-1} \qquad (8\text{-}10)$$

式中，P_{i-1} 为第 i 个增量步开始的载荷；ΔP_{i-1} 为第 i 个增量步的载荷增量；P_{cr} 由从第 i 个增量步分析结束后，提取的屈曲载荷增量计算出的结构失稳载荷。

非线性屈曲分析是在大变形效应下的一种屈曲分析，特点是可以考虑以往加载历史的影响、材料非线性和几何非线性的影响以及边界条件非线性、初始缺陷、预应力、非保守力和追随力等因素的作用。因此，求得的失稳载荷无疑会更接近于结构的真实临界载荷值。由于非线性分析考虑了非线性因素的影响，更适用于实际的工程分析。

由于连退炉内带钢屈曲变形的计算过程中涉及几何非线性和边界条件非线性，本章节将采用 MARC 软件提供的非线性屈曲分析的方法计算带钢的屈曲临界载荷。

8.2.2 有限元仿真模型的建立

8.2.2.1 模型建立与单元选择

图 8-7 为连续退火炉的部分结构示意图，包括预热段、加热段、均热段和冷却段，炉内带钢靠炉辊驱动，在炉内绕炉辊上下运行。考虑到连退炉内的空间对称性和周期性，为了减小计算成本，建立一个辊子加一半带钢的模型进行计算分析，模型如图 8-8 所示（x—带宽方向，y—带长方向，z—带厚方向）。带钢的两截断边都位于上下相邻的两个炉辊的中心处，上下炉辊间距为 20m，采用的炉辊形状和尺寸如图 8-9 和表 8-1 所示。

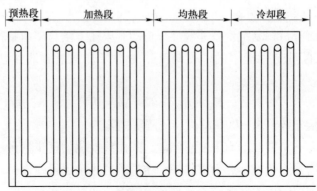

图 8-7 连续退火炉部分结构示意图

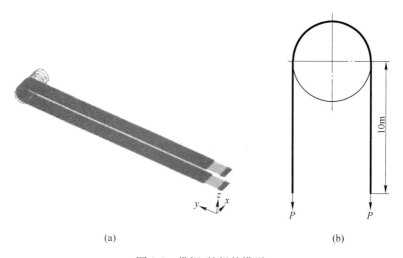

(a)   (b)

图 8-8 带钢/炉辊的模型

（a）有限元模型；（b）模型的二维示意图

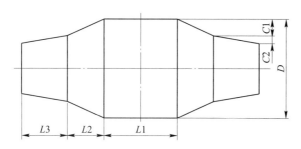

图 8-9 炉辊形状

表 8-1 炉辊尺寸

C1/mm	C2/mm	D/mm	L1/mm	L2/mm	L3/mm
1	0.5	800	600	250	450

8.2.2.2 材料模型与边界条件

带钢泊松比 $\nu = 0.3$、线热膨胀系数为 $1.2 \times 10^{-5} ℃^{-1}$，采用许永贵和孙中建[18,19]通过实验得到的连续退火炉内带钢力学性能表达式：

$$E = 208639.8 - 0.21T^2 \tag{8-11}$$

$$\sigma_s = 459.62\exp(-0.0044T) \tag{8-12}$$

式中，E 为弹性模量，MPa；σ_s 为屈服强度，MPa；T 为带温，℃。

在连退炉内，带钢和炉辊的运行是同步的，即相对速度为零，因此本文不考虑炉辊转速和带速的影响，采用炉辊的静态模型对带钢进行力学分析。对图 8-8（a）中的模型施加如下的边界条件和载荷：炉辊固定不动，在带钢纵向对称线的节点上施加横向对称约束，将张应力 P 分步加载到带钢两截断边上，如图 8-8（b）所示。

8.2.2.3 工况设置

由于连退炉加热段炉温较高，带钢强度低，带钢容易发生热瓢曲变形，因此本文中如不做特殊交代，均以加热段为研究炉段。计算时认为带钢温度均匀分布，不考虑温度不均匀分布对带钢屈曲变形和应力应变的影响。根据生产的实际的情况，工况设置如表 8-2 所示。

表 8-2 工况条件

带温/℃	工艺张应力/MPa	带宽/mm	带厚/mm
820	6.8	1600	0.6

8.2.3 带钢屈曲变形及应力应变分布的有限元研究

8.2.3.1 带钢的屈曲临界载荷

屈曲临界载荷的求解思路是：将总的工艺张应力载荷 P 分增量步逐步加载到带钢上，每一步的载荷增量大小相同，使后一步形成的刚度矩阵中，包含有前一步的非线性因素，在每一个非线性增量步之后提取该步的特征值和屈曲模态，通过观察分析屈曲特征值的变化，得到带钢的屈曲临界载荷和屈曲模态。图 8-10 中给出由表 8-2 中工况计算得到带钢屈曲模态，其相应的带钢屈曲临界应力为 0.483MPa，此时带钢还未发生塑性变形。由此可以判断在连退炉加热段，带钢的屈曲变形属于弹性变形的范畴，这与文献的研究结论是一致的。

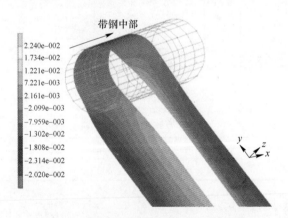

图 8-10 带钢的屈曲模态（放大 5000 倍）

8.2.3.2 带钢等效应力和等效应变分布

图 8-11 和图 8-12 分别为带钢刚发生塑性变形时的等效应力和等效塑性应变分布云图。从图 8-11 中可以看出，带钢的等效应力集中分布在与辊子平直段接触的区域，炉辊锥肩（$C1$）处等效应力具有最大值，此处带钢最先开始发生塑性变形，如图 8-12 所示。

8.2.3.3 带钢张应力分布

图 8-13 给出了带钢屈服之前、具有最大弹性变形时带钢的张应力分布。在炉辊附近区域，张应力沿横向分布较不均匀。

为了研究炉辊附近带钢的张应力分布情况，取带钢上不同截面进行分析，如图 8-14 所示。其中 $E\text{-}E$ 截面为与炉辊顶部接触的带钢截面，$F\text{-}F$ 截面为与炉辊侧面接触的带钢截面，截面 $H\text{-}H$ 为炉辊以下、距 $F\text{-}F$ 截面距离 L 处的截面，D 为炉辊直径。图 8-15 给出了

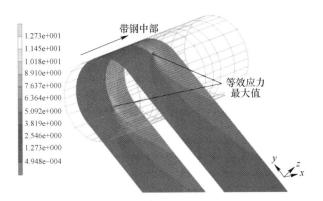

图 8-11　带钢等效应力

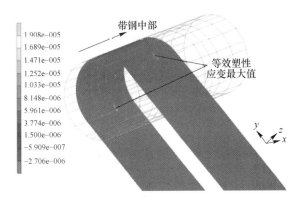

图 8-12　带钢等效塑性应变

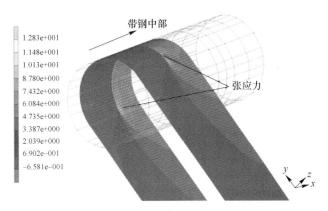

图 8-13　带钢张应力分布

炉辊附近带钢截面上张应力分布曲线，可以看出，从 $E\text{-}E$ 截面到 $F\text{-}F$ 截面带钢张应力分布最不均匀，张应力集中分布在与炉辊平直段接触的带钢区域，并且在炉辊锥肩（$C1$）处发生突变，带钢边部张应力为零。带钢截面距炉辊越远，张应力沿横向分布越均匀，当 $L>3D$ 时，带钢截面 $H\text{-}H$ 上张应力的最大值和最小值的比值低于 1.03。

由此，可以推断，带钢张应力不均匀分布区域位于炉辊附近一定范围内，距炉辊距离超过一定值（$L>3D$）时，带钢张应力沿横向趋于均匀分布。以下分析中，均以截面 E-E 作为特征截面，对带钢张应力分布进行研究。

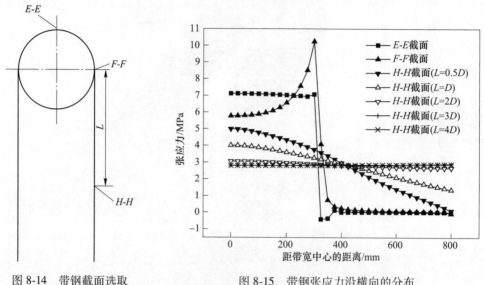

图 8-14 带钢截面选取　　　　　　图 8-15 带钢张应力沿横向的分布

8.2.3.4 带钢横向应力分布

图 8-16 给出了带钢屈服之前、具有最大弹性变形时带钢的横向应力分布云图，可以看出，横向压应力集中分布在炉辊附近带钢中部和锥肩处的带钢上，两者相比较，锥肩处的带钢横向压应力较大。

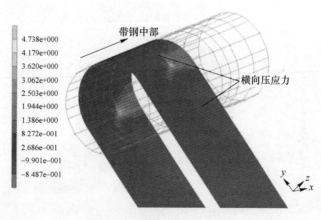

图 8-16 带钢横向应力分布

图 8-17 给出了具有最大横向压应力的带钢截面上张应力和横向应力分布，张应力和横向应力都在锥肩（$C1$）处发生突变，都从正值变为负值，往带钢边部去，张应力和横向应力都趋于零。

由以上分析，可以推断，带钢屈曲变形最先出现在炉辊锥肩（$C1$）处，加上此处的

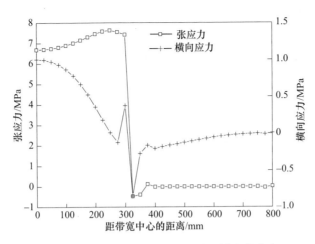

图 8-17　带钢张应力和横向应力沿横向的分布

塑性变形最大（图 8-12），将会最早出现皱纹。图 8-18 为现场观测到的带钢发生瓢曲变形后的形状示意图，在炉辊锥肩（$C1$）处出现皱纹，并沿带长方向延伸，可见以上分析符合现场的实际情况。

图 8-18　带钢瓢曲变形后的形状示意图

8.3　连续退火炉中带温不均匀分布对带材热应力的影响

立式连续退火炉内，带钢在很短时间内经历了快速升温和降温过程，温度的变化引起相应物性参数的变化，进而改变屈服极限，从而改变相同外力作用下带钢发生变形的时刻。另外带钢温度在宽度方向和长度方向的分布都是不均匀的，宽度方向和长度方向存在的温差会引起热应力。

8.3.1　横向温差的影响

由于立式连续退火炉内辐射管的加热特性，带钢往往呈出温度中间高、两边低的分布，但其温差在一个较小的范围内波动。根据豆瑞锋[20]的研究，带钢在宽度方向存在一定温差，此温差大小根据不同的工况条件而发生变化。邢一丁等[21]为了能够较为合理地分析温度对立式连续退火炉内带钢应力的影响作用（图8-19为立式炉内带钢示意图），以10℃温差为假设，计算在有约束条件下带钢内部产生的热应力大小。

如图8-20（a）所示，沿带钢宽度方向分成一条条的微元并给出相同的温度分布 $T(x)$，则各微元如图8-20（b）所示，与温度的变化成正比例伸长。要使这些受热膨胀的微元恢复到最初尺寸，就要给微元施加一定的压应力：

$$\sigma_y = -\alpha E T(x) \qquad (8-13)$$

式中，σ_y 为纵向应力，MPa；E 为弹性模量，MPa；α 为线性膨胀系数，K^{-1}。

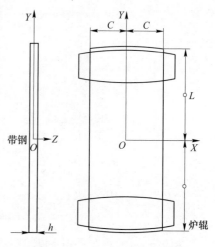

图8-19 立式炉内带钢示意图

在外力作用下，各微元的长度恢复到最初的状态。图8-20（a）和（c）叠加后如图8-20（d）所示，此时并不是所要求的应力状态，所要求的是仅由温度分布 $T(x)$ 产生的应力分布，因此还要加上式（8-14）表示的拉应力，以补偿附加的压应力而恢复边界的自由状态，如图8-20（e）所示：

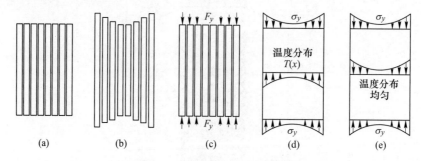

图8-20 横向温差产生的热应力

$$\sigma_{yi1} = \alpha E T(x) \qquad (8-14)$$

由于 $C \ll L$（如图8-19所示 L 和 C），因此根据圣维南原理[22]，拉应力的合力为：

$$N_y = \int_{-c}^{c} E\alpha h T(x)\,\mathrm{d}x \qquad (8-15)$$

式中，h 为带钢厚度。

此合力在离两端足够远处产生的近乎均匀分布的拉应力为：

$$\sigma_{yi2} = \frac{N_y}{S} = \frac{1}{2c}\int_{-c}^{c} E\alpha h T(x)\,\mathrm{d}x \qquad (8-16)$$

由于带钢在 x 方向温度对称分布，上述拉应力不会产生合力矩，也不会出现弯曲应力。因此，因横向温差产生的总应力为：

$$\sigma_y = -E\alpha T(x) + \frac{1}{2c}\int_{-c}^{c} E\alpha T(x)\,\mathrm{d}x \qquad (8-17)$$

假设温度沿宽度方向为抛物线温度分布（以温差计），设：

$$T = \Delta T(1 - x^2/c^2) \tag{8-18}$$

将式（8-18）代入式（8-17）得：

$$\sigma_y = \frac{2}{3}\alpha E \cdot \Delta T - \alpha E \cdot \Delta T(1 - x^2/c^2) \tag{8-19}$$

以低碳钢为例，其弹性模量随温度变化的规律为（单位：MPa）：

$$E = 208570 - 0.20986T^2 \tag{8-20}$$

且带钢屈服应力与温度的函数关系为（单位：MPa）：

$$\sigma_s = 459.62\exp(-0.0044T) \tag{8-21}$$

取横向最大温差 10K，线膨胀系数 $10^{-5}K^{-1}$ 进行计算。通过计算得到如图 8-21 所示的热应力与屈服应力随温度变化的曲线。可看出，随带钢温度的上升，屈服应力与热应力同时发生下降，且屈服应力下降幅度更大。当温度达到 700℃ 左右时，热应力与屈服应力的差距已经变小。显然，当带钢温度达到 650℃ 以上时，10K 温差所引起的热应力已达到带钢 650℃ 时屈服应力的 20% 以上。虽然热应力的大小不能直接引起带钢的塑性变形，但是其附加的应力已足以影响带钢在张力作用下产生的拉应力，这也是高温段较易发生带钢瓢曲或断带的原因。

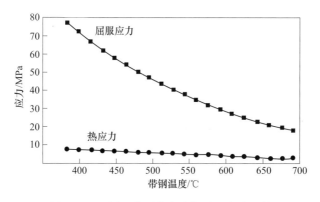

图 8-21　不同温度下热应力与屈服应力比较

8.3.2　纵向温差的影响

立式连续退火炉中两导向辊之间的带钢在长度方向上也存在一定的温差。其中，加热段和快冷段分别是升温和降温最快的工艺段。根据现场的实测数据分析，快冷段的温度变化较加热段更大。以快冷段带钢长度方向上的温度分布进行纵向温差的影响分析。与横向温差引起的热应力类似，将带钢沿长度方向上切成一条条的微元，并给出相同的温度分布，如图 8-22 所示。同样，为了保持微元长度保持不变，需要在带钢上施加外力。由于带钢边部并无横向约束存在，故没有横向拉应力。但因为端部炉辊的作用，炉辊与带钢之间的摩擦力会在端部起作用。因此，端部的微元产生了一个横向的剪切应力。

其线膨胀同样会受到周围微元的阻挡，微元与微元之间也会产生一个横向的剪切应力以维持其连续。当微元足够细时，可以将这一剪切应力视为边部分布的横向拉应力。由于 $L \gg C$（图 8-19），圣维南定理并不适用于纵向温差分布引起的热应力。因为带钢在快冷段沿长度方向的温度分布可以视为线性的温度变化，因此，本文利用赵永生等[23]总结的热

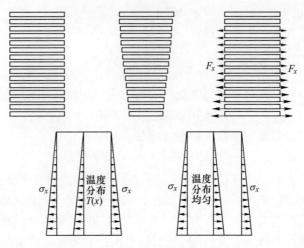

图 8-22 纵向温度分布受力

应力求解公式计算带钢纵向温差引起的热应力，其计算式如下：

$$\sigma = \alpha E \Delta T / 1.05 \tag{8-22}$$

式中，σ 为热应力，MPa；E 为弹性模量，MPa；ΔT 为温差，K。

根据式（8-22），仍以低碳钢为例，假设带钢由 705℃ 在一个行程内降为 450℃ 的情况下（单个行程为 20m，温度为线性下降），以 1m 为一个单元进行热应力及屈服应力的计算，求得的结果如图 8-23 所示。可以看出，一个行程内带钢的急冷过程中，带钢屈服应力随温度的降低迅速上升。而热应力与屈服应力在高温区较为接近，这与前面的结果一致。

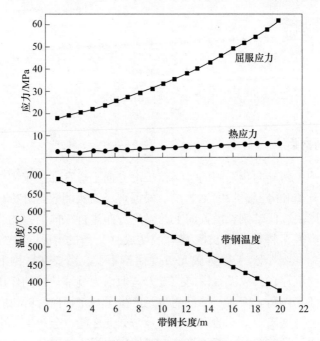

图 8-23 快速冷却过程热应力与屈服应力比较

但带钢长度方向的温差所引起的热应力在宽度方向与炉辊对带钢的张力不在同一方

向。因此，带钢长度方向的温差对带钢屈曲的影响并不明显。

8.4 退火炉内炉辊辊形对带材残余应力的影响

连退炉内带钢瓢曲变形实质上是薄板的屈曲和后屈曲变形[24~27]，已有文献分别通过实验[28~30]、解析法[31,32]和有限元法[32~35]等方法对带钢瓢曲变形进行了研究。但目前国内外研究带钢瓢曲变形时，很少考虑炉辊的热变形，大多采用固定辊形进行研究[33~35]。实际生产中，带钢在连退炉内运行时，由于炉辊局部与带钢接触，使得炉辊温度沿辊身方向分布不均匀，最终会发生形状变化。相关研究[30,31]表明：炉辊形状对带钢瓢曲变形影响很大，因此本节着重讲述炉辊热变形对带钢瓢曲变形的影响。

8.4.1 炉辊辊形对带材横向应力分布的影响

在连续退火炉中，为了实现带钢的稳定运行，炉辊的表面均按特定形状设计。同时，根据带钢的稳定运行要求，炉辊有不同的凸度。连续退火炉的不同工艺阶段有不同程度的辊凸度，以保证带钢的稳定运行。炉辊的形状分为冷辊和热辊两类[36]。

杨静[37]通过有限元软件模拟得到了炉辊形状对残余应力的影响。图 8-24 给出了不同辊形时带钢发生塑性变形前的横向应力分布情况。辊形不同时，带钢横向压应力大小和出

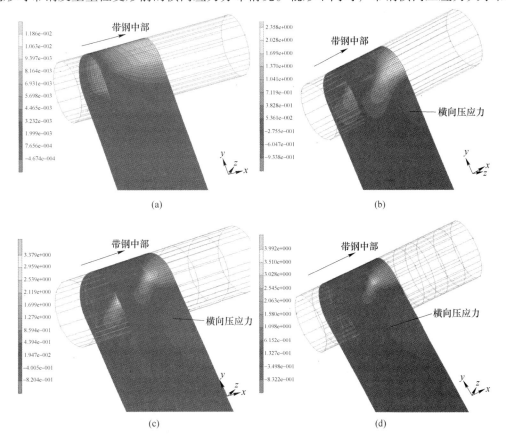

图 8-24 对应于不同种类炉辊的带钢横向应力分布
（a）平辊；（b）凸度辊；（c）单锥度辊；（d）双锥度辊

现的位置也不同。平辊时，带钢上不会出现横向压应力；凸度辊时，横向压应力出现在炉辊附近的带钢中部；单锥度辊和双锥度辊时，炉辊附近的带钢中部和锥肩处的带钢上都会出现横向压应力。

通过模拟结果不难发现，平辊时带钢不会产生瓢曲变形，凸度辊、单锥度辊、双锥度辊时带钢都有可能发生瓢曲变形。按照横向压应力最大值的大小推断，凸度辊时带钢最容易发生瓢曲变形，双锥度辊其次，单锥度辊时较不容易发生瓢曲变形。

8.4.2 炉辊热变形及其对残余应力的影响

在连退炉的加热段和快冷段，带温和炉温差别大，炉辊热变形明显，因此，本节选择加热段和快冷段的炉辊和带钢为研究对象。

实际生产中，炉辊在连退炉内的转速达 200m/min 以上。当炉辊转动时间较长时，可以忽略炉辊沿周向和径向的温差，一般只需考虑辊身温度分布不均引起的炉辊热变形。炉辊初始辊形为单锥度辊，其形状如图 8-25 所示。

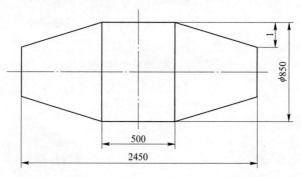

图 8-25　炉辊的初始形状和尺寸

（单位：mm）

唐荻等[38]利用有限元法计算了连续退火炉中炉辊的热变形，进而研究了炉辊热变形对带钢瓢曲变形的影响。炉辊的热变形计算时，采用 G. K. Hu[31] 给出的炉辊温度分布曲线，如图 8-26 所示，其中炉辊温差为炉温和带温之差。

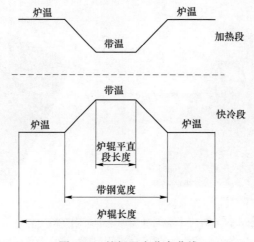

图 8-26　炉辊温度分布曲线

　　炉辊的初始形状如图 8-27 所示，图 8-28 和图 8-29 所示分别为在加热段和快冷段对应于不同带温的炉辊温度分布曲线。由于炉辊温度分布不均匀，炉辊热变形后，其形状将发生改变，如图 8-30 和图 8-31 所示。

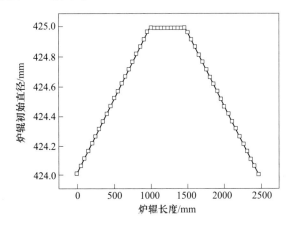

图 8-27　炉辊初始形状

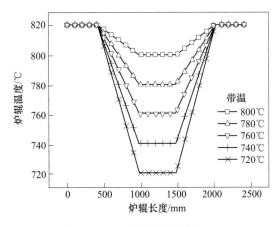

图 8-28　加热段炉辊温度分布

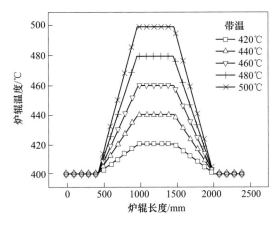

图 8-29　快冷段炉辊温度分布

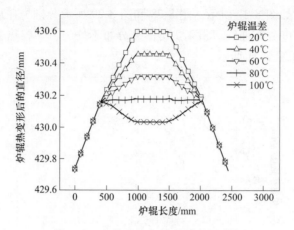

图 8-30 加热段炉辊热变形后的形状

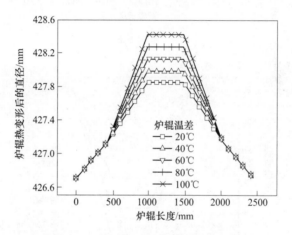

图 8-31 快冷段炉辊热变形后的形状

从图 8-30 和图 8-31 可见：在加热段和快冷段，炉辊热变形后其直径都有所增加，加热段炉辊直径始终大于快冷段炉辊直径；在加热段，炉辊温差约以 80℃ 为界，当炉辊温差小于 80℃ 时，炉辊热变形后为双锥度辊，炉辊平直段长度保持不变；当温差为 80℃ 时，炉辊热变形后接近于单锥度辊，其炉辊平直段长度增大；当温差大于 80℃ 时，随着温差的增大，炉辊将变为类似于"M"型辊。在快冷段，炉辊存在温差时，炉辊热变形后为双锥度辊。

图 8-32 给出的是在加热段和快冷段，带钢达到屈服以前，与炉辊最顶端接触的带钢截面上的张应力分布。可以看出，由于快冷段的工艺张力比加热段的大，所以快冷段带钢截面中部的张应力值大于加热段的张应力值。

加热段，炉辊温差控制在 60℃ 以内时，炉辊热变形前后，带钢张应力沿横向分布形状相似，即张应力集中分布在炉辊平直段的带钢上，并且在炉辊锥肩处发生突变，带钢边部张应力为零。炉辊热变形后，带钢中部张应力值有所降低，并且炉辊温差越大，张应力降低越明显。炉辊温差达到 80℃ 时，与炉辊热变形前的带钢张应力分布不同，炉辊热变形后，带钢张应力沿横向分布比较均匀，带钢边部和中部都具有较大的张应力。当炉辊温差为100℃时，与炉辊热变形前的带钢张应力分布相反，炉辊热变形后，带钢张应力分布呈现中部低，边部高的趋势。

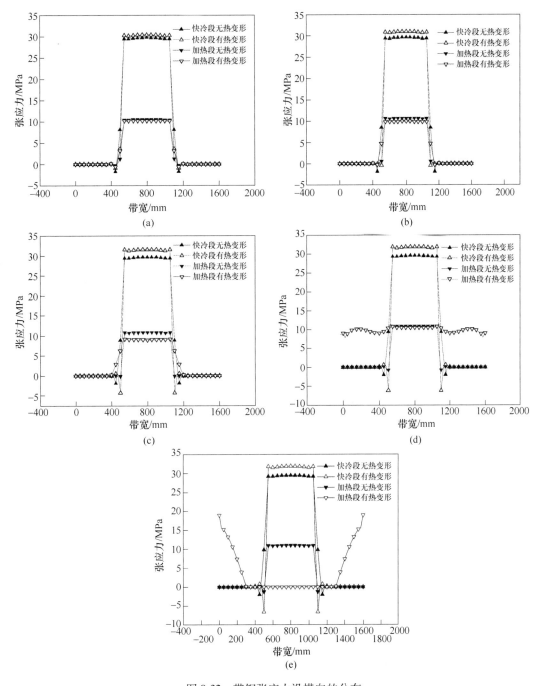

图8-32 带钢张应力沿横向的分布

（a）炉辊温差20℃；（b）炉辊温差40℃；（c）炉辊温差60℃；
（d）炉辊温差80℃；（e）炉辊温差100℃

快冷段，炉辊热变形前后，带钢张应力沿横向的分布与加热段炉辊温差低于60℃时相似，张应力集中分布在带钢宽度中部，带钢边部无张应力。但是，较炉辊热变形前，炉辊产生热凸度后，带钢宽度中部张应力值有所增大，并且炉辊温差越大，带钢中部张应力增大越明显。

总的来说，加热初期，炉辊端部温度高，中间温度低，由于热膨胀程度不同，使炉辊产生负凸度；带钢在炉内冷却时，炉辊端部接触冷炉气，因此温度低，而中间接触热带钢，因此温度高，使炉辊产生正凸度。炉辊出现负凸度时，会降低炉辊的自动纠偏作用，容易使带钢跑偏，张应力分布不均，因而产生热瓢曲。因此，带钢速度越快，炉温越高，辊身温差越大，带钢出现热瓢曲的机会就越大。

8.5　连续退火过程中带材残余应力的控制措施

为了降低带钢在连续退火炉中产生的残余应力，进而防止和减少热瓢曲现象，主要应采取以下几项措施。

8.5.1　先进的加热装置和冷却技术

此种措施的目的是通过减小带钢表面温差来达到控制带材残余应力的目的。在辐射管加热段，采用改进型烧嘴和辐射管交叉布置的方式，可以减小辐射管长度方向上的温差，使炉温均匀分布。在快冷段采用高速喷气冷却技术，即将炉内保护气体高速喷吹到带钢表面上，不仅可以快速冷却带钢，另外由于喷气冷却具有收敛的自稳定特点，还可以减少带钢表面温差。

8.5.2　炉辊辊形的合理配置

为了防止带钢跑偏、使带钢运行时具有对中性，连退炉内的炉辊都设计成带有一定的原始凸度，如果凸度过小，带钢容易跑偏，凸度太大，带钢就容易发生瓢曲变形，并且带钢跑偏后会加速带钢发生瓢曲变形，因此设计炉辊凸度时要综合考虑带钢瓢曲和跑偏的影响。另外，还可以通过合理选择炉辊的辊形来防止瓢曲的发生，例如，在预热段和加热段的前几个行程中，可以采用双锥度辊和大凸度的单锥度辊，在加热段后几个行程、均热段和缓冷段采用小凸度的单锥度辊，可以有效地防止带钢发生瓢曲和跑偏。

8.5.3　炉辊的热凸度控制

在连退炉各个炉段内均设置炉辊室，可以将炉辊和高温炉膛隔开，从而减少了炉内气氛对炉辊的影响，降低了炉辊的温度，提高了炉辊的使用寿命。另外实际生产中，由于炉辊和带钢温度不同，导致炉辊温度分布不均匀，炉辊会产生热凸度。在加热段和均热段，炉辊与低温带钢接触后，导致炉辊中部的温度低于炉辊边部，炉辊将产生负凸度，使带钢发生跑偏的可能性增大。此时，通过在炉辊下面安装防辐射板，或在炉辊室通入氮气降低炉辊端部温度，可以减小炉辊的负凸度。在冷却段，炉辊温度分布情况与加热段相反，炉辊中部的温度较高，炉辊会产生正凸度，使带钢容易发生瓢曲变形。此时可以在炉辊室内安装电加热器，通过提高炉辊室的温度来降低炉辊正凸度的影响。

8.5.4　张力分布技术

在加热段和均热段，带钢温度较高，带钢强度低，带钢承受的张力不能太高，以防带钢发生瓢曲变形。在冷却段，带钢温度低，带钢强度高，需设置较高的张力值以防带钢跑偏。因此，应在冷却段入口处设置热张力辊，可合理控制冷却段前后带钢的张力，使高温区的带钢张力较小、低温区的张力值较大，从而减小带钢的瓢曲和跑偏的可能性。

连退炉内带钢瓢曲变形的影响因素众多，造成了瓢曲控制的困难。根据生产经验，张力波动和带速调整时容易发生瓢曲变形；带钢规格为薄宽带钢时，带钢容易发生瓢曲变形；冷轧后带钢浪形为中浪时，带钢进入连退炉后较容易发生瓢曲变形。

参 考 文 献

[1] 何建锋. 冷轧板连续退火技术及其应用 [J]. 上海金属，2004，26（4）：50~53.

[2] 何建锋. 汽车用薄钢板的连续退火技术 [J]. 钢铁研究，2004，32（4）：39~41.

[3] 张贵春，张宁峰. 冷轧带钢连续退火机组的技术特点及应用 [J]. 江西冶金，2009，29（5）：39~42.

[4] 王德顺. 本钢连续退火机组简介 [J]. 本钢技术，2007（2）：27~31.

[5] 王运起，包祥明. 新型带钢连续退火机组概述 [J]. 梅山科技，2008（3）：8~10.

[6] 豆瑞锋. 立式炉内带钢热处理过程传热机理模型及应用 [D]. 北京：北京科技大学，2010.

[7] 高茵，高惠民，龙锋. W 型蓄热式辐射管表面温度分布的数值模拟 [J]. 冶金能源，2005，24（14）：24~25.

[8] 常铁柱. 薄宽带钢板形斜向和横向屈曲变形行为的研究 [D]. 北京：北京科技大学，2010.

[9] 许永贵，陈守群，孙中建，等. CAPL 炉内带钢热瓢曲机理的探讨 [J]. 华东冶金学院学报，1994，11（2）：1~6.

[10] 赵永生，许永贵，顾锦荣，等. CAPL 加热室的热工特点 [J]. 华东冶金学院学报，1994，11（2）：101~104.

[11] 李文科，许永贵，赵永生. CAPL 均热室供热制度对炉温及带钢热瓢曲的影响 [J]. 华东冶金学院学报，1996，31（10）：46~50.

[12] 戴江波，张清东，陈先霖. 连续退火炉内带钢的热态大挠度变形分析 [J]. 机械工程学报，2003，39（12）：71~74.

[13] 张清东，常铁柱，戴江波，等. 矩形薄钢板高温态横向皱曲的解析与实验研究 [J]. 塑性工程学报，2007，14（6）：41~46.

[14] 张清东，常铁柱，戴江波. 带钢高温态横向瓢曲的理论与试验 [J]. 机械工程学报，2008，44（8）：219~226.

[15] 戴江波. 冷轧宽带钢连续退火生产线上瓢曲变形的研究 [D]. 北京：北京科技大学，2005.

[16] 王丽红，豆瑞锋，温治，等. 连续退火炉内带钢临界屈曲应力影响因素分析 [C]//全国能源与热工学术年会，2008.

[17] 陈火红. 新编 MARC 有限元实例教程 [M]. 北京：机械工业出版社，2007.

[18] 许永贵，陈守群，孙中建，等. CAPL 炉内带钢热瓢曲机理的探讨 [J]. 华东冶金学院学报，1994，11（2）：1~6.

[19] 孙中建，李胜祗，林大为，等. CAPL 炉内带钢张力分布研究 [J]. 华东冶金学院学报，1994，11（2）：130~138.

[20] 豆瑞锋，温治，邢一丁，等. 带钢连续热处理炉工艺过渡模型研究及实验验证 [C]// 2010 Chinese Control and Decision Conference，2010.

[21] 邢一丁，温治，豆瑞锋，等. 立式连续退火炉内温度对带钢应力分布的影响分析 [J]. 热加工工艺，2012，41（18）：162~165.

［22］严宗达. 热应力［M］. 北京：高等教育出版社，1993.

［23］赵永生，许永贵，顾锦荣，等. 加热室炉温对带钢热瓢曲影响的研究［J］. 华东冶金学院学报，1994，2（2）：81~88.

［24］Wang C M，Aung T M. Plastic buckling analysis of thick plates using p-Ritz method［J］. International Journal of Solids and Structures，2007，44（19）：6239~6255.

［25］Brighenti R. Numerical buckling analysis of compressed or tensioned cracked thin plates［J］. Engineering Structures，2005，27（2）：265~276.

［26］Kim S E，Thai H T，Lee J. Buckling analysis of plates using the two variable refined plate theory［J］. Thin-Walled Structures，2009，47（4）：455~462.

［27］Rahai A R. Alinia M M，Kazemi S. Buckling analysis of stepped plates using modified buckling mode shapes［J］. Thin-Walled Structures，2008，46（5）：484~493.

［28］Kaseda Y. Control of flatness defects and warp in processing plant［J］. CAMP-ISIJ，1992，5（5）：1463~1466.

［29］Kaseda Y. Control of buckling and crossbow in strip processing lines［J］. Iron and Steel Engineer，1994，9（9）：14~20.

［30］Matoba T. Effect of roll crown on heat buckling in continuous annealing and processing lines［J］. Iron and Steel，1994，80（8）：61~66.

［31］Hu G K. Control of thermal crown in the roller inside the continuous annealing furnace［J］. Baosteel Technical Research，2009，3（1）：51~55.

［32］王瑞. 连续退火过程带钢稳定通板综合控制技术研究［D］. 秦皇岛：燕山大学，2017.

［33］Sasaki T. Control of strip buckling and snaking in continuous annealing furnace［J］. Kawasaki Steel Technical Report，1984，16（1）：37~45.

［34］Jacques N，Elias A，Potier-Ferry M，et al. Buckling and wrinkling during strip convey in processing lines［J］. Journal of Materials Processing Technology，2007，190（3）：33~40.

［35］Dai J B，Zhang Q D，Chang T Z. FEM analysis of large thermo-deflection of strips being processed in a continuous annealing furnace［J］. Journal of University of Science and Technology Beijing，2007，14（6）：580~584.

［36］Hu G K. Control of thermal crown in the roller inside the continuous annealing furnace［J］. Baosteel Technical Research，2009，3（1）：51~55.

［37］杨静. 连退炉内带钢瓢曲变形机理及其影响因素的研究［D］. 北京：北京科技大学，2010.

［38］唐荻，杨静，苏岚，等. 连退炉内炉辊热变形对带钢瓢曲变形的影响［J］. 中南大学学报（自然科学版），2012，43（5）：1724~1731.

9 拉弯矫直过程中残余应力分析

拉弯矫直是一个去应力的过程，其目的就是为获得平直度比较好的成品板材。矫直的过程即把纵向和横向的纤维从弯曲变直，或者纵向截面和横向截面由曲变直，所以矫直与弯曲的变形机理是相同的，但它们是两个相反的工艺过程。

为了让板材达到平直的要求，利用辊式矫直机来进行矫直是一个有效的办法，矫直机的矫直辊是交错排列的，板材在通过矫直机工作辊时，会受到工作辊的压下而产生多次的反复弯曲从而依次发生弹塑变形，在这个反复弹塑性弯曲的过程中，板材的初始缺陷会得到有效的消除。

在辊式矫直机的矫直过程中，通过设置上下两辊间的辊缝、弯辊量的大小以及调整边辊量，来控制矫直机的压下量和矫直力，所以对矫直过程进行全面的理论分析、总结改变以上这些参数对板材平直度的影响，有利于提高矫直效果。

9.1 矫直理论解析

9.1.1 辊式矫直基础理论

在建立矫直模型时，做一些适当的假设可以简化对弯曲变形过程的分析：

（1）假设板材在辊式矫直机中受纯弯曲变形时，材料力学中关于弹性弯曲的平断面假设对于弹塑性弯曲同样适用；

（2）由于板材的宽/厚值较大，忽略材料沿板宽方向的变形对弯曲的影响；

（3）忽略矫直过程中工作辊与板材摩擦对材料变形的影响；

（4）忽略矫直速度对屈服强度的影响；

（5）材料符合 Von Mises 屈服条件。

因为板材是一个整体，在弯曲变形的过程中，必然会造成板材外侧的纤维伸长，而里侧的纤维缩短，但是为了保持板材的横截面为平面，在高度方向必然会存在一层的纤维，其长度没有发生改变，这层纤维就位于板材的中间，把这层长度不发生改变的纤维叫做中性层。当板材在矫直过程中受到工作辊的压下作用产生弯曲变形时，沿中性层以上的纤维产生拉伸变形，而沿中性层以下的纤维产生压缩变形，这些纤维的压缩和拉伸使板材既发生弹性变形又发生塑性变形的弯曲，称为弹塑性弯曲。

当弹塑性弯曲发生时，全量的胡克定律不再适用，应力与应变之间的关系呈现某种非线性的关系。通常把应力值由零值到弹性极限的全部变形过程称为弹性变形，把弹性极限以后到工件最大变形值的全部变形过程称为塑性变形。弹性变形一般来说不能忽略，它在变形过程中所占的比重比较大。由于板材发生了塑性变形，否则材料边层的最大变形程度会达到最大强度极限而使边层金属产生裂纹。

9.1.1.1　矫直过程中板材的弯曲变形与应力

根据弹塑性理论，金属板材在发生弯曲时产生弹塑性变形，此时其应力与应变之间没有线性关系，不再符合胡克定律，而是一种非线性的变化关系。当板材发生一定曲率的弯曲时，金属板材的弹性变形从零到弹性极限线性增大，弯曲变形超过弹性极限后产生弹塑性变形[1]。一般板材发生弯曲时，其上下表面的产生应变最大，在矫直过程中，既需要考虑弹性变形的影响，也需要注意应变最大处不会超过强度极限而造成裂纹等新缺陷，根据矫直原理，金属板材在发生 80% 的弹塑性变形程度时不产生裂纹，认为其可以进行矫直[2,3]。

对于理想金属材料，认为其应力与应变在达到一个极限转折点后就会产生弹塑性变形，这个转折点一般用屈服极限 σ_s 来表示。但对于一般金属材料，这种转变总会一个渐变的过程，甚至伴随着一定的波动[4]。为了便于计算，用弹性极限 σ_t 来代替 σ_s，在实际运算时二者可以相互替换。则弹性应变可表示为：

$$\varepsilon_t = \frac{\sigma_t}{E} = \frac{\sigma_s}{E} \tag{9-1}$$

式中，ε_t 为弹性极限应变；E 为弹性模量；σ_t 为弹性极限；σ_s 为屈服极限。

根据金属材料的韧性差别可以将其分为三类：第一类为大韧性材料，如图 9-1 (a) 所示，其有一段较长且明显的屈服波动过程，把屈服波动的过程称为屈服平台；第二类为中等韧性材料，如图 9-1 (b) 所示，其屈服平台较短；第三类为低韧性材料，如图 9-1 (c) 所示，可以看到几乎没有屈服平台，通常以应力卸载后 0.2% 的残余变形定为材料的屈服极限。金属材料在屈服完成后进入金属强化阶段，随着变形的进一步增大达到强度极限后产生缩颈断裂现象。

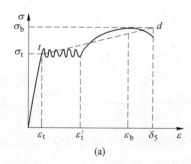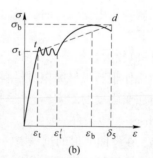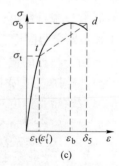

图 9-1　为不同韧性金属材料的应力应变示意图

（a）大韧性材料；（b）中等韧性材料；（c）低韧性材料

接着对板材弯曲过程中厚度截面上的应力应变进行分析。不考虑金属强化的影响，如图 9-2 所示，H 为板材厚度，σ_h 为在厚度为 H 的板材表面应力，设板材弯曲使与其中性层的金属层达到弹性极限变形，根据线性比关系有：

$$\varepsilon_h = \frac{\varepsilon_t}{H_t} H \tag{9-2}$$

式中，ε_h 为厚度 H 处的应变；ε_t 为弹性极限应变；H 为板材厚度；H_t 为弹性区厚度。

通过进一步测量可以得到 ε_h，则弹性变形区域的厚度为：

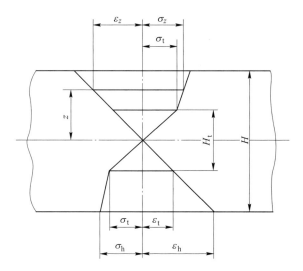

图 9-2 板材弯曲应力与应变分布示意图

$$H_t = \frac{\varepsilon_t}{\varepsilon_h} H \tag{9-3}$$

由此得到板材在厚度上任意位置的应变 ε_z：

$$\varepsilon_z = 2 \frac{\varepsilon_h}{H} z \tag{9-4}$$

式中，z 为任意位置的厚度；ε_z 为板材在厚度上任意位置的应变。

由于在板材弯曲的过程中应力与应变并非一直未线性关系，因此对于应力的求解要考虑不同的区域。在弹性区变形区域内，板材在厚度上任意位置的应力为：

$$\sigma_z = \frac{2\sigma_t}{H_t} z \left(z \leqslant \frac{H_t}{2} \right) \tag{9-5}$$

式中，σ_z 为板材在厚度上任意位置的应力。

弹性塑性变形区厚度 $(H-H_t)$ 内应力须分两种情况来考虑。一种是韧性大的中低强度金属有明显屈服平台，在 $(H-H_t)$ 厚度内的应力为：

$$\sigma_z = \sigma_t \left(\frac{H_t}{2} \leqslant z \leqslant \frac{H}{2} \right) \tag{9-6}$$

对于屈服平台较短和没有屈服平台的金属板材，需要考虑其金属强化的影响，在 $(H-H_t)$ 厚度内的应力为：

$$\sigma_z = \sigma_t + \lambda (\varepsilon_z E - \sigma_t) = \sigma_t + \lambda \left(\frac{2z}{H} \varepsilon_h E - \sigma_t \right) \left(\frac{H_t}{2} \leqslant z \leqslant \frac{H}{2} \right) \tag{9-7}$$

式中，λ 为金属材料的强化系数。

9.1.1.2 矫直过程中板材的弯曲变形与曲率

在矫直过程中，工作辊与板材的接触可看作是线面接触，则板材受力简化为集中载荷作用力。假设板材的初始弯曲半径为 ρ_0，对于单位弧长的弧心角为有：

$$A_0 = \frac{1}{\rho_0} \tag{9-8}$$

则板材的原始弯曲曲率为 A_0。当板材经过矫直单元时，假设反弯曲率为 A_w，则此时对应的反弯半径为 ρ_w，如图9-3所示。

此时板材的总变化曲率 A_Σ 为：

$$A_\Sigma = A_0 + A_w \tag{9-9}$$

通过曲率角来求解新的曲率半径 ρ_Σ：

$$\rho_\Sigma = \frac{1}{A_0 + A_w} = \frac{\rho_0 \rho_w}{\rho_0 + \rho_w} \tag{9-10}$$

板材在卸载后会产生一定的弹复，记弹复后的弧心角 A_f 为：

$$A_f = A_w - A_c \tag{9-11}$$

可见，当 $A_c = 0$ 时板材得以矫直，此时有：

$$A_f = A_w \tag{9-12}$$

为了更明确地对矫直过程进行说明，设板材表层金属达到弹性极限时对应的曲率角为弹性极限曲率 A_t：

$$A_t = 2\frac{\varepsilon_t}{H} \tag{9-13}$$

通过对矫直过程中不同曲率比的求解，可把总弯曲率比写为：

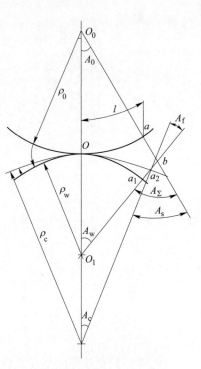

图9-3 板材弯曲时的曲率变化

$$C_\Sigma = \frac{A_\Sigma}{A_t} = \frac{2\varepsilon_t H}{2\varepsilon_t H_t} = \frac{H}{H_t} \tag{9-14}$$

式中，C_Σ 为总弯曲率比。

对弹区比进行定义 $H_t/H = \xi$，则有：

$$\xi = \frac{1}{C_\Sigma} = \frac{\rho_\Sigma}{\rho_t} = \overline{\rho_\Sigma} \tag{9-15}$$

9.1.1.3 矫直过程中板材的弯曲变形与弯矩

矫直过程可看作对板材施加弯矩的过程，板材产生新的弯曲变形必然需要外力矩的作用，根据力矩的平衡关系，板材的内力矩等于矫直辊产生的外力矩。对于宽度为 B 的板材，继续假设板材弯曲使与其中性层距离为 $H_t/2$ 的金属层达到弹性极限变形，通过对板材内部不同厚度金属层弯矩的积分，可以求得板材内的弯矩为[5]：

$$M = 2\int_0^{H_t/2} B\sigma z\mathrm{d}z + 2\int_{H_t/2}^{H/2} B\sigma_t z\mathrm{d}z \tag{9-16}$$

式中，M 为板材内的弯矩。

将 $\sigma = 2z\sigma_t/H_t$ 代入式（9-16）中可得：

$$M = \frac{BH^2}{6}\sigma_t\left[1.5 - 0.5\left(\frac{H_t}{H}\right)^2\right] \tag{9-17}$$

根据板材的矩形断面模数可得弹性极限弯矩：

$$M = \frac{BH^2}{6}\sigma_t \tag{9-18}$$

继续代入式（9-18）中可以得出弯矩跟弹区比的关系：

$$M = M_t(1.5 - 0.5\xi^2) \tag{9-19}$$

同时得到弯矩跟曲率比的关系：

$$M = M_t(1.5 - 0.5/C^2) \tag{9-20}$$

用弹塑性弯矩与弹性极限弯矩的比值来定义弯矩比 $\overline{M}$，可以到如下的关系式：

$$\overline{M} = 1.5 - 0.5\xi^2$$

$$\overline{M} = 1.5 - 0.5/C^2 \tag{9-21}$$

通过上面的表达式可以较为容易得到施加弯矩对板材弹性极限的倍数，配合材料属性以及其横截面的尺寸可以很好地计算出其弯矩。

9.1.2 浪形带材矫直过程解析

辊式矫直的理论基础是金属板带材在较大的弹塑性弯曲情况下，无论板带材的原始弯曲程度差异有多少，由于其作为一个连续整体的内部相互作用，在弹复后残留弯曲程度的差异都会明显缩减，有归于一致的趋势。随着弯曲程度的逐渐减小，使板材在弹复后的弯曲程度会趋近于一致且最终趋近于零，从而达到矫直的目的。

由此可以得出平行辊矫直机两个基本特征：

（1）用来实现多次反复弯曲的一定数量交错安放的矫直辊；

（2）能实现矫直所需压弯方案的压弯量调整结构。

金属板材在通过两排交错配置矫直辊时会受到反复弯曲而被矫直。从矫直过程来看，压弯量增大时板材残留弯曲程度的差值会减小，压弯次数增加时板材残留弯曲程度的差值会减小，当有合适的递减量时，残余的弯曲程度差值会减小到零。可以得出，矫直过程必须经过两个阶段，第一阶段是减少弯曲程度的差值，第二阶段是消除残余的弯曲量，这是一个先统一后矫直的过程。当板材具有单一原始曲率，根据前述的矫直原理可以很简单地矫直，但在实际的生产中，板材原始曲率的大小和方向都可能不相同，因此，矫直是先消除原始曲率的不均匀性然后将板材矫直的过程。在辊式矫直机上，按照每个矫直单元使轧件产生的变形程度，一般分为小变形矫直方案、大变形矫直方案和整体倾斜矫直方案。

（1）小变形矫直方案：一般认为在小变形矫直方案的矫直机上排工作辊可以单独调节每个辊子的压下量。这种矫直方案一般根据板材的原始弯曲曲率，设定每一个上辊的压下量刚好消除轧件在前一辊上产生的最大残余曲率。这种方案板材的总变形弯曲比较小，因而在矫直板材时所需要的能耗也较低[6]。

（2）大变形矫直方案：曲率不均匀的板材，一般考虑大变形矫直方案。在前几个矫直单元中采用很大的反弯曲率，使得板材的原始弯曲曲率不均匀程度得到消除，统一为单一曲率，接着按照单一曲率矫直的方法，在后面几个矫直单元中使反弯曲率逐渐减小，最终使板材趋于平直，这种矫直方案可以矫平一定的横向瓢曲[4]。

（3）整体倾斜矫直方案：板形缺陷包括中浪、边浪等板材各种局部瓢曲，由于在轧制过程中各种因素造成辊缝的变化，使得板材内部的纵向纤维延伸量不均匀，当不均匀量产生的内应力达到一定程度，造成板带后屈曲变形，表现为各种不可展开浪形。通常认为，当轧制过程中板材中部纤维的延伸量大于边部纤维的延伸量时，板材中部纤维会受到压缩产生弯曲变形，板材边部纤维会受到一定的拉伸延长，同时在这个过程中产生中浪。同理，当轧制过程中板材边部纤维的延伸量大于中部纤维的延伸量时，板材边部纤维会受到压缩产生弯曲变形，板材中部纤维会受到一定的拉伸延长，同时在这个过程中产生边浪[7,8]，如图9-4所示。

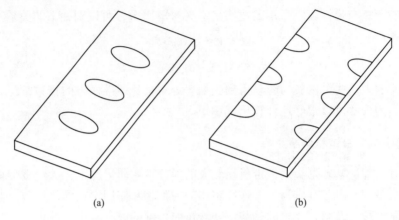

(a)　　　　　　　　　　　　(b)

图9-4　板材浪型示意图

(a) 中浪；(b) 边浪

浪型矫直机理，为了便于分析，首先，选取中浪进行研究，并做几点假设如下：

(1) 板材原始残余应力为0。

(2) 板材宽度远大于其厚度，认为应变为平面应变。

辊式矫直机的矫直过程可看作是对板材连续弯曲造成的纵向纤维的改变，对于中浪来说，经过矫直后，浪形区域会受到压缩，而其他区域会受到一定的拉伸。因为板材为连续体，则在同一横截面上，矫直过程中其内应力会达到一个新的平衡，即拉应力等于压应力：

$$\int_{压缩区} \sigma_y \mathrm{d}F = \int_{拉伸区} \sigma_y \mathrm{d}F \tag{9-22}$$

其次，对板材中浪进行简化，选取一块板材上有一中浪，如图9-5（a）所示，假设其初始残余应力为0。把带有中浪的板材切成许多沿 Y 轴方向的长条，并将其延展开，如图9-5（b）所示，其沿 X 轴的纵向纤维长度分布如图9-5（c）所示。当带有如上中浪的板材进矫直机时，由于受到矫直单元的影响，板材浪形区域受到弯曲的同时也受到了压缩，而板材其他区域只受到弯曲影响。值得注意的是，浪形区域会同时向两个主要方向延伸，分别是 X 向与 Y 向，每个方向的延伸量受到板材自身刚端效应的影响以及板材与矫直辊摩擦力等的影响。

对板材中浪区域做如下假设：

(1) 矫直过程中应力中性层与应变中性层相重合；

(2) 浪形沿 X 轴的宽度占板宽的1/2；

(3) 所研究板材长度为 l，浪形区域在矫平时每一处的延伸量相等，为 Δl；

(4) 矫平后板材浪形区域在 X 向与 Y 向的延伸量之比为 λ。

由于板材为连续整体，在较平时，各部分的变形相互影响限制，产生一个新的内力平

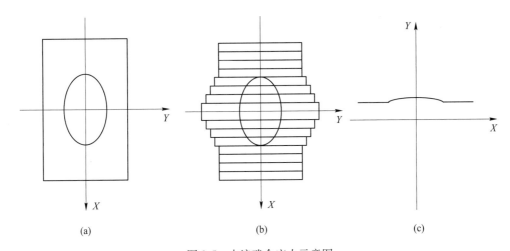

图 9-5 中浪残余应力示意图

(a) 中浪板；(b) 切分浪板；(c) 纵向纤维长度分布

衡。对于中浪板材，其中部浪形区域延伸的同时会受到板材边部影响作用而产生压缩，使得板材边部会受到中部延伸的影响有一定的拉伸，如此，在同一横截面上板材的中部受到压缩，板材的边部受到拉伸，两种作用力保持平衡。

由上可得，板材在压缩区域的中性层应变为：

$$\varepsilon_e = \ln\left(\frac{l - 0.5\Delta l\dfrac{\lambda}{1+\lambda}}{l}\right) \tag{9-23}$$

式中，ε_e 为中性层应变。

板材在拉伸区域的中性层应变为：

$$\varepsilon_e = \ln\left(\frac{l + 0.5\Delta l\dfrac{\lambda}{1+\lambda}}{l}\right) \tag{9-24}$$

在矫直方向上的纤维变形沿 X 轴分布如图 9-6（a）和（b）所示。

此时，根据胡克定律可以得出板材内的应力，即板材中性层压缩区域应力为：

$$\sigma_e = \varepsilon_e E = \ln\left(\frac{l - 0.5\Delta l\dfrac{\lambda}{1+\lambda}}{l}\right) E \tag{9-25}$$

式中，σ_e 为中性层应力。

其同一横截面上延伸区域的应力为：

$$\sigma_e = \varepsilon_e E = \ln\left(\frac{l + 0.5\Delta l\dfrac{\lambda}{1+\lambda}}{l}\right) E \tag{9-26}$$

该横截面沿宽度方向的应力示意图如图 9-7（a）所示，叠加板材在矫直单元中的弯曲变形情况，可知在矫直过程中板材内横截面的应力分布如图 9-7（b）所示，其中正负标号分别表示拉应力与压应力。

在矫直过程中，板材内部各部分区域的变形实际为中性层的残余应变，由拉弯矫直过

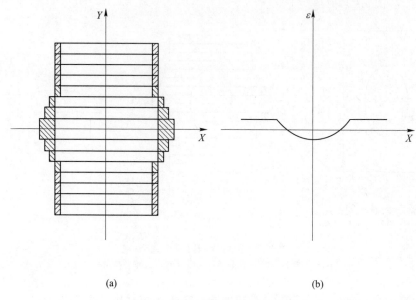

(a)　　　　　　　　　　　　　　　　(b)

图 9-6　矫直纵向纤维变形示意图

（a）板材延伸；（b）板材应变分布

程中的应变叠加原理可知，中性层的残余应变表达如下：

$$\varepsilon'_e = \varepsilon_e - \frac{\sigma_e}{E} \tag{9-27}$$

式中，ε'_e 为中性层残余应力。

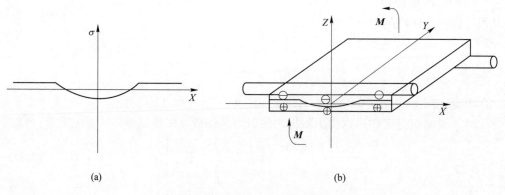

(a)　　　　　　　　　　　　　　　　(b)

图 9-7　板材变形应力示意图

（a）宽度方向应力分布；（b）应力区域分布

　　在矫直过程中，板材内部各部分的应力应变不尽相同，其中性层在拉伸与压缩过程中产生的残余应变也都不同，正是由于不同的应变，使板材的横向缺陷可以得以矫直。同理，在矫直过程中，板材也会在 X 轴产生沿板宽方向的横向应变，其变形过程与 Y 轴类似，会在板材的各部分区域产生不同的拉伸与压缩变形。不论从矫直的过程的原理来看，还是在板宽方向的较大的刚端效应与摩擦阻力，都会使得板材局部浪形在矫直过程中沿 X 轴的压缩变形很小。通常板材在 X 向产生的弯曲变形会在经过矫直机后完全弹复，不产生塑性变形。综上所述,浪形可以矫直的原因在于,板材浪形矫直过程中,中性层的偏移与残余应变使不同区域纤维产生不同的拉伸与压缩变形。

浪形矫直过程中性层偏移在弯曲板材矫直的过程中,板材的中性层与其几何中心层重合,不会产生偏移。板材弹复以后,横截面上存在残余应变,但中心层不会发生延伸。在对浪形板材矫直时,由于浪形区域以及浪形周围区域,会产生不同的拉伸与压缩,造成板材内部应力按一定的规律分布,这些应力与弯曲应力相叠加,使拉应力与压应力发生不同的变化,原来拉应力区域的中性层将向弯曲曲率中心一侧偏移,原来压应力区域的中性层将向与弯曲曲率中心相反的一侧偏移。

继续选择中浪进行分析,对于薄规格板带材来说,其宽度远大于厚度,则在矫直过程中,浪形板材沿在厚度方向上的应力应变可认为均衡不变。选取矫直过程中浪形区域沿宽度方向的一处微元,如图9-8所示,可看作在该截面处,浪形延伸压缩引起的应力值在厚度方向不变。

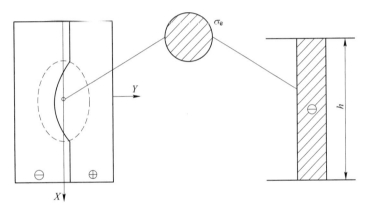

图9-8 浪形局部应力选区示意图

图9-9为中浪板材经过矫直单元时所选微元处界面的应力变化图。由应力示意图可以看出,板材浪形区域受到压缩应力为 σ_e。在浪形区域经过矫直单元时,同时产生浪形的延展压缩和该区域处的弯曲变形,此时板材的中性层偏移,通过板材在该截面处力的平衡关系,可以得出中心层的偏移值 A。按照应力分布图进行计算,对于理想弹塑性材料,且不考虑加工硬化的影响时,所选板材横截面处的静力平衡方程如下:

$$\left[\left(\frac{h}{2}+A\right)-\left(\frac{h}{2}-A\right)\right]b\sigma_s = hb\sigma_e \tag{9-28}$$

式中,h 为板材的厚度;b 为所选单位微元的宽度;σ_e 为所选单位微元处应力;σ_s 为板材的屈服极限。

整理可得,该处的中性层偏移值为:

$$A = \frac{h\sigma_e}{2\sigma_s} \tag{9-29}$$

浪形矫直影响因素在使用辊式矫直机进行矫直中,合理的辊系搭配与矫直工艺才能得到良好的矫直效果。考虑板材横向局部缺陷矫直中,影响矫直效果的因素主要如下:

(1)矫直单元的反弯曲率:通常在合适的反弯曲率范围内,压下曲率越大,对板材纵

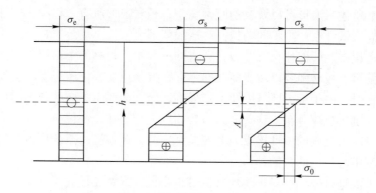

图 9-9 矫直过程应力示意图

向纤维的改善越大，矫直效果也越好。为使板材在矫直过程中获得较大的反弯曲率，可通过两种方法实现：

1）小辊距。对于相同的压下量，当辊距较小时，产生的反弯曲率较大。较大的反弯曲率会使矫直力显著增大，必须考虑矫直机工作辊的承受能力，因为工作辊直径必须在一个合理的范围内，故辊距不能无限制地减小，通常根据经验，辊距为 1.1~1.2 倍的辊径。

2）大压下量。对于一个矫直单元，当压下量增大时，可以获得较大的反弯曲率，使得浪形的拉伸压缩变形增加，从而得到更好矫直。但受限于辊系结构以及板材自身的材料性能属性，反弯曲率不能无限制地增大，必须在一个合理的范围。

（2）矫直辊辊数：随着矫直辊数的增加，板材在通过矫直机时的反弯次数也在增加，从而板材在相邻两个矫直单元之间的残余曲率范围差值减小，进而提高矫直精度。对于板材的浪形缺陷，辊数增加时，其主要由两个影响因素：

1）辊数增加时矫直机的矫直单元也在增加。由前面分析可知，在浪形板材通过交织单元时，其浪形区域受到压缩与弯曲变形的双重作用，而板材的其他区域只受到弯曲变形，板材的浪形部分有向周围进行延伸的趋势。当经过一个矫直单元，会有一部分浪形的延伸产生残余应变，其他部分弹复，继续经过矫直单元，会对半残的残余浪形继续变形延伸，直至经过多个矫直单元，浪形余量逐渐减小到无。

2）辊数增加时矫直机的整体矫直力也在增加，板材在浪形延伸变形受到辊系的阻力增大。板材与辊系之间作用力的增加，使得二者之间的摩擦增加，加强了板材的刚端效应，从而浪形沿板材纵向的延伸量增加，横向的延伸量减小，同时使得在纵向上的较小范围内达到应力平衡，使区域内的应变增大，提高矫直效果。

（3）弯辊的使用：如今，在对板材浪形的矫直过程中弯辊被广泛使用。当工作辊辊身具有一定的挠度时，沿板材宽度方向的压下量会有差别，使得板材不同部分的延伸效果不同，如在矫直中浪时使用负弯辊，使板材中部浪形处的延伸较小，板材边部的延伸增加，从而使中浪得以延展矫平。在矫直过程中，造成板材不同区域的拉伸与压缩量不相同，使得应力与应变中性层产生偏移，进而造成中性层残余应变，在叠加浪形压缩变形产生的作用后，达到矫直的目的。

9.2 拉弯矫直过程中有限元建模及应力演变分析

9.2.1 矫直模型建立

9.2.1.1 材料模型

确定合理的材料性质是保证计算顺利进行，使计算结果更加合理、可靠的重要环节，它决定着有限元分析的成败。有限元分析模型包括线弹性、非线弹性、非线性非弹性、泡沫、状态方程、离散元模型等。本部分定义的材料属性是矫直辊和板材[9]。

矫直辊的材料模型考虑了支撑辊的作用，在矫直过程中矫直辊轴线保持直线。认为矫直辊在矫直过程中没有变形，符合刚体的材料特性，将矫直辊定义为刚体[10]，具体的参数设置见表 9-1。

表 9-1　材料参数值

密度/kg·m⁻³	弹性模量/MPa	泊松比
7.8×10^3	1.4×10^5	0.3

考虑到矫直机类型属于冷矫机，选择板单元时不必考虑温度的影响，可采用双线性各向同性材料模型，模型采用实验得到的板材应力-应变曲线。

9.2.1.2 几何模型

以 23 辊平行辊式矫直机为例，上辊数为 11，下辊数为 12，矫直辊直径为 47mm，矫直辊的长度为 800mm，轧件的长度为 800mm，宽度为 600mm，板材厚度为 0.5mm，板材辊间距为 50mm。因为几何模型和边界条件具有对称性，为了节约计算时间，将模型沿宽度中间位置一分为二，设置对称约束，可在对结果无影响的情况下减少计算所需时间，因此板材的几何模型尺寸为 300mm×800mm，矫直几何模型如图 9-10 和图 9-11 所示。

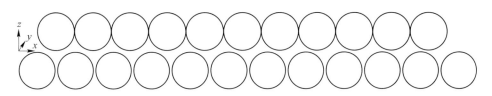

图 9-10　矫直辊几何模型图

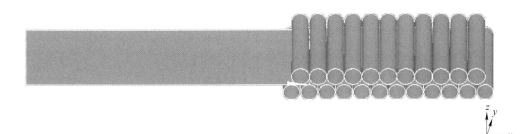

图 9-11　矫直板材与矫直辊几何模型图

弯辊只在上矫直辊中进行调整，可分为负弯辊和正弯辊，根据弯辊量的不同，绘制矫直辊的辊形曲线，再通过绕中心轴旋转的方式生成矫直辊曲面，以此来模拟实际的弯辊形态，如图9-12所示。

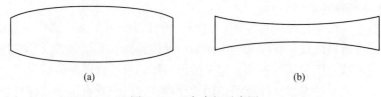

图 9-12 正负弯辊示意图

（a）正弯辊；（b）负弯辊

本部分只涉及正弯辊的矫直，正弯辊的矫直模型如图9-13所示。

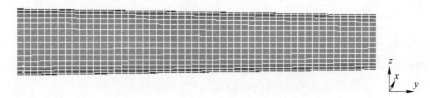

图 9-13 正弯辊实际模型图（中心对称）

9.2.1.3 网格划分

建立好矫直模型的矫直辊及板材几何模型后，要对所建立的实体进行网格划分，网格划分过大，将会导致计算精度的降低，而网格划分得过小，将会大大增加计算所需时长，网格划分的质量直接决定模拟结果的质量[11,12]。

根据板材宽度、长度及厚度方向分别划分，共250个单元，如图9-14所示。

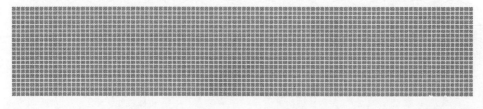

图 9-14 板材网格划分示意图

矫直辊定义为刚体，矫直辊的网格划分如图9-15所示。

弯辊模型的网格划分与直辊模型相同，在此不做赘述。

9.2.2 矫直过程分析

模型建立及网格划分完毕，在板材上施加前后张力载荷、对称约束，并赋予板材初始速度后，进行求解计算。

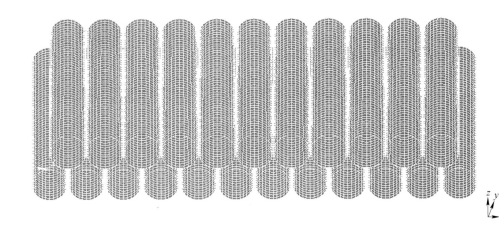

图 9-15　矫直辊网格划分示意图

9.2.2.1　矫直过程

采用 23 辊的直辊模型为研究对象，板形为平直板形，弯曲曲率为零，板材从矫直机左边进入矫直辊，右边走出矫直辊，分析板材经过整个矫直机过程中的应力应变及弯曲变化的规律。首辊的压下量为 1.6mm，最终轧制压下量为 0mm，所采取的方案为整体的倾斜矫直方案[13]，进入辊之前几何形貌如图 9-16 所示。

图 9-16　板材进入矫直机前示意图

9.2.2.2　矫直过程应力分析

板材头部刚走出矫直机，板材尾部刚刚进入矫直机的时刻，在板材宽度 1/2 处沿长度方向选取一条直线作为路径，将等效应力值映射到路径上，如图 9-17 所示。由图 9-17 可以看出，当板材刚进入矫直机时，由于矫直辊不断作用，且矫直辊压下量比较大，所以产生的应力是较大的，且有一个明显的增加过程，经过前几个矫直辊后应力达到最大值，而后随着压下量的减小，应力开始递减。在靠近出口处应力值明显变缓，趋近于以较小的应力值离开矫直机。

9.2.2.3　矫直过程应变分析

板材头部刚走出矫直机，板材尾部刚刚进入矫直机的时刻，在板材宽度 1/2 处沿长度方向选取一条直线作为路径，将等效塑性应变值映射到路径上，如图 9-18 所示。板材在未进入矫直机时，板材的应变为零，随着板材进入矫直机，板材开始产生塑性应变，且逐步按照一定的规律增大，在整个矫直过程中，等效塑性应变的值一直增大，在即将走出矫

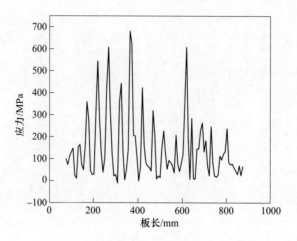

图 9-17 板材在矫直机中的等效应力情况

直机时达到最大，随后等效塑性应变的值不再发生变化，由于递减的压下量，等效塑性应变在矫直过程中增幅逐渐减小，最终将不再发生变化，由此可知，矫直辊整体倾斜的矫直方案，在矫直机前段时压下量较大，产生塑性应变，后半段压下量减小，塑性应变增大的幅度减小[14]。

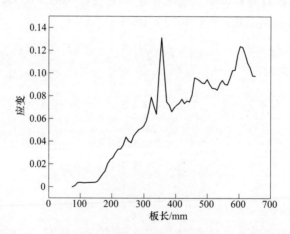

图 9-18 板材等效塑性应变变化图

9.2.3 弯辊量对矫直过程的残余应力影响

9.2.3.1 弯辊量对板材等效应力的影响

不同弯辊量对矫直后的应力分布影响如图 9-19 所示，不同弯辊量对于板材的等效应力的分布影响较大，在弯辊量较大时，板材中间的等效应力明显较大，而越接近弯辊两头，所产生的等效应力影响越小，随着弯辊量的减小，矫直效果及应力分布情况越接近平辊。且弯辊量越大其对板材中间部分的等效应力影响越大，由此可知，正弯辊的矫直对于存在中浪板形缺陷的板材矫直效果更为直接，且弯辊量越大，可对具有更大程度中浪缺陷的板材进行矫直。

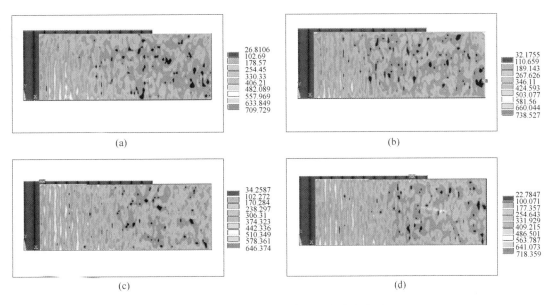

图 9-19　不同弯辊量矫直过程应力分布图

（a）1.4mm；（b）1.0mm；（c）0.6mm；（d）0.2mm

9.2.3.2　弯辊量对板材的纵向应力的影响

正弯辊 4 组不同弯辊量工况下的板材纵向应力沿宽度分布如图 9-20 和图 9-21 所示。

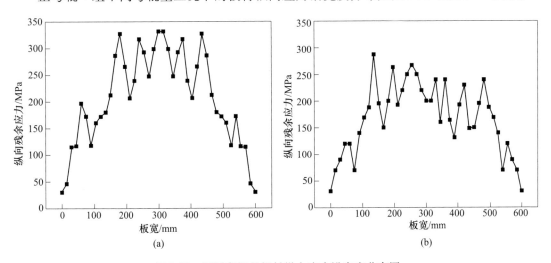

图 9-20　不同弯辊量板材纵向应力沿宽度分布图

（a）1.4mm；（b）1.0mm

由图 9-20 和图 9-21 可以看出，在 4 个不同的弯辊量工况下，纵向应力沿板材宽度分布呈现一定的规律性，在板材的中心部分，也就是正弯辊量最大的位置纵向应力值是最大的，由板材中心向边部纵向应力值逐渐减小，弯辊量越大（1.4mm 弯辊量与 1.0mm 弯辊量），此规律越明显。但是随着弯辊量的减小（0.6mm 弯辊量与 0.2mm 弯辊量），板材纵向应力沿宽度方向分布得越均匀，越接近平辊的情况。

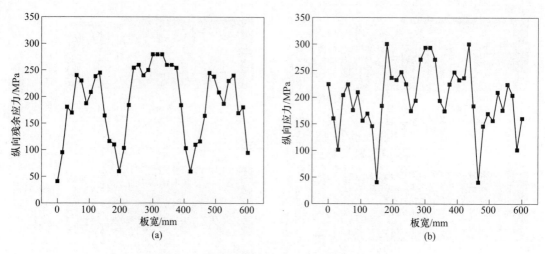

图 9-21 不同弯辊量板材纵向应力沿宽度分布图
(a) 0.6mm; (b) 0.2mm

由图 9-22 和图 9-23 可以看出板材边部沿着长度方向上，随着弯辊量的递减，在矫直过程中板材上的纵向应力出现递增的趋势，即弯辊量越小，板材长度方向边部纵向应力越大。这是因为在弯辊量较小时，正弯辊的辊形与直辊的辊形区别不大，因此板材的纵向应力分布情况在整个板面上是比较均匀。板材边部与中部的纵向应力相差不大，而弯辊量较大的情况下，在相同的压下量下，板材两边的金属比中部的金属承受的实际压下量小，产生的变形小，则纵向应力就明显要小许多。

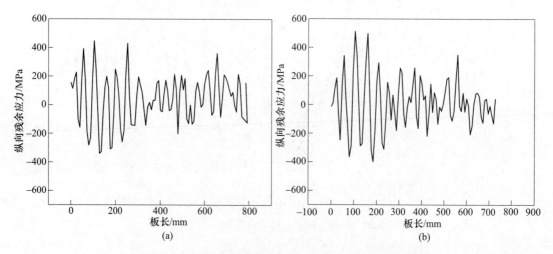

图 9-22 不同弯辊量板材边部纵向应力沿长度方向分布图
(a) 1.4mm; (b) 1.0mm

由图 9-24 和图 9-25 可以看出，板材中部纵向应力沿长度方向分布情况与边部纵向正好相反。弯辊量越大所产生的应力越大，是因为在相同的压下量作用下，弯辊的凸度越大，中部的实际压下量越大，则板材变形量越大，纵向应力越大，因此与边部呈现截然相反的效果。模拟结果证明，正弯辊对中浪矫直效果更佳。

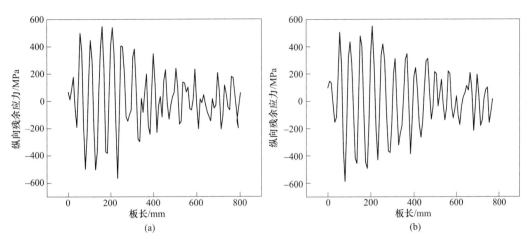

图 9-23　不同弯辊量板材板材边部纵向应力沿长度方向分布图

（a）0.6mm；（b）0.2mm

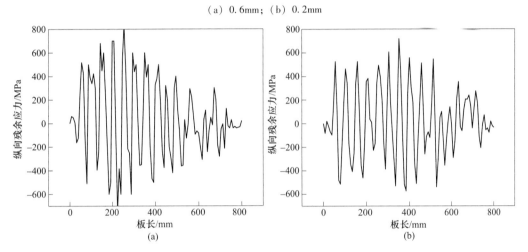

图 9-24　不同弯辊量板材中部纵向应力沿长度方向分布图

（a）1.4mm；（b）1.0mm

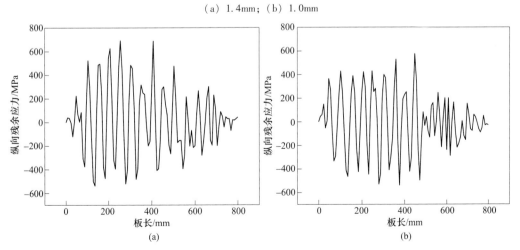

图 9-25　不同弯辊量板材中部纵向应力沿长度方向分布图

（a）0.6mm；（b）0.2mm

参 考 文 献

［1］ 郝建飞，刘磊，王顺成，等. 有色金属板带铸轧技术的发展现状与展望［J］. 有色金属加工，2017，46（4）：5~12，4.

［2］ Bouffioux C，Pesci R，Boman R，et al. Comparison of residual stresses on long rolled profiles measured by X-ray diffraction，ring core and the sectioning methods and simulated by FE method［J］. Thin-Walled Structures，2016，104：126~134.

［3］ 李乐毅. 高强度中厚板辊式矫直方案研究［D］. 太原：太原科技大学，2014.

［4］ 卢兴福. 钢板带板形瓢曲与翘曲变形行为研究［D］. 北京：北京科技大学，2015.

［5］ 周学凤. 冷轧带材后屈曲变形与应力分析［D］. 秦皇岛：燕山大学，2014.

［6］ 管奔，臧勇，曲为壮，等. 辊式矫直过程应力演变及其对反弯特性的影响［J］. 机械工程学报，2012，48（2）：81~86.

［7］ 王效岗，黄庆学，马勤. 中厚板的横向波浪矫直研究［J］. 中国机械工程，2009，20（1）：95~98.

［8］ 张清东，周岁，银家琛. 薄带材浪形缺陷生成与拉伸矫直过程数值仿真［J］. 工程科学学报，2015，37（6）：789~798.

［9］ 陈健. 辊式矫直机有限元仿真及1辊对板材矫直质量影响研究［D］. 武汉：武汉科技大学，2012.

［10］ 龚本月. 基于动态有限元分析的矫直机压下参数模型研究［D］. 武汉：武汉科技大学，2011.

［11］ 崔丽. 中厚板辊式矫直过程模型研究［D］. 沈阳：东北大学，2009.

［12］ Dratz B，Nalewajk V，Bikard J，et al. Testing and modelling the behaviour of steel sheets for roll levelling applications［J］. International Journal of Material Forming，2009，2（s1）：519~522.

［13］ 岳照涵. 薄规格板带材浪形矫直实验模拟研究［D］. 太原：太原科技大学，2017.

［14］ 崔丽，胡贤磊，刘相华. 中厚板辊式矫直过程弯辊作用分析［J］. 钢铁研究学报，2012，24（2）：6~10.